全国高职高专医药类规划教材

化学制药技术

第二版

中国职业技术教育学会医药专业委员会　组织编写

陶　杰　主编

U0359790

化学工业出版社

·北京·

内容简介

本书是全国高职高专医药类规划教材，由中国职教学会医药专业委员会组织编写。本书是第二版教材。全书共分六个项目，包括项目一化学制药生产安全技术、项目二化学合成原料药工艺研究技术、项目三化学合成原料药中试放大技术、项目四化学制药生产过程控制技术、项目五化学制药“三废”防治技术及项目六化学制药车间设备操作技术。本教材按化学合成制药从研发、中试到生产的基本过程阐述化学制药的药物合成理论、化学制药基本技术和生产工艺的基本技能，以及制药反应设备和环保、安全知识；并结合了国家职业资格标准化学合成制药工技能标准，尽可能反映现代化学制药新技术、新材料、新进展和工作要求；是一本实用性、科学性俱佳的教材。

本书可作为高职高专化学制药技术专业教材，还可作为职业技能鉴定中心对从业者掌握化学合成制药工职业技能鉴定的培训教材；对化学制药企业技术人员也有重要的参考价值。

图书在版编目（CIP）数据

化学制药技术/陶杰主编．—2版．—北京：化学工业出版社，2013.1（2025.1重印）

全国高职高专医药类规划教材

ISBN 978-7-122-15947-2

Ⅰ.①化…　Ⅱ.①陶…　Ⅲ.①药物-生产工艺-高等职业教育-教材　Ⅳ.①TQ460.6

中国版本图书馆CIP数据核字（2012）第286890号

责任编辑：陈燕杰　　　　文字编辑：李　瑾
责任校对：宋　玮　　　　装帧设计：关　飞

出版发行：化学工业出版社（北京市东城区青年湖南街13号　邮政编码100011）
印　　装：北京盛通数码印刷有限公司
787mm×1092mm　1/16　印张16½　字数410千字　2025年1月北京第2版第11次印刷

购书咨询：010-64518888　　　　售后服务：010-64518899
网　　址：http://www.cip.com.cn
凡购买本书，如有缺损质量问题，本社销售中心负责调换。

定　　价：39.00元

版权所有　违者必究

本书编审人员

主　　编 陶　杰

副 主 编 金学平　李淑清　房　静　贠　潇

主　　审 李健雄　武汉英纳氏药业有限公司

编写人员

刘洪利　天津生物工程职业技术学院

贠　潇　天津生物工程职业技术学院

李淑清　山东药品食品职业学院

吴海峰　山东医药技师学院

邹　君　河南医药技师学院

冷　雪　沈阳药科大学高职学院

张红东　河南医药技师学院

房　静　天津生物工程职业技术学院

金学平　武汉软件职业技术学院

郑　苏　徐州高等医药专科学校

陶　杰　天津生物工程职业技术学院

中国职业技术教育学会医药专业委员会
第一届常务理事会名单

主　　任　苏怀德　国家食品药品监督管理局

副 主 任　（按姓名笔画排列）

王书林　成都中医药大学峨嵋学院
王吉东　江苏省徐州医药高等职业学校
严　振　广东食品药品职业学院
曹体和　山东医药技师学院
陆国民　上海市医药学校
李华荣　山西药科职业学院
缪立德　湖北省医药学校

常务理事　（按姓名笔画排列）

马孔琛　沈阳药科大学高等职业教育学院
王书林　成都中医药大学峨嵋学院
王吉东　江苏省徐州医药高等职业学校
左淑芬　河南省医药学校
陈　明　广州市医药中等专业学校
李榆梅　天津生物工程职业技术学院
阳　欢　江西省医药学校
严　振　广东食品药品职业学院
曹体和　山东医药技师学院
陆国民　上海市医药学校
李华荣　山西药科职业学院
黄庶亮　福建生物工程职业学院
缪立德　湖北省医药学校
谭晓彧　湖南省医药学校

秘 书 长　陆国民　上海市医药学校（兼）
刘　佳　成都中医药大学峨嵋学院

第二版前言

本套教材自 2004 年以来陆续出版了 37 种，经各校广泛使用已累积了较为丰富的经验。并且在此期间，本会持续推动各校大力开展国际交流和教学改革，使得我们对于职业教育的认识大大加深，对教学模式和教材改革又有了新认识，研究也有了新成果，因而推动本系列教材的修订。概括来说，这几年来我们取得的新共识主要有以下几点。

1. 明确了我们的目标。创建中国特色医药职教体系。党中央提出以科学发展观建设中国特色社会主义。我们身在医药职教战线的同仁，就有责任为了更好更快地发展我国的职业教育，为创建中国特色医药职教体系而奋斗。

2. 积极持续地开展国际交流。当今世界国际经济社会融为一体，彼此交流相互影响，教育也不例外。为了更快更好地发展我国的职业教育，创建中国特色医药职教体系，我们有必要学习国外已有的经验，规避国外已出现的种种教训、失误，从而使我们少走弯路，更科学地发展壮大我们自己。

3. 对准相应的职业资格要求。我们从事的职业技术教育既是为了满足医药经济发展之需，也是为了使学生具备相应职业准入要求，具有全面发展的综合素质，既能顺利就业，也能一展才华。作为个体，每个学校具有的教育资质有限，能提供的教育内容和年限也有限。为此，应首先对准相应的国家职业资格要求，对学生实施准确明晰而实用的教育，在有余力有可能的情况下才能谈及品牌、特色等更高的要求。

4. 教学模式要切实地转变为实践导向而非学科导向。职场的实际过程是学生毕业后就业所必须进入的过程，因此以职场实际过程的要求和过程来组织教学活动就能紧扣实际需要，便于学生掌握。

5. 贯彻和渗透全面素质教育思想与措施。多年来，各校都重视学生德育教育，重视学生全面素质的发展和提高，除了开设专门的德育课程、职业生涯课程和大量的课外教育活动之外，大家一致认为还必须采取切实措施，在一切业务教学过程中，点点滴滴地渗透德育内容，促使学生通过实际过程中的言谈举止，多次重复，逐渐养成良好规范的行为和思想道德品质。学生在校期间最长的时间及最大量的活动是参加各种业务学习、基础知识学习、技能学习、岗位实训等都包括在内。因此对这部分最大量的时间，不能只教业务技术。在学校工作的每个人都要视育人为己任。教师在每个教学环节中都要研究如何既传授知识技能又影响学生品德，使学生全面发展成为健全的有用之才。

6. 要深入研究当代学生情况和特点，努力开发适合学生特点的教学方式方法，激发学生学习积极性，以提高学习效率。操作领路、案例入门、师生互动、现场教学等都是有效的方式。教材编写上，也要尽快改变多年来黑字印刷，学科篇章，理论说教的老面孔，力求开发生动活泼，简明易懂，图文并茂，激发志向的好教材。根据上述共识，本次修订教材，按以下原则进行。

① 按实践导向型模式，以职场实际过程划分模块安排教材内容。

② 教学内容必须满足国家相应职业资格要求。

③ 所有教学活动中都应该融进全面素质教育内容。

④ 教材内容和写法必须适应青少年学生的特点，力求简明生动，图文并茂。

从已完成的新书稿来看，各位编写人员基本上都能按上述原则处理教材，书稿显示出鲜明的特色，使得修订教材已从原版的技术型提高到技能型教材的水平。当然当前仍然有诸多问题需要进一步探讨改革。但愿本次修订教材的出版使用，不但能有助于各校提高教学质量，而且能引发各校更深入的改革热潮。

八年来，各方面发展迅速，变化很大，第二版丛书根据实际需要增加了新的教材品种，同时更新了许多内容，而且编写人员也有若干变动。有的书稿为了更贴切反映教材内容甚至对名称也做了修改。但编写人员和编写思想都是前后相继、向前发展的。因此本会认为这些变动是反映与时俱进思想的，是应该大力支持的。此外，本会也因加入了中国职业技术教育学会而改用现名。原教材建设委员会也因此改为常务理事会。值本次教材修订出版之际，特此说明。

中国职业技术教育学会医药专业委员会

主任　苏怀德

第一版前言

从 20 世纪 30 年代起，我国即开始了现代医药高等专科教育。1952 年全国高等院校调整后，为满足当时经济建设的需要，医药专科层次的教育得到进一步加强和发展。同时对这一层次教育的定位、作用和特点等问题的探讨也一直在进行当中。

鉴于几十年来医药专科层次的教育一直未形成自身的规范化教材，长期存在着借用本科教材的被动局面，原国家医药管理局科技教育司应各医药院校的要求，履行其指导全国药学教育为全国药学教育服务的职责，于 1993 年出面组织成立了全国药学高等专科教育教材建设委员会。经过几年的努力，截至 1999 年已组织编写出版系列教材 33 种，基本上满足了各校对医药专科教材的需求。同时还组织出版了全国医药中等职业技术教育系列教材 60 余种。至此基本上解决了全国医药专科、中职教育教材缺乏的问题。

为进一步推动全国教育管理体制和教学改革，使人才培养更加适应社会主义建设之需，自 20 世纪 90 年代以来，中央提倡大力发展职业技术教育，尤其是专科层次的职业技术教育即高等职业技术教育。据此，全国大多数医药本专科院校、一部分非医药院校甚至综合性大学均积极举办医药高职教育。全国原 17 所医药中等职业学校中，已有 13 所院校分别升格或改制为高等职业技术学院或二级学院。面对大量的有关高职教育的理论和实际问题，各校强烈要求进一步联合起来开展有组织的协作和研讨。于是在原有协作组织基础上，2000 年成立了全国医药高职高专教材建设委员会，专门研究解决最为急需的教材问题。2002 年更进一步扩大成全国医药职业技术教育研究会，将医药高职、高专、中专、技校等不同层次、不同类型、不同地区的医药院校组织起来以便更灵活、更全面地开展交流研讨活动。开展教材建设更是其中的重要活动内容之一。

几年来，在全国医药职业技术教育研究会的组织协调下，各医药职业技术院校齐心协力，认真学习党中央的方针政策，已取得丰硕的成果。各校一致认为，高等职业技术教育应定位于培养拥护党的基本路线，适应生产、管理、服务第一线需要的德、智、体、美各方面全面发展的技术应用型人才。专业设置上必须紧密结合地方经济和社会发展需要，根据市场对各类人才的需求和学校的办学条件，有针对性地调整和设置专业。在课程体系和教学内容方面则要突出职业技术特点，注意实践技能的培养，加强针对性和实用性，基础知识和基本理论以必需够用为度，以讲清概念，强化应用为教学重点。各校先后学习了“中华人民共和国职业分类大典”及医药行业工人技术等级标准等有关职业分类，岗位群及岗位要求的具体规定，并且组织师生深入实际，广泛调研市场的需求和有关职业岗位群对各类从业人员素质、技能、知识等方面的基本要求，针对特定的职业岗位群，设立专业，确定人才培养规格和素质、技能、知识结构，建立技术考核标准、课程标准和课程体系，最后具体编制为专业教学计划以开展教学活动。教材是教学活动中必须使用的基本材料，也是各校办学的必需材料。因此研究会及时开展了医药高职教材建设的研讨和有组织的编写活动。由于专业教学计划、技术考核标准和课程标准又是从现实职业岗位群的实际需要中归纳出来的，因而研究会组织的教材编写活动就形成了几大特点。

1. 教材内容的范围和深度与相应职业岗位群的要求紧密挂钩，以收录现行适用、成熟规范的现代技术和管理知识为主。因此其实践性、应用性较强，突破了传统教材以理论知识为主的局限，突出了职业技能特点。

2. 教材编写人员尽量以产、学、研结合的方式选聘，使其各展所长、互相学习，从而有效地克服了内容脱离实际工作的弊端。

3. 实行主审制，每种教材均邀请精通该专业业务的专家担任主审，以确保业务内容正确无误。

4. 按模块化组织教材体系，各教材之间相互衔接较好，且具有一定的可裁减性和可拼接性。一个专业的全套教材既可以圆满地完成专业教学任务，又可以根据不同的培养目标和地区特点，或市场需求变化供相近专业选用，甚至适应不同层次教学之需。因而，本套教材虽然主要是针对医药高职教育而组织编写的，但同类专业的中等职业教育也可以灵活的选用。因为中等职业教育主要培养技术操作型人才，而操作型人才必须具备的素质、技能和知识不但已经包含在对技术应用型人才的要求之中，而且还是其基础。其超过"操作型"要求的部分或体现高职之"高"的部分正可供学有余力，有志深造的中职学生学习之用。同时本套教材也适合于同一岗位群的在职员工培训之用。

现已编写出版的各种医药高职教材虽然由于种种主、客观因素的限制留有诸多遗憾，上述特点在各种教材中体现的程度也参差不齐，但与传统学科型教材相比毕竟前进了一步。紧扣社会职业需求，以实用技术为主，产、学、研结合，这是医药教材编写上的划时代的转变。因此本系列教材的编写和应用也将成为全国医药高职教育发展历史的一座里程碑。今后的任务是在使用中加以检验，听取各方面的意见及时修订并继续开发新教材以促进其与时俱进、臻于完善。

愿使用本系列教材的每位教师、学生、读者收获丰硕！愿全国医药事业不断发展！

全国医药职业技术教育研究会

编写说明

《化学制药技术》第一版自2005年出版以来，对培养高职高专院校化学制药技术专业人才培养起到了积极的作用；此次再版，在保持第一版优点的基础上，注重立德树人的理念，以党的二十大报告为指引，坚持以执业准入为标准，遵循“贴近企业、贴近岗位、贴近学生”的原则，把现代科学技术的迅猛发展，化学制药技术方法不断更新和发展的新技术、新设备、新方法引入到第二版《化学制药技术》教材中。教材在编写过程中广泛征求了制药企业专家的意见，使其具有较强的实用性、可读性和创新性。对高职高专化学制药技术专业教学质量的提高起到了积极的促进作用。

本教材涉及面广，包含化学制药生产安全技术、化学合成原料药工艺研究技术、化学合成原料药中试放大技术、化学制药生产过程控制技术、化学制药“三废”防治技术、化学制药车间设备操作技术。在阐述基本化学制药理论知识的同时，对制药反应设备的操作结合生产实际做了介绍，增加实用性；并选择了几种典型化学药物的生产技术进行具体阐述，从而使学生走上岗位后能更快地适应实际操作和技术应用工作，为今后从事制药事业打下坚实基础。

化学制药技术课程是培养中高级化学制药技术技能型人才的重要专业课程，本课程是高职高专化学制药技术专业、生物制药技术专业、药物制剂技术专业及药物分析鉴定专业的重要课程；本教材除可作为高职高专化学制药技术专业等的专业教材外，还可作为职业技能鉴定中心对从业者掌握化学合成制药工作职业技能进行鉴定的培训教材；并对化学制药企业技术人员也有重要的参考价值。

本书由陶杰主编，房静副主编并编写了项目二，金学平副主编并编写了项目三，李淑清、贠潇副主编并编写了项目四；李健雄博士主审。由冷雪编写了项目一、邹君和张红东编写了项目六、郑苏编写了项目五、吴海峰和刘洪利编写了项目六部分药物合成理论等。

限于编者水平有限，书中疏漏之处在所难免，敬请广大读者批评指正，以使教材更加丰富完善。

编者

目　录

项目一　化学制药生产安全技术 …… 1
一、职业岗位 …… 1
二、职业形象 …… 1
三、职场环境 …… 1
四、工作目标 …… 1
五、工作目标实施 …… 1
任务一　新入厂人员的三级安全教育 …… 2
任务二　化学原辅材料安全管理技术 …… 5
任务三　化学制药设备与电气安全技术 …… 13
任务四　化学制药职业安全健康管理技术 …… 18
任务五　化学制药安全系统分析与评价技术 …… 23
任务六　安全事故应急处理实训 …… 25
六、药品安全生产基础知识 …… 28
七、法律法规 …… 29
八、课后自测 …… 29
项目二　化学合成原料药工艺研究技术 …… 32
一、职业岗位 …… 32
二、职业形象 …… 32
三、职场环境 …… 32
四、工作目标 …… 32
五、原料药创新与仿制开发 …… 33
任务一　查阅文献及撰写调研报告 …… 33
任务二　药物合成路线的评价与选择技术 …… 39
任务三　起始原料、试剂和有机溶剂选择技术 …… 44
任务四　原料药合成工艺条件选择技术 …… 49
任务五　原料药合成过程控制技术 …… 56
任务六　美沙拉秦的仿制开发 …… 65
六、药物合成理论 …… 69
七、法律法规 …… 81
八、课后自测 …… 82
项目三　化学合成原料药中试放大技术 …… 83
一、职业岗位 …… 83
二、职业形象 …… 83
三、职场环境 …… 83

四、工作目标 …… 83
五、化学合成原料药中试放大 …… 84
任务一 中试放大任务及目标 …… 84
任务二 中试放大的研究 …… 86
任务三 物料衡算 …… 90
任务四 生产工艺规程制定 …… 97
任务五 中试放大实训 …… 99
六、药物合成理论 …… 100
七、法律法规 …… 110
八、课后自测 …… 111
项目四 化学制药生产过程控制技术 …… 112
一、职业岗位 …… 112
二、职业形象 …… 112
三、职场环境 …… 113
四、工作目标 …… 113
五、化学制药生产过程控制技术 …… 114
任务一 原料药生产准备 …… 114
任务二 备料和配料 …… 120
任务三 乙酰氨基酚的生产制备 …… 127
任务四 粗品分离及精制——对乙酰氨基酚 …… 135
任务五 咖啡因的生产制备 …… 139
任务六 干燥、包装 …… 147
任务七 阿司匹林生产模拟实训 …… 154
六、药物合成理论 …… 160
七、法律法规 …… 169
八、课后自测 …… 170
项目五 化学制药“三废”防治技术 …… 171
一、职业岗位 …… 171
二、职业形象 …… 171
三、职场环境 …… 171
四、工作目标 …… 171
五、“三废”防治技术 …… 172
任务一 废水的防治 …… 172
任务二 废气的防治 …… 183
任务三 废渣的防治 …… 193
任务四 药厂废水处理实训 …… 196
六、“三废”防治基础知识 …… 197
七、相关法律法规 …… 201

八、课后自测 …… 202
项目六　化学制药车间设备操作技术 …… 203
一、职业岗位 …… 203
二、职业形象 …… 203
三、职场环境 …… 203
四、工作目标 …… 203
五、化学制药车间设备操作技术 …… 203
任务一　离心泵的操作及维护 …… 204
任务二　反应釜的操作及维护 …… 210
任务三　离心机的操作及维护 …… 215
任务四　换热器的操作及维护 …… 220
任务五　精馏塔的操作及维护 …… 226
任务六　干燥器的操作及维护 …… 236
六、药物合成理论 …… 241
七、法律法规 …… 248
八、课后自测 …… 248
参考文献 …… 249

项目一　化学制药生产安全技术

一、职业岗位

使用专用设备、控制化学单元反应及化工单元操作的原料药岗位操作人员。

二、职业形象

① 理解药品安全生产的内涵。

② 熟识和掌握作业场所的环境、安全设施等，确认符合有关安全规定。

③ 具有高度的责任心，规范操作的工作作风，质量第一的生产观念。

三、职场环境

(1) 环境　岗位保持整洁，门窗玻璃、地面洁净完好；设备、管道、管线无跑、冒、滴、漏现象发生；符合清场的相关清洁要求。

(2) 水、电、气　检查岗位水、电、气，确保安全、正常生产。

(3) 设备　设备试车运转，检查高压、真空设备，确保岗位正常生产。

(4) 安全　检查岗位易燃、易爆、有毒、有害物质的预防措施。

四、工作目标

① 熟知药品安全生产的概念。

② 明白药品安全生产的重要性。

③ 了解制药企业健康保护的任务。

《安全生产法》规定："生产经营单位应当对从业人员进行安全生产教育和培训，保证从业人员具备必要的安全生产知识，熟悉有关的安全生产规章制度和安全操作规程，掌握本岗位的安全操作技能。"其目的是增强从业人员和职工的安全意识，提高职工的安全技术知识，减少伤亡事故。

五、工作目标实施

项目任务单见表 1-1。

药品安全生产涉及很多学科的知识，主要由以下 3 个基础部分组成。

(1) 安全管理　安全生产方针、政策、法规、制度、规程和规范，安全生产的管理体制，安全目标管理，危险性评价，人的行为管理，工伤事故分析，安全生产的宣传、教育、检查等。

表 1-1　安全生产培训项目任务单

<table>
<tr><td>任务布置者：(老师名)</td><td>部门：健康安全环保部</td><td>费用承担部门：健康安全环保部</td></tr>
<tr><td>任务承接者：(学生名)</td><td>部门：培训教室</td><td>费用承担部门：健康安全环保部</td></tr>
<tr><td colspan="3">工作任务：熟识和掌握药品作业场所的环境、安全设施生产任务，达到安全要求。
工作人员：以工作小组(5 人/组)为单位完成本次任务，各小组选派 1 人集中汇报。
工作地点：培训教室。
工作成果：
① 新工人上岗前三级安全教育卡。
② 化学原辅材料安全管理技术。
③ 化学制药设备与电气安全技术。
④ 化学制药职业安全健康管理技术。
⑤ 化学制药安全系统分析与评价技术。
⑥ 汇报展示 PPT。</td></tr>
<tr><td colspan="2">任务编号：</td><td>项目完成时间：24 个工作日</td></tr>
</table>

(2) 安全技术　为了防止工伤事故、减轻体力劳动而采取的技术工程措施。如制药设备采用的防护装置、保险装置、信号指示装置、自动化设备的应用等。

(3) 职业健康　是研究生产过程中有毒有害物质对人体的危害，采用的技术措施和组织措施。如用通风、封闭、隔离等方法，生产工艺上用无毒或低毒的物质代替有毒或高毒的物质等。

任务一　新入厂人员的三级安全教育

新入厂人员的三级安全教育任务单见表 1-2。

表 1-2　新入厂人员的三级安全教育任务单

<table>
<tr><td>任务布置者：(老师名)</td><td>部门：健康安全环保部</td><td>费用承担部门：健康安全环保部</td></tr>
<tr><td>任务承接者：(学生名)</td><td>部门：培训教室</td><td>费用承担部门：健康安全环保部</td></tr>
<tr><td colspan="3">工作任务：新入厂人员的三级安全教育，达到安全要求。
工作人员：以工作小组(5 人/组)为单位完成本次任务，各小组选派 1 人集中汇报。
工作地点：培训教室。
工作成果：
① 公司(厂级)安全教育培训。
② 车间级安全教育培训。
③ 班组级安全教育培训。</td></tr>
<tr><td colspan="2">任务编号：</td><td>项目完成时间：24 个工作日</td></tr>
</table>

(一) 公司 (厂级) 安全教育培训

① 人力资源部及安全主任（老师）讲解公司的架构，考勤制度、薪金发放、假期、处罚、辞职等问题。

② 讲解国家有关安全生产的政策、法规，劳动保护的意义、内容及要求，使新入厂人员树立“安全第一、预防为主”和“安全生产，人人有责”的思想。

③ 介绍公司的安全生产情况，包括企业发展史（含企业安全生产发展史）、企业设备分布情况，重点介绍特种设备的性能、作用、分布、注意事项、主要危险，介绍一般安全生产防护知识和电气、机械方面的安全知识。

④ 介绍企业安全生产组织架构及成员，企业的主要安全生产规章制度等。

⑤ 介绍企业安全生产的经验和教训，结合企业和行业常见事故案例进行剖析讲解，重点讨论案例的预防，阐明伤亡事故的原因及事故处理程序等。

⑥ 树立“安全第一、预防为主”的思想，在生产劳动过程中努力学习安全技术、操作规程，经常参加安全生产经验交流和事故分析活动及安全检查活动。遵守操作规程和劳动纪律，不擅自离开工作岗位，不违章作业，不随便出入危险区域，注意劳逸结合，正确使用劳动保护用品等。

（二）车间级安全教育培训

各车间有不同生产特点的危险区域和设备。因此，在进行车间安全教育时，根据各车间的特殊性进行培训。由车间主任及安全主任（老师）负责。

① 重点介绍本车间的生产特点、性质。如车间的生产设备流程图及工艺流程，车间人员结构，安全生产组织及活动情况。

② 车间主要工种及作业中的专业安全要求；车间危险区域、特种作业场所，有毒、有害岗位情况。

③ 车间安全生产规章制度和劳动保护用品及注意事项，事故多发部位、原因及相应的特殊规定和安全要求。车间常见事故和对典型事故案例的剖析，车间安全生产的经验与问题等。

④ 根据车间的特点，介绍安全技术基础知识。

⑤ 介绍消防安全知识、火灾应急通道。

（三）班组级安全教育培训

班组是企业生产的最前线，是生产活动的基本单位。操作人员工作在班组，机器设备运行在班组，事故发生在班组。因此，班组安全教育非常重要。班组安全教育由班组长负责。

① 介绍本班组的生产概况、特点、范围、作业环境、设备状况、消防设施等。重点介绍可能发生伤害事故的各种危险因素和危险岗位，用一些典型事故实例去剖析讲解。

② 讲解本岗位使用的机械设备、工具性能、防护装置和使用方法。

③ 讲解本工种安全操作规程和岗位责任及有关安全注意事项，使学员真正从思想上重视安全生产，自觉遵守安全操作规程，做到不违章作业，爱护和正确使用机器设备、工具等；介绍班组安全活动内容及作业场所的安全检查和交接班制度。

④ 教育学员发现事故隐患或发生事故时，及时向领导或有关人员报告，并学会紧急处理险情。

⑤ 讲解正确使用劳动保护用品及保管方法，文明生产。

⑥ 安全操作示范，边示范、边讲解安全操作要领，说明注意事项，并讲述违反操作造成的严重后果。

班组安全教育的重点是岗位安全基础教育，主要由班组长和安全员负责教育。安全操作法和生产技能教育可由安全员、培训员或包教师傅传授。

新入厂人员经过三级安全教育并经逐级考核合格后，方可上岗。

(四) 任务驱动下的理论知识

1. 三级安全教育成绩应填入职工安全教育卡，存档备查（表1-3）。

表1-3 新工人上岗前三级安全教育卡片

单位名称：　　　　　　　　　　　　　　　　　　　　　　　　编号：

<table>
<tr><td>单位</td><td></td><td>姓名</td><td></td><td>性别</td><td></td></tr>
<tr><td>籍贯</td><td colspan="5">省　　县(市)　　乡(街)</td></tr>
<tr><td rowspan="2">公司级
教育</td><td colspan="5">教育内容：国家有关安全生产的方针、政策、法律、法规；本企业有关安全施工的规章制度；本企业安全施工情况、施工特点、主要危险；一般安全施工防护知识和电气、起重用机械方面的安全知识；本企业伤亡事故典型案例等</td></tr>
<tr><td>考试成绩</td><td></td><td colspan="2">安全负责人</td><td></td></tr>
<tr><td rowspan="2">车间级
教育</td><td colspan="5">教育内容：车间施工特点、性质和安全施工概况；主要工种及作业中的安全要求；施工区域内主要危险作业场所、特种作业场所、有毒有害作业场所的安全注意事项</td></tr>
<tr><td>考试成绩</td><td></td><td colspan="2">安全负责人</td><td></td></tr>
<tr><td rowspan="2">专业公司
(班组)级
教育</td><td colspan="5">教育内容：本岗位使用的机械设备、工具性能、防护装置和使用方法；本班(组)施工环境、事故多发场所及危险场所；安全操作规程、岗位责任制和有关安全注意事项；个人防护用品的正确使用和保管方法</td></tr>
<tr><td colspan="5">班(组)长意见：

签字：　　年　　月　　日</td></tr>
<tr><td colspan="6">所在单位领导签字：

年　　月　　日</td></tr>
</table>

2. 三级安全教育培训的对象

三级安全教育培训的对象有企业的新员工、特种作业人员、“五新”（新工艺、新技术、新设备、新材料、新产品）人员、复工人员、转岗人员，被培训对象应认真学习，提高自己的安全素质，为今后的工作打下良好的基础。

（1）转岗人员　调换新工作岗位，主要指职工在车间内或厂内调换工种，或调换到与原工作岗位操作方法有差异的岗位，短期参加劳动的管理人员等。教育内容可参照“三级安全教育”的要求确定，一般只需进行车间、班组二级安全教育。但调做特种作业的人员，要经过特种作业人员的安全教育和安全技术培训，经考核合格取得操作许可证后方准上岗作业。

（2）复工人员　工伤后的复工安全教育。首先要针对已发生的事故做全面分析，找出发生事故的主要原因，并指出预防对策，进而对复工者进行安全意识教育、岗位安全操作技能教育、预防措施和安全对策教育等，端正思想认识，正确吸取教训，提高操作技能，克服操作上的失误。

（3）休假后复工人员　职工因休假（节、婚、丧或产、病假等）而造成情绪波动、身体疲乏、精神分散，复工后容易因心境不定而产生不安全行为，导致事故发生。因此，要针对休假的类别，进行复工安全教育，如重温本工种安全操作规程，熟悉机器设备的性能，进行实际操作练习等。

任务二 化学原辅材料安全管理技术

化学原辅材料安全管理任务单见表 1-4。

表 1-4 化学原辅材料安全管理任务单

任务布置者：(老师名)	部门：健康安全环保部	费用承担部门：健康安全环保部
任务承接者：(学生名)	部门：培训教室	费用承担部门：健康安全环保部
工作任务：熟识和掌握化学原辅材料安全管理，达到安全要求。 工作人员：以工作小组(5 人/组)为单位完成本次任务，各小组选派 1 人集中汇报。 工作地点：培训教室。 工作成果： ① 认识制药企业原辅材料中化学材料的毒性分类及鉴别。 ② 掌握制药企业的综合防毒措施。 ③ 了解制药企业急性中毒的现场救护。 ④ 熟知化学原辅材料的安全生产管理，编写岗位标准操作规程。		
任务编号：	项目完成时间：24 个工作日	

药品的原辅材料和中间体不能只看做药品进行简单地安全管理，应从危险化学品管理这个角度分析问题并进行全过程管理，如危险品的鉴别、现场培训、个体防护和急救措施等。

(一) 认识制药企业化学原辅材料的毒性分类

1. 化学原辅材料的毒性分类

凡对人体产生有害作用的物质叫毒物，其分类如下。

(1) 毒物在生产过程中存在的形式　① 原料：如苯、液氯；② 中间产品：如硝基苯、苯胺、光气等；③ 辅助材料：溶剂、催化剂等如氯苯；④ 副产品或废弃物：副产品盐酸、硫酸、废苯胺残渣等。

(2) 在生产环境中存在的形态　① 固体；② 液体：如苯等有机溶剂；③ 气体：指常温、常压下呈气态的物质；④ 蒸气：固体升华、液体挥发或蒸发时形成的蒸气，凡沸点低、蒸气压大的物质都易形成蒸气；⑤ 粉尘：能较长时间悬浮在空气中的固体微粒，粒径多在 0.1～10μm。

2. 职业中毒

毒性指物质固有的能引起机体损伤的能力，毒性与进入体内的量呈正比。另外，毒性与剂量、接触途径、接触期限密切相关。

岗位操作中许多环节都有可能接触到生产性毒物，接触生产性毒物而引起的中毒称为职业中毒。职业中毒分为急性、亚急性和慢性三种。

(1) 急性中毒　毒物一次或短时间内大量进入人体后引起的中毒。

(2) 慢性中毒　小剂量毒物长期进入人体所引起的中毒。

(3) 亚急性中毒　介于两者之间，在较短时间内有较大剂量毒物进入人体而引起的中毒。

3. 常见的毒性化学原辅材料

(1) 致敏性化合物　如青霉素、氯霉素、庆大霉素、链霉素等。

(2) 金属化合物　如铂盐、镍盐等。

(3) 异氰酸酯　如甲苯二异氰酸酯。

(4) 麻醉性毒物　苯、丙酮、氯仿等。

(5) 溶血性气体　砷化氢、苯肼、苯胺、硝基苯等。

(6) 窒息性气体　一氧化碳、氰化物和硫化氢等。

(7) 刺激性气体　氯、氨、氮氧化物、光气、氟化氢、二氧化硫、三氧化硫和硫酸二甲酯等。

4. 有机原辅材料的毒性

① 在脂肪族碳氢化合物中，随着碳原子数的增加，其毒性也增加（只适合于庚烷以下）。在不饱和的碳氢化合物中，不饱和程度愈大，其毒性也愈大，如乙炔＞乙烯＞乙烷。碳链上的氢原子被卤素原子取代时，毒性也增大，例如，氟化烯类、氯化烯类的毒性大于相应的烯烃类，四氯化碳的毒性远远大于甲烷等。

② 在芳香族烃类化合物中，苯环上的氢原子若被氯原子、甲基或乙基所取代，其全身毒性相应减弱，而刺激性增加；被氨基或硝基取代时，则具有明显的形成高铁血红蛋白的作用。在芳香族苯环上，不同异构体的毒性也有差异。一般认为三种异构体的毒性次序为：对位＞间位＞邻位，如硝基酚、氯酚、甲苯胺、硝基甲苯、硝基苯胺等异构体都具有此规律。但也有例外，如邻硝基苯醛、邻羟基苯醛（水杨醛）的毒性分别大于其对位异构体。

（二）制药企业的综合防毒措施

1. 替代

控制、预防化学品危害最理想的方法是不使用有毒、有害、易燃和易爆的化学品，但很难做到，通常是选用无毒或低毒的化学品替代有毒有害的化学品，选用可燃化学品替代易燃化学品。

2. 变更工艺

虽然替代是控制化学品危害的首选方案，但目前可供选择的替代品有限，特别是因技术和经济方面的原因，不可避免地要生产、使用有害化学品。这时可通过变更工艺，消除或降低化学品危害。如以往从乙炔制乙醛，采用汞作催化剂，现在发展为用乙烯为原料，通过氧化或氯化制乙醛，不需用汞作催化剂。通过变更工艺，彻底消除了汞害。

3. 隔离

隔离就是通过封闭、设置屏障等措施，避免作业人员直接暴露于有害环境中。最常用的隔离方法是将生产或使用的设备完全封闭起来，使工人在操作中不接触化学品。

隔离操作是另一种常用的隔离方法，简单地说，就是把生产设备与操作室隔离开。最简单的形式就是把生产设备的管线阀门、电控开关放在与生产地点完全隔开的操作室内。

4. 通风

通风是控制作业场所中有害气体、蒸气或粉尘最有效的措施。借助于有效的通风，使作业场所空气中有害气体、蒸气或粉尘的浓度低于安全浓度，保证工人的身体健康，防止火灾、爆炸事故的发生。

通风分局部排风和全面通风两种。局部排风是把污染源罩起来，抽出污染空气，所需风量小，经济有效，并便于净化回收。全面通风亦称稀释通风，其原理是向作业场所提供新鲜空气，抽出污染空气，降低有害气体、蒸气或粉尘在作业场所中的浓度。全面通风所需风量大，不能净化回收。

对于点式扩散源，可使用局部排风。使用局部排风时，应使污染源处于通风罩控制范围内。为了确保通风系统的高效率，通风系统设计的合理性十分重要。对于已安装的通风系统，要经常加以维护和保养，使其有效地发挥作用。

对于面式扩散源，要使用全面通风。采用全面通风时，在厂房设计阶段就要考虑空气流向等因素。因为全面通风的目的不是消除污染物，而是将污染物分散稀释，所以全面通风仅适合于低毒性作业场所，不适合腐蚀性强、污染物量大的作业场所。

像实验室中的通风橱、焊接室或喷漆室可移动的通风管和导管都是局部排风设备。在冶金厂，熔化的物质从一端流向另一端时散发出有毒的烟和气，需要两种通风系统都要使用。

5. 个体防护

当作业场所中有害化学品的浓度超标时，工人就必须使用合适的个体防护用品。个体防护用品既不能降低作业场所中有害化学品的浓度，也不能消除作业场所的有害化学品，而只是一道阻止有害物进入人体的屏障。防护用品的失效就意味着保护屏障的消失，因此个体防护不能被视为控制危害的主要手段，而只能作为一种辅助性措施。

防护用品主要有头部防护器具、呼吸防护器具、眼防护器具、身体防护用品、手足防护用品等。

6. 保持卫生

卫生包括保持作业场所清洁和作业人员的个人卫生两个方面。经常清洗作业场所，对废物、溢出物加以适当处置，保持作业场所清洁，也能有效地预防和控制化学品危害。作业人员应养成良好的卫生习惯，防止有害物附着在皮肤上，防止有害物通过皮肤渗入体内。

（三）制药企业急性中毒的救护

1. 职业中毒的治疗原则

（1）病因治疗　目的是解除中毒的病因，阻止毒物继续进入体内，促使毒物排泄以及拮抗或解除其毒作用。

（2）对症治疗　为缓解引起的主要症状，以促使人体功能恢复。

（3）支持治疗　能提高患者抗病能力，促使早日恢复健康。

2. 急性中毒的救护

（1）现场抢救　立即使患者停止接触毒物，尽快将其移至空气流通处。保持呼吸畅通。衣物或皮肤若被污染，必须将衣服脱下，用清水洗净皮肤。如出现休克、呼吸表浅或停止、心脏停搏等，立即进行紧急抢救，具体措施按急性中毒的急救原则应突出以下四个字：“快”、“稳”、“准”、“动”。

（2）防止毒物继续吸收　患者到达医院后，应重点详细检查，需要冲洗的要重复冲洗，气体或蒸气吸入中毒时，可给予吸氧，以纠正缺氧，加速毒物经呼吸道排出；系经口食入中毒，需尽早催吐、洗胃及导泻。

（3）加速排出或中和已进入机体的毒物　许多化学物中毒可采用如透析疗法，使其通过透析而排出体外。对严重中毒性溶血患者可考虑换血疗法，但必须慎重。吸入氯气中毒时，可采用雾化吸入，中和形成的盐酸，以减轻对肺组织的毒性损伤。

（4）消除进入人体内毒物的作用　尽快使用络合剂或其他特效解毒疗法。金属中毒可用二巯基丙醇等络合剂，达到解毒和促排作用。中毒性高铁血红蛋白血症可用美蓝治疗，使高铁血红蛋白还原。急性氰化物中毒是给予亚硝酸钠使形成一定量的高铁血红蛋白以与氰化物结合而解毒，以后迅速给予硫代硫酸钠，使氰化物形成硫氰酸盐而排出体外。严重的 CO 中毒时主要给予吸氧疗法。

(四) 化学原辅材料的安全生产管理

1. 化学原辅材料的仓库保管

① 仓库保管员应熟悉本单位储存和使用的危险化学品的性质及保管业务知识和有关消防安全规定。

② 仓库保管员应严格执行国家、省、市有关危险化学品管理的法律法规和政策，严格执行危险化学品储存管理制度。

③ 严格执行出入库手续，对所保管的危险化学品必须做到数量准确，账物相符，日清月结。

④ 定期按照消防的有关要求对仓库内的消防器材进行管理、定期检查、定期更换。

⑤ 定期对库房进行定时通风，通风时仓库保管员不得远离仓库，做到防潮、防火、防腐、防盗。

⑥ 对因工作需要进入仓库的职工进行监督检查，严防原料和产品流失。

⑦ 对危险化学品按法律法规和行业标准的要求分垛储存、摆放。留出防火通道。

⑧ 正确使用劳保用品，并指导进入仓库的职工正确佩带劳保用品。

⑨ 定期对仓库内及其周围的卫生进行清扫。

2. 装卸搬运化学原辅材料的安全操作

① 在装卸搬运化学原辅材料前，要预先做好准备工作，了解物品性质，检查装卸搬运的工具是否牢固，不牢固的应予更换或修理。如工具上曾被易燃物、有机物、酸、碱等污染的，必须清洗后方可使用。

② 应根据不同物资的危险特性，分别穿戴相应合适的防护用具，工作时对具毒害、腐蚀、放射性等物品更应加强注意。防护用具包括工作服、橡皮围裙、橡皮袖罩、橡皮手套、长筒胶靴、防毒面具、滤毒口罩、纱口罩、纱手套和护目镜等。操作前应由专人检查用具是否妥善，穿戴是否合适。操作后应进行清洗或消毒，放在专用的箱柜中保管。

③ 操作中对化学原辅材料应轻拿轻放，防止撞击、摩擦、碰摔、震动。液体铁桶包装下垛时，不可用跳板快速溜放，应在地上、垛旁垫旧轮胎或其他松软物，缓慢放下。标有不可倒置标志的物品切勿倒放。发现包装破漏，必须移至安全地点整修，或更换包装。整修时不应使用可能发生火花的工具。化学危险物品撒落在地面上时，应及时扫除，对易燃易爆物品应用松软物经水浸湿后扫除。

④ 在装卸搬运化学原辅材料时，不得饮酒、吸烟。工作完毕后根据工作情况和危险品的性质，及时清洗手脸、漱口或淋浴。装卸搬运有毒物品时，必须保持现场空气流通，如发现恶心、头晕等中毒现象，应立即到新鲜空气处休息，脱去工作服和防护用具，清洗皮肤沾染部分，重者送医院诊治。

⑤ 装卸搬运爆炸品，一级易燃品、一级氧化剂时，不得使用铁轮车、电瓶车（没有装置控制火星设备的电瓶车），及其他无防爆装置的运输工具。参加作业的人员不得穿带有铁钉的鞋子。禁止滚动铁桶，不得踩踏化学危险物品及其包装（指爆炸品）。装车时，必须力求稳固，不得堆装过高，氯酸钾（钠）车后亦不准带拖车。装卸搬运一般宜在白天进行，但应避免日晒。在炎热季节，应在早晚作业，晚间作业应用防爆式或封闭式的安全照明。雨、雪、冰封时作业，应有防滑措施。

⑥ 装卸搬运强腐蚀性物品，操作前应检查箱底是否已被腐蚀，以防脱底发生危险。搬运时禁止肩扛、背负或用双手揽抱，只能挑、抬或用车子搬运。搬运堆码时，不可倒置、倾斜、震荡，以免液体溅出发生危险。在现场须备有清水、苏打水或冰醋酸等，以备急救时

应用。

⑦ 装卸搬运放射性物品时，不得肩扛、背负或搂抱。并尽量减少人体与物品包装的接触，应轻拿轻放，防止摔破包装。工作完毕用肥皂和水清洗手脸和淋浴后才可进食饮水。对防护用具和使用工具，须经仔细洗刷，除去射线感染。对沾染放射性的污水，不得随便流散，应引入深沟或进行处理。

⑧ 两种性能互相抵触的物品，不得同地装卸、同车（船）并运。对怕热怕潮物品，应采取隔热、防潮措施。

（五）任务驱动下的理论知识

1. 毒物毒性大小的测定指标

（1）毒害剂量　能引起人某种程度毒害所需的剂量统称为毒害剂量。剂量是决定毒物对机体造成损害的最主要因素。对于同一种毒物，不同剂量对机体造成的损害程度是不一样的。

（2）毒效指标　毒物对人体的损伤作用，是毒剂与机体相互作用的综合表现。因此，毒剂的毒效作用或损伤程度受多种因素的影响。不同的毒剂可引起不同的生理、生化反应，因而决定了各自的临床表现和发展方向。不过其损伤程度在很大程度上依赖于毒物剂量。①半数致死量（用 LD_{50} 表示）。简单的定义是指引起一群受试对象 50%个体死亡所需的剂量。精确的定义指统计学上获得的，预计引起动物半数死亡的单一剂量。LD_{50} 的单位为 mg/kg，LD_{50} 的数值越小，表示毒物的毒性越强。与 LD_{50} 概念相同的剂量单位还有半数致死浓度（LC_{50}）和半数抑制浓度或半数失能浓度（IC_{50}）。LC_{50} 是指能引起一群受试对象 50%个体死亡所需的浓度。IC_{50} 是指一种毒物能将某种酶活力抑制 50%所需的浓度。②绝对致死剂量（用 LD_{100} 表示）。指某实验总体中引起一组受试动物全部死亡的最低剂量。实验总体中一组受试动物的数量视不同实验设计而定，少则 10 个，多则 50～100 个以上。③最小致死剂量（用 MLD 或 MLC 或 LD_{01} 表示）。指某实验总体的一组受试动物中仅引起个别动物死亡的剂量，其低一档的剂量即不再引起动物死亡。④最大耐受剂量（用 MTD 或 LD0 或 LC0 表示）。指某实验总体的一组受试动物中不引起动物死亡的最大剂量。

物质的急性毒性可按 LD_{50} 或 LC_{50} 来分级。一般可按 LD_{50} 将有毒物分为剧毒、高毒、中毒、低毒、微毒等 5 级（表 1-5）。

表 1-5　化学物质的急性毒性分级标准

毒性指标	毒性分级	WHO 标准	中国标准
经口 LD_{50} /(mg/kg)	剧毒	＜1	＜10
	高毒	1～50	11～100
	中等毒	50～500	101～1000
	低毒	500～5000	1001～10000
	微毒	＞5000	＞10000
经皮 LD_{50} /(mg/kg)	剧毒	＜5	＜10
	高毒	5～43	11～50
	中等毒	44～349	51～500
	低毒	350～2809	501～5000
	微毒	≥2810	＞5000

毒性指标	毒性分级	WHO 标准	中国标准
吸入 LC_{50} /(mg/m³)	剧毒	<10	<50
	高毒	10～100	51～500
	中等毒	100～1000	501～5000
	低毒	1000～10000	5001～50000
	微毒	>10000	>50000

2. 危险固体原辅材料的性质及防护解救

(1) 活性炭

① 理化性状。黑色细微粉末。无臭，无味。不溶于任何溶剂。具有高容量吸附有机色素及含氮碱的能力。相对密度 1.8～2.1。

② 危险特性。吸入粉尘有中等程度危险，易燃。

③ 防护措施。操作时应戴护目镜，以避免眼反复接触。操作者应每天淋浴。

(2) 金属钠

① 理化性状。银白色有光泽的极活泼轻金属。无臭。在低温（−20℃）时性质脆硬，常温时质软如蜡，可用刀切开，暴露在空气中即被氧化。相对密度 0.968，熔点 97.8℃，沸点 881.4℃。具有强还原性。遇水剧烈反应，生成氢氧化钠并放出氢气。不溶于苯类和煤油中。

② 危险特性。高度反应性的易燃、易爆物品。遇水或潮气猛烈反应生成氢氧化钠并放出氢气，大量放热，引起燃烧或爆炸。在空气或氧气中能自行燃烧并爆炸使熔融物飞溅。与卤素、磷、氧化剂和酸类剧烈反应，钠的烟雾或蒸气和钠燃烧时产生的氧化钠烟雾等对上呼吸道黏膜有强烈刺激和腐蚀作用，可引起化学性上呼吸道炎。潮湿皮肤和黏膜接触可引起严重的腐蚀性灼伤。

③ 防护措施。处理金属钠时，必须戴好防护眼镜、手套、安全帽等防护用品。绝对不能与水接触，不能在湿度大的场所处理钠。金属钠应储存于煤油中。

(3) 金属锂、钾　性质与金属钠极其相似，可参见金属钠部分。

(4) 连二亚硫酸钠

① 理化性状。白色或灰白色结晶性粉末或块状物。具有特殊臭味和强还原性。露置于空气中极易吸取空气中的氧而变质，生成酸性亚硫酸钠或酸性硫酸钠。相对密度 2.3～2.4。熔点 55℃（分解），遇水即分解。

② 危险特性。250℃ 时能自燃，加热或接触明火也能燃烧。遇水、酸类或与有机物、氧化剂都可放出大量热量而引起剧烈燃烧，并放出有毒和易燃的二氧化硫，吸入能中毒。

③ 防护措施。操作时应戴手套和穿工作服。皮肤接触或眼睛受刺激时，用大量水冲洗。误服者可给予 2%～5%碳酸氢钠溶液雾化吸入。配溶液时，应将连二亚硫酸钠逐渐加入水中而不能反加。

(5) 甲醇钠

① 理化性状。白色无定形易流动粉末。易与氧反应，遇水分解为甲醇和氢氧化钠。能溶于甲醇或乙醇，不溶于苯和甲苯，在空气中受热至 127℃ 以上分解。

② 危险特性。本品露置于潮湿空气或遇水能引起燃烧。对人体皮肤有腐蚀性。燃烧时其烟雾有毒。

③ 防护措施。操作时应戴手套和穿工作服，不能在潮湿条件下操作。

3. 危险液体原辅材料的性质及防护解救

(1) 甲醇

① 理化性状。为无色透明、易挥发、高度极性液体，具有微弱的酒精气味，能与水、醇和醚相混溶。相对密度 0.7924，蒸气相对密度 1.11，沸点 64.5℃，闪点 12.2℃。

② 危险特性。本品有毒，摄入和吸入会引起中毒，误作食用酒精饮入，严重者致眼失明和死亡。极易燃，闪点 464℃，燃烧时生成蓝色火焰。其蒸气能与空气形成爆炸性化合物，爆炸极限为 6.0%～36.5%（体积分数）。

③ 防护措施。加强生产管理，生产设备应密闭，防止跑、冒、滴、漏。操作人员应穿防护工作服，必要时截防护眼镜和隔绝式呼吸器，严防入眼、入口或接触皮肤和伤口。如有沾染，迅速用水冲洗。

(2) 乙醇

① 理化性状。无水乙醇为无色透明液体，易挥发，能迅速吸收空气中的水分，具有特殊芳香气味和辛辣味，能与水、甲醇、醚、三氯甲烷和丙酮等相混溶。能溶解许多有机化合物和若干无机化合物，为弱极性的有机溶剂。相对密度 0.785，沸点 78.3℃，闪点 9～11℃。

② 危险特性。摄入少量乙醇对人体的作用是先兴奋后麻醉，摄入大量乙醇对人体有害。易燃，燃点 422℃，有较大的燃烧危险，其蒸气能与空气形成爆炸性化合物，爆炸极限为 3.3%～19%。

③ 防护措施。在有可能发生皮肤接触的场所，建议使用个人防护用品。

(3) 乙醚

① 理化性状。无色透明易挥发的流动液体，具有吸湿性和芳香气味，并有麻而甜涩的刺激味，溶于醇、苯、三氯甲烷等，微溶于水。相对密度 0.7147，沸点 34.5℃，闪点 −45℃。

② 危险特性。吸入和摄入能中等程度地中毒。非常易燃，燃点 180℃，遇热或火焰时，有严重的燃烧和爆炸危险。其蒸气与空气混合极易爆炸，爆炸极限为 1.85%～48%（体积分数）。见光或久置空气中，逐渐被氧化成过氧化物，受热能自行着火与爆炸。与过氯酸或氯作用，亦发生爆炸。乙醚极易被静电点燃，因此有时也会由于静电而引起火灾。燃烧时产生毒性，能使人昏迷。

③ 防护措施。生产现场保持良好通风，生产过程中严格密闭，操作人员应穿防护工作服，并戴防护眼镜。工作服如被弄湿，立即脱去，以避免燃烧的危险。

(4) 乙醛

① 理化性状。无色易流动的挥发性液体，有刺激性气味，有窒息感，有果香味。久置聚合并发生浑浊或沉淀现象。能与水、醇、醚、苯、甲苯、二甲苯、丙酮等有机溶剂混溶。相对密度 0.783，沸点 20.2℃，熔点 −123.5℃，闪点 −40℃。

② 危险特性。乙醛系易燃有毒液体。对眼、皮肤和呼吸器官有刺激性，轻度中毒会引起气喘、咳嗽及头痛等症状，重者能引起肺炎及脑膜炎。液体进入眼中能引起严重烧伤；其蒸气较长时间吸入，有麻醉作用，引起昏迷。易燃，燃点 185℃，有较大的燃烧和爆炸危险，其蒸气能与空气形成爆炸性混合物，爆炸极限为 4%～57%（体积分数）。极易氧化和还原，在空气中，乙醛与不稳定的过氧化物起氧化作用，并能引起自爆。

③ 防护措施。操作现场应保持良好通风，操作人员应穿适当的工作服，以防止皮肤反复接触或长时间接触。戴防护眼镜，以防眼的接触。操作现场应备洗眼剂。

（5）丙酮

① 理化性状。无色透明易挥发液体，有特殊的愉快气味，能与水、醇、醚、氯仿和大多数油类相混溶，能溶解油脂、树脂和橡胶。相对密度0.792，沸点56.2℃，闪点－9.4℃。

② 危险特性。本品有毒，吸入和摄入有低到中等的毒性。易燃，自燃点537℃，有较大的燃烧危险。其蒸气能与空气形成爆炸性混合物，爆炸极限为2.6％～12.8％（体积分数）。

③ 防护措施。操作现场要保持良好的通风，操作时要戴双层口罩，穿适当工作服，以防止皮肤反复或长时间接触。戴防护眼镜，以防止眼的接触。工作服如被弄湿或受到污染，迅速脱去，以避免燃烧的危险。生产现场要装备安全信号指示器。

4. 危险气体原辅材料的性质及防护解救

（1）氢气

① 理化性状。无色无臭很轻的气体。易燃，为强还原剂。相对密度0.0899。

② 危险特性。能与空气形成爆炸性混合物，遇热或明火即爆炸，爆炸极限（在空气中）为4.1％～74.2％，自燃点550℃。

③ 防护措施。反应器应密闭，防止其在空气中扩散而达到爆炸极限。应严禁明火或火花。

（2）乙硼烷

① 理化性状。无色气体，有令人生厌的甜味。溶于氨水、乙醚和二硫化碳；微溶于冷水。在热水中迅速分解成硼酸和氢气。在室温下遇潮湿空气能自行着火。相对密度（－122℃）0.447，熔点－164.84℃，沸点－92.5℃，闪点－90℃。

② 危险特性。非常易燃，有高度燃烧危险。爆炸极限（在空气中）为0.8％～88％。吸入有高毒，对呼吸器官有强刺激作用，并可使肺部充血。

③ 防护措施。应隔绝空气，在干燥的氮气保护下于通风橱中进行。如需要，应戴防毒面具、橡胶手套，穿具树胶涂层的衣裤相连的工作服，全身防护。

（3）环氧乙烷

① 理化性状。室温下为无色气体，低于12℃为无色液体，具有醚的气味，高浓度有刺激性臭味，溶于一般有机溶剂，能与水以任意比例混溶。相对密度0.8711，沸点10.73℃，闪点－17.7℃。

② 危险特性。易燃，自燃点（在空气中）429℃，有较大的燃烧和爆炸危险。其蒸气能与空气形成范围广泛的爆炸性混合物，爆炸极限为3％～100％（体积分数）。有毒，对眼、皮肤和黏膜有刺激作用，高浓度对中枢神经系统有麻醉作用。

③ 防护措施。加强通风设施，设备应密闭，防止跑、冒、滴、漏。操作时应穿防护工作服和戴手套。

（4）乙炔

① 理化性状。无色易燃气体。略带乙醚气味，市售品因含有磷化氮、硫化氢、氨等杂质而有蒜臭气。相对密度0.62。熔点－81.8℃，沸点－75℃。溶于乙醇，易溶于丙酮。化学性质活泼，能起加成和聚合反应。

② 危险特性。极易燃烧爆炸，能与空气形成爆炸性混合物，爆炸极限为2.8％～81％（体积分数）。自燃点305℃，闪点－32℃。微毒，具有麻醉和阻止细胞氧化作用，使脑缺氧引起昏迷。

③ 防护措施。乙炔一般储存于钢瓶中，应注意压力，防止明火和火花。并注意不能撞

击钢瓶。

（5）1,3-丁二烯

① 理化性状。无色可燃性气体，略带甜味和芳香味，性质活泼，易液化。不溶于水，溶于醇和醚。相对密度0.6211，沸点−4.41℃，闪点−76℃。易发生加成和聚合反应。

② 危险特性。易燃，燃点415 ℃，有较大的燃烧和爆炸危险，与空气能形成爆炸性混合物，爆炸极限为2%～11.5%（体积分数）。毒性较低，高浓度时呈麻醉作用，甚至引起窒息，对呼吸器官有轻微刺激作用，直接与皮肤接触刺激较强。

③ 防护措施。液态1,3-丁二烯因低温可造成冻伤，生产设备应密闭，严防跑、冒、滴、漏。操作人员应穿合适的工作服，以防止皮肤冻伤。戴防护眼镜，防止与眼睛接触。工作服如被弄湿或受到污染，立即脱去，以避免燃烧的危险。

任务三 化学制药设备与电气安全技术

化学制药设备与电气安全管理任务单见表1-6。

表1-6 化学制药设备与电气安全管理任务单

任务布置者：（老师名）	部门：健康安全环保部	费用承担部门：健康安全环保部
任务承接者：（学生名）	部门：培训教室	费用承担部门：健康安全环保部
工作任务：熟识和掌握化学制药设备与电气安全管理，达到安全要求。 工作人员：以工作小组（5人/组）为单位完成本次任务，各小组选派1人集中汇报。 工作地点：培训教室。 工作成果： ① 了解制药企业的电气安全管理，熟知触电事故的防护措施。 ② 熟知制药企业设备的电气运行、维修管理。 ③ 熟知静电的危害、消除及雷电防护。 ④ 了解防火防爆技术。		
任务编号：	项目完成时间：24个工作日	

（一）电气安全管理

电气安全是指电气设备在正常运行及在预期的非正常状态下不会危害人身和周围设备的安全。

电气事故包括：人身触电事故、设备烧毁事故、电气引起的火灾和爆炸事故、产品质量事故、电击引起的二次人身事故。

1. 触电伤害的种类

触电事故是电流的能量直接或间接作用于人体造成的伤害。

（1）按能量施加方式分类

① 电击。即电流通过人体内部，人体吸收能量受到的伤害，也就是俗语中的“过电”。主要伤害部位是心脏、肺部和中枢神经系统。电击是全身伤害，一般不会在人体表面留下大面积明显的伤痕。

② 电伤。电流转化为其他形式的能量造成的人体伤害，主要有电烧伤、电烙印、皮肤金属化三种。电烧伤是指电弧产生的高温对身体造成的大面积损伤。电烙印是电弧直接打到皮肤上，造成皮肤深黑色。皮肤金属化是指由于金属导体的蒸气渗入皮肤，使皮肤变成金属

色。电伤多是局部性伤害，在人体表面留下明显的伤痕。

(2) 按造成事故的原因分类

① 直接接触触电。人体触及正常运行的设备和线路的带电体，造成的触电。

② 间接接触触电。设备或线路发生故障时，人体触及正常情况下不带电而故障时意外带电的带电体而造成的触电。

(3) 按触电方式分类

① 低压触电。380V以下的触电。低压触电又可分为单相触电和两相触电。单相触电是指人体某部位接触地面，而另一部位触及一相带电体的触电事故，触电电压为220V。两相触电是指人体两部分同时触及两相电源，多发生在检修过程中，触电电压为380V。两相触电的危害要大于单相触电。

② 高压放电。当人体靠近高压带电体时，就会发生高压放电而导致触电，而且电压越高放电距离越远。

③ 跨步电压触电。高压电线掉落地面时，会在接地点附近形成电压降。当人位于接地点附近时，两脚之间就会存在电压差，即为跨步电压。跨步电压的大小取决于接地电压的高低和人体与接地点的距离。高压线落地会产生一个以落地点为中心的半径为8～10m的危险区。当发觉跨步电压的威胁时，应双脚并在一起或一只脚跳着离开危险区。

2. 触电事故的防护措施

(1) 低压触电时使触电者脱离电源的方法

①如果电源开关或插头就在触电地点附近，可立即拉开开关或拔出插头。

②如果电源开关或插头不在触电地点附近，可用带绝缘柄的电工钳或干燥木柄的斧头切断电源线。

③当电线搭落在触电者身上时，可用干燥的衣服、手套、绳索、木板、木棒等绝缘物作工具，拉开触电者或挑开电源线。

④如果触电者的衣服很干燥，且未紧缠在身上，可用一手抓住触电的衣服，拉离电源。但因触电者的身体是带电的，其鞋子的绝缘性也可能遭到破坏，所以救护人员不得接触触电者的皮肤和鞋子。

(2) 高压触电时使触电者脱离电源的方法

① 立即通知有关部门停电。

② 抛掷裸金属线使线路短路，迫使保护装置动作，断开电源。抛掷金属线前，应注意先将金属线一端可靠接地，然后抛掷另一端，被抛掷的一端且不可触及触电者或其他人员。

3. 救护中的注意事项

① 救护人员不可直接用手或其他金属或潮湿的物品作为救护工具，而必须使用干燥绝缘的工具。救护人员最好只用一只手操作，以防自己触电。

② 要防止触电者脱离电源后摔伤，特别是当触电者在高处的情况下，应考虑防摔措施。即使触电者在平地上，也要注意触电者倒下的方向，以防摔伤。

③ 如果触电事故发生在夜间，应迅速解决临时照明问题，以利于抢救。

④ 人触电以后，有可能出现“假死”现象，外表上呈现昏迷不醒的状态，呼吸中断、心脏停止跳动。此时应立即进行心肺复苏，并向120急救中心求救。

(二) 制药设备的电气管理

1. 设备的运行管理

设备的运行管理是设备使用期间的养护、检修或校正、运行状态的监控及相关记录的管理。

（1）日常管理　为防止药品的污染及混淆，保证生产设备的正常运行，根据我国《药品生产质量管理规范》（GMP）第三十六条和第三十七条的规定：生产设备的使用者必须能同时从事设备一般的清洁及保养工作。这种日常的清洁维护保养设备是一件重复性工作，应经验证后制定相关的规程，使这项工作有章可循，并记好设备日志。

（2）设备运行状态的监控　设备正常运行时，其运行参数是在一定的范围，如偏离了正常的参数范围就有可能给产品质量带来风险。尤其是空调净化系统、制药用水系统的运行状态必须加以监控，工艺设备的运行状态也应监控。

监控是保证设备、设施系统正常运行的先决条件，是保证药品质量的重要措施。例如空调净化系统的某个电机发生故障，可使洁净区的工艺环境发生变化，无菌灌装产品的要求将无法得到保证。

2. 设备的维修管理

设备的维修管理又称设备维修工程或设备的后期管理，是指对设备维护和设备检修工作的管理。

设备维护是指“保持”设备正常技术状态和运行能力所进行的工作。其内容是定期对设备进行检查、清洁、润滑、紧固、调整或更换零部件等工作。

设备检修是指“恢复”设备各部分规定的技术状态和运行能力所进行的工作。其内容是对设备进行诊断、鉴定、拆卸、更换、修复、装配、磨合、试验、涂装等工作。

设备维修工程的主要内容是研究掌握设备技术状态和故障机制，并根据故障机制加强设备的维护，控制故障的发生，选择适宜的维修方式和维修类别，编制维修计划和制定相关制度，组织检查、鉴定及修理工作。同时做好维修费用的资金核算工作。

（三）静电的危害及消除

摩擦可以产生静电。经典的摩擦起电案例是在夜晚脱下毛衣时，能听到轻微的“啪、啪”声，还可以看到闪烁的火花，这就是毛衣和身体摩擦所发生的静电放电现象。在车间生产中，灌装、输送、搅拌、过滤易燃液体以及人员活动时，都会因摩擦导致静电放电，从而引发火灾爆炸事故。

静电引起的电击不会直接对人体造成致命伤害，但可能会引起摔倒、坠落等二次事故，还可能使人精神紧张，妨碍工作。

为防止火灾爆炸事故的发生，在涉及易燃液体或可燃粉尘的岗位，应采取消除静电的措施。消除静电首先要设法不产生静电，设法不使静电积聚。

1. 限制打料速度

易燃液体在管道内流动时产生的静电量与流动速度、管道内径成正比。因此打料速度越快，产生的静电量就越多，发生静电放电的可能性就越大，同时随着管径的增大，产生的静电量也会增大。

输送易燃液体物料时，静电的严重危害是在管道口处。由于管道本身具有较大电容且管道内部没有空气，易燃液体不会因静电放电在管道内燃烧爆炸。但在管道口处却极易放电，将液体表面的可燃气体混合点燃而发生火灾或爆炸。

2. 从容器底部进料

从罐顶进料时，易燃液体猛烈向下喷洒，所产生的静电电压要比从罐底进料高得多。因此易燃液体的进料管要延伸至罐底，以减少静电产生。若不能伸至罐底，也应将易燃液体导流至罐壁，使之沿罐壁下流。

3. 静电接地

所有涉及易燃液体的容器、管道等设备要相互跨接形成一个连续的导电体并有效接地，从而消除静电的积聚。使用软管输送易燃液体时，要使用导静电的金属软管并接地。静电接地简单有效，是防静电中最基本的措施。

4. 静置

在易燃液体灌装作业时，会有静电积聚。若此时再进行取样、拆除地线等操作，有可能产生静电放电。因此要求易燃液体灌装后和槽车装卸前后均应静置至少15min，待静电充分地消散后方可进行其他作业。

5. 增加空气湿度

在空气湿度较大时，会在物体表面形成一层极薄的水膜，加速了静电的消散，避免了静电放电现象。秋冬季节易发生静电放电，与空气较为干燥有很大关系。车间内可采用洒水或拖地等方法增加空气湿度。

6. 不使用合成纤维布料制的抹布

尼龙等合成纤维布料在摩擦时易产生静电，尤其是在用此类抹布擦拭现场残余可燃液体物料时，有可能因静电放电而引起燃烧或爆炸。因此，车间使用的抹布和拖把均是棉质的。

7. 消除人体静电

人体在作业过程中会因为摩擦而带有静电，存在静电放电的危险。车间应从以下几个方面进行要求：①在进入防爆区时需触摸防静电接地球，以清除人体所带的静电。②不得穿着化纤衣物，应穿戴防静电工作服、帽、鞋，禁止在防爆区内穿脱衣物。③操作时动作应稳重果断，避免剧烈身体运动，严禁追逐打闹。

8. 制药工业厂房的雷电防护

制药工业厂房因其各自生产过程的特征不同，防护措施又有差异。根据《建筑物防雷设计规范》，制药工业厂房中办公楼、前处理车间等不含可燃气体的建筑物按照三类防雷设防，诸如提取车间、合成车间、中试车间等在生产过程中有易燃有机溶剂和易燃气体的建筑物必须按照二类防雷设防。

（四）防火防爆技术

防火防爆的关键在于破坏燃烧的条件，避免“燃烧三要素”可燃物、助燃物、点火源同时存在和相互作用，在火灾爆炸发生后还要防止事故的扩大和蔓延。

1. 密闭系统设备

密闭设备可以有效地防止易燃液体挥发的蒸气与空气混合形成爆炸性混合物，车间涉及到易燃液体的生产过程均是在密闭的设备内进行的。在设备运行时，人孔口等经常开启的部件处于关闭状态。

2. 通风置换

在有火灾爆炸危险的场所内，尽管采取很多措施使设备密闭，但总会有部分可燃物泄漏出来，采用通风置换可以有效地防止可燃物积聚。通风分为自然通风和强制通风，框架式结构的回收单体采用自然通风，机械通风冷却塔采用抽风机或鼓风机进行强制通风。

3. 安全监测

车间应在有火灾爆炸风险的区域安装可燃气体报警器、烟感火灾报警器等设施。可燃气体报警器的探头安装在生产现场的各个区域，当探头感受到现场可燃蒸气浓度升高时，将信息传递给报警器，由报警器通过声、光等形式发出报警信号，通知岗位人员前去处理。采用安全监测手段可以在第一时间发现可燃物泄漏，并及时采取措施进行控制，防止火灾爆炸的发生。

（五）任务驱动下的相关知识

1. 制药设备

用于制药工艺过程的机械设备称为制药机械或制药设备，依据制药设备产品属性分为六类。

（1）原料药生产用设备及机械　化学的和生物的反应设备（反应釜、塔式反应器、管式反应器、固定床反应器、滴流床反应器等）、分离设备（蒸馏精馏塔、结晶装置、过滤设备、浸取与萃取设备）、物料传送设备（泵、风机、螺杆加料器等）。

（2）药物制剂机械与设备　片剂设备、水针（小容量注射）剂设备、粉针剂设备、输液（大容量注射）剂设备、硬胶囊剂设备、软胶囊剂设备、丸剂设备、软膏剂设备、栓剂设备、口服液剂设备、滴眼剂设备、冲剂设备等。

（3）药用粉碎设备　万能粉碎机、超微粉碎机、锤式粉碎机、气流粉碎机、齿式粉碎机、超低温粉碎机、粗碎机、组合式粉碎机、针形磨、球磨机等。

（4）饮片机械　选药机、洗药机、烘干机等。制药用水设备。采用各种方法制取药用纯水的设备，包括电渗析设备、反渗析设备、离子交换纯水设备等水处理设备，以及纯蒸汽发生器、多效蒸馏水机和热压式蒸馏水机等。

（5）药品包装机　小袋包装机、泡罩包装机、瓶装机、印字机、贴标签机、装盒机、捆扎机、拉管机、安瓿制造机、制瓶机、吹瓶机等。

（6）药物检测设备　包括崩解仪、溶出试验仪、融变仪、脆碎度仪和动力仪，以及紫外可见分光光度计、近红外分光光度计和高效液相色谱仪等。

（7）制药用其他机械设备　空调净化设备、局部层流罩、送料传输装置、提升加料设备、不锈钢卫生泵以及废弃物处理设备。

2. 设备标准操作规程

标准操作规程（standard operation procedure，简称 SOP)。在世界卫生组织（WHO）的 GMP 以及我国的 GMP 和 GMP 实施指南中分别给予了规定和解释。

WHO 定义的标准操作规程：批准的书面规程，不一定专指一特定产品或一特定物料，是一个通用性的为完成操作而下的命令（例如：设备的操作、维修和清洗；验证；厂房的清洗和环境控制；取样和检查）。

我国 GMP 定义的标准操作规程：经批准用以指示操作的通用性文件或管理办法。

以上所述的标准操作规程广义地讲是指规范所有管理行为和生产、检验等操作的规章制度和操作指南。SOP 即是某项具体操作的书面文件，它详细地指导人们如何完成一项特定的工作，达到什么目的。企业中每个部门、每个岗位、每项操作均需制定 SOP。

标准操作规程的内容包括：规程题目；规程编号；制定人及制定日期；审核人及审核日期；批准人及批准日期；颁发部门；分发部门；生效日期；正文。

3. 外部防雷装置与内部防雷装置

为了避免电气设备遭受直击雷以及防止感应过电压击穿绝缘，通常采用避雷针、避雷线、避雷器等设备进行过压保护。国际电工委员会编制标准将建筑物的防雷装置分为两大部分：外部防雷装置和内部防雷装置，建筑物的防雷设计必须将外部防雷装置和内部防雷装置作为整体统一考虑。

(1) 外部防雷装置　由接闪器、引下线和接地装置三部分组成。接闪器（也叫接闪装置）有三种形式：避雷针、避雷带和避雷网，它位于建筑物的顶部，其作用是引雷或叫截获闪电，即把雷电流引下。引下线，上与接闪器连接，下与接地装置连接，它的作用是把接闪器截获的雷电流引至接地装置。

(2) 内部防雷装置　用以减少建筑物内的雷电流和所产生的电磁效应以及防止反击、接触电压、跨步电压等二次雷害。除外部防雷装置外，所有为达到此目的所采用的设施、手段和措施均为内部防雷装置，它包括等电位连接设施（物）、屏蔽设施、加装的避雷器以及合理布线和良好接地等措施。随着电子设备的广泛使用，雷电电磁脉冲的危害也相对严重起来。只设计外部防雷装置而不配置内部防雷装置，接闪器再好，也无法获得好的防雷效果。

任务四　化学制药职业安全健康管理技术

化学制药职业安全健康管理任务单见表 1-7。

表 1-7　化学制药职业安全健康管理任务单

<table>
<tr><td>任务布置者:(老师名)</td><td>部门:健康安全环保部</td><td>费用承担部门:健康安全环保部</td></tr>
<tr><td>任务承接者:(学生名)</td><td>部门:培训教室</td><td>费用承担部门:健康安全环保部</td></tr>
<tr><td colspan="3">工作任务:熟识和掌握化学制药职业安全健康管理,达到安全要求。
工作人员:以工作小组(5 人/组)为单位完成本次任务,各小组选派 1 人集中汇报。
工作地点:培训教室。
工作成果:
① 了解制药企业安全健康管理的内涵。
② 理解职业健康安全管理体系,建立安全管理体系并编写岗位标准操作规程。
③ 熟知制药企业员工身体健康保护管理。</td></tr>
<tr><td>任务编号:</td><td colspan="2">项目完成时间:24 个工作日</td></tr>
</table>

(一) 制药职业安全健康管理

在药品生产过程中，因生产过程中的管理不合理、规章制度不完善或某些药品的生产环境与生产工序等特殊要求，可能引起生产人员身体不适，使生产人员患上各种疾病，甚至由这些疾病可导致生产人员伤残而丧失生产能力或死亡。如无菌操作生产的生产人员没有及时更换岗位，导致生产人员的抵抗力下降，患上各种疾病等；又如小容量注射剂的可见异物检查，需要生产人员依靠肉眼进行观察，时间过长可引起生产人员的视觉疲劳，甚至视力下降。

1. 制药职业安全健康管理的概念

制药企业健康管理从广义上讲是指保护企业人员在劳动过程中的生命安全和身心健康；从狭义上来讲是指国家和制药企业为保护企业人员在劳动过程中的安全和健康所采取的立法和组织管理与技术措施的总称，如《最新药品生产质量安全管理规范及药品生产许可法定程序规则实施手册》、《中华人民共和国药品管理法》等。

2. 制药职业安全健康的管理

制药企业健康保护的任务主要有：一是保证企业人员在劳动过程中的生命安全和身心健康；二是保证制药企业周边居民的生命安全和身心健康；三是保证制药企业周边的空气、河流、土壤等不会受到污染。制药企业为完成上述健康保护的任务，必须制定各种规章制度，制定各种规章制度的指导方针是“安全第一，预防为主”。

制药企业健康保护管理包括健康保护组织机构、健康保护法律体系、健康保护教育和健康保护监察。

（二）职业健康安全管理体系

1. 职业健康安全管理体系

OHSMS（occupation health safety management system，职业健康安全管理体系）是 20 世纪 80 年代后期在国际上兴起的现代安全生产管理模式，它与 ISO9000 和 ISO14000 等标准化管理体系一样被称为后工业化时代的管理方法。OHSMS 的基本思想是实现体系持续改进，通过周而复始地进行“计划、实施、监测、评审”活动，使体系功能不断加强。它要求组织在实施职业安全卫生管理体系时始终保持持续的改进意识，对体系进行不断修正和完善，最终实现预防和控制工伤事故、职业病及其他损失的目标。

OHSMS 的目的是帮助组织采用系统化的管理方法，提高组织的职业健康安全管理水平，推动组织职业健康安全绩效的持续改进，并为第三方提供评审或审核的依据。因此，OHSMS 标准是认证性标准，是 OHSMS 建立和认证的最终依据，而不是指导组织如何建立 OHSMS 的标准。

2. 职业健康安全管理体系的建立与实施

通常而言，建立和实施职业健康安全管理体系可分为 6 个基本过程：

① 职业健康安全管理体系的准备与策划阶段；

② 职业健康安全管理体系文件的编写阶段；

③ 职业健康安全管理体系的试运行阶段；

④ 职业健康安全管理体系的内部审核；

⑤ 职业健康安全管理体系的管理评审；

⑥ 职业健康安全管理体系的运行与改进。

在体系建立过程中，组织应注意以下几个方面的问题。

（1）职业健康安全管理体系应与组织现有的管理体系相结合　一般情况下，组织客观上总是存在一个无形的“职业健康安全管理体系”，实际上就是对组织原有的职业健康安全管理加以规范，明确职责、制定方针和目标来加强对职业健康安全的管理，从而改善组织的职业健康安全管理行为，达到“安全第一，预防为主”的目的。

（2）体系应充分结合组织的实际情况和特点　不同组织经营的性质、规模和风险的大小、复杂程度及其员工的素质等，均会影响组织的职业健康安全方针、目标及管理方案，企业在根据标准建立体系时应与自身实际相结合。

（3）体系是动态　根据标准所规定的方针，通过策划、实施与运行、检查和纠正措施等环节建立的体系，随着科学技术的进步、法规的完善和客观情况的变化等，会不断地改进和完善，并呈螺旋式上升，使原来的体系不断改进，从而达到持续改进的目的。

（4）要与组织内的其他管理体系兼容　尽管质量管理、环境管理和职业健康安全管理所针对的对象不一样，但这三种管理体系的框架有很大相似之处，在内容上也有很多方面是交叉的，尤其在环境体系与职业健康安全管理体系之间更是如此。因此将职业健康安全管理体系结合好，是建立体系时应认真考虑的问题。

（三）制药企业员工身体健康管理

制药企业员工在生产过程中，良好的生产条件不但能保证其生产的药品质量合格，也能保护其身体健康；而不良的生产条件不但会影响其生产的药品质量，也会引起其健康损害，甚至引起职业病。

1. 主要职业有害因素

在生产环境，生产过程中存在的可直接危害生产者健康的因素称为职业有害因素。自从制药企业实施GMP后，厂房的布局和设计不合理、正常生产环境如温度等职业有害因素就得到了控制，例如制药企业生产车间的温度通过空调系统控制在18～26℃，可使工作人员在舒适的温度环境下从事工作。

制药企业的职业性有害因素是生产性有害因素，按其性质可分为三类。

（1）化学因素

① 生产性毒物。常见的有金属，如铅、汞、镉及其化合物；类金属，如砷、磷等及其化合物；有机溶剂，如苯、甲苯、二硫化碳等；有害气体，如氯气、氨、酸类、一氧化碳、硫化氢等；苯的氨基、硝基化合物等；高分子化合物生产过程中产生的毒物等。

② 生产性粉尘。化学合成制药工业，可接触矽尘、煤尘、锰尘等，但危害最严重的是药物性粉尘，主要产生于原料药的配料、包装，成品的压片等生产过程，如氨基比林药尘、磺胺药尘、巴比妥药尘等。

（2）物理因素

① 异常气候条件。如高气温、强热辐射；低气温、高气流等。

② 噪声、震动。

③ 非电离辐射。如紫外线、可见光、红外线、激光等。

（3）其他　劳动时间安排不合理、劳动强度过大、强迫体位以及其他因素，也不同程度地存在于制药工业中。

2. 常见职业病及多发病

（1）职业中毒　以刺激性气体中毒和各种有机溶剂中毒最常见。前者多因事故所致，呈急性中毒过程，后者多为慢性中毒。

（2）职业性皮肤病　除原料、中间品可引起皮肤损害外，原药、成品也是引起职业性皮肤病的常见原因。常见者为接触性皮炎和过敏性皮炎，小面积化学性烧伤亦不少见。

（3）其他　尘肺、局部振动病、噪声聋，在某些制药行业中偶有发生。化学性眼病多见于制药操作工，接触氯喹的工人可引起眼球色素沉着等，生产激素的工人易引起激素综合征。各种原药、成品的粉尘和蒸气长期少量进入体内，可因药物本身的药理作用而引起相应的症状或体征。

3. 防护措施

（1）设备布局

① 由于工艺要求，离心机一般不集中安装，但应在车间的一侧设单独隔离间，封闭该作业环境与其他工序的联系，甩料时密闭门窗，使有害气体或蒸气不至逸散到整个车间。

② 与离心机配套的空压机、风机、水泵等设单独房间，并尽可能安装在底层，外墙开门窗，内窗采用双层密闭隔声观察窗，并设立隔声值班室；如内墙留有门窗，则必须与生产区之间设置隔离通道以隔声，使机房内值班室的噪声符合《工业企业噪声控制设计规范》的要求。

③ GMP要求的精烘包洁净生产区中的离心甩干设备应设独立房间。

（2）工艺措施

① 提高自动化水平，减少作业工人与化学物质的接触机会。

② 在工艺允许的情况下将离心机盖改为带观察口或透明材质的盖子，对有机溶剂物料

加封不锈钢盖，对酸性物料加封搪瓷玻璃盖，甩料时需投加液态化学品的工艺将人工加料改为真空密闭管道加料，加料后将离心机上口密闭，禁止敞口离心甩干，并设内吸式装置，使离心机内腔呈负压状态，将热量和挥发的有毒化学物质外排，避免向车间内逸散。

③ 改革生产工艺，上道工序来的高温物料离心甩干前，先对物料进行减压浓缩，回收易挥发的溶剂，冷却后再离心甩干，以减少甩料时毒物的挥发量。

④ 选用新型低噪声设备，并对离心甩干电机加装基础减震垫、隔声罩、消声器，使作业场所的噪声强度符合《工业企业噪声控制设计规范》的要求。

（3）通风措施

① 离心甩干工作环境应采取有效的局部密闭排风和全面机械排风相结合的综合防护措施，其排毒口设于屋顶，并采用防爆轴流风机，控制工作场所空气中有害物质的浓度。

② 精烘包洁净区的离心甩干设备，甩干时有毒物质浓度可能突然增高，排风出口应设置在靠近离心甩干设备的底部，控制点风速应足以将发生源产生的有害气体排出室外，避免有害气体经过呼吸带。同时，净化空调系统应有足够的送风量，但不得采用循环空气用于空气调节，使工作场所中有害因素职业接触限值符合国家卫生标准，并防止污染其他洁净空调室。

③ 对生产工艺中产生的有机废气、酸雾废气排风后采用二级喷淋吸收塔，吸收净化后15m以上高空排放。

④ 离心甩干机上口设置的排气罩必须遵循形式适宜、位置正确、操作方便、风量适中、强度足够、检修方便的设计原则，罩口风速或控制点风速应足以将发生源产生的有害气体吸入罩内，确保达到高捕集效率；并在排风罩口管道处增加隔板，让各类排风管道只在使用时打开，合理调整排风量，使控制点风速达到排毒要求。

⑤ 在离心机下方的出口处安装密闭式溶剂接收罐，且设内吸风装置，加密闭盖、排风管和阀门，防止离心甩干时有害气体或蒸气在出料时逸出，污染车间空气。

（4）个人防护

① 接触吡啶、盐酸等刺激性、腐蚀性有毒化学物质的作业人员应配备符合要求的工作服、靴、手套、口罩和防护眼镜，防止或减轻对眼睛和皮肤的化学性损伤。

② 按照《工业企业职工听力保护规范》的规定，对工作场所噪声接触卫生限值超标和有可能每班接触噪声 $L \geqslant 85$dB 的工人配备 3 种以上声衰值足够、舒适有效的护耳器，并经常维护、检修，定期检测其性能和效果。

（5）应急救援

① 甩干物料中含有盐酸时，有可能发生化学灼伤事故，其工作地点应设置冲洗眼睛和皮肤的事故喷淋装置，并保障常年温水供应，其服务半径（距酸作业点）＜15m，并配备应急救援设备、器材和急救药品，一旦溅到眼内或皮肤，按操作规程可及时冲洗和救治，防止或减少对眼睛和皮肤的损伤；甩料时有可能接触吡啶、氨气、酸雾等刺激性气体时，其工作地点应配备足够数量的氧气呼吸器和急救药物。作业工人一旦发生中毒，应立即脱离现场，更换衣服，吸入氧气，保持呼吸道畅通，防止发生喉头水肿及肺水肿。

② 离心甩干工位有可能突发泄露大量有毒物品或易造成急性中毒，应设置自动报警装置和事故通风设施，其通风换气次数不少于 12 次/h。

③ 在离心甩干工位设置职业病危害警示标识、警示线和告知牌，说明产生职业中毒危害的种类、后果、预防以及应急救治措施等。

（6）管理措施

① 存在苯等高毒物质的作业场所设置红色区域警示线；存在甲醇、丙酮、醋酸乙酯、

吡啶、乙酸、氨、二甲基甲酰胺、盐酸等一般毒物作业场所设置黄色区域警示线，并在醒目位置设置警示标识和中文警示说明，载明作业时产生的职业病危害种类及对作业工人造成的后果、预防以及应急救治措施等内容。

② 对可能发生跑、冒、滴、漏的设备及管道筛选先进的生产设备和生产工艺，经常维修，防锈蚀，杜绝液态物料污染车间环境。

③ 制定严格的操作规程，随时清洗污染的地面，防止毒物的二次污染，保证离心甩干作业场所有害物质浓度符合国家卫生标准要求。

④ 对工作场所进行职业病危害的定期检测与评价；控制作业环境职业病危害因素的浓度（强度），使之符合国家卫生标准的要求。

⑤ 对劳动者上岗前和在岗期间定期进行职业卫生培训，指导劳动者正确使用职业病防护设备和个人使用的职业病防护用品。对个人使用的职业病防护用品应当进行经常性的维护、检修，定期检测其性能和效果，确保其处于正常使用状态。

⑥ 对接触职业病危害的劳动者，组织上岗前、在岗期间和离岗时的职业健康检查，及时调离职业禁忌人员，建立、健全职业卫生档案和劳动者健康监护档案；对噪声环境下的作业人员进行基础听力测定和定期跟踪听力测定，每年检测作业场所的噪声和工人噪声暴露水平。

⑦ 制定防护设施维修制度，对离心机的局部排风设施进行经常性的维修、检修，定期检测其性能和效果，确保其排风量始终达到设计风量，保证离心机作业场所有害物质浓度符合国家职业卫生标准的要求。总之，制药行业原料药生产离心甩干工序如能依据国家有关标准、规范进行控制，并完善职业病防护措施的设计，采纳上述防护对策，加强管理，即可望使生产环境中的职业病危害因素治理符合国家卫生标准，防止职业危害的发生。

（四）任务驱动下的相关知识

职业健康安全管理体系标准的相关术语。

（1）事故　造成死亡、疾病、伤害、损坏或其他损失的意外情况。

（2）持续改进　为改进职业健康安全总体绩效，根据职业健康安全方针，组织强化职业健康安全管理体系的过程。

（3）危险源　可能导致伤害或疾病、财产损失、工作环境破坏或这些情况组合的根源或状态。

（4）危险源辨识　认识危险源的存在并确定其特性的过程。

（5）事件　导致或可能导致事故的情况。

（6）相关方　与组织的职业健康安全绩效有关的或受其职业健康安全绩效影响的个人或团体。

（7）不符合　任何与工作标准、惯例、程序、法规、管理体系绩效等的偏离，其结果能够直接或间接导致伤害或疾病、财产损失、工作环境破坏或这些情况的组合。

（8）目标　组织在职业健康安全绩效方面所要达到的目的。

（9）职业安全卫生（occupational health and safety，OHS）影响工作场所内员工、临时工作人员、合同方人员、访问者及其他人员健康和安全的条件与因素。

（10）职业安全卫生管理体系（occupational health and safety management system，OHSAS）总的管理体系的一个部分，便于组织对其业务相关的职业健康安全风险的管理，包括为制定、实施、实现、评审和保持职业健康安全方针所需的组织机构、策划活动、职责、惯例、程序、过程和资源。

(11) 绩效 (performance) 基于职业健康安全方针与目标，与组织的职业健康安全风险控制有关的，职业健康安全管理体系的可测量的结果。

(12) 风险 某一特定危险情况发生的可能性和后果的组合。

(13) 风险评估 评估风险大小以及确定风险是否可容许的全过程。

(14) 安全 免除了不可接受的损害风险的状态。

(15) 可容许的风险 根据组织上法律义务和职业健康安全方针，已降至组织可接受的程度的风险。

任务五 化学制药安全系统分析与评价技术

化学制药安全系统分析与评价管理任务单见表 1-8。

表 1-8 化学制药安全系统分析与评价管理任务单

任务布置者:(老师名)	部门:健康安全环保部	费用承担部门:健康安全环保部
任务承接者:(学生名)	部门:培训教室	费用承担部门:健康安全环保部
工作任务:熟识和掌握化学制药安全系统分析与评价管理,达到安全要求。 工作人员:以工作小组(5 人/组)为单位完成本次任务,各小组选派 1 人集中汇报。 工作地点:培训教室。 工作成果: ① 了解安全系统工程和系统危险性分析。 ② 掌握医药企业安全系统分析与评价,并根据实际情况进行危险分析。		
任务编号:	项目完成时间:24 个工作日	

(一) 安全系统分析及系统危险性分析

安全系统工程就是应用科学和工程原理、标准和技术知识，分析、评价和控制系统中的危险，把生产中的安全作为一个整体系统，应用科学的方法对构成系统的各个要素进行全面的分析，判明各种状况的危险特点以及导致灾害性事故的因果关系，进行定性和定量分析。对系统的安全性做出预测和评价，把系统事故减少至最低限度，使在既定的作业、时间和费用范围内取得最佳的安全效果。

1. 危险性

指对于人身和财产造成危害和损失的事故发生的可能性。

2. 分析步骤

① 危险性辨识。通过以往的事故经验，或对系统进行解剖，或采用逻辑推理的方法，把评价系统的危险性辨识出来。

② 找出危险性导致事故的概率及事故后果的严重程度。

③ 一般以以往的经验或数据为依据，确定可接受的危险率指标。

④ 将计算出的危险率与可接受的危险率指标比较，确定系统危险性水平。

⑤ 对危险性高的系统，找出其主要危险性并进一步分析，寻求降低危险性的途径，将危险率控制在可接受的指标之内。

(二) 医药企业安全系统分析与评价

医药企业与其他工业企业相比，有很大的危险性，首先，其原料、中间体及产品均为易燃、易爆、毒性、腐蚀性的化学性物质；其次化学加工工艺本身的特殊性，高压、低压、高温、低温、高速、深冷等操作中包含许多不安全因素，给生产和职工生命造成一定的威胁，若在日常安全工作中对生产工艺的危险源进行辨识、评价及控制，可防止事故的发生或把事故损失减少到最小。通过工艺的安全评价可对系统中固有的潜在的危险性及其严重程度进行预先的测评、分析和确定，并为安全决策提供科学依据。

评价原理

火灾爆炸危险用来评价所分析的单元内的物质性质及进行的工艺过程的危险性；毒性危险则描述单元内物质的毒害性质；作业危险表示在单元中的潜在危险对操作人员构成的威胁情况。由此三方面可评定各自的危险等级。而对于整个单元的危险性应综合四方面的情况来决定。

(1) 单元评价　单元指生产场所或生产装置的一部分，在工艺上有相对独立性。有化学危险物料的作业场所和生产装置的单元按作业范围划定；库房及储罐区的单元划分，按库房及储罐区的区域划定；厂方、建筑物、构筑物、简单的公用设施等，分别划在某一单元中。单元有时是装置的一部分，与其他部分保持一定的距离并用防火墙或防爆墙与其他部分隔开；另外一些情况下单元是存在着特殊危险的区域。

(2) 火灾爆炸危险评价　单元内火灾爆炸危险由单元内存在的物质的危险系数、一般工艺系数、特殊工艺系数构成。

一般工艺包括化学反应、物质处理及操作方式、物质输送及储存、消防通道，以及在封闭厂房内处理有毒有害物、易燃易爆液、可燃性粉尘等 5 种类型。

特殊工艺危险性是导致事故发生的重要因素，包括高温系数、低温系数、操作压力系数、操作浓度系数、粉尘爆炸系数、工艺过程中物质量系数、设备系数、泄漏系数、明火系数、油换热系数、雷电系数、静电系数、厂房系数、防爆电气系数、腐蚀系数等 16 个系数。

综合一般与特殊工艺系数参数可得火灾爆炸指数，同时采取一些积极的安全技术措施及管理措施可以降低危险性。

(3) 单元毒性　单元毒性表示单元中使用的物质的毒性对人产生的潜在危险情况，单元毒性可由健康危害指数、毒物级别及工艺条件决定。

(4) 作业危险　医药工业的主要危险是火灾、爆炸、中毒，医药工业还存在其他的危险，灼烫、机械伤害、触电、物体打击、车辆伤害、起重伤害、淹溺、高处坠落、坍塌、锅炉爆炸、容器爆炸等，这些伤害都与作业有关，其危险由三因素乘积决定。

(三) 任务驱动下的相关知识

安全系统工程是以预测和防止事故为中心，以检查、测定和评价为重点，按系统分析、安全评价和系统综合三个基本程序展开。

1. 系统分析

系统分析是以预测和防止事故为前提，对系统的功能、操作、环境、可靠性等经济技术指标以及系统的潜在危险性进行分析和测定。系统分析的程序、方法和内容如下。

① 把所研究的生产过程和作业形式作为一个整体，确定安全设想和预定的目标。

② 把工艺过程和作业形式分成几个部分和环节，绘制流程图。

③ 应用数学模型和图表形式以及有关符号，将系统的结构和功能抽象化，并将因果关系、层次及逻辑结构用方框或流线图表示出来，也就是将系统变换为图像模型。

④ 分析系统的现状及其组成部分，测定与诊断可能发生的故障、危险及其灾难性后果，分析并确定导致危险的各个事件的发生条件及其相互关系。

2. 安全评价

（1）安全评价概念　安全评价包括对物质、机械装置、工艺过程及人机系统的安全性评价，内容有：① 确定适用的评价方法、评价指标和安全标准；② 依据既定的评价程序和方法，对系统进行客观的、定性或定量的评价，结合效益、费用、可靠性、危险度等指标及经验数据，求出系统的最优方案和最佳工作条件；③ 在技术上不可能或难以达到预期效果时，应对计划和设计方案进行可行性研究，反复评价，以达到符合最优化和安全标准为目的。

（2）安全评价现状　安全评价是以实现工程、系统安全为目的，应用安全系统工程的原理和方法，对工程、系统中存在的危险、有害因素进行辨识与分析，判断工程、系统发生事故和职业危害的可能性及其严重程度，从而为制定防范措施和管理决策提供科学依据。

（3）安全评价的目的

① 促进实现本质安全化生产。

② 实现全过程的安全控制。设计之前，采用安全工艺及原料；设计后，查出缺陷和不足，提出改进措施；运行阶段，了解现实危险性，进一步采取安全措施。

③ 建立系统安全的最优方案，为决策者提供依据。

④ 为实现安全技术、安全管理的标准化和科学化创造条件。

3. 系统综合

系统综合是在系统分析与安全评价的基础上，采取综合的控制和消除危险的措施，具体如下。

① 对已建立的系统形式、潜在的危险程度及可能的事故损失进行验证，提出检查与测定方式，制定安全技术规程和规定，确定对危险性物料、装置及废弃物的处理措施。

② 根据安全分析评价的结果，研究并改进控制系统，从而控制危险，以保证系统安全。

③ 采取管理、教育和技术等综合措施，对工艺流程、设备、安全装置及设施、预防及处理事故方案、安全组织与管理、教育培训等方面进行统筹安排和检查测定，以有效地控制和消除危险，避免各类事故。

任务六　安全事故应急处理实训

安全事故应急处理实训任务单见表 1-9。

表 1-9　安全事故应急处理实训任务单

<table>
<tr><td>任务布置者：(老师名)</td><td>部门：健康安全环保部</td><td>费用承担部门：健康安全环保部</td></tr>
<tr><td>任务承接者：(学生名)</td><td>部门：培训教室</td><td>费用承担部门：健康安全环保部</td></tr>
<tr><td colspan="3">工作任务：熟识和掌握安全事故应急处理方法，达到安全要求。
工作人员：以工作小组(5 人/组)为单位完成本次任务，各小组选派 1 人集中汇报。
工作地点：培训教室。
工作成果：根据现有知识，针对不同事故，分别制定相应预案。
① 火灾应急措施。
② 化学品泄漏事故应急措施。
③ 急性化学品中毒事件的处理应急预案。
④ 编写岗位标准操作规程(SOP)。
⑤ 汇报展示 PPT。</td></tr>
<tr><td>任务编号：</td><td colspan="2">项目完成时间：3 个工作日</td></tr>
</table>

任务驱动下的相关知识

（一）火灾应急措施

1. 洁净区安全疏散

① 熟悉洁净区安全消防通道。洁净厂房每一生产层、每一防火分区或每一洁净区的安全出口，均应不少于两个，并分散在不同方向。安全出口的门不锁，应从里面能开启。

② 保持安全通道出口畅通无阻，切不可堆放杂物或封闭上锁。

③ 火势初期，如果发现火势不大，未对人与环境造成很大威胁，其附近有消防器材，如灭火器、消防栓、自来水等，应尽可能地在第一时间将火扑灭，不可置小火于不顾而酿成火灾。

2. 逃生注意事项

当火灾失去控制时，不要惊慌，应冷静机智、辨明方向，利用消防通道尽快撤离险地，并及时发出信号，寻求外界帮助。如果火灾现场人员较多，切不可慌张，更不要相互拥挤、盲目跟从或乱冲乱撞、相互践踏，以免造成意外伤害。如果现场烟雾很大或因断电能见度低无法辨明方向，则应贴近墙壁或按提示灯的提示，摸索前进，找到安全出口。

如果逃生要经过充满烟雾的路线，为避免浓烟呛入口鼻，可使用毛巾或口罩蒙住口鼻，同时使身体尽量贴近地面或匍匐前行。烟气较空气轻而飘于上部，贴近地面撤离是避免烟气吸入、滤去毒气的最佳方法。穿过烟火封锁区，应尽量配戴防毒面具、头盔、阻燃隔热服等护具。如没有这些护具，可向头部、身上浇冷水或用湿毛巾等将头、身体裹好，再冲出去。

如果用手摸房门已感到烫手，或已知房间被大火或烟雾围困，切不可打开房门，否则火焰与浓烟会顺势冲进房间。这时可采取创造避难场所、固守待援的办法。首先应先关紧迎火的门窗，打开背火的门窗，用湿毛巾或湿布条塞住门窗缝隙，或者用水浸湿棉被蒙上门窗，并不停地泼水降温，同时用水淋透房间内可燃物，防止烟火渗入，固守在房间内，等待救援人员到达。

（二）化学品泄漏事故应急措施

1. 事故报警

当现场操作人员发现装置、设备有泄漏现象时，首先应急时向调度和有关领导汇报。由调度长、事故主管领导根据事故地点、事态的发展决定应急救援形式：单位自救还是采取社会救援。若是公司的力量不能控制或不能及时消除事故后果，应根据情况拨打110、119、120等报警电话尽早争取社会支援，或直接借助政府的力量来获取支援，以便控制事故的发展。

2. 出动应急救援队伍

各主管单位在接到报警后，应迅速组织应急救援队伍（由抢险抢修人员、消防人员、安全警戒人员、抢救疏散人员、医疗救护人员、物资供应人员等组成）赶赴现场，在做好自身防护的基础上，按各自分工快速实施救援，控制事故发展。

（1）抢险抢修作业

① 泄漏控制。工作现场的操作工人应及时查明泄漏的原因、泄漏点确切的部位、泄漏的程度，及泄漏点的实际压力，及时采取措施修补或堵塞漏点，制止进一步泄漏，必要时紧急停车。若是大面积的泄漏或是产品槽泄漏时，应及时将剩余的化学品倒到备用的储槽中。

② 泄漏物处理。如为液体，泄漏到地面上时会四处蔓延扩散，难以收集。应及时用沙

土筑堤堵截吸收，或是引流到安全地点，严防液体流入下水道。

设备抢修作业：事故现场严禁任何火种，严禁用铁器敲击管道。各种管道、设备的修复需要动火时，必须先用蒸汽吹扫，用气体测爆仪检测可燃气体的含量，在确定合格后方可动火。动火时要有指定的监火人，事先将消防器材准备好。

恢复生产检修作业：在恢复生产前，应先对系统进行气密试验，确保漏点已完全消除。

(2) 消防作业　由调度组织的人员和消防队员负责抢救在抢险抢修过程中受伤、中毒的人员，和负责扑救火灾。

(3) 建立安全警戒区　泄漏事故发生后，应根据泄漏的扩散情况，建立警戒区：一般情况下，公司依靠自己的力量能够控制事故的发展时，警戒区应定为厂区；若是以公司的力量难以控制事故的发展并征求社会救援时，警戒区应定为厂区及周边的村庄，并在通往事故现场的主要干路上实行交通管制，保证现场及厂区道路畅通。①在警戒区的边界设立警示标志，并由专人警戒。②除消防、应急处理人员及必须坚守岗位人员外，其他人员禁止进入警戒区。③区域内严禁任何火种。

(4) 抢救疏散　如果是大量的泄漏且无法挽救时，迅速将警戒区及污染区内与事故无关的人员撤离。疏散时：①需要配戴防毒面具、劳保用品或采取简易有效的防护措施，并有相应的监护措施。②应向上风方向转移，有专人引导和护送疏散人员到安全区，并在疏散或撤离的路线上设立哨位，指明方向。③不要在低洼处滞留。④查明是否有人留在污染区。

(5) 医疗救护　在事故现场，当有人中毒、窒息、烧伤、灼伤时，应时进行现场急救。

现场急救应注意：①选择有利的地形设置急救地点；②做好自身及伤、病员的个体防护；③应至少 2～3 人为一组集体行动，以便相互照应。

(6) 当现场有人受到化学品伤害时，应立即进行以下处理：

① 迅速将患者撤离现场至空气新鲜处。

② 呼吸困难、窒息时应立即给氧；呼吸停止时立即进行人工呼吸及心脏按压。

③ 皮肤污染时，脱去污染的衣服，用流动清水冲洗，冲洗要及时、彻底、反复多次；头面部灼伤时，要注意眼、耳、鼻、口腔的清洗。

④ 当人员发生烧伤时，应迅速将患者的衣服脱去，用流动的清水冲洗降温，用清洁布覆盖伤面，不要任意将水疱弄破，避免伤口感染。

经现场处理后应立即送往医院进一步治疗。

(7) 物资供应　由调度通知库房准备好沙袋、锹镐、水泥等消防物资及劳动保护用品、医疗用品、急救车辆，将所需物资及时供应现场。

(三) 急性化学品中毒事件的处理应急预案

1. 可能引起急性化学中毒事故的原因

引起急性化学中毒事故的原因很多，主要原因有：危险化学品储藏中发生渗漏、标识模糊不清、稀释过程引发的，演示实验过程和学生实验过程中引发的，违反实验操作规则等。

2. 预防办法

① 加强对危险化学品的管理，制定管理和实验操作规则，并配备专人管理，对危险化学品实行专人、专柜、加锁的措施。

② 加强对学生实验课的规范教育。

③ 加强实验课前对化学用品、实验设备的检查与维护，发现问题、及时整改。

3. 处置程序

一旦发生事故，立即向学校报告，学校领导应立即赶到现场，同时在第一时间向教育局有关部门报告。

① 做好现场抢救，落实现场抢救人员及减轻中毒程序，防止并发症，争取时间，为进一步治疗创造条件。

② 做好现场疏散工作，控制事故势态的扩大。

③ 及时向上级报告，并做好告知家长的工作。

④ 做好家长安抚工作和其他学生及家长的思想工作，控制事态，维持学校教学秩序的正常进行，并及时做好随访工作。

4. 现场抢救

① 气体或蒸气中毒，应立即将中毒者移到新鲜空气处，松解中毒者颈、胸部衣服的纽扣，以及裤带，以保持呼吸道的畅通，并要注意保暖。毒物污染皮肤时应迅速脱去污染的衣服、鞋袜等物，用大量清水冲洗，冲洗时间为15～30min。

② 经口中毒者，毒物为非腐蚀性者应立即用催吐的办法，将毒物吐出，现场可压迫舌根催吐。

③ 对于中毒引起呼吸、心跳停止者，应立即进行人工呼吸和胸外挤压，人工呼吸法(口对口呼吸)：患者仰卧，术者一手托起患者下颚并尽量使其头部后仰，另一手捏紧患者鼻孔，术者深吸气后，紧对患者的口吹气，然后松开捏鼻的手，如此有节律地、均匀地反复进行，每分钟吹14～16次。吹气压力视患者具体情况而异，一般刚开始吹气时吹气压力可略大些，频率稍快些，10～20次后逐步将压力减少，维持胸部升起即可。心跳停止者立即做人工复苏胸外挤压。具体方法是：患者平仰卧在硬地板或木板床上，抢救者在患者一侧或骑跨在患者身上，面向头部，用双手的掌根以冲击式挤压患者胸骨下端略靠左方，每分钟60～70次。挤压时应注意不要用力过猛，以免发生肋骨骨折、血气胸等。

④ 及时送医院急救，向医务人员告之引起中毒的原因、毒物的名称等情况，送医院途中人工呼吸不能中断。黄磷灼伤者转运时创面应湿包。

六、药品安全生产基础知识

1. 安全管理

主要内容有：安全生产方针、政策、法规、制度、规程、规范，安全生产的管理体制，安全目标管理，危险性评价，人的行为管理，工伤事故分析，安全生产的宣传、教育、检查等。

2. 安全技术

系为了防止工伤事故、减轻体力劳动而采取的技术工程措施。如制药设备采用的防护装置、保险装置、信号指示装置、自动化设备的应用等。

3. 职业健康

是研究生产过程中有毒有害物质对人体的危害，从而采取的技术措施和组织措施。如用通风、密闭、隔离等方法排除有毒有害物质，生产工艺上用无毒或低毒的物质代替有毒或高毒的物质等。

4. 事故案例分析

案例一 电工仪表组员工触电事故

事故经过：2006年10月26日下午，某厂车间电工张某接到通知去提取配电室拆卸焊机电源线。张某到提取配电室后，打开配电箱关闭焊机电源开关后开始作业，因该配电箱内其他开关控制的设备正在运行，所以没有关闭其他开关。在折完焊机电源线、上内六角螺丝时，内六角脱落，接触下面带电母线，电线短路起弧，致使张某双上肢、面部被烧伤，烧伤创面局部起水泡，经医治后，康复。

事故直接原因：该电工操作不够熟练，致使作业时内六角螺丝脱落，接触带电母线引起电灼伤。

事故间接原因：提取为防爆区，无检修电源箱，施工需从配电室取电，需要带电作业，造成事故。

事故处理及预防：

① 事故发生后，将该名员工调离电工岗位；

② 加强操作人员安全教育，提高安全意识；

③ 严格控制施工临时电接用，提取配电室取电交由公司电工班人员操作；

④ 督促项目部对配电室电路系统检查验收。

案例二　提取员工机械伤害事故

事故经过：2006 年 12 月 24 日凌晨 2 时许，某厂工序员工张某在出完料后，对三合一机出料口清洗时，启动“出料门开”动作，出料门移动后，发现密封圈掉在波纹管上，为防止密封圈被挤坏，其急忙将手伸入正在运动的出料门中拿密封圈，导致拇指、食指、中指被出料门密封阀头挤住。挤手后，张某按下三合一机上的“急停”按钮，停止了出料门的运动，然后将出料门密封阀头退回，拿出伤手，其后被送往医院救治。经 17 天住院手术治疗，拇指末节缺失一半，食指、中指成功接上。

事故直接原因：操作人员张某在操作设备过程中，将手伸入运行设备，造成挤伤。

事故间接原因：操作人员张某安全意识淡薄，自我保护意识不够。

事故处理及预防：

① 张某违规作业，导致本次事故的发生，但考虑到其在事故中所受到的伤害，车间决定对其从轻处理，对其提出通报批评，调离三合一机控制岗位；

② 加强员工培训，教育员工必须按操作规程严格操作，白天多休息，上大夜班时要保持清醒的头脑；

③ 加强员工安全教育，提高员工安全意识。

七、法律法规

1.《中华人民共和国药品管理法》

2.《药品生产质量管理规范》

3.《中华人民共和国药典》（2010 年版）

4.《中华人民共和国安全生产法》

5.《危险化学品安全管理条例》

6.《建设项目（工程）劳动安全卫生监督规定》

7.《工厂安全卫生规程》

八、课后自测

1. 判断题

① 药品安全生产只涉及社会科学内容。（　　）

② 只要在生产过程中注意安全操作，就可以保证药品安全生产。（ ）

③ 苯、硫化氢是有毒危险化学物质。（ ）

④ 警告标示是提醒人们对周围环境引起注意，以避免可能发生危险的图形标志。（ ）

⑤ 电流对人体的伤害程度与性别、年龄有关。（ ）

⑥ 绝缘是防间接触电措施。（ ）

⑦ 健康保护管理包括健康保护组织机构、健康保护法律体系、健康保护教育和健康保护监察。（ ）

⑧ 初访是职业健康安全管理体系认证审核过程中的必需步骤。（ ）

⑨ 安全系统工程的基本内容包括危险源辨识、风险评价和风险控制。（ ）

⑩ 在进行危险、有害因素的识别时，要全面、有序地进行识别，防止出现漏项，识别的过程实际上就是系统安全分析的过程。（ ）

2. 选择题

① 药品安全生产主要由（ ）基础部分组成。

A. 安全管理　B. 安全技术　C. 职业健康　D. 以上均是

② 安全生产的方针是（ ）。

A. 安全第一，人人有责，分工负责　B. 安全第一，预防为主，综合治理

C. 安全第一，以人为本，行业为主　D. 循环管理，持续改进，综合治理

③ 常用危险化学品具有燃烧性、（ ）、毒性和腐蚀性。

A. 环境污染　B. 自燃性　C. 泄漏危险性　D. 放射性

④ 在危险化学品中毒、污染事故预防控制措施中，（ ）控制化学品危害的首选方案。

A. 变更工艺　B. 隔离　C. 替代　D. 通风

⑤（ ）Hz 的交流电一般对人体的伤害最严重。

A. 25～300　B. 1000　C. 10～25　D. 300～500

⑥ 防止间接触电的措施是（ ）。

A. 保护接零　B. 安装漏电保护器　C. 电气联锁　D. 电工安全用具

⑦ 下列健康保护用品主要用于预防工伤的是（ ）。

A. 防酸服　B. 防毒面具　C. 防辐射服　D. 防毒服

⑧ 关于职业健康安全管理体系审核说法正确的是（ ）。

A. 第一阶段审核有文件审核和初访组成。

B. 审核通常分为三个阶段，即第一阶段审核、第二阶段现场审核、第三阶段跟踪验证审核。

C. 通过第三阶段审核后，审核组要对受审方的职业健康安全管理体系能否通过认证给出结论。

D. 第二阶段现场审核由第一阶段整改审核、第二阶段现场审核组成。

⑨ 不属于安全评价的基本程序的是（ ）。

A. 督促整改措施的实施　B. 专项安全评价

C. 安全验收评价　D. 安全现状评价

⑩ 进行安全评价时，危险度可用生产系统中事故发生的（ ）确定。

A. 可能性与本质安全性　B. 本质安全性与危险性

C. 危险性与危险源　D. 可能性与严重性

3. 简答题

① 制药企业“三级安全教育”的主要内容有哪些?

② 简答危险化学品事故的控制和防护措施。

③ 触电者现场急救需注意哪些问题?

④ 建立和实施职业健康安全管理体系的基本过程是什么?

参考答案

1. 判断题

① × ② × ③ √ ④ √ ⑤ × ⑥ × ⑦ √ ⑧ × ⑨ √ ⑩ √

2. 选择题

① D ② B ③ D ④ C ⑤ A ⑥ A ⑦ A ⑧ A ⑨ A ⑩ D

3. 简答题(略)

思政小课堂

2012 年 4 月 18 日 19 时 30 分左右,安徽某药业有限公司车间发生一起中毒事故,造成 3 人死亡、4 人受伤,直接经济损失 450 余万元。该公司因急于生产尼卡巴嗪产品送检,在未向任何部门报告、未经安全许可,无正规计划、施工方案的情况下,自行决定对二车间生产工艺装置系统进行改造,增加了固体光气配料釜等装置。致使固体光气在高温下分解并发生泄漏,导致人员中毒死亡。“安全是发展的前提,发展是安全的保障”。牢牢守住安全发展这条底线,是构建新发展格局的重要前提和保障。此案例告诫我们,企业生产要严格遵守安全生产法律法规,加大对员工的安全教育培训力度,保证培训质量,确保员工达到岗位操作水平要求。主要负责人、安全管理人员必须经培训考核合格并取得相关证书后方可上岗作业。要完善应急救援预案和现场处置方案并定期进行演练,提高从业人员安全责任意识和防范事故能力。

项目二　化学合成原料药工艺研究技术

一、职业岗位

化学合成制药工中的原料药试验工。

从事各类化学原料药、中间体小试实验的合成实验操作人员。

按《中华人民共和国职业分类大典》，原料药试验工（33-087）从事的工作内容主要包括：

① 试验的反应及副反应过程；

② 试验方法及在药物合成中的应用；

③ 合成药的工艺路线及反应原理，微生物药、生化药的制备原理；

④ 小型试验和放大试验的线性和非线性关系；

⑤ 试验所用的各种定型和自制仪器设备。

二、职业形象

① 具有创新药物、仿制药物合成相关的专业知识和技能，具有良好的语言表达能力及良好的沟通和协调能力。

② 了解国内外创新药物、仿制药物研发的最新进展，熟悉文献检索手段。

③ 具有高度的责任心，谦虚好学，诚信可靠，具备良好的职业素养和团队精神。

三、职场环境

原料药合成人员主要工作场所包括原料药合成实验室及原料药合成药厂，所有实验室及合成药厂均应有防火、防毒的安全措施及保障水、电、气和卫生达标措施。

四、工作目标

创制新药和仿制原料药的最终目的是生产出质量合格的药品；具体如下。

① 为药物研发过程中的药理毒理研究、制剂研究、临床研究提供合格的原料药。

② 为质量标准研究提供详细的信息。

③ 在原料药制备工艺的研究中，按照原料药的研发规律，重视原料药制备全过程的控制，为工业化生产提供制备工艺。

④ 通过探讨一个典型原料药研发的思路，引导原料药的制备研究朝着更科学合理的方向发展。

研制过程分阶段进行，包括：实验研究阶段，小量试制阶段，中试生产阶段和工业生产。各个阶段的任务各不相同，研究的重点也有差异。新药和仿制原料药在申请注册前完成中试生产。

原料药合成的第一步是实验室制备过程开发，首先搜集有关原料药的文献资料或专利，不管是专利过期或是刚开发的新药物，首先要研究最佳制备过程，简化生产工艺流程，降低原料药的生产成本，因此原料药试验工，要了解各类化学反应及纯化的方法，并以创新的方法、实验的精神，评价及选择出高品质、低成本的药物合成的最佳制备步骤。

为了培养原料药试验工的高素质和高技能，项目中，在加强基本技能和必备知识学习的基础上，还新增了职业素养等内容。

五、原料药创新与仿制开发

项目任务单见表 2-1。

表 2-1 原料药制备工艺研究项目任务单

<table>
<tr><td>任务布置者:(老师名)</td><td>部门:产品研发室</td><td>费用承担部门:研发室</td></tr>
<tr><td>任务承接者:(学生名)</td><td>部门:产品研发室</td><td>费用承担部门:研发室</td></tr>
<tr><td colspan="3">工作任务:
制备＊＊＊＊原料药。要求在＊＊个工作日中完成,产品达到文献要求。
以工作小组为单位学习该项目,工作小组(5 人/组)完成＊＊＊＊原料药的制备工艺研究过程。产率达到文献要求。
提交材料:
① 查阅文献及撰写调研报告。
② 药物合成工艺路线的评价与选择。
③ 起始原料、试剂、有机溶剂的选择。
④ 原料药合成工艺条件选择。
⑤ 原料药合成中间过程控制(岗位操作法)。
⑥ 编写岗位标准操作规程(SOP)。</td></tr>
<tr><td colspan="2">任务编号:</td><td>项目完成时间:＊＊个工作日</td></tr>
</table>

产品开发室主任向产品研发部的原料药试验小组下达小试工艺研究任务：目前公司根据市场调研，决定生产＊＊＊＊原料药，要求产品研发部做前期小试工作，内容详见任务书。原料药试验工细读任务书内容，明确要求。

任务一 查阅文献及撰写调研报告

（一）布置调研报告

原料药试验工运用互联网和图书资料查阅相关信息，使用美国化学文摘（CA）、默克索引、《中国药典》、化学品数据库及供应商（ChemBLink http：//www. chemblink. com/indexC. htm）等查阅任务单中的文献资料。同时对国内外生产＊＊＊＊原料药的生产企业实地调研，完成调研报告，见表 2-2。

（二）撰写调研报告

1. 基本情况

【中文品名】、【药效类别】、【通用药名】、【别名】、【化学名称】、【CA 登记号】、【结构式】、【分子式】、【分子量】、【收录药典】、【开发单位】、【首次上市】、【性状】、【用途】、【制剂】、【中西药分类】。

表 2-2 原料药＊＊＊＊的制备工艺研究调研报告

一、药品名称 通用名： 英文名： 汉语拼音： 主要成分化学名称： 结构式： 命名依据：
二、性状与作用
三、国内、外市场概况
四、立项目的与依据
五、创新性制备工艺调查
六、化学药分类所属类别：中西药分类：西药×类：
七、知识产权保护情况

2. 知识产权情况

化学原料药的小试开发，首先应熟悉国家对药品管理的相关规定和要求，掌握该药品的国内外上市情况及知识产权保护情况，保障生产不侵权。

(1) 专利查询　中国专利局；美国专利局；欧洲专利局；日本专利局；印度专利局。

(2) 其他：sciencefinder、www.drugfuture.com、CA。有效地规避专利，同时获得技术信息。

3. 市场分析

对市场规模、位置、性质、特点、市场容量及吸引范围等调查资料进行经济分析。通过市场调查和供求预测，分析市场环境、竞争力和竞争者，判断项目投产后在限定时间内是否有市场，以及采取的营销战略。具体完成以下工作。

(1) 市场容量分析

① 在同类药品中的市场占有率及近几年的变化趋势。

② 市场的地域分布状况。

③ 应用潜力，是否有大型的临床作为支持，是否有新的适应证和剂型。同时撰写两个报告：＊＊＊＊＊药市场研究和＊＊＊＊＊药上市研究进展。

(2) 竞争对手分析　制定正确的市场开发策略，掌握竞争对手的商业情报。包括：

① 质量标准；

② 工艺路线、收率；

③ 成本及销售价格；撰写报告：＊＊＊＊＊药市场调研。

4. 质量标准

药品质量标准分为法定标准和企业标准两种。法定标准又分为国家药典、行业标准（部颁标准——即卫生部标准）和地方标准。药品生产一律以《中国药典》为准，未收入药典的药品以部颁标准为准，未收入部颁标准的以地方标准为准。无法定标准和达不到法定标准的药品不准生产、销售和使用。具体完成以下工作。

(1) 原研发及上市厂家质量标准　购买产品及中间体样品，同时可通过杂质等情况分析工艺路线等。

(2) 药典标准　查阅该原料药在《欧洲药典》EP6.0、《美国药典》USP32、《英国药典》BP2009 中的质量标准。

(3) 市场标准　查阅该原料药在 ChemicalBook——化学信息搜索、化学品数据库查询服务站 ChemExper 中的质量标准。

(4) 注册标准　根据工艺情况和市售情况确定注册质量标准。

5. 技术可行性

(1) 文献检索　检索中国医药化工网、http://www.orgsyn.org/等。确定工艺路线及各步反应的收率范围，拟出试验方案及成本分析。

(2) 起始原料的采购　选择有多家供应商供货的原料。

(3) 现有研发能力分析

(4) 现有实验人员及生产条件分析

研发人员不能埋头做技术，要积极与市场营销人员进行广泛、深入的沟通，讨论市场环境的变化，追踪产品的进展，探讨产品开发的方向。

6. 利润与风险分析

① 经济效益分析。

② 成功率分析。

③ 环保风险分析。

(三) 讨论及完善调研报告

开发室主任（老师）针对原料药试验工（学生）撰写调研报告时出现的问题，进行点评，做相应更正。

原料药试验工以小组汇报的形式得出该原料药知识产权保护情况和仿制开发的可行性结论。如其专利均与 * * * * 原料药不相关，因此知识产权方面对本企业的研发不会构成障碍。

目前国内原料药制备存在的主要问题为：

① 批准的工艺不用于生产；

② 用于生产的工艺不是原审评的工艺。

主要原因：小试工艺阶段研究工作的资料不完整，重现性不好。

(四) 任务驱动下的理论知识

1. 原料药的概念

指通过化学合成、半合成以及微生物发酵或天然产物分离获得的，经过一个或多个化学单元反应及其操作制成，用于制造药物制剂的活性成分，这种物质用来促进药理学活动并在疾病的诊断、治愈、缓解、治疗或疾病的预防方面有直接的作用，或影响人体的功能结构的一种物质，简称 API（active pharmaceutical ingredient，药物活性成分也即通常所说的原料药）。

2. 创新药物

创新药物（innovative drug）是指具有自主知识产权专利的药物。相对于仿制药，创新药物强调化学结构新颖或新的治疗用途，在以前的研究文献或专利中，均未见报道。随着我国对知识产权现状的逐步改善，创新药物的研究将会给企业带来高额的收益。

创新药物研究的意义：创新药物研究对我国建设创新型国家具有重大的意义，在国家

(2006～2020) 的中长期国家科技重大专项中，专门有“重大新药创制专项”，目的是创制一批对重大疾病具有较好治疗作用、具有自主知识产权的药物，降低对国外新药的依赖。

3. 仿制药

是指与商品名药在剂量、安全性和效力（strength）（不管如何服用）、质量、作用（performance）以及适应证（intended use）上相同的一种仿制品（copy）。

美国食品药品管理局（FDA）有关文件指出，能够获得FDA批准的仿制药必须满足以下条件：和被仿制产品含有相同的活性成分，其中非活性成分可以不同；和被仿制产品的适应证、剂型、规格、给药途径一致；生物等效；质量符合相同的要求；生产的GMP标准和被仿制产品同样严格。

中国是一个以生产仿制药为主的国家，随着中国加入WTO原研发药被重视。在发达国家原研发药和仿制药两者并存，因此原研发药与仿制药疗效差别的概念已经深入到发达国家的医生和患者头脑中。“在仿制药品许可中，其生物利用度是指仿制药品经测试反应具有原研发产品的利用度的±20%”。因此仿制药的有效性和安全性难以得到完全的保证。

“很多仿制药品成分中含不同添加剂及内在成分物质，此有别于原研发药厂的药物，故认为不具有生物等效性”。仿制药只是复制了原研发药的主要成分的分子结构，而原研发药中其他成分的添加与仿制药不同，由此两者有疗效差异。

“对于危急患者、危急时所需的药物、危急疾病，仿制药品均不可做强迫性的替换”。在急救病人时，尽量使用原研发药。但是，原研发药太昂贵了，不符合老百姓收入水平，价格便宜是仿制药品的优势。

4. 专利及保护期

专利是受法律规范保护的发明创造，它是指一项发明创造向国家审批机关提出专利申请，经依法审查合格后向专利申请人授予的该国规定的时间内对该项发明创造享有的专有权，并需要定时缴纳年费来维持这种国家的保护状态。受到专利法保护的发明创造，即专利技术，是受国家认可并在公开的基础上进行法律保护的专有技术。“专利”在这里具体指的是技术方法——受国家法律保护的技术或者方案（所谓专有技术，是享有专有权的技术，这是更大的概念，包括专利技术和技术秘密。某些不属于专利和技术秘密的专业技术，只有在某些技术服务合同中才有意义）。

专利是医药企业保护自身产品与技术的重要法宝。药品研究投资大、难度高、周期长，有朝一日药品上市又将面临被侵权、被仿制、市场被瓜分的危险，因此，制药企业提高知识产权保护意识，在中国乃至世界范围内进行专利保护就显得尤为重要。但专利具有时效性，只有在法律规定的时间内，专利权人才对其发明创造拥有法律赋予的专有权。期限届满后，专利的内容就成为公知技术可以被任何人使用。通常发明、实用新型和外观设计专利的保护期自申请日起分别为20年、10年。药物的开发过程是十分漫长的，申报和临床试验也是复杂而繁琐的，所以当一个药物上市后，真正开始盈利的时候，专利保护期也所剩无几了。如何延长专利药物的保护期，使企业利润最大化，成为一个重要的课题。

有关统计表明，我国医药市场将迎来制药史上专利药品到期最多的时期，世界上总价值达340多亿美元的专利药品保护期将到期，见表2-3。

5. 药品注册

是指依照法定程序，对拟上市销售的药品的安全性、有效性、质量可控性等进行系统评价，并作出是否同意进行药物临床研究、生产药品或者进口药品决定的审批过程，包括对申请变更药品批准证明文件及其附件中载明内容的审批。

表 2-3　2012～2014 年专利到期的化学原料药

1. 抗艾滋病药

依发韦仑(efavirenz)美国专利到期时间 2013 年 5 月，国内生产(经营)单位 9 家

奈非那韦(nelfinavir)美国专利到期时间 2013 年 10 月，国内生产(经营)单位 5 家

氨普那韦 (amprenavir)美国专利到期时间 2013 年 11 月，国内生产(经营)单位 2 家

阿扎那韦 (atazanavir)美国专利到期时间 2014 年 1 月，国内生产(经营)单位 2 家

2. 调血脂药

阿托伐他汀(atorvastatin)美国专利到期时间 2015 年 6 月，欧洲专利到期时间 2011 年 6 月，国内生产(经营)单位 7 家

3. 消化系统药

埃索美拉唑(esomeprazole)美国专利到期时间 2014 年 1 月，国内生产(经营)单位 3 家

4. 抗高眼压及青光眼

贝美前列素(bimatoprost)美国专利到期时间 2012 年 9 月，国内生产(经营)单位 0 家

5. 抗癌

氨磷汀(amifostine)美国专利到期时间 2012 年 7 月，国内生产(经营)单位 13 家

6. 神经系统用药

莫达非尼(modafinil)美国专利到期时间 2014 年 10 月，国内生产(经营)单位 26 家

7. 其他

醋酸去氨加压素(desmopressin acetate)美国专利到期时间 2013 年 6 月，国内生产(经营)单位 13 家

阿仑膦酸钠(alendronate sodium)美国专利到期时间 2012 年 12 月，国内生产(经营)单位 37 家

6. 药品注册申请

包括新药申请、已有国家标准药品的申请和进口药品申请及其补充申请。

7. 药品注册申请人

指提出药品注册申请，承担相应法律责任，并在该申请获得批准后持有药品批准证明文件的机构。①境内申请人应当是在中国境内合法登记的法人机构；②境外申请人应当是境外合法制药厂商。

8. 新药

新药（new drug）系指未曾在中国境内上市销售的药品。

9. 新药申请

指未曾在中国境内上市销售药品的注册申请。已上市药品改变剂型、改变给药途径的，按照新药管理。

10. 新药注册管理

中国食品药品监督管理局（SFDA）主管全国药品注册管理工作，负责对药物临床研究、药品生产和进口的审批。

省、自治区、直辖市药品监督管理局受 SFDA 的委托，对药品注册申报资料的完整性、规范性和真实性进行审核。

药品注册司代表 SFDA 受理药品注册申请、下达审评任务、批准药品注册、办理发证

事宜，并对药品注册工作实施监督管理。

11. 新药注册申请的基本条件

从事药物研究开发的机构必须具有与试验研究项目相适应的人员、场地、设备、仪器和管理制度；所用试验动物、试剂和原材料应当符合国家有关规定和要求，并应当保证所有试验数据和资料的真实性。

研制开发药物制剂所使用的原料药，必须是由拥有该品种药品批准文号的药品生产企业提供。

使用进口原料药的，须由拥有该品种《进口药品注册证》或《医药产品注册证》的境外制药企业提供。

药品注册申请人委托药物研究机构、药品生产企业或其他科研机构进行药物的研究或进行单项试验、检测或样品的试制、生产等，委托方应与被委托方签订合同并对药物研究数据及其资料的真实性负责。

12. 新药注册申请过程

新药注册申请分：申请临床研究（图 2-1）和申请生产（图 2-2）。

药物临床前研究：合成工艺、提取方法、理化性质及纯度、剂型选择、处方筛选、制备工艺、检验方法、质量指标、稳定性、药理、毒理、动物药动学等。中药制剂还包括原药材的来源、加工及炮制等；生物制品还包括菌毒种、细胞株、生物组织等起始材料的质量标准、保存条件、遗传稳定性及免疫学的研究等。

药物临床研究：包括临床试验和生物等效性试验。

13. 药品注册分类

对新药进行分类，不完全从药物的药理作用角度划分，而主要是从药政管理角度考虑，对每类新药都相应规定必须进行的研究项目和审批必须申报的资料以证明药品的安全性与有

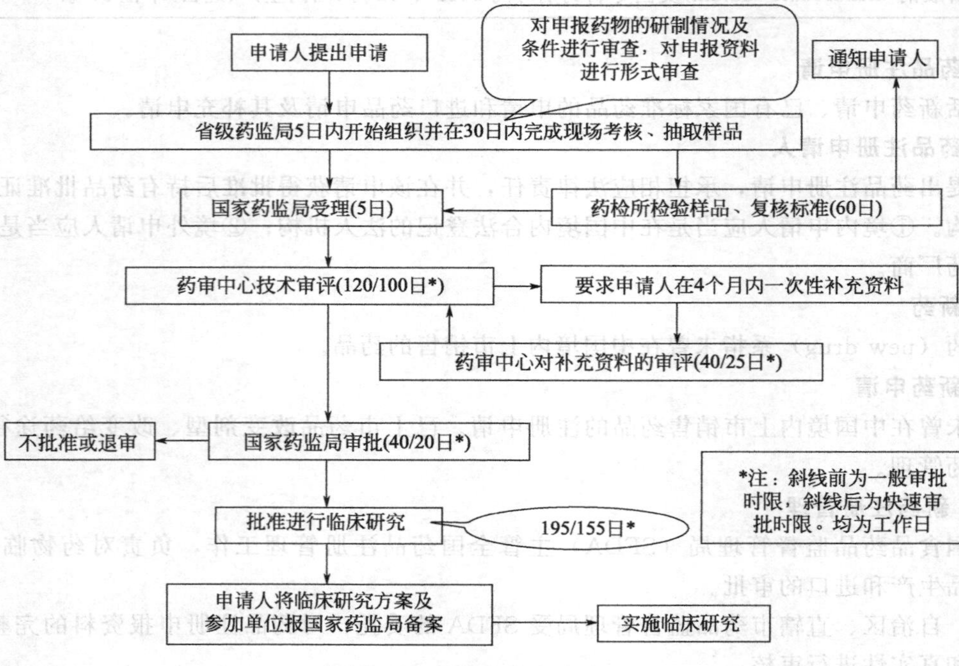

图 2-1　新药注册申请过程一

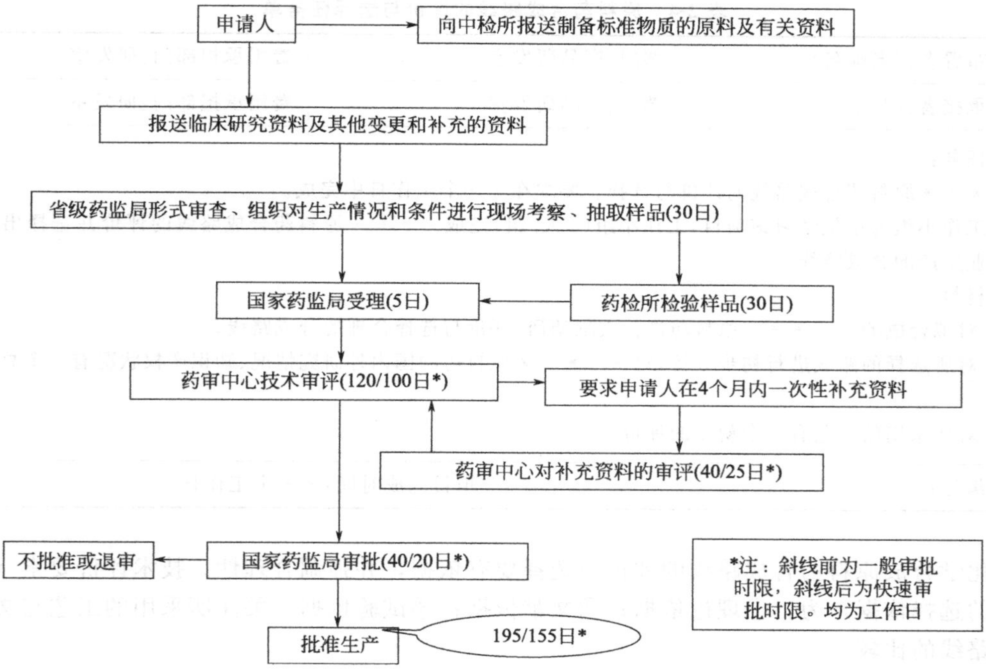

图 2-2　新药注册申请过程二

效性，从而便于新药的研究和审批。

目前，我国现行《药品注册管理办法》将新药分为中药与天然药物、化学药品和生物制品三大部分。各部分又按照各自不同的情况再进行注册分类。

14. 化学药品注册分类（6 类）

(1) 未在国内外上市销售的药品

① 通过合成或者半合成的方法制得的原料药及其制剂。

② 天然物质中提取或者通过发酵提取的新的有效单体及其制剂。

③ 用拆分或者合成等方法制得的已知药物中的光学异构体及其制剂。

④ 由已上市销售的多组分药物制备为较少组分的药物。

⑤ 新的复方制剂。

(2) 改变给药途径且尚未在国内外上市销售的制剂。

(3) 已在国外上市销售但尚未在国内上市销售的药品

① 已在国外上市销售的原料药及其制剂。

② 已在国外上市销售的复方制剂。

③ 改变给药途径并已在国外上市销售的制剂。

(4) 改变已上市销售盐类药物的酸根、碱基（或者金属元素），但不改变其药理作用的原料药及其制剂。

(5) 改变国内已上市销售药品的剂型，但不改变给药途径的制剂。

(6) 已有国家药品标准的原料药或者制剂。

任务二　药物合成路线的评价与选择技术

任务单见表 2-4。

表 2-4 原料药合成路线的评价与选择任务单

任务布置者:(老师名)	部门:产品研发室	费用承担部门:研发室
任务承接者:(学生名)	部门:产品研发室	费用承担部门:研发室
工作任务: * * * * 原料药合成路线的评价与选择。要求在 * * 个工作日中完成。 以工作小组为单位学习该项目,工作小组(5 人/组)完成 * * * * 原料药合成路线的评价并选择出适宜本企业生产的合成路线。 提交材料: ① 对拟合成的 * * * * * 原料药进行文献调研,评价与选择合理的合成路线。 ② 对所选择的路线进行初步分析,对 * * * * * 原料药的国内外研究情况、知识产权状况有一个总体的认识。 ③ 对所采用的工艺有一个初步的评价。		
任务编号:	项目完成时间: * * 个工作日	

化学合成原料药合成路线的评价与选择要有依据，并强调合理性。技术评价要素（工艺路线的选择依据）为：①理论依据；②文献依据；③试验依据。关注所采用的工艺与文献报道的路线的比较。

（一）评价合成路线（表 2-5，表 2-6）

表 2-5 新的化学实体合成路线的选择

比较项	具体内容	优缺点
根据其结构特征	① 起始原料获得的难易程度	
	② 合成步骤的长短	
	③ 收率的高低	
	④ 反应的后处理、反应条件是否符合工业生产、环保要求	
	确定合理的合成路线	
根据国内外类似结构化合物的文献报道	确定适宜的合成方法	

表 2-6 结构已知的药物合成路线的选择

比较项	具体内容	优缺点
文献调研该药物制备的研究情况	可行性(原材料是否易得,反应条件是否能工业化)	
	可控性 (反应条件是否温和、易控)	
	稳定性(中间体质量是否可控、终产品质量和收率是否稳定)	
	先进性(所采用路线与文献路线比较的先进性)	
	合理性(成本及原料、试剂、溶剂的价格和毒性等)	
	确定合理的合成路线	

以抗霉菌药物克霉唑（邻氯代三苯甲基咪唑）为例：

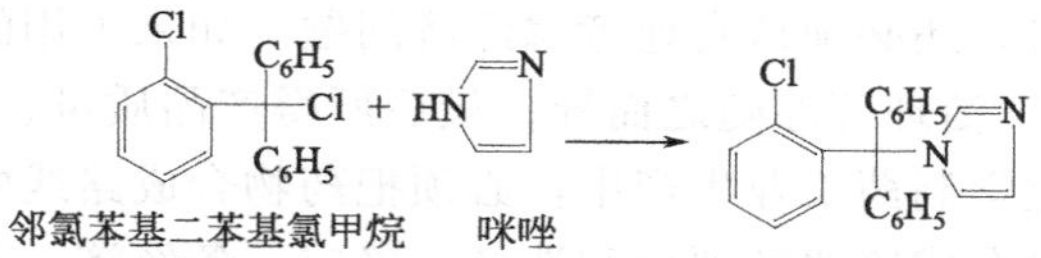

邻氯苯基二苯基氯甲烷 (2-5)　咪唑　克霉唑

线路 1

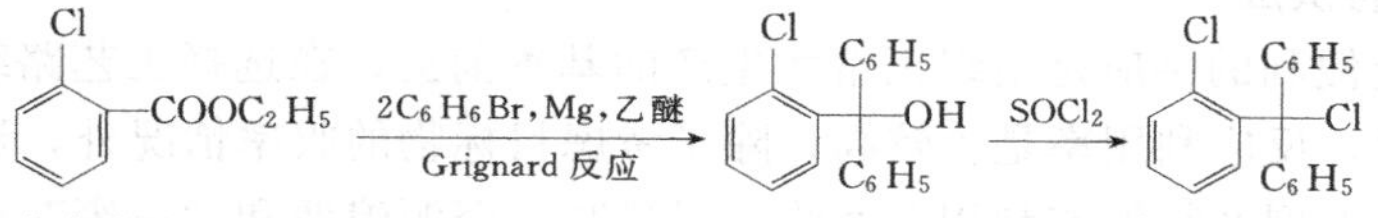

邻氯苯甲酸乙酯　2-5

此法合成的克霉唑质量较好，但是这条工艺路线中应用了 Grignard 试剂，需要严格的无水操作，原辅材料和溶剂质量要求严格，且溶剂乙醚易燃、易爆，工艺设备上须有相应的安全措施，因而使生产受到限制。

线路 2　Friedel-Crafts 反应

$$CCl_4 + 3C_6H_6 \longrightarrow (C_6H_5)_3CCl$$

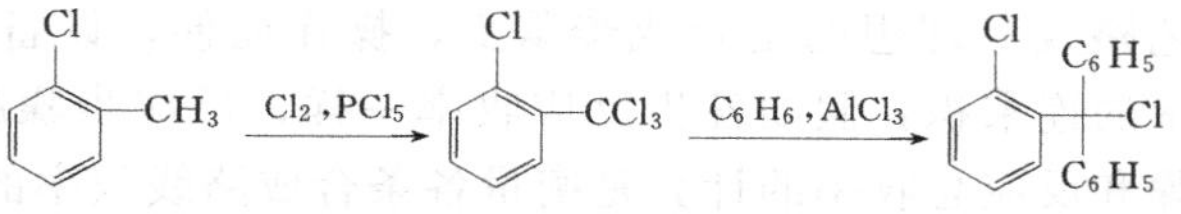

2-5

此法合成路线较短，原辅材料来源方便，收率也较高。但是这条工艺路线有一些缺点：要用邻氯甲苯进行氯化制得，这一步反应要引进三个氯原子，反应温度较高，且反应时间长，并有未反应的氯气逸出，不易吸收完全，以致带来环境污染和设备腐蚀等问题。

线路 3

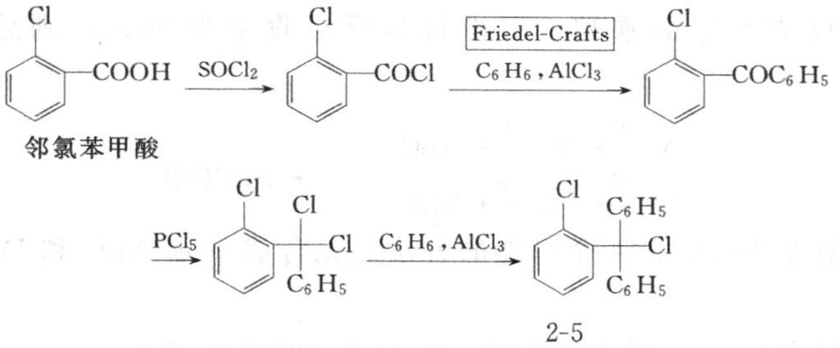

邻氯苯甲酸　2-5

本路线以邻氯苯甲酸为起始原料，经过两步氯化、两步 Friedel-Crafts 反应来合成关键中间体邻氯苯基二苯基氯甲烷（简称 2-5）。尽管此路线长，但是实践证明：不仅原辅材料易得、反应条件温和、各步产率较高、成本也较低，而且没有上述氯化反应的缺点，更适合于工业化生产。

（二）选择合成路线

药物合成路线的选择原则为：优质、高产、低耗、可行。一条比较成熟的合成工艺路线应该是：合成步骤短，总产率高，设备技术条件和工艺流程简单，原材料来源充裕而且便宜。综合上述考虑，再考虑到实验室的条件、原料的采购、收率、安全环保问题，克霉唑的合成采用路线 3 较为可行。

（三）任务驱动下的理论知识

药物生产合成路线是药物生产技术的基础和依据。它的技术先进性和经济合理性，是衡量生产技术水平高低的尺度。通常将具有工业生产价值的合成途径称为该药物的合成路线。

而药物的合成路线必须通过深入细致地综合比较和论证，寻找化学合成药物的最佳途径，使它适合于工业生产；同时，还必须认真地考虑经济问题。如果采用的原料不同，其合成途径与合成操作方法、“三废”治理等亦随之而异；最后所得产品质量、收率和成本也有所不同，甚至差别悬殊。所以在化学制药工业生产中，必须把药物合成路线的工业化、最优化和降低生产成本放在首位，通过合成路线的评价和选择，确定一条经济、有效的生产合成路线。

1. 原辅材料的供应

原辅材料稳定便利的供应是组织正常大生产的基本前提，在选择工艺路线时首先要考虑原材料是否价廉易得，反应利用率是否较高，除了考虑目标物的收率情况外，还需要从原子经济角度考虑利用率，即副产物能够利用和回收，尽量减少资源浪费和“三废”产生；其次考虑是否易燃易爆，是否属于国家专门控制的原料，原料运输是否便利，原料质量是否容易控制等。

对于准备选用的那些合成路线，应根据已找到的操作方法，列出各种原辅材料的名称、规格、单价，算出单耗（生产 1kg 产品所需各种原料的 kg 数），进而算出所需各种原辅材料的成本和原辅材料的总成本（将前者各项相加所得），以资比较。

2. 合成步骤

所选择的药物工艺路线最理想的是合成步骤少，操作简便，设备要求低，各步收率较高。总收率是各步收率的连乘积，假如各步反应收率一样，反应步骤越多，总收率就越低。对合成路线中反应步骤和反应总收率的计算是衡量各条合成路线效率的最直接的方法。

一般来说，药物或有机化合物的合成方式主要有两种，即直线型合成和汇聚型合成。若将 A、B、C、D、E 和 F 连结成化合物 ABCDEF，采用直线型合成，那么至少需要经过下列 5 步反应。

$$A \xrightarrow{B} AB \xrightarrow{C} ABC \xrightarrow{D} ABCD \xrightarrow{E} ABCDE \xrightarrow{F} ABCDEF$$

总收率是各步反应收率的乘积。假设每步反应收率为 90%，则总收率是 $(0.9)^5 \times 100\% = 59\%$。

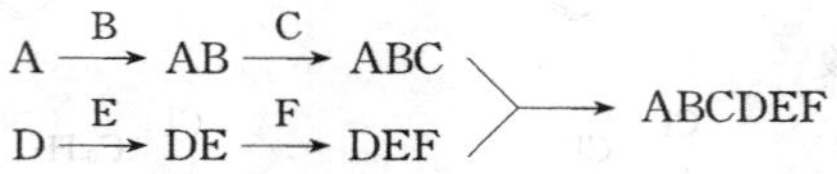

如果采用汇聚型方式合成，一个可能的方法是先合成单元 ABC 和 DEF，再将它们结合成 ABCDEF。

假设每步收率仍为 90%，则总收率是 $(0.9)^3 \times 100\% = 73\%$。

因此，要提高总收率，就要减少直线型反应，采用汇聚型方式，在汇聚型合成中，如果偶然损失一个批号的中间体，也不至于影响整个合成过程的进展。总之，短路线的合成可使用直线型方式，而长路线合成则以汇聚型方式结合使用直线型方式为佳。

3. 化学反应类型

药物合成路线通常有多条途径，它们之间存在许多差异，常用的化学合成反应中可能存在一些极端的反应类型，即“平顶型”或“尖顶型”反应，如图 2-3 所示。在“尖顶型”化学反应中往往存在许多副反应，可能导致杂质增加和产品纯化困难，反应条件苛刻，工艺参数可以控制的范围窄小，稍不小心就可能使收率下降，产品质量降低，甚至会出现安全事故。在工艺路线选择上尽量不选和少选“尖顶型”化学反应。工业化生产中愿意采用“平顶型”化学反应，其反应条件可控制范围宽，产品收率和质量稳定，操作人员劳动强度相对减小，安全生产和劳动保护的保险系数增大。图 2-3 是合成反应中两种极端的反应类型，即“平顶型”和“尖顶型”反应。

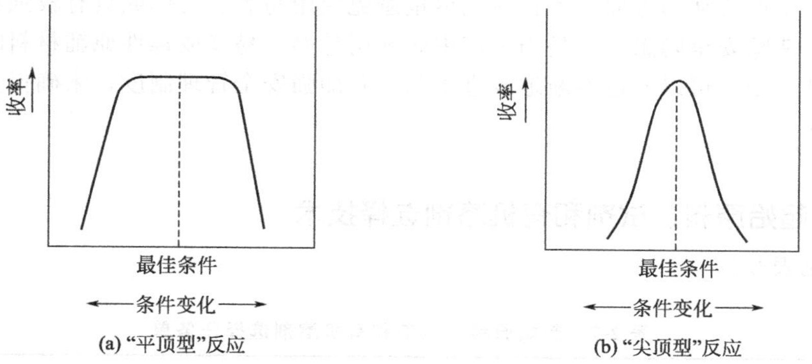

图 2-3 “平顶型”和“尖顶型”反应

4. 单元反应的次序安排

在同一条合成路线中，有时其中的某些单元反应的先后顺序可以颠倒，而最后都得到同样的产物。这时，就需研究单元反应的次序如何安排最为有利。安排不同，所得中间体就不同，反应条件和要求以及收率也不同。从收率角度看，应把收率低的单元反应放在前头，把收率高的放在后头。在考虑合理安排工序次序的问题时，应尽可能把价格较贵的原料放在最后使用，这样可降低贵重原料的单耗，有利于降低生产成本。最佳的安排要通过实验和生产实践的验证。

需要注意的是，并不是所有单元反应的合成次序都可以交换，有的单元反应经前后交换后，反而较原工艺路线的情况更差，甚至改变了产品的结构。对某些有立体异构体的药物，经交换工序后，有可能得不到原有构型的异构体。所以要根据具体情况安排操作工序。

5. 技术条件与设备要求

在选择药物合成工艺路线时，对能显著提高收率，能实现机械化、连续化、自动化生产，有利于劳动防护和环境保护的反应，即使设备要求高、技术条件复杂，也应尽可能根据条件予以选择。此外，对于文献资料报道的某些需要高温、高压的反应，通过技术改进采取适当措施使之在较低温度或较低压强下进行，也能达到同样效果，这样就避免了使用耐高温、高压的设备和材质，使操作更加安全。

药物的生产条件很复杂，从低温到高温，从真空到超高压，从易燃、易爆到剧毒、强腐蚀性物料等，千差万别。不同的生产条件对设备及其材质有不同的要求，而先进的生产设备是产品质量的重要保证。因此，在设计工艺路线时考虑设备及材质的来源、加工以及投资问题是必不可少的。同时，反应条件与设备条件之间是相互关联又相互影响的，只有使反应条件与设备因素有机地统一起来，才能有效地进行药物的工业生产。

考虑设备要求的同时还要与环境保护相联系，采用的设备要尽量不造成污染或减少污染。采用间接接触设备代替直接接触设备，可使污染物不与排出水直接接触，或减少它们的接触机会，从而达到控制污染的目的。

6. 安全生产和三废防治

在设计和选择工艺路线时，除要考虑合理性外，还要考虑生产的安全问题。安全为生产，生产要安全。对于生产工艺中必须使用的有毒有害原材料，一定要采取安全措施，如注意排气通风、配备必要的防护工具，有些操作必须在专用的隔离室内进行。对于劳动强度大、危险性大的岗位，可逐步采用电脑控制操作，甚至机器人操作，以加强安全性，并达到最优化的控制。

保证安全生产应从两方面入手：一是尽量避免使用易燃、易爆或具有较强毒性的原辅材料，从根本上清除安全隐患；二是当生产中必须用易燃、易爆或毒性原辅材料时，应采取安全措施以保证安全。可以通过不断地改进工艺，并加强安全管理制度，来确保安全生产和操作人员的健康。

任务三 起始原料、试剂和有机溶剂选择技术

任务单见表 2-7。

表 2-7 起始原料、试剂和有机溶剂选择任务单

<table>
<tr><td>任务布置者:(老师名)</td><td colspan="2">部门:产品研发室</td><td>费用承担部门:研发室</td></tr>
<tr><td>任务承接者:(学生名)</td><td colspan="2">部门:产品研发室</td><td>费用承担部门:研发室</td></tr>
<tr><td colspan="4">工作任务：
起始原料、试剂和有机溶剂选择,要求在＊＊个工作日中完成。
以工作小组为单位学习该项目,工作小组(5 人/组)完成＊＊＊＊原料药的起始原料、试剂和有机溶剂选择。
提交材料：
① 起始原料选择。
② 溶剂、试剂的选择。
③ 用工业级原料代替化学试剂。
④ 原料和溶剂的回收套用。
⑤ 技术审评要点。</td></tr>
<tr><td colspan="2">任务编号:</td><td colspan="2">项目完成时间:＊＊个工作日</td></tr>
</table>

在原料药制备工艺研究的过程中，起始原料、反应试剂（物料）的质量是原料药制备研究工作的基础，直接关系到终产品的质量以及工艺路线的稳定。因为不同规格的起始原料、反应试剂直接影响工艺过程。不同质量的起始原料、反应试剂引入的杂质不同，起始原料、反应试剂的质量可为质量研究提供有关的杂质信息，也涉及到工业生产中的劳动保护和安全生产问题。企业是药品质量的责任主体，应从原材料的质量开始全程监控药品的生产与质量。非无菌原料药生产中物料 GMP 管理见表 2-8。

表 2-8 非无菌原料药生产中物料 GMP 管理

程序	具体内容
① 物料进厂	正确标识
	取样(或检验合格)
	防止将物料错放到现有库存中的操作规程
② 运送的大宗物料	避免来自槽车所致的交叉污染
③ 首次采购物料	最初三批物料全检合格
	后续批次进行部分项目的检验
	定期进行全检
	取得供应商的检验报告
	定期评估供应商检验报告

续表

程序	具体内容
④ 每批物料	至少做一项鉴别试验
⑤ 工艺助剂、有害或有剧毒的原料、其他特殊物料	物料可以免检
	取得供应商的检验报告
	物料符合规定的质量标准
	容器、标签和批号进行目检予以确认
⑥ 大的贮存容器、进料管路和出料管路	标识
	清洁
⑦ 长期存放或贮存在热或潮湿环境的物料	重新评估物料的质量，确定其适用性

(一) 起始原料选择技术

1. 起始原料的选择原则

① 质量稳定、可控，应有来源、标准和供货商的检验报告，必要时应根据合成工艺的要求建立内控标准。

② 对特殊的专用中间体，更是强调要提供相关的工艺路线和内控质量标准。

③ 对起始原料在制备过程中可能引入的杂质应有一定的了解，特别是对由起始原料引入的杂质、异构体，应进行相关的研究并提供质量控制方法；对具有手性中心的起始原料，应制定作为杂质的对映异构体或非对映异构体的限度。起始原料的控制见表 2-9。

表 2-9 起始原料的控制

项目	具体内容
物料清单	原材料、起始原料、溶剂、试剂、催化剂名称
	各自的使用工序
	关键物料
物料的检测	物料的质量控制
关键物料供应商COA(正版证明)	包括鉴别、定量及纯度在内的质量标准
	检验报告书
	内控标准

根据 GMP 的要求，从源头控制产品的质量，并强调规范性。

2. 起始原料选择步骤

① 起始原料的重要。起始原料质量直接关系到产品质量的控制与稳定、工艺路线的稳定、GMP 监管的起点。

② 选择时需考虑的因素。如起始原料质量的可控与稳定、后续工艺对其中杂质的可去除性、来源的稳定与可获得性、工艺路线的优劣与成本等。

③ 药品质量的责任主体与 GMP 的有效监管。全程质控（包含原材料）、起始原料工艺的可获得性与可靠性、完善的供应商审计，平衡好 GMP 与控制实施成本的关系，避免原料药 GMP 监管的虚化。

④ 起始原料的工艺变更与质量。工艺变更可能会影响终产品质量，质量标准仅针对原工艺。

⑤ 终产品的质控。终产品的质控（杂质与有毒试剂溶剂）越全面越深入，对起始原料质量的依赖相应就越小，但方法存在局限性（无通用的检测方法）。

⑥ 反应步数。相同条件下，反应的步数越多，对起始原料的质控要求相对就越小。FDA 对原料药工艺变更的要求，及对最后一步反应中间体的质控要求也印证了此规律。

3. FDA 对起始原料的要求

① 原料药的重要结构组件。

② 有商业来源。

③ 其名称、化学结构、理化性质和杂质情况在化学文献中均有明确描述。

④ 应将起始原料列表，提供可接受的包括鉴别、定量及纯度在内的质量标准。分析方法应简单叙述。

⑤ 有质量控制数据和杂质种类及含量等信息；当杂质可能带入原料药时，应提供其纯度的控制方法（如用色谱法对杂质定性或定量）。

⑥ 其获取方法是众所周知的。起始原料也是 DMF 文件（drug master file，药物主文件）的控制目标，当起始原料本身是原料药时，则应详细提供其合成工艺或官方认可的参考文件如 NDA（new drug application，新药申请）或 DMF。

⑦ 在制备工艺中，拟定的起始原料应当与原料药的最后中间体间隔多步反应；并且，在间隔的反应中应当有分离纯化的中间体。这样可以有效降低由于起始原料之前的制备工艺变更可能对原料药质量带来的负面影响。

⑧ 至少有一步化学反应（不包括成盐或精制）是在申报的企业生产，并且要在起始原料中确定一个关键原料，该原料也应在符合 GMP 条件的车间进行生产。

4. 采用特殊的专用中间体——外购的化工产品

如果通过获取直接中间体或化工原料初品经一二步反应制备目标化合物，由于不知道所选择的起始原料的生产工艺，对于由起始原料引入的杂质就不清楚，这样会给终产品质量的控制带来一定的困难。

① 将原批准工艺的上游步骤转到联营企业，由联营企业按原工艺制得粗品或最后一步中间体后，再由生产单位通过精制或一两步反应制得成品。

② 购买其他公司的化工产品中间体，再由生产单位按后续工艺完成原料药的制备。

③ 委托其他企业生产中间体，再由生产单位按后续工艺完成原料药的制备。

④ 如果外购中间体的合成路线与原工艺路线一致：a. 首先予以明确，即外购中间体合成路线与原工艺路线的一致性；b. 说明该中间体的生产单位。

⑤ 如果外购中间体合成路线与原中间体工艺路线不一致，需要进行全面的研究验证工作：a. 说明现中间体的详细工艺路线和制备方法。b. 对变更前后终产品应进行质量对比研究。如果研究发现所购中间体和原合成中间体在杂质种类、含量等方面有差异，对原质量研究中的分析方法需重新验证，如有关物质检查方法的适用性问题。c. 如果外购中间体工艺使用了新的有毒溶剂，还应提供此类溶剂残留情况的研究资料。d. 对杂质方面的差异可能对药品稳定性产生的影响进行认真分析，并提供相应的研究资料。

⑥ 应根据外购中间体的工艺制定完善的质量标准，在进货时进行检验。在生产中应固定所购中间体的供货来源（即供货单位），以保证质量的一致性。在签定供货合同时，应规定供货方在变更工艺时需及时告知，以便修订中间体的质量标准。

（二）溶剂、试剂的选择技术

根据人用药物注册技术要求国际协调会议（ICH）指导原则，对于第一类溶剂，如苯、四氯化碳、1，2-氯乙烷等，由于它们不可接受的毒性和对环境的有害作用，应尽量避免使用；乙腈、氯仿、二氯甲烷、环己烷、*N*，*N*-甲基甲酰胺等第二类溶剂由于其固有的毒性，必须在药品生产中限制使用，如在工艺中使用这两类溶剂，应在质量研究中注意检测其残留量，待工艺稳定后再根据实测情况决定是否将该项检查列入质量标准；第三类溶剂，如乙酸、丙酮、乙酸乙酯、二甲基亚砜和四氢呋喃等，则根据 GMP 管理及生产的需要来合理使用。在合理选择溶剂的基础上，根据所用溶剂的毒性及对环境的影响程度来采取一定的防范措施，并注意溶剂的回收与再利用。

（三）用工业级原料代替化学试剂

实验室小量合成时，常用试剂规格的原料和溶剂，不仅价格昂贵，而且大量供应难度大。大规模生产应尽量采用化工原料和工业级溶剂。小试阶段应探明，用工业级原料和溶剂对反应有无干扰，对产品的产率和质量有无影响。通过小试研究找出适合于用工业级原料生产的最佳反应条件和处理方法，达到价廉、优质和高产的目标。

（四）原料和溶剂的回收套用

合成反应一般要使用大量溶剂，多数情况下反应前后溶剂没有明显变化，可直接回收套用。有时溶剂中可能含有反应副产物、反应不完全的剩余原料、挥发性杂质或溶剂的浓度改变，应通过小试研究找出回收处理的办法，并以数据说明，用回收的原料和溶剂不影响产品的质量。原料和溶剂的回收套用，不仅能降低成本，而且有利于三废处理和环境卫生。

（五）技术审评要点

① 起始原料选择的合理性。

② 是否对产品质量有一定影响的起始原料、试剂制定了内控标准，内控标准是否合理可行，是否对引入的杂质进行了分析研究，并制定了合理的限度。

③ 有机溶剂选择的合理性。

（六）任务驱动下的理论知识

1. 药典中溶剂按毒性分类

第一类溶剂是指已知可以致癌并被强烈怀疑对人和环境有害的溶剂。

在可能的情况下，应避免使用这类溶剂。假如在生产治疗价值较大的药品时不可避免地使用了这类溶剂，必须能证实其合理性，残留量必须控制在规定的范围内，如苯（2mg/kg）、四氯化碳（4mg/kg）、1,2-二氯乙烷（5mg/kg）、1,1-二氯乙烷（8mg/kg）、1,1,1-三氯乙烷（1500mg/kg）。

第二类溶剂是指无基因毒性但有动物致癌性的溶剂。

按每日用药 10g 计算的每日允许接触量如下，乙腈（410mg/kg）、氯苯（360mg/kg）、氯仿（60mg/kg）、环己烷（3880mg/kg）、二氯甲烷（600mg/kg）、二氧杂环己烷（380mg/kg）、1，1，2-三氯乙烯（80mg/kg）、1，2-二甲氧基乙烷（100mg/kg）、2-乙氧基乙醇（160mg/kg）、2-甲氧基乙醇（50mg/kg）、环丁砜（160mg/kg）、1，2，3，4-四氢化萘（100mg/kg）、嘧啶（200mg/kg）、甲苯（890mg/kg）、甲酰胺（220mg/kg）、1,2-二氯乙烯（1870mg/kg）、*N*,*N*-二甲基乙酰胺（1090mg/kg）、*N*,*N*-二甲基甲酰胺（880mg/kg）、乙烯基乙二醇（620mg/kg）、正己烷（290mg/kg）、甲醇（3000mg/kg）、甲基环己烷（1180mg/kg）、*N*-甲基吡咯烷酮（4840mg/kg）、二甲苯（2170mg/kg）。

第三类溶剂是指对人体低毒的溶剂。

急性或短期研究显示，这些溶剂毒性较低，基因毒性研究结果呈阴性，但尚无这些溶剂的长期毒性或致癌性的数据。在无需论证的情况下，残留溶剂的量不高于 0.5%是可接受的，但高于此值则须证实其合理性。这类溶剂包括戊烷、甲酸、乙酸、乙醚、丙酮、苯甲醚、1-丙醇、2-丙醇、1-丁醇、2-丁醇、戊醇、乙酸丁酯、三丁甲基乙醚、乙酸异丙酯、甲乙酮、二甲基亚砜、异丙基苯、乙酸乙酯、甲酸乙酯、乙酸异丁酯、乙酸甲酯、3-甲基-1-丁醇、甲基异丁酮、2-甲基-1-丙醇、乙酸丙酯。

第四类溶剂：尚无足够的毒理学资料。

2. 溶剂

在药物合成中，绝大多数的化学反应都是在溶剂中进行的；如需采用重结晶法精制产品，也需要溶剂。所以溶剂起着非常重要的作用。

(1) 溶剂的作用　绝大多数药物合成反应都是在溶剂中进行的，溶剂可以使反应体系传热均匀，也可以使分子分布均匀增加分子间碰撞和接触的机会，加快反应进程。另外在产品精制时也需要溶剂进行重结晶。不论溶剂用途是什么，要求溶剂必须是惰性的，不能与反应物或生成物反应。但是溶剂可以影响反应速度、方向和产品构型等，在产品重结晶时溶剂还会影响产品的晶型。

(2) 溶剂的分类　按溶剂接受质子的能力一般将其分为质子溶剂和非质子溶剂两大类。质子溶剂含有易取代的氢原子，可与含负离子的反应物发生氢键结合产生溶剂化作用，也可以同正离子的孤电子对配对，或与中性分子中的氧分子（或氮分子）形成氢键，或由于偶极距的相互作用产生溶剂化作用。常用的质子溶剂有水、醇类、乙酸、硫酸、多聚磷酸、氢氟酸-三氟化锑、三氟乙酸以及氨或胺类化合物。非质子溶剂不含易取代的氢原子，主要是靠偶极矩或范德华力的相互作用而产生溶剂化作用。非质子性溶剂有醚类（乙醚、四氢呋喃、二氧杂环己烷等）、卤烷化合物（氯甲烷、氯仿、二氯甲烷、四氯化碳等）、酮类（丙酮、甲己酮等）、含氮烃类（如硝基甲烷、硝基苯、吡啶、己腈、喹啉）、亚砜类（如二甲基亚砜）、酰胺类（甲酰胺、二甲基甲酰胺、*N*-甲基吡咯酮、二甲基乙酰胺、二甲基磷酰胺等）。另外，脂肪烃类（正己烷、环己烷、各种沸程的石油醚）又称为惰性溶剂。

(3) 重结晶溶剂的选择　重结晶方法是利用固体混合物中各组分在某种溶剂中的溶解度不同而使其相互分离的方法。

进行重结晶的简单程序是先将不纯固体物质溶解于适当的热的溶剂中制成接近饱和的溶液，趁热过滤除去不溶性杂质，冷却滤液，使晶体自过饱和溶液中析出，而易溶性杂质仍留于母液中，抽气过滤，将晶体从母液中分出，干燥后测定熔点，如纯度仍不符合要求，可再次进行重结晶，直至符合要求为止。

选择适当的溶剂对于重结晶操作的成功具有重大意义，一个良好的溶剂必须符合下面几个条件。

① 不与被提纯物质起化学反应。

② 在较高温度时能溶解多量的被提纯物质而在室温或更低温度时只能溶解很少量。

③ 对杂质的溶解度非常大或非常小，前一种情况杂质留于母液内，后一种情况趁热过滤时杂质被滤除。

④ 溶剂的沸点不宜太低，也不宜过高。溶剂沸点过低时制成溶液和冷却结晶两步操作温差小，固体物溶解度改变不大，影响收率，而且低沸点溶剂操作也不方便。溶剂沸点过高，附着于晶体表面的溶剂不易除去。

⑤ 能给出较好的结晶在几种溶剂都适用时，则应根据结晶的回收率、操作的难易、溶

剂的毒性大小及是否易燃、价格高低等择优选用。

3. 内控标准

在药物的制备工艺中，由于起始原料和反应试剂可能存在着某些杂质，若在反应过程中无法将其去除或者参与了副反应，将对终产品的质量有一定的影响，因此需要对其进行控制，制定相应的内控标准。

一般要求对产品质量有一定影响的起始原料、试剂应制定内控标准，同时还应注意在工艺优化和中试放大过程中，起始原料和重要试剂规格的改变对产品质量的影响。

内控标准应重点考虑以下几个方面。

① 对名称、化学结构、理化性质要有清楚的描述。

② 要有具体的来源，包括生产厂家和简单的制备工艺。

③ 提供证明其含量的数据，对所含杂质情况（包含有毒溶剂）进行定量或定性的描述。

④ 如果需要采用起始原料或试剂进行特殊反应，对其质量应有特别的要求。如对于必须在干燥条件下进行的反应，需要对起始原料或试剂中的水分含量进行严格的要求和控制；若起始原料为手性化合物，需要对对映异构体或非对映异构体的限度有一定的要求。

⑤ 对于不符合内控标准的起始原料或试剂，应对其精制方法进行研究。

任务四 原料药合成工艺条件选择技术

任务单见表 2-10。

表 2-10 原料药合成工艺条件研究任务单

任务布置者:(老师名)	部门:产品研发室	费用承担部门:研发室
任务承接者:(学生名)	部门:产品研发室	费用承担部门:研发室
工作任务: 原料药合成工艺条件研究,要求在＊＊个工作日中完成。 以工作小组为单位学习该项目,工作小组(5 人/组)完成＊＊＊＊原料药的合成工艺条件研究。 提交材料: ① 拟定＊＊＊＊原料药小试工艺条件方案。 ② 汇报及讨论＊＊＊＊原料药小试工艺条件方案。 ③ 工艺条件和工艺参数的选择。 ④ 确定＊＊＊＊原料药反应混合物的分离方法。 ⑤ 打通＊＊＊＊原料药合成路线。		
任务编号:	项目完成时间:＊＊个工作日	

工艺研究是药品质量可控的基础与源头，也是药品生产的源头，研发时应重视对工艺的研究。

（一）拟定及汇报讨论＊＊＊＊原料药小试工艺条件方案

根据已跟踪和选定的合成路线及实验室合成有机物的常规工艺条件的确定方法，研发室主任引导原料药试验工思考小试方案的内容，分析工艺指标对合成的作用，各工作组根据已确定的合成路线及工艺条件讨论拟定小试方案。各工作组选派代表，运用投影仪汇报各自所拟定的小试方案，并简述理由。

（二）工艺条件和工艺参数的选择

从原料配比、催化剂的选择、加料方式、反应装置、反应温度、反应压力、反应时间、溶剂、pH 值等方面确定具体的工艺条件。

1. 反应原料配比的确定

原料药试验工写出制备 * * * * 原料药的主、副反应。研发室主任引导原料药试验工思考从哪几个方面可以确定反应条件，确定原料配比时需过量的原料，以及过量原料的选择依据。

2. 确定加料方式、温度、压力、时间、溶剂、催化剂等反应条件

研发室主任引导原料药试验工考虑在加料方式、温度、压力、反应终点、溶剂、催化剂选择上应该注意的事项。确定上述工艺条件的选择对合成反应的影响以及其选择依据；结合原料用量及反应特点，选择实验仪器及应采用的反应装置。具体如下。

(1) 加料方式的选择　①一次性加入；②分批加入；③滴加；④不同原辅料加入的先后次序。

(2) 温度的选择　①低于溶剂的沸点；②原辅料、产物的分解温度；③主产物生成最佳温度；④副产物生成温度；⑤不同温度下的时间控制。

(3) 催化剂的选择　①反应机理；②催化剂的活性、选择性和稳定性；③催化剂的用量和价格。

(4) 反应终点的选择　取样检测。

(5) 反应装置的选择　①低温、常温或高温搅拌回流装置；②蒸馏或减压蒸馏装置。

（三）确定 * * * * 原料药反应混合物的分离方法

确定液体混合物中具体的化合物，分析各物质的物理、化学性质，运用目标化合物与其他物质间的理化性质差别选择合适的方法进行分离，并明确每种不同方法的适用范围、仪器种类、操作要点。包括：①中间体如何实现分离；② 终产物如何实现分离；③有机溶剂分离；④离心分离；⑤减压过滤；⑥重结晶。

（四）打通 * * * * 原料药合成路线

依据已确定的制备方案，控制 * * * * 原料药的合成反应，完成合成过程；进行反应混合物的分离提纯。熟悉有机物的物理、化学性质在合成及分离上的应用。具体步骤：①提出操作难点；②操作难点演练；③控制中间体合成反应；④中间体的提纯；⑤控制终产物合成反应；⑥粗产品提纯；⑦获得合格的样品；⑧对获得的样品进行结构确证和鉴别实验。

（五）任务驱动下的理论知识

进行小量试制（简称小试）研究，提供足够数量的药物供临床前评价。小试的主要任务是：对实验室原有的合成路线和方法进行全面的、系统的改革。在改革的基础上通过实验室批量合成，积累数据，提出一条基本适合于中试生产的合成工艺路线。实验室工艺研究阶段的主要工作和任务如下。

① 先打通工艺路线得到样品，分析检测目标样品的质量是否合格，以证明合成路线不仅有理论依据而且实践上可行。这就是所谓的合成工艺路线内部影响反应因素的分析和确认。

② 如果该工艺路线得到确认，然后应优化工艺条件，进一步提高质量和收率，即对该条合成工艺路线进行外部影响因素的确定和优化。小试阶段的研究重点应紧紧围绕影响工业生产的关键性问题，如缩短合成路线、提高产率、简化操作、降低成本和安全生产等。

要获得最佳的反应条件，需要研究反应物分子到产物分子的变革及过程，既要弄清反应过程的内因，又要搞清楚影响它们的外因。药物工艺研究就是要探索化学反应条件对化学反应所起作用的规律性。只有对化学反应的内因和外因以及它们之间的相互关系深入了解后，才能将两者统一起来考虑，获得最佳工艺。

化学反应的内因主要是参与反应的分子中各原子之间的结合状态、化学键的性质、立体结构、官能团的活性、各种原子与官能团之间、官能团之间、化学键之间的相互影响及特点。化学反应的外因也称反应条件，是指一些外部影响因素，例如温度、压力、溶剂、催化剂、酸碱度、物料浓度、投料比及规格、反应时间及终点控制等。对不同的化学反应，这些外部条件具有不同影响，有些影响很小甚至无影响。内外部影响因素是相辅相成和相互制约的。

在药物合成中多数有机反应进行得比较缓慢，并且各种副反应多，产品的分离和纯化是必不可少的。有时产品分离纯化的难易决定了这条工艺路线的选择和药物的收率。故在工艺研究中不仅要把化学单元反应研究清楚，而且需要对化工单元操作如过滤、蒸馏、萃取、结晶等进行研究，将两者统一起来全盘考虑。

影响药物合成的因素主要包括配料比与反应物浓度、反应温度、加料次序、催化剂、反应时间和终点控制、反应后处理方法等几个方面。

1. 配料比与反应物浓度

对于大多数有机合成反应来说，只有很少的反应是按照理论值定量完成的。在实际生产中也只有很少的反应按理论投料比进行投料反应。这是由于多数有机合成反应均是复杂反应，迫使人们寻找最佳投料比，使得收率提高、生产成本下降和产品提纯。对于不同的化学反应要根据其特点，仔细分析化学反应的类型和可能的副反应，综合考虑，选择恰当的配料比。理论配料比一般用摩尔数比表示，其他形式的配料比与反应物浓度密切相关。工业生产中也用质量比和体积比表示，它们是通过摩尔数比换算而来的。通常采用提高价格低廉的辅助原料配比提高合成收率。

提高反应物浓度一般可以加快反应速度，但对反应收率会产生不同程度的影响。降低反应物浓度通常可以降低副产物生成速度和提高收率，可以采用分批或连续加入主要原料的方式降低其反应浓度，减少原料消耗和提高收率。

2. 反应温度

温度在影响化学反应的诸多因素中是最重要的。温度对化学反应速度、反应方向与产物、副反应的发生与否及副反应的多少等均有很大影响。如提高反应温度可以加快反应速度、缩短反应时间，进而缩短生产周期、提高劳动生产率。但升高温度副反应相应增多，常使反应物、中间体或产物（特别是化学活泼性较大的反应物、中间体或产物）发生分解或发生更多更复杂的副反应，从而降低收率。提高温度的同时也提高了大工业生产中对设备材料、加热方式的要求，缩短了设备的使用寿命等。最适宜温度的确定应从单元反应的反应机理入手，综合分析正、副反应的规律，反应速度与温度的关系，以及经济核算，通过实验最终确定。

温度几乎对所有化学反应都会产生影响，温度升高一般可以提高反应速度和缩短反应时间。温度对化学反应的影响比较复杂，人们根据大量实验数据和观察总结出温度对化学反应速度的影响可分为一般反应、爆炸反应、催化反应、燃烧反应和反常反应五种类型，如图 2-4 所示。

第一类型［图 2-4（a）］的反应是反应速度随着温度升高而逐渐加快，是一类常见的化

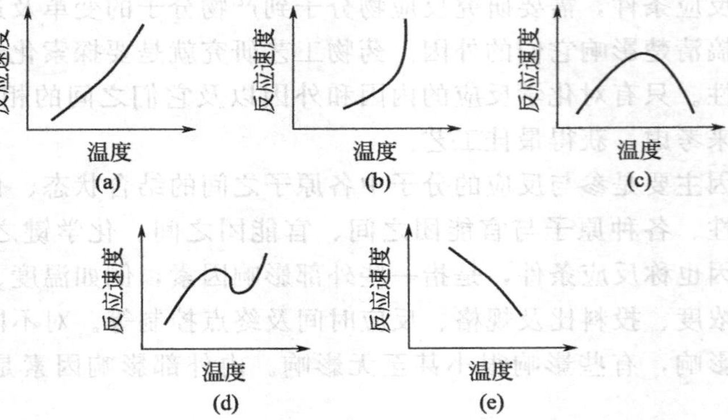

图 2-4　温度对化学反应速度的影响

学反应，可以用阿累尼乌斯公式求得反应速度的温度系数与活化能之间的关系。第二类型［图 2-4（b）］的化学反应属于有爆炸极限的化学反应，这类反应开始时温度对其影响比较小，当温度上升到某一数值时反应即以爆炸的速度急剧地进行。第三类型［图 2-4（c）］的化学反应一般为酶反应及催化反应，在初始阶段当温度升高时反应速度随着温度升高而加快，当温度达到一定数值时，温度升高反应速度反而下降，这是因为过高的温度对催化剂产生不利影响。第四类型［图 2-4（d）］的化学反应在温度较低时反应速度随温度升高而加快，达到一定温度值时反应速度随温度升高反而下降，若温度升高到一定程度，反应速度又会随温度升高而加快，而且迅速加快，甚至以燃烧速度进行。某些碳氢化合物的氧化过程属于此类反应。第五类型［图 2-4（e）］的化学反应是不正常情况，即随着温度升高反应速度反而下降，例如氧化氮尾气吸收反应。

3. 加料次序

某些化学反应要求物料按一定的先后次序加入，否则会加剧副反应，降低收率；有些物料在加料时可一次投入，也有些则要分批徐徐加入。

对一些热效应较小、无特殊副反应的反应，加料次序对收率的影响不大。如酯化反应，从热效应和副反应的角度来看，对加料次序并无特殊要求。在这种情况下，应从加料便利、搅拌要求或设备腐蚀等方面来考虑，采用比较适宜的加料次序。如酸的腐蚀性较强，以先加入醇再加酸为好；若酸的腐蚀性较弱，而醇在常温时为固体，又无特殊要求，则以先加入酸再加醇较方便。

对一些热效应较大同时也可能发生副反应的反应，加料次序则成为一个不容忽视的问题，因为它直接影响着收率的高低。热效应和副反应的发生常常是相连的，往往由于反应热较多而促使反应温度升高，引起副反应。当然这只是副反应发生的一个原因，还有其他许多因素，如反应物的浓度、pH 值等。所以必须针对引起副反应的原因来采取适当的控制方法。必须从使反应操作控制较为容易、副反应较小、收率较高、设备利用率较高等方面综合考虑，以确定适宜的加料次序。例如在合成甲氧苄氨嘧啶时，需要制备 3-甲氧基丙腈，它是在甲醇钠催化下由甲醇和丙烯腈反应制得的：

$$CH_2{=}CH{-}CN + CH_3OH \xrightarrow{CH_3ONa} CH_3OCH_2CH_2CN$$

正确的加料次序是在冷却下（10℃）将甲醇和丙烯腈的混合物滴加到甲醇钠溶液中。这是由于丙烯腈不太稳定，遇碱易聚合成胶状物。

再如，对于巴比妥生产中的乙基化反应，除配料比中溴乙烷的用量要超过理论量 10%

以外，加料次序对乙基化反应至关重要。

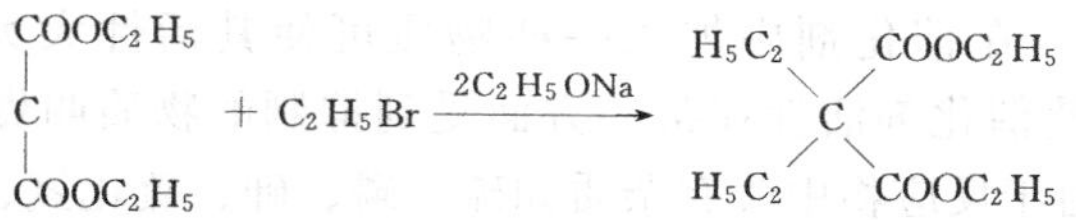

正确的加料次序应该是先加乙醇钠，再加丙二酸二乙酯，最后滴加溴乙烷。若将丙二酸二乙酯与溴乙烷的加料次序颠倒，则溴乙烷和乙醇钠的作用机会大大增加，生成大量乙醚，而使乙基化反应失败。

$$C_2H_5Br + C_2H_5ONa \longrightarrow C_2H_5OC_2H_5 + NaBr$$

4. 催化剂

（1）催化剂的作用　在药物合成中估计有 80%～85%的化学反应虽然能够进行，但反应速度慢、时间长、收率低，无法在工业生产中应用，一旦在这些反应中应用催化剂就可使反应加速，反应时间和周期缩短，反应收率提高。催化剂的研究和应用已经成为化学合成领域里的一个重要前沿。有催化剂参与的反应称为催化反应。催化剂使反应速度加快时，称为正催化作用；使反应速度减慢时，称为负催化作用。负催化主要在药物贮存或运输时应用，防止药物分解和变质失效。催化剂具有特殊的选择性，主要表现在两个方面：一是不同类型的化学反应，各有其适宜的催化剂；二是对于同样的反应物系统，应用不同的催化剂，可以获得不同的产物。

（2）常用的药物合成催化剂　化学药物的制备中常见的催化剂有固体催化剂、酸碱催化剂等。固体催化剂具有机械强度高、热稳定性好、易与产物分离和容易回收的优点，在制药工业中广泛应用。

① 常用的固体催化剂有骨架镍、5%钯碳催化剂和 3%铂碳催化剂等。

固体催化剂性能的发挥与用量有很大关系。表 2-11 列举了一些常用加氢催化剂的用量范围。

表 2-11　常用加氢催化剂及其用量

催化剂	用量/%
载在载体上的 5%钯、铂、铑	10
氧化铝	1～2
骨架镍	10～20
二氧化钌	1～2

影响催化剂活性的因素较多，主要有如下几点。

a. 温度。温度对催化剂活性影响很大，温度太低时，催化剂的活性小，反应速度很慢，随着温度升高，反应速度逐渐增大，但达到最大速度后，又开始降低。所以，绝大多数催化剂都有活性温度范围，温度过高，易使催化剂烧结而破坏活性；最适宜的温度要通过实验确定。

b. 助催化剂（或促进剂）。在制备催化剂时，往往加入少量物质（一般少于催化剂用量的 10%），这种物质对反应的催化活性很小，但却能显著提高催化剂的活性、稳定性或选择性。

c. 载体（担体）。在大多数情况下，常把催化剂负载于某种惰性物质上，这种惰性物质称为载体。常用的载体有石棉、活性炭、硅藻土、氧化铝、硅酸等。

使用载体可使催化剂分散，从而使有效面积增大，既可提高其活性，又可节约其用量；同时还可增加催化剂的机械强度，防止其活性组分在高温下发生烧结现象，影响其使用寿命。

d. 催化毒和抑制剂。在催化剂中加入一些物质可使其活性大大降低或活性完全丧失，这种物质叫做催化毒。使催化剂活性在某一方面受到抑制的物质叫做抑制剂。

毒化现象，有的是由于反应物中含有杂质如硫、磷、砷、硫化氢、砷化氢（ASH_3）、磷化氢（PH_3）及一些含氧化合物如一氧化碳、二氧化碳、水等造成的，有的是由于反应中的生成物或分解物造成的。毒化现象有时表现为催化剂部分活性的消失，进而呈现选择性催化作用。

② 酸碱催化反应一般指反应物与氢离子或氢氧根离子结合生成活泼的中间体络合物，该中间体络合物又易于与另一反应物作用生成产物，同时释放出氢离子或氢氧根离子。

人们可根据不同的化学反应来选择不同的酸碱催化剂。常用的酸性催化剂有无机酸、弱碱强酸盐（氯化铵、盐酸吡啶等）、有机酸（对甲苯磺酸、草酸）、路易斯酸（氯化锌、三氯化铝、三氟化硼、四氯化锡和四氯化钛等）。路易斯酸类催化剂通常是在无水条件下使用。常用的碱性催化剂有金属氢氧化物、有机碱类（吡啶、三乙胺、*N*，*N*-二甲基苯胺）、强碱弱酸盐类（碳酸钠、醋酸钠等）、醇钠或钾盐类（甲醇钠、乙醇钠、叔丁醇钠等）。

硫酸也是常用的酸性催化剂，但浓硫酸有脱水和氧化副反应发生。对甲苯磺酸性能温和，副反应少，在工业生产中广泛应用。

③ 在非均相反应中，一种试剂能使水相中的反应物转入有机相，从而改变了离子的溶剂化程度，增大离子反应活性，加快反应速度，简化处理手续，这种试剂称为相转移催化剂。

a. 相转移催化剂必具的条件

Ⅰ. 相转移催化剂必须具有阳离子部分，以便同阴离子结合形成活性有机离子对。

Ⅱ. 必须具有足够多的碳原子数，才能保证形成活性有机离子对转入有机相，但碳原子数目不能太多，否则不能转入无机相。碳原子数目一般为12～20之间。

相转移催化反应过程表示如下：

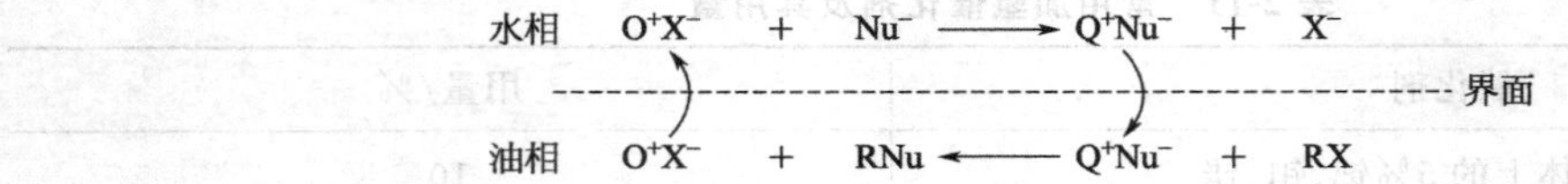

其中，QX为相转移催化剂；Nu^-为亲核试剂；Q^+Nu^-为形成的活性有机离子对。

b. 常用的相转移催化剂

Ⅰ. 季铵盐类

例如：

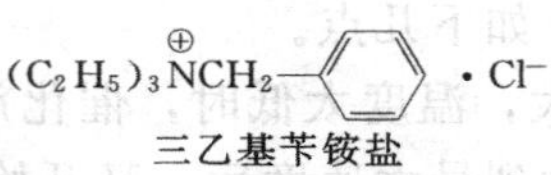

三乙基苄铵盐　　简称 TEBA

$(C_4H_9)_4NHSO_4$ 简称 TBAB　　四正丁基铵盐

Ⅱ. 冠醚类。冠醚具有特殊的空间构型，虽说无阳离子部位，但仍能起到相转移催化剂的作用，例如：

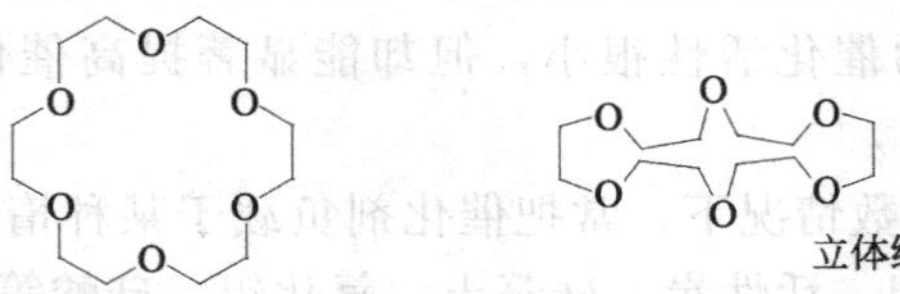

18-冠醚-6　　立体结构

④ 冠醚的作用。冠醚具有特殊的空穴，具有很高的络合性，能使金属离子嵌入其空穴中形成络合物，进入有机相，带入有机相的阴离子成为活性很高的“裸离子”，提高了反应活性，例如：

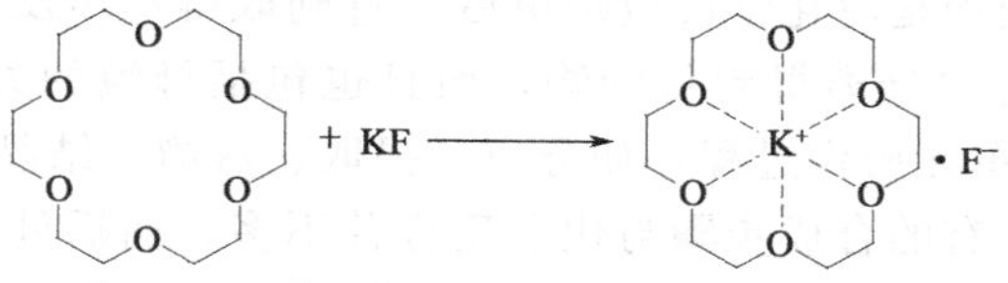

为了改进冠醚的脂溶性，还有带长碳链的冠醚。季铵盐的相转移催化只能在液-液相中进行，而冠醚能使不少固体试剂转入有机相，实现固-液相转移催化反应。

⑤ 相转移催化反应的优点

Ⅰ. 避免使用无水的或极性非质子溶剂。

Ⅱ. 缩短了反应时间，降低了反应温度。

Ⅲ. 使有些原来不能进行的反应，成为可能。

Ⅳ. 改变了产品的比例和选择性。

Ⅴ. 处理简单。

Ⅵ. 环境条件好。

(3) 催化剂的选择　衡量催化剂质量的三大指标是催化剂的活性、选择性和稳定性，一个良好的催化剂必须具备高活性、高选择和高稳定性。

催化剂的活性就是催化剂的催化能力，它是评价催化剂好坏的重要指标。在工业上，常用单位时间内单位质量（或单位表面积）的催化剂在指定条件下所得的产品的量来表示该催化剂的催化活性。

催化剂对复杂反应有选择地发生催化作用的性能，称为催化剂的选择性。催化剂并不是对热力学所允许的所有化学反应都能起催化作用，而是特别有效地加速平行反应或串联反应中的一个反应。

催化剂的稳定性通常以寿命表示，指催化剂在使用条件下维持一定活性水平的时间，或者每次活性下降后再生而又恢复到许可活性水平的累计时间（总寿命）。催化剂的稳定性包括对高温热效应的耐稳定性，对摩擦、冲击、重力作用的机械稳定性和对毒质毒化作用的抗毒稳定性。

5. 反应时间和终点控制

每一个化学反应完成后必须停止，并使反应生成物立即从反应系统中分离出来。否则继续反应可能使反应产物分解破坏，副产物增多或发生其他更复杂的变化，导致收率降低，产品质量下降，延长生产周期，使劳动生产率下降。另一方面，若反应时间不够，反应未到达终点而过早停止反应，则转化率不高，反应混合液中含有未反应的原料或中间产物，致使收率不高，产品质量下降。为此，对于每一个反应都必须掌握好它的进程，控制好反应时间和反应终点。

反应终点控制的方法有很多种，通常测定反应体系中未反应完的原料量或其残存量是否达到某一限度。工业生产中一般使用一些简单快捷的化学或物理方法，例如显色、沉淀、酸碱度、密度、压力和反应时间等；现代工业生产中经常使用薄层色谱、气相色谱和液相色谱来测定原料残留量控制反应终点。在这些控制方法中反应时间是一个非常重要的参数，当反应达到某一程度时继续反应并不能使产品收率和产品质量进一步提高，不一定要求原料残留量为零才终结。

例如在阿司匹林合成中，反应终点控制是测定反应体系中水杨酸的含量在0.02%以下便可终止反应，生产中工艺人员和分析人员需要相互配合，定期进行中间控制分析。

6. 反应后处理方法的研究

一般说来，反应后处理是对化学反应结束后一直到取得本步反应产物的整个过程而言。这里不仅要从反应混合物中分离得到目的物，而且也包括母液的处理等。其化学过程较少（中和等）而多数为化工单元操作过程，如分离、提取、蒸馏、结晶、过滤以及干燥等。

在合成药物生产中，有的合成步骤与化学反应并不多，而后处理的步骤与工序却很多，而且较为麻烦。因此，搞好后处理对于提高反应产物的收率、保证药品质量、减轻劳动强度和提高劳动生产率都有着非常重要的意义。为此，必须重视后处理的工作。

后处理的方法随反应性质的不同而异。但研究此问题时，首先，应摸清反应产物系统中可能存在的物质的种类、组成和数量等（这可通过反应产物的分离和分析化验等工作加以解决），在此基础上找出它们性质之间的差异，尤其是主产物或反应目的物与其他物质相区别的特性。然后，通过实验拟定主产物的后处理方法，在研究与制定后处理方法时，还必须考虑简化工艺操作的可能性，并尽量采用新工艺、新技术和新设备，以提高劳动生产率，降低成本。

任务五 原料药合成过程控制技术

任务单见表2-12。

表2-12 原料药合成过程控制研究任务单

任务布置者:(老师名)	部门:产品研发室	费用承担部门:研发室
任务承接者:(学生名)	部门:产品研发室	费用承担部门:研发室
工作任务: 原料药合成过程控制研究,要求在 * * 个工作日中完成。 以工作小组为单位学习该项目,工作小组(5人/组)完成 * * * * 原料药合成过程控制研究。 提交材料: ① 原料药中间体质量及杂质控制。 ② 工艺条件和工艺参数的优化和控制。 ③ 编写原料药合成过程标准操作规程(SOP)。		
任务编号:	项目完成时间: * * 个工作日	

（一）原料药中间体质量控制技术

1. 原料药中间体质量控制的目的与意义

① 有利于控制产品的质量，稳定制备工艺。

② 为原料药的质量研究提供重要信息。

③ 中间体的结构研究也可以为终产品的结构确证提供依据。

一般来说药物合成中间体也常是终产品的降解产物，在质量研究中特别是有关物质的研究中对合成中间体进行分离度、灵敏度的研究对于判断方法是否可行有着重要的意义。

2. 原料药中间体质量控制的一般原则

对关键中间体、新结构中间体的质量进行控制，对于工艺的稳定性、终产品的质量研究具有重要的意义。

新结构中间体：由于没有文献报道，其结构研究对于认知该化合物的特性、判断工艺的可行性和对终产品的结构确证具有重要作用。

一般中间体：质量要求可相对简单，对其质量可以进行定量控制。有时，因终产品结构确证研究的需要，有必要对已知结构中间体的结构进行研究。

3. 已知结构的一般中间体

理化常数研究一般包括：熔点、沸点、比旋度、溶解性等。

质量研究一般包括：采用 TLC、HPLC 、GC 等方法，对其在反应过程中进行定量或定性控制。

结构研究：因终产品结构确证研究的需要，应对其结构进行确证，并应与有关的文献资料进行比较。

4. 已知结构的关键中间体

理化常数研究一般包括：熔点、沸点、比旋度、溶解性等，并与文献报道的有关数据进行比较。

质量控制一般包括：性状、异构体（对于具有立体异构的化合物）、有关物质、含量等。

结构研究：因终产品结构确证的需要，应对其结构进行确证，并应与有关的文献资料进行比较。

5. 新结构的中间体

结构研究：一般来说应进行红外、紫外、核磁共振（碳谱、氢谱，必要时进行二维相关谱研究）和质谱（包括高分辨质谱）等的研究，以确证该中间体的结构。

理化常数研究一般包括：熔点、沸点、比旋度、溶解性等。

质量研究一般包括：性状、异构体（对于具有立体异构的化合物）、有关物质、含量等。

6. 中间体的再精制

一般情况下应对中间体的精制方法进行详细的研究，但是对于不符合标准的中间体，应对其再精制的方法进行研究。

7. 技术审评要点

一般来说重点关注关键中间体的质量、一般中间体的定性控制方法，以及新结构中间体的结构确证等问题。

（二）原料药合成过程杂质控制技术

1. 杂质控制的目的与意义

① 提示杂质产生的来源。

② 指导原料药工艺完善的研究。

③ 指导质量研究与标准的建立。

2. 杂质控制应考虑的要点

① 起始原料、溶剂、试剂引入的杂质。如在合成＊＊＊＊原料药时，使用了甲苯、乙腈等二类以上的有机溶剂，因此在质量研究中应考察甲苯、乙腈的残留研究。

② 副产物（异构体等）。如在苯环上的取代反应，不同位置的取代，可以产生不同的杂质，会对终产品的质量产生影响。

③ 痕迹量催化剂。如 Ag、Hg 的使用，Pd-C 的使用。

④ 无机杂质。如硫酸盐、卤化物。

3. 产品的精制

（1）产品精制的目的与意义

① 不同的精制方法可能产生不同质量的产品。

② 精制方法的稳定可行是产品质量一致性的保证。

(2) 精制方法选择的考虑要点

① 纯度的要求。

② 晶型的要求。

③ 有机溶剂的使用。

④ 操作简便。

4."三废"处理方案

为了环境保护和劳动保护的需要，尽可能避免使用有毒、污染环境的溶剂或试剂，在确定合成路线时尽可能避免采用可能会对环境造成污染的路线，并需要结合生产工艺制订合理的"三废"处理方案。

5. 技术审评要点

① 杂质分析的充分性。

② 对质量研究的提示。

(三) 工艺条件和工艺参数的优化及控制技术

1. 工艺条件和工艺参数优化的目的与意义

工艺的优化是原料药制备从实验室阶段过渡到工业化阶段不可缺少的环节，也是该工艺能否工业化的关键，同时对评价工艺路线的可行性、稳定性具有重要的意义。

2. 工艺条件和工艺参数的优化和控制

(1) 原料药的工艺优化和控制　原料药的工艺优化和控制过程是一个动态的过程，包括：①工艺操作步骤的描述应详细；②工艺条件，如反应装置、温度、压力、时间、溶剂、pH 值、光照等的控制应严格；③反应终点（提示原料转化为目的生成物的程度、杂质的生成情况等）的判断应明确。

(2) 合成过程的控制方法

① 合成工艺的可调节参数，如温度、压力、pH、搅拌速度等，确定参数范围或接受标准。

② 环境控制（温度、湿度、清洁级别等）。

③ 反应进程监测（如反应物消耗和产物生产的浓度监测）。

④ 关键中间体的检验。

3. 工艺数据的积累和分析

三批样品做长期和加速实验（中间体做稳定性试验，确定烘料温度和储存时间）。具体包括：①收率稳定，质量可靠；②物料衡算，三废处理；③制定研发报告、工艺规程、操作 SOP。

(1) 工艺数据积累的意义

① 为工业化生产提供数据支持。

② 同时为质量研究提供充分的信息支持。

(2) 数据的积累应贯穿药物研发的整个过程。

(3) 数据积累应考虑的内容　对工艺有重要影响的参数、投料量、产品收率及质量检验结果（包括外观、熔点、沸点、比旋度、晶型、结晶水、有关物质、异构体、含量等），并说明样品的批号、生产日期、制备地点、用途等。

工艺数据报告一般分为临床研究和生产研究两个阶段，可采用表格的形式进行汇总。见表 2-13。

表 2-13　化学原料药小试开发实验情况评价表

组别 项目	第一组	第二组	第三组	第四组	第五组
反应过程控制情况好坏					
分离提纯情况好坏					
晶体颜色、形状					
产品纯度					
产率/%					
实验意外差错					

制备过程中，存在一些共性：①反应步骤较多、过程较繁琐；②过程控温要求较高；③反应时间控制把握稍有难度；④分离纯化过程步骤较多，产品损失严重；⑤运用设备增加制备难度。

4. 工艺的综合分析

对工艺的科学性和可行性进行自我评价，使研发者对整个工艺的利弊有一个清楚的认识，进而为研发的整体服务。

5. 技术审评要点

① 重点关注小试工艺的异同，以及这些变化对产品质量的影响程度。

② 工艺的可行性与真实性。

③ 数据的完整性。

④ 数据的充分性。

（四）编写工艺标准操作规程（SOP）

1. 工艺流程图

① 化学反应和分离纯化步骤。

② 起始原料和关键中间体及副产物的化学结构。

③ 各步骤所用的溶剂、催化剂或其他助剂。

④ 各步骤的操作参数（温度、pH、压力等）。

⑤ 中间体进入下一工序的处理方法（分离或原位）。

⑥ 各步骤的产率。

2. 合成过程描述

① 所有反应物的化学名称、结构式和用量。

② 各步骤所用的溶剂、试剂、催化剂和其他助剂。

③ 主要反应设备、仪器（关键设备的构造和材质）。

④ 关键工序和操作的详细说明。

⑤ 过程控制方法和控制参数（监测项目、参数范围或接受标准）。

⑥ 各步反应或操作的产率。

⑦ 批量规模及用途。

（五）任务驱动下的理论知识——试验设计方法

合成药物工艺研究是建立在试验基础上的应用研究。在实验室工艺研究、中试放大研究及生产中都涉及到化学反应各种条件之间的相互影响等诸多因素，欲在诸多因素中分清主次，需要通过合理的试验设计方法，找出影响生产工艺的内在规律以及各因素间的相互关系，为确定生产工艺条件提供参考。

试验设计是以概率论和数理统计为理论基础、安排试验的应用技术。其目的是通过合理地安排试验和正确地分析试验数据，以最少的试验次数、最少的人力物力、最短的时间取得优化生产工艺方案。

试验设计过程可分为试验设计、试验实施和对试验结果的分析三个阶段。除试验实施时的数据必须准确、重复性好外，试验设计和对结果的分析尤为重要。如果试验设计得好，对试验结果分析得法，就能将试验次数减少到最低限度，缩短试验周期，使生产周期达到优质、高产、低消耗、高效益的目的。本节将介绍几种常用的试验设计方法，这些方法不需要深奥的数学基础，简便易行。

1. 单因素试验设计方法

如果试验结果仅与某个因素有关（包括尽管影响因素很多，但只有一个起主导作用，其他可忽略不计），或者固定其他因素、只研究一个因素，这些试验可采用单因素试验设计方法。

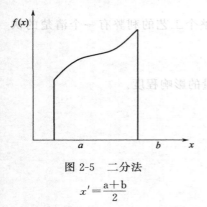

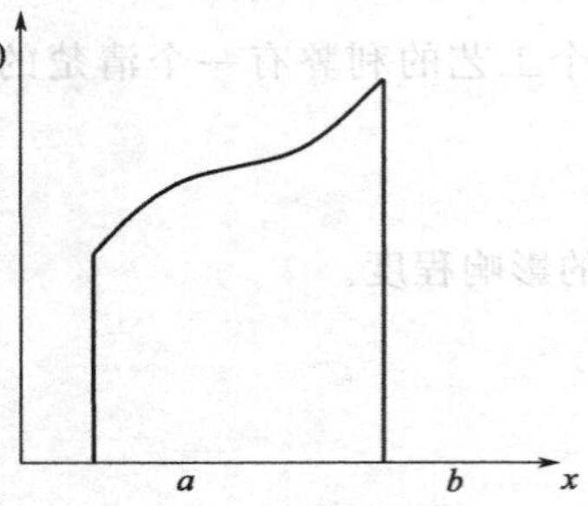

图 2-5　二分法

$$x'=\frac{a+b}{2}$$

(1) 二分法　如果在因素 x 的变化范围 (a, b) 内，目标函数 $f(x)$ 是单调的，可用二分法来处理。二分法总是在试验范围的中点取值做实验，然后比较结果，决定下次试验点（见图 2-5）。

试验时先考察范围，然后在考察范围的中间安排试验，若试验的结果满意，则停止试验。若结果不好，可去掉中点以下的一半试验范围，或去掉中点以上的部分。在余下的范围内继续取中点进行试验，直到结果满意为止。本法的特点是每次可划掉一半的试验范围，很快找到最适点。在药物合成工艺考察中，许多问题可划为这种单因素试验。

例【2-1】 已知加碱会加速某反应，且碱越多反应时间越短，但碱过多又会使产品分解。某厂以前加碱 1%，反应 4h。现根据经验确定碱量变化范围在 1%～4.4%，得表 2-14 的试验结果。最后加碱量为 2.28%，反应时间缩短为 1h。

表 2-14　加碱水解试验

实验号	试验点$(a+b)/2$	实验结果	下次实验范围$(a,b)/\%$
1	2.7	水解，碱多了	1～2.7
2	1.85	结果良好，可加大碱量	1.85～2.7
3	2.28	结果仍良好	停止

(2) 黄金分割法　实际中经常遇到的情况是仅知道在试验范围内有一个最佳点，再大些或再小些试验结果都不好，即目标函数为单峰函数，这时可采用黄金分割法，也叫 0.618 法。本法是在试验范围 (a, b) 内，将第一个试验点 x_1 设在 0.618 位置上，而第二个试验点 x_2 是 x_1 的对称点。

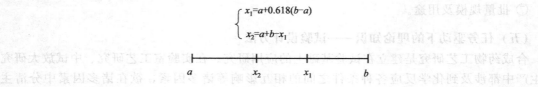

$$\begin{cases} x_1=a+0.618(b-a) \\ x_2=a+b-x_1 \end{cases}$$

然后比较两次试验结果，用 $f(x_1)$、$f(x_2)$ 表示。若 $f(x_1)$ 比 $f(x_2)$ 好，则最好的试验点在 (x_2, b) 之间，因而划掉 (a, x_2)，第三次试验安排在 x_1 的对称点上。

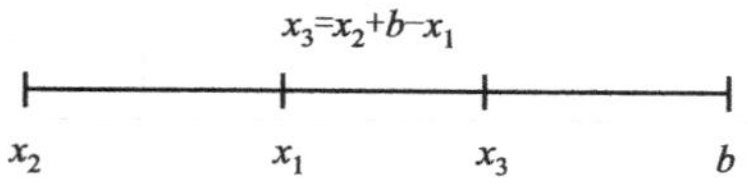

如果 $f(x_1)$ 不如 $f(x_2)$ 好，则应划掉 (x_1, b)，第三次试验点 x_3 为：

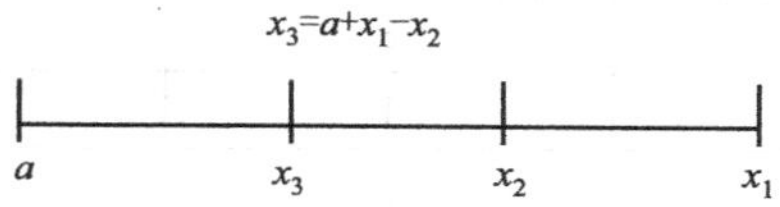

如此反复，直到结果满意为止。

例【2-2】 游离松香可由原料松香加碱制得，某厂由于原料松香的成分变化，加碱量掌握不好，游离松香一度仅含 6.2%，用黄金分割法选择加碱量：固定原料松香 100kg，温度 102～106℃，加水 100kg，考察范围 9～13kg，试验结果见表 2-15。

表 2-15　松香加碱试验

试验号	加碱量/kg	熬制时间/h	游离松香/%	下次试验范围/kg
1	9＋0.618×(13－9)＝11.5	5.5	20.1	
2	9＋13－11.5＝10.5	6.5	18.8	10.5～13 去掉 (a, x_2)
3	10.5＋13－11.5＝12	6	皂化	10.5～12 去掉 (x_1, b)
4	10.5＋12－11.5＝11	6	19.0	停止

2. 多因素试验设计法

在实际工作中，常常遇到的问题是多种因素对试验结果都有影响，往往难以分清主次，这时可采用多因素试验设计方法。这里介绍正交试验设计用于多因素试验设计的方法。

正交试验设计法　正交设计的理论研究始于欧美，20 世纪 50 年代已推广应用。它是在全面试验点中挑选出最具有代表性的点做试验，挑选的点在其范围内具有“均匀分散”和“整齐可比”的特点。“均匀分散”是指试验点均匀地分布在试验范围内，每个试验有充分的代表性。“整齐可比”是指试验结果分析方便，易于分析各个因素对目标函数的影响。正交试验设计法为了照顾到“整齐可比”，往往未能得到“均匀分散”，而且试验点的数目必须较多，例如安排一个水平数为 n 的试验，至少要试验 n^2 次。所以正交设计不适用于因素考察范围宽、需安排水平数多的情况，但对于影响因素较多、水平数较小的情况，不失为很好的设计方法。正交设计就是利用已经造好了的表格——正交表——安排试验并进行数据分析的一种方法。

正交表是正交试验工作者在长期的工作实践中总结出的一种数据表格。正交表用 $L_n(t^q)$ 表示。其中 L 表示正交设计，t 表示水平数，q 表示因子数，n 表示试验次数。在此仅介绍常用的两张正交表——$L_9(3^4)$ 和 $L_8(2^7)$，分别见表 2-16、表 2-17。

正交试验设计法的步骤一般为以下五步：①找出制表因子，确定水平数；②选取合适的正交表；③制订试验方案；④进行试验并记录结果；⑤ 试验结果的计算分析。

下面举例说明正交试验设计的应用。

表 2-16 $L_9(3^4)$ 正交表

试验号	因子 A	因子 B	因子 C	因子 D
1	1	1	1	1
2	1	2	2	2
3	1	3	3	3
4	2	1	2	3
5	2	2	3	1
6	2	3	1	2
7	3	1	3	2
8	3	2	1	3
9	3	3	2	1

表 2-17 $L_8(2^7)$ 正交表

试验号	因子 A	因子 B	因子 C	因子 D	因子 E	因子 F	因子 G
1	1	1	1	1	1	1	1
2	1	1	1	2	2	2	2
3	1	2	2	1	1	2	2
4	1	2	2	2	2	1	1
5	2	1	2	1	2	1	2
6	2	1	2	2	1	2	1
7	2	2	1	1	2	2	1
8	2	2	1	2	1	1	2

例【2-3】 为了提高某药物中间体的转化率，选择了三个有关因素进行试验，即反应温度（A）、反应时间（B）和用碱量（C），并确定了它们的试验范围（A，80～90℃；B，90～150min；C，5%～7%）。试验目的是为了搞清楚因子 A、B、C 对转化率指标有什么影响？哪些是主要的？哪些是次要的？从而确定最佳工艺条件。

① 找出制表因子，确定水平。影响因素 A、B、C 在本例中已知，故不需再找。应根据专业知识，在所要考察的范围内确定要研究比较的条件，即确定各因子的水平。

对 A、B、C 三个因子分别确定以下三水平，见表 2-18。

表 2-18 三因子三水平的因子水平表

水平	A 温度/℃	B 时间/min	C 碱量/%
1	80	90	5
2	85	120	6
3	90	150	7

② 选取合适的正交表。选用正交表时，应使确定的水平数与正交表中因子的水平数一致，正交表列的数目应大于要考察的因子数。本例中选用 $L_9(3^4)$ 正交表。

③ 制订试验方案。首先进行因子安排，即把所考察的每个因子任意地对应于正交表中的各列，然后把每列的数字转换成所对应因子的水平，这样，每一行的水平组合就构成了一个试验条件，从上到下就是这个正交试验的方案（见表 2-19）。

表 2-19 正交试验方案

试验号	水平组合	A 温度/℃	B 时间/min	C 碱量/%
1	$A_1B_1C_1$	80	90	5
2	$A_1B_2C_2$	80	120	6
3	$A_1B_3C_3$	80	150	7
4	$A_2B_1C_2$	85	90	6
5	$A_2B_2C_3$	85	120	7
6	$A_2B_3C_1$	85	150	5
7	$A_3B_1C_3$	90	90	7
8	$A_3B_2C_1$	90	120	5
9	$A_3B_3C_2$	90	150	6

④ 进行计算并记录结果。按设计好的试验方案中所列的试验条件严格操作，试验顺序不限，并将试验结果记录在表 2-20 中。

表 2-20 正交试验方案及结果

试验号	操作者	A 温度/℃	B 时间/min	C 碱量/%	转化率/%
1	—	80	90	5	31
2	—	80	120	6	54
3	—	80	150	7	38
4	—	85	90	6	53
5	—	85	120	7	49
6	—	85	150	5	42
7	—	90	90	7	57
8	—	90	120	5	62
9	—	90	150	6	64
K_1	—	41	47	45	
K_2	—	48	55	57	
K_3	—	61	48	48	
R	—	20	8	12	

⑤ 分析试验结果。

K_1 表示一水平试验结果（转化率）总和的平均值；

K_2 表示二水平试验结果总和的平均值；

K_3 表示三水平试验结果总和的平均值；

R 为极差，为平均转化率 K 值中的最大值与最小值之差。

$$80℃\quad K_1=\bar{x}_1=\frac{31+54+38}{3}=41$$

$$85℃\quad K_2=\bar{x}_2=\frac{53+49+42}{3}=48$$

$$90℃\quad K_3=\bar{x}_3=\frac{57+62+64}{3}=61$$

$$R=K_3-K_1=61-41=20$$

由表 2-20 中的转化率，可以进行以下工作。

a. 获得试验结果。采用 9 个试验中转化率最高的试验号 9 号，此反应条件（反应温度 90℃，反应时间 150min，用碱量 6%）作为最佳反应条件，代表性较好。计算分析试验结果，9 次试验在全体可能的水平组合（$3^3=27$ 次）中只是一小部分，所以还可以扩大，精益求精，寻找更好的工艺条件。利用正交表计算分析，可以分辨出主次因素，预测更好的水平组合，为进一步试验提供可靠依据。

b. 分析试验结果。极差 R 的大小可用来衡量试验中相应因子（因素）作用的大小。因子水平数完全一致时，R 大的因素为主要影响因素，R 小的因素为次要因素。本例中主要影响因素为 A（温度）。K_1、K_2、K_3 中数据最大者对应的水平为最佳水平，即转化率最高。本例中的最佳水平组合是 $A_3B_2C_2$，即最佳工艺条件为反应温度 90℃、反应时间 120min、用碱量 6%。

例【2-4】 维生素 B_6 的制备中，进行重氮化及水解反应。为了寻找最佳工艺条件，选取酸的类型、滴加温度、水解温度、配料比、氢化物浓度、催化剂六个影响因素进行试验，在预试验基础上确定了上述六个影响因素的试验范围。试验目的是搞清楚影响因素对收率有什么影响？哪些是主要的？哪些是次要的？从而确定最佳工艺。

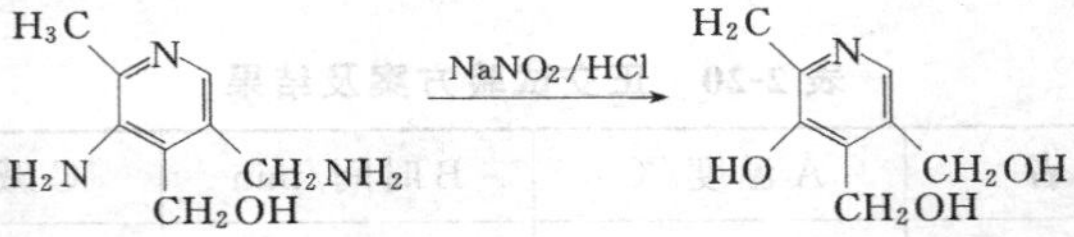

① 找出制表因子，确定水平数。本例的影响因素（因子）及各因子的水平见表 2-21。

表 2-21 六因子两水平的因子水平表

水平	A 酸	B 滴加温度/℃	C 水解温度/℃	D 氢化物：亚硝酸：酸（配料比）	E 氢化物浓度	F 催化剂
1	HCl	68～72	88～92	1：2.32：1.58	原浓度	不加
2	H_2SO_4	88～92	96～98	1：1.80：1.58	浓缩 0.15 倍	加 4%

② 选取适合的正交表。本例选用 L_8（2^7）正交表。

③ 制订试验方案。

④ 进行计算并记录结果。

⑤ 计算分析试验结果，见表 2-22。

表 2-22 $L_8(2^7)$ 试验方案及试验结果

试验号	操作	酸	滴加温度	配料比	催化剂	氢化物浓度	水解温度	重量/g	收率/%
1	—	1	1	1	1	1	1	11.97	67.85
2	—	1	1	2	2	2	2	13.00	60.63
3	—	2	2	1	1	2	2	15.96	74.46
4	—	2	2	2	2	1	1	12.76	72.35
5	—	1	2	1	2	1	2	12.53	71.03
6	—	1	2	2	1	2	1	13.70	63.90
7	—	2	1	1	2	2	1	13.62	63.52
8	—	2	1	2	1	1	2	13.85	78.52
K_1		68.82	65.85	67.63	69.22	69.22	71.18	72.47	66.91
K_2		69.24	72.21	70.44	68.85	68.85	66.88	65.63	71.16
R		0.42	6.36	2.81	0.37	0.37	4.30	6.84	4.25

表 2-22 表明，酸和氢化物浓度的极差 R 较大，分别为 6.36 和 6.84。用硫酸替盐酸，氢化物用原浓度均使收率提高。水解温度（$R=4.25$）对收率的影响也较重要，较高的温度有利于提高收率。为进一步确定硫酸替代盐酸、滴加时间、催化剂对收率的影响，用 $L_4(2^3)$ 正交表进一步研究。试验方案、试验记录及计算结果见表 2-23。

表 2-23　用 $L_4(2^3)$ 试验方案及试验结果

试验号	操作者	酸	滴加时间/min	催化剂	重量/g	收率/%
1	—	HCl	60	不加	9.46	70.46
2	—	HCl	30	加 7%	9.26	68.96
3	—	H_2SO_4	60	加 7%	9.89	73.21
4	—	H_2SO_4	30	不加	9.76	72.83
K_1		69.78	72.21	71.72		
K_2		73.32	70.89	71.38		
R		3.54	1.32	0.34		

表 2-23 表明，用硫酸代替盐酸，收率肯定提高。催化剂的影响不明显，可能是催化剂只影响反应速度，而不影响收率的缘故。通过正交实验，维生素 B_6 重氮化及水解反应的最佳工艺条件为：配料比氢化物∶亚硝酸钠∶硫酸＝1.0∶2.0∶1.5，氢化物浓度为原浓度，滴加亚硝酸钠的温度控制在 68～72℃，水解温度控制在 96～98℃。

任务六　美沙拉秦的仿制开发

任务单见表 2-24。

表 2-24　原料药美沙拉秦的仿制开发任务单

<table>
<tr><td>任务布置者:(老师名)</td><td>部门:产品研发室</td><td>费用承担部门:研发室</td></tr>
<tr><td>任务承接者:(学生名)</td><td>部门:产品研发室</td><td>费用承担部门:研发室</td></tr>
<tr><td colspan="3">工作任务:
现需要制备 50g 抗结肠炎原料药美沙拉秦,要求在 * * 个工作日中完成,产品为灰白色结晶,纯度 90% 以上。
以工作小组(5 人/组)为单位完成制备过程;产率>50%。
提交材料:
① 原料药美沙拉秦相关文献及调研报告。
② 原料药美沙拉秦仿制路线。
③ 原料药美沙拉秦小试方案。
④ 原料药美沙拉秦实验报告(含检测报告)。
⑤ 产品制备优化方案。
⑥ 原料药美沙拉秦优化实验报告(含检测报告)。
⑦ 原料药美沙拉秦制备最终工艺。</td></tr>
<tr><td>任务编号:</td><td colspan="2">项目完成时间:* * 个工作日</td></tr>
</table>

产品开发室主任向产品研发部的原料药试验工下达小试开发任务。公司目前根据市场情况，决定生产原料药美沙拉秦，需要产品研发部做前期小试工作，内容详见任务书。原料药试验工细读任务书内容，明确要求按期完成任务。

(一) 美沙拉秦的仿制开发指导

1. 工作组汇报美沙拉秦的合成路线（主要有 3 种）

（1）以水杨酸为原料

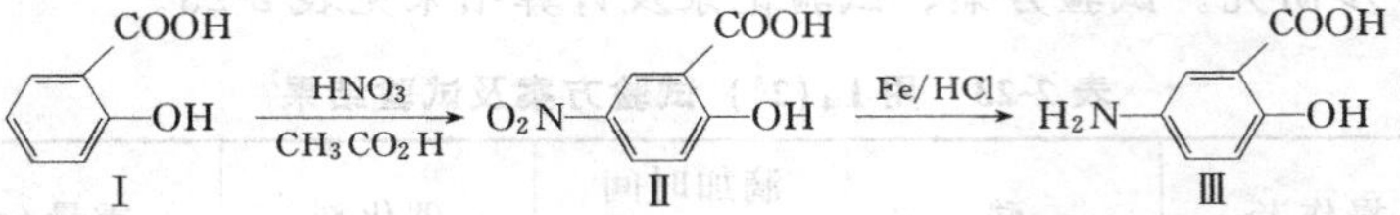

（2）以苯酚为原料

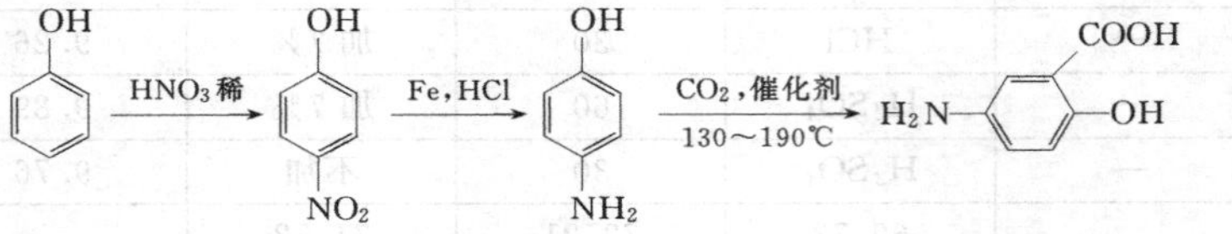

（3）以苯胺为原料

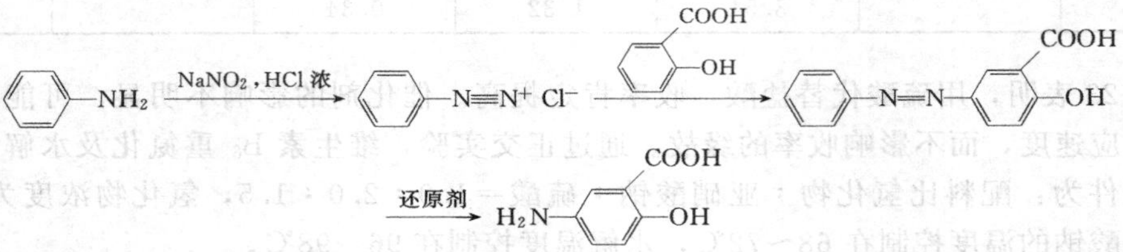

2. 评价美沙拉秦合成路线（见表 2-25）

表 2-25　合成路线的选择因素

比较项	具体内容	优缺点
反应原理	化学合成途径简易，即原辅材料转化为药物的路线应简短	
反应的难易	操作简便，中间体容易以较纯形式被分离出来，质量合乎标准要求，最好是多步反应连续操作；产品纯化易达到药用标准	
反应条件	制备条件易于控制，如安全、无毒	
催化剂	价廉易得	
原料价格及采购	需用的原辅材料少且价廉易得，并有足够数量的供应；各种原辅材料的来源、规格以及是否有毒、易燃、易爆等	
实验室条件	设备条件要求不苛刻，如不需耐压容器	
收率高低	收率最佳、成本最低、经济效益最好	
安全和环保	“三废”少且易于治理	
结论	最佳合成路线	

路线一　硝基水杨酸还原法

先将水杨酸酸化，制得 5-硝基水杨酸，然后还原制得美沙拉秦，由于硝化反应在混酸进行，有副产物 4-硝基水杨酸，异构体不易分离，产品难以纯化，难以工业化应用，且收率低。而采用硝酸和冰醋酸混酸硝化，然后还原合成美沙拉秦，总产率为 48.61%，在常压下即可操作，实验室研究时操作相对简单；能进行工业规模生产且便于精制，具有应用价值。

路线二　对氨基苯酚与二氧化碳一步合成

此法制得产品美沙拉秦，收率高于 90%，不仅大大降低了产品的成本，而且基本上不产生严重的三废污染，具有较好的工业化价值，但操作条件苛刻，催化剂未明确，对设备的要求较高，目前尚处于研究阶段，工业应用前景还不明了，故不采用此法。

路线三　苯偶氮水杨酸还原法

此法用作偶合试剂的苯胺，可以回收并重复使用，偶合需要低温条件下合成；总收率一般可达 80%以上，因此是一条较佳的工业化合成路线。

（二）美沙拉秦合成

1. 学习目标及技能目标

（1）学习目标　掌握硝化还原反应的原理，熟悉硝化还原反应的基本操作技能，锻炼自己的设计实验能力和实验操作能力。

（2）技能目标　通过试验设计阶段培养学生的自我创新能力，让学生养成勤动脑、勤动手、勤查资料的好习惯；实验阶段通过学生的自我操作，提高学生操作实验、分析问题、解决问题的能力，加强对相关知识的理解，拓展学生的思维和对专业领域的再认识。

2. 合成路线

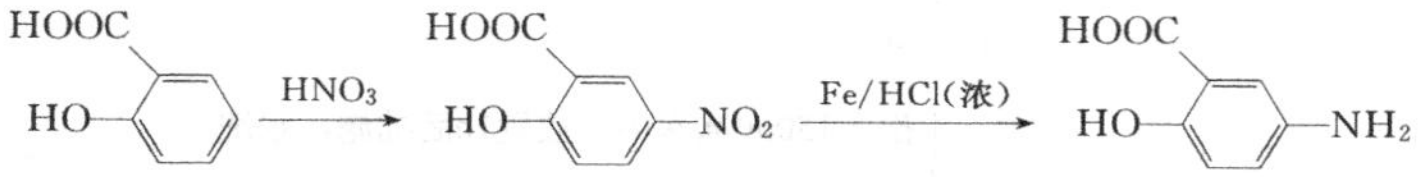

3. 实验仪器与试剂

仪器：三颈瓶 250ml，搅拌器，温度计，水浴锅，布氏漏斗，长颈漏斗，恒压滴液漏斗，胶头滴管，烧杯（500ml、250ml 各一个，50ml 两个），电热套，抽滤瓶，量筒（10ml、50ml 各一个），pH 试纸（一包），滤纸，玻璃棒，回流冷凝管，乳胶管，玻璃管，弯形干燥管，玻璃塞，橡胶塞。

试剂：水杨酸，浓硝酸，冰醋酸，铁粉，浓盐酸，氢氧化钠，浓硫酸，活性炭，15%氨水，保险粉。

4. 实验装置（图 2-6、图 2-7）

图 2-6　硝化装置图

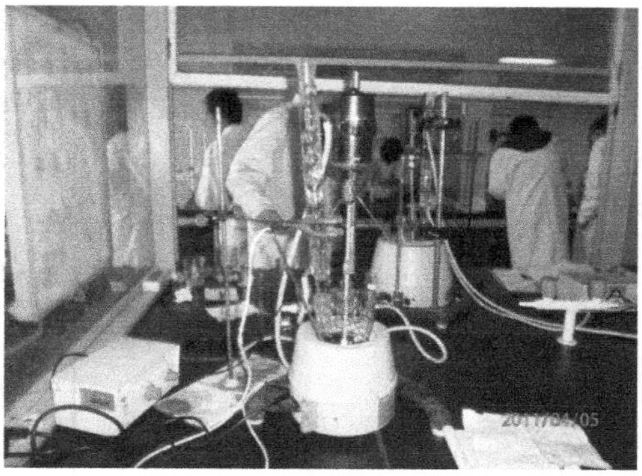

图 2-7　还原装置图

5. 实验步骤

（1）水杨酸的硝化　在装有冷凝器（附有空气导管、安全瓶及碱性吸收池）、温度计和滴液漏斗的三口瓶中，加入水杨酸 14g（0.1mol）、水 30ml、冰醋酸 3ml，电磁搅拌下于 70℃下缓缓滴加 70%浓硝酸 12ml，而后控制温度在 70～80℃之间，保温反应 1h。倒入

150ml 冰水中，放置 1h 后抽滤。用水洗涤滤渣，得粗品。取粗品加水 150ml，加热至沸腾，待全部溶解，热抽滤。滤液充分冷却，抽滤，得浅黄色结晶。(mp227～230℃)。

(2) 5-硝基-2-羟基苯甲酸的还原　在装有电动搅拌器、冷凝管及温度计的 250ml 三口烧瓶中加入 60ml 水，加热至 60℃以上，加浓盐酸 4.2ml、铁粉 4g (0.07mol)，加热至沸腾。交替加入铁粉 6g (0.11mol) 和制得的 5-硝基-2-羟基苯甲酸 10g (0.56mol)，保温搅拌 1h。待反应完全，降温至 80℃，用 40%氢氧化钠调节 pH 至 10，抽滤，水洗，合并滤液和洗液。加入 1.3g 保险粉，搅拌，抽滤，取滤液用 40%硫酸调节 pH=2～3，析出固体，过滤干燥，得固体粗品。向粗品中加水 100ml、浓硫酸 4.5ml 和少量的活性炭，加热回流 10min，趁热抽滤，冷却，滤液用 15%氨水调至 pH=2～3，析出固体，过滤、水洗、干燥，得精品 (mp274～280℃)。

6. 工艺流程

(1) 水杨酸硝化

水杨酸14g(0.1mol)、水30ml，冰醋酸3ml

↓ 70℃下缓缓滴加70%浓硝酸12ml，而后控制温度在70～80℃，保温反应1h

反应液

↓ 倒入150ml冰水中，放置1h后抽滤，水洗

滤饼(黄色)

↓ 加水150ml，加热至沸腾，待全部溶解，热抽

滤液充分冷却，抽滤

5-硝基-2-羟基苯甲酸(浅黄色)

(2) 还原反应

60℃ 60ml水

↓ 加浓盐酸4.2ml、铁粉4g，加热至沸腾

混合液(主要成分为亚铁离子)

↓ 交替加入铁粉6g、5-硝基-2-羟基苯甲酸10g，保温搅拌1h。降温至80℃，用40%氢氧化钠调节pH至10，抽滤，水洗，合并滤液和洗液

滤液1

↓ 加入1.3g保险粉，搅拌，抽滤

滤液2

↓ 40%硫酸调节pH=2～3，过滤，干燥

美沙拉秦粗品

↓ 加水100ml、浓硫酸4.5ml和少量的活性炭，加热回流10min，趁热抽滤，冷却

滤液

↓ 15%氨水调至pH=2～3过滤，干燥

美沙拉秦精品

7. 小组实验数据（见表 2-26）

表 2-26　实验所用原料量及产量

序号	浓硝酸/ml	冰醋酸/ml	水杨酸/g	反应时间/min	反应温度/℃	产物质量/g
1	8	2	14	60	70	
2	12	—	14	50	65	
3	8	—	14	150	65	
4	8	—	14	50	70	
5	8	—	14	50	70	

8. 大组实验数据（见表 2-27）

表 2-27　正交试验方案表

试验号	水平组合	水杨酸：硝酸	硝化温度/℃	硝化时间/min	产率/%
1	$A_1B_1C_1$	1：1	55	50	
2	$A_1B_2C_2$	1：1	65	100	
3	$A_1B_3C_3$	1：1	70	150	
4	$A_2B_1C_2$	1：2	55	100	
5	$A_2B_2C_3$	1：2	65	150	
6	$A_2B_3C_1$	1：2	70	50	
7	$A_3B_1C_3$	1：3	55	150	
8	$A_3B_2C_1$	1：3	65	50	
9	$A_3B_3C_2$	1：3	70	100	

9. 原料药合成实验分析（见表 2-28）

表 2-28　正交试验结果

结果	水杨酸：硝酸	硝化温度/℃	硝化时间/min
K_1			
K_2			
K_3			
R			

由以上数据可知本实验主要因素为* * * *，最佳水平组合是* * * * * *。

10. 实验心得

略。

六、药物合成理论

（一）硝化反应

1. 概念及类型

在有机化合物分子中引入一个或几个硝基的反应称为硝化反应。广义的硝化反应包括氧-硝化、氮-硝化和碳-硝化。

抗心绞痛药物硝酸甘油即是甘油用硝酸硝化而得，属氧-硝化反应；吗啉用2-甲基-2-羟基-丙腈硝酸酯硝化得*N*-硝基吗啉的反应属氮-硝化反应；乙苯用混酸硝化制备氯霉素中间体对硝基乙苯以及丙二酸二乙酯用发烟硝酸硝化制备2-硝基丙二酸二乙酯均属碳-硝化。在芳环上引入硝基的碳-硝化反应在药物合成中应用最为广泛。

2. 常用的硝化剂及应用

常用的硝化剂有硝酸、混酸、硝酸-醋酐等。

（1）硝酸硝化剂　浓度高的硝酸极少解离，主要以分子状态存在，如75%～95%的硝酸99.9%呈分子状态。纯硝酸有96%呈分子状态，仅约3.5%的硝酸分子解离成硝酰正离子：

$$HNO_3 \rightleftharpoons H^+ + NO_3^-$$

$$HNO_3 + H^+ \rightleftharpoons H_2\overset{+}{O}NO_2 \rightleftharpoons H_2O + NO_2^+$$

$$2HNO_3 \rightleftharpoons NO_2^+ + NO_3^- + H_2O$$

上述平衡式说明，水分的存在不利于生成硝酰正离子。随着反应的进行，不断生成水，硝酸的浓度越来越低，会产生两个后果：一是硝酸的硝化能力下降，二是硝酸的氧化能力增强。

硝酸硝化剂的特点如下。

①为使硝化反应顺利进行，保证硝化液中硝酸的浓度，需使用较大量过量的硝酸，这在经济上是不合理的。

②当酚、酚醚、芳胺类以及稠环芳烃类化合物硝化时，因芳环活性较大，可在缓和的条件下单独使用硝酸进行硝化。其反应机理为，硝酸中存在的微量亚硝酸解离出的亚硝酰正离子（NO^+）向芳环进行亲电进攻，生成亚硝基化合物，随后被硝酸氧化成硝基化合物，同时又生成亚硝酸。因此，亚硝酸在这里起催化剂的作用。

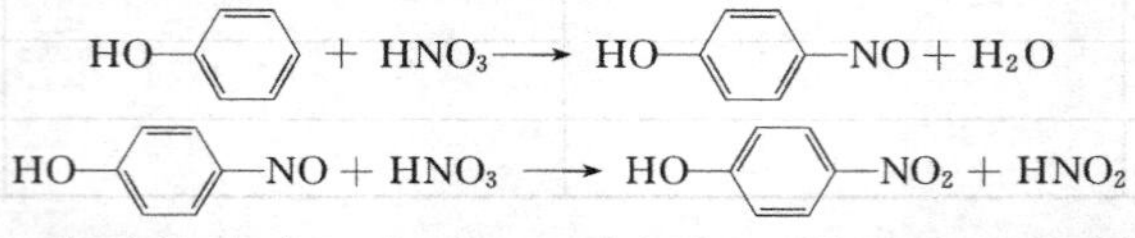

③ 稀硝酸硝化时，硝酸的浓度一般为30%左右，稀硝酸对铁制反应器有强腐蚀作用，必须使用不锈钢或耐酸搪瓷的硝化反应器。

（2）混酸硝化剂　混酸是一定比例的硝酸和硫酸的混合物，是生产上常用的硝化剂。

硝酸中加入硫酸后，硫酸提供氢质子，从而增加了硝酸解离成硝酰正离子的程度，增大了硝酰正离子的浓度。硫酸与水的结合能力大于硝酸，所以反应生成的水与硫酸结合，而硝酸不被水稀释。不同浓度混酸中硝酸的转化率见表2-29。

$$HNO_3 + H_2SO_4 \rightleftharpoons H_2\overset{+}{O}NO_2 + HSO_4^-$$

$$H_2\overset{+}{O}NO_2 \rightleftharpoons H_2O + NO_2^+$$

$$HONO_2 + H_2SO_4 \rightleftharpoons NO_2^+ + H_2O + HSO_4^-$$

表 2-29　不同浓度混酸中硝酸的转化率

混酸中的硝酸含量/%	5	10	15	20	40	60	80	90	100
硝酸转变为 NO_2^+ 的转化率/%	100	100	80	62.5	28.8	16.7	9.8	5.9	1

混酸硝化剂的特点如下。

① 增大了硝酰正离子的浓度，混酸中的硝酸几乎全部用于硝化，提高了硝酸的利用率。

② 由于硝酸浓度没有明显降低，其氧化能力不会增强，不易发生氧化副反应，降低了硝酸的氧化能力。

③ 硫酸的比热较大，能吸收硝化反应中放出的热量，避免硝化时的局部过热现象，使反应易于控制。

④ 浓硫酸能溶解多数芳香族化合物，增加了反应物与硝酸的接触，加快了反应速度，使反应顺利进行。

⑤ 混酸对铁的腐蚀性很小，所以以混酸作为硝化剂的硝化反应可以在铁制反应器中进行。

⑥ 在酸性下不稳定，易被混酸的强酸性破坏的化合物不能用混酸硝化。

正是由于混酸的上述特点，混酸已成为工业上硝化反应的首选硝化剂。但混酸的酸度大，因此不适用于反应物中含有对酸敏感的基团（如吡咯、呋喃、噻吩等）。

混酸的配制：每一种被硝化物在进行硝化反应时，需要具相应硝化能力的混酸，而混酸的硝化能力与其组成有关，即与混酸中硫酸与硝酸的配比有关。可以用 DVS 值即“硫酸脱水值”表示硝化过程的难易，所谓 DVS 值是指：在硝化废酸中硫酸与水的质量比。

$$DVS=\frac{\text{混酸中硫酸的量}}{\text{混酸中水的量}+\text{硝化生成水的量}}$$

混酸的 DVS 值越大，硝化能力越强。每一种有机物的硝化都有其一定的脱水值。但由于反应条件的不同，DVS 值可以有一定的波动。

（3）硝酸-醋酐硝化剂　硝酸的醋酐溶液，经下列反应产生 HNO_3、$H_2NO_3^+$、$AcONO_2$、$AcONO_2H^+$（质子化的硝酰乙酸）、NO_2^+、N_2O_5。

$$HNO_3 + HNO_3 \rightleftharpoons H_2NO_3^+ + NO_3^-$$

$$Ac_2O + HNO_3 \rightleftharpoons AcONO_2 + HOAc$$

$$H_2NO_3^+ \rightleftharpoons NO_2^+ + H_2O$$

$$H_2NO_3^+ + AcONO_2 \rightleftharpoons AcONO_2H^+ + HNO_3$$

$$AcONO_2H^+ + NO_3^- \rightleftharpoons AcOH + N_2O_5$$

该系统进行的硝化反应，除了硝酰正离子对芳环进行亲电进攻外，质子化的硝酰乙酸也可对芳环进行亲电进攻，发生亲电取代反应。反应机理为：

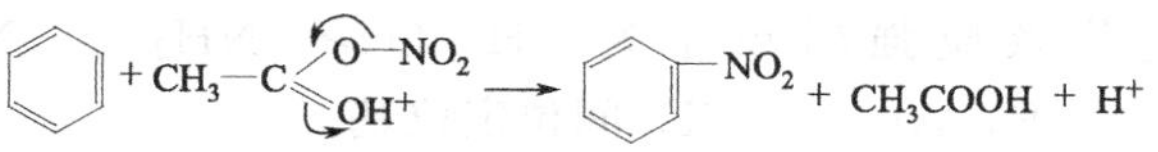

硝酸-醋酐硝化剂的特点：① 酸性小，适用于易被混酸的强酸性破坏的化合物的硝化，如抗菌药呋喃唑酮中间体的制备：

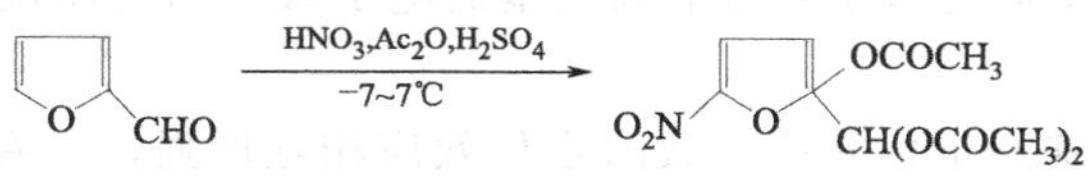

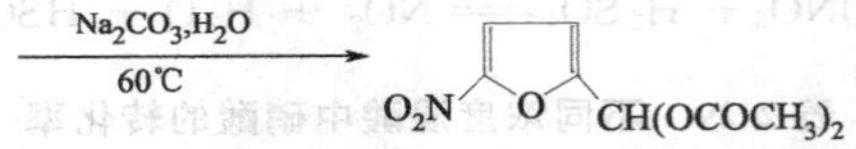

② 醋酐对有机物有良好的溶解性，可使反应呈均相反应，反应较缓和。

③ 应在使用前临时配制，以免因放置过久生成四硝基甲烷而有爆炸的可能。如：

$$(CH_3COO)_2O + 4HNO_3 \longrightarrow C(NO_2)_4 + 7CH_3COOH + CO_2$$

④ 硝酸能在酸酐中以任意比例溶解。

3. 硝化反应的主要影响因素

硝化反应与下列因素有关：硝化剂活性、被硝化物结构、反应溶剂、反应温度、催化剂、搅拌等，同时，在进行主反应时，也要避免副反应的发生。

（1）硝化剂活性　不同的被硝化物，由于其活性及制备目的不同，需要使用不同的硝化剂。乙酰苯胺采用不同的硝化剂可得到不同组成的产物。见表 2-30。

表 2-30　不同硝化剂对乙酰苯胺硝化产物的影响

硝化剂	温度/℃	邻位/%	对位/%	间位/%	邻/对位
HNO_3，H_2SO_4	20	19.4	78.5	2.1	0.25
90%HNO_3	−20	23.5	76.5	—	0.31
80%HNO_3	−20	40.7	59.3	—	0.69
HNO_3，Ac_2O	20	67.5	29.7	2.5	2.28

所以硝化剂的选择应根据制备目的、被硝化物的性质、硝化剂的特点（被硝化物在硝化剂中的溶解性能、混酸硝化时 DVS 值的选择、硝化剂的酸性等）等综合考虑。

（2）被硝化物的结构　被硝化物芳环上取代基的电子效应和立体效应，与硝化反应的速度和硝基的定位密切相关。

① 对反应速度的影响。供电子效应使苯环电子云密度增大，活性增大，反应速度增大。这些基团有：烃基（—R）、羟基（—OH）、氨基（$—NH_2$）、烷氧基（—OR）、取代氨基［$—N(R)_2$］等。

吸电子效应使苯环电子云密度减小，活性减小，反应速度减小。这些基团有：硝基（$—NO_2$）、氰基（—CN）、羰基（—COR）、酯基（—COOR）、羧基（—COOH）、磺酰基（$—SO_2R$）、磺酸基（$—SO_3H$）、三氯甲基（$—CCl_3$）、卤素（—X）等。

② 定位效应。苯环上已连有取代基，再引入硝基，其定位应从电子效应和立体效应考虑。供电子基使邻对位电子云密度增加比间位多，邻对位电子云密度大于间位；吸电子基使邻对位电子云密度降低比间位多，从而使间位的电子云密度大于邻对位。硝化反应时，硝基总是进入电子云密度高、空间位阻小的位置。所以，供电一般是邻对位定位基；而吸电子基一般是间位定位基。另外，卤素虽是吸电子基，但它是邻对位定位基。

常见取代基的定位效应强弱顺序为：$H—O^- > —NH_2 > —NR_2 > —OH > —OR$，—NHCOR，—OCOR>—R，Ar—>—X>间位定位基。

间位定位基的定位效应强弱顺序为：$—N^+(CH_3)_2 > —NO_2 > —CN > —SO_3H >$ $—CHO > —COCH_3 > —COOH$。

二元取代基的定位效应是苯环上两个取代基的电子效应和立体位阻共同作用的结果。可从以下经验规律判断。

a. 苯环上已有取代基的定位效应一致时定位效应相互增强，具有加和性。

b. 苯环上已有取代基的定位效应不一致时，定位效应强的取代基起主导作用。

c. 当两个取代基处于间位时，由于立体位阻的影响，第三个基团进入两个基团之间的机会非常小。

d. 当间位定位基处于邻对位定位基的间位时，则第三个基团进入间位定位基的邻位而不是对位。

(3) 反应温度　温度对硝化反应至关重要。升高温度可使硝化反应速度加快；有利于硝化反应的进行；但随着反应温度的升高，也会引起氧化、多硝化、断键、硝基置换氢以外的基团等副反应。另外，硝化反应为强放热反应，所以硝化反应的温度控制非常重要。要根据芳烃的活性和引入硝基的个数选择适宜的硝化温度。一般活性大的芳烃在较低的温度下进行，而活性小的芳烃以及多硝化时要在较高的温度下进行。对于具体的硝化反应，还要考虑设备因素，应有足够的传热面积、良好的导热系数和足够的温度差，要避免反应过激而无法控制。

(4) 催化剂　硝酸中的微量亚硝酸起催化作用，且影响硝化反应的定位。对于某些难以硝化的化合物或需要进行多硝化时，可以加入一些路易斯酸作为催化剂。如三氯化铁、四氯化锡等。

(5) 搅拌　多数芳烃在混酸中的溶解度较小，使得硝化反应为非均相反应。为了保证反应能顺利进行，提高传质和传热效率，必须具有良好的搅拌。

(6) 硝化反应的副反应　在进行硝化反应的同时，由于被硝化物的性质不同和反应条件选择不当，常伴有副反应，主要有氧化、置换等。氧化副反应主要发生在多羟基酚、多氨基酚和多环芳烃的硝化反应，它们易氧化成醌类化合物。所以避免氧化副反应主要的方法是：选择适宜的硝化剂，控制较低的反应温度。置换副反应主要发生在多取代苯、卤代苯、烷氧基苯、芳酸及羰基苯的硝化反应。这些副反应的发生也与温度有关，故应在较低的温度下进行。

(二) 还原反应

1. 概念及类型

还原反应是指在化学反应中使有机物分子中碳原子总的氧化态降低的反应。

狭义地讲，是指在有机物分子中增加氧或减少氢的反应。

还原反应分为两类：使用化学物质作还原剂进行的反应称为化学还原；在催化剂作用下，与分子氢进行的加氢反应称为催化氢化反应。

2. 化学还原剂及应用

(1) 活泼金属还原剂　活泼金属的最外层电子数少，容易失去，故有较强的供电子能力，它们作为电子源，水、醇、酸、氨提供质子共同完成有机化合物的加氢反应，即还原反应。常用的金属还原剂有金属锂、钠、钾、钙、镁、锌、铝、锡、铁等。

① 金属铁还原剂。铁粉在酸性介质中，在盐类电解质（低价铁和氯化铵）存在下具有较强的还原能力，可将芳香族硝基、脂肪族硝基或其他含氮氧功能基（亚硝基、羟胺等）还原成相应的氨基。该反应称为铁酸还原，由于价格低廉，在药物合成中仍在使用。

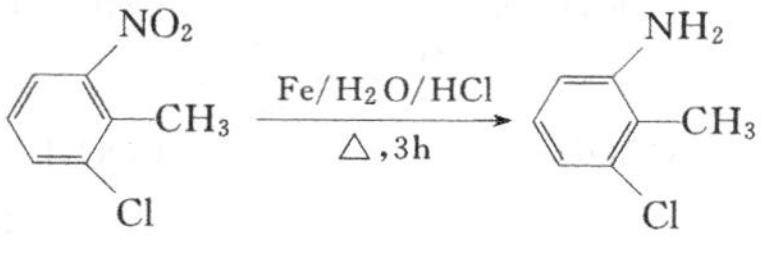

铁酸还原的特点如下。

a. 还原剂铁粉价廉易得，还原反应在酸性水溶液中进行，不用特殊溶剂，操作简便易行。

b. 反应后产生大量铁泥，铁泥中含有有毒的硝基化合物和氨基化合物，危害大，且无害化处理麻烦。

c. 当芳环上有吸电子基时，还原容易，还原温度较低。反之，当芳环上有供电子基时，不易还原，反应温度要求较高。

d. 还原铁粉一般用含硅的铸铁粉，熟铁粉、钢粉及化学纯的铁粉还原效果差。铁粉的粒度一般为 60～80 目，硝基化合物与铁粉比为 1∶(2.5～5.0)（质量比）。

e. 一般用水作为溶剂。1mol 的硝基化合物用水 50～100mol。

f. 电解质及酸。加入电解质氯化亚铁和氯化铵可促进反应的进行。1mol 的硝基化合物常加入 0.1～0.2mol 的电解质。酸用量一般为理论量的 1%～2%。

g. 反应温度。易还原的反应物反应温度可低些，难还原的反应物反应温度要高一些。

h. 搅拌。本反应为典型的非均相接触反应，同时铁的密度较大，必须有很好的搅拌。一般用耙式搅拌。

i. 终点控制。对氨基物进行定性定量分析，用重氮化法。

② 金属锌和锌汞齐。金属锌在酸性、碱性、中性条件下都具有还原性。反应条件不同，还原活性不同。锌汞齐一般在酸性条件下使用。

a. 锌在碱性条件下的还原。锌粉在碱性水溶液中可将硝基苯逐步还原为氢化偶氮苯。氢化偶氮苯在酸性条件下重排为联苯胺。如偶氮染料刚果红中间体联苯二胺的制备。

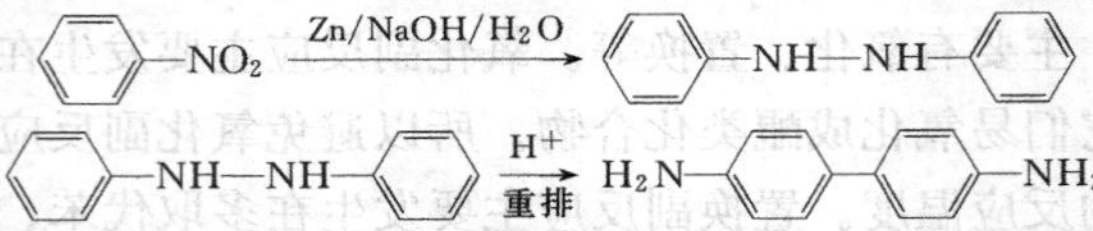

b. 锌在中性条件的还原。锌粉在中性条件下可将芳香硝基化合物还原成芳基羟胺；叔醇中的羟基可被锌粉除去，而不影响分子中的不饱和键。

$$C_6H_5NO_2 + 2Zn + 3H_2O \longrightarrow C_6H_5NHOH + 2Zn^{2+} + 4OH^-$$

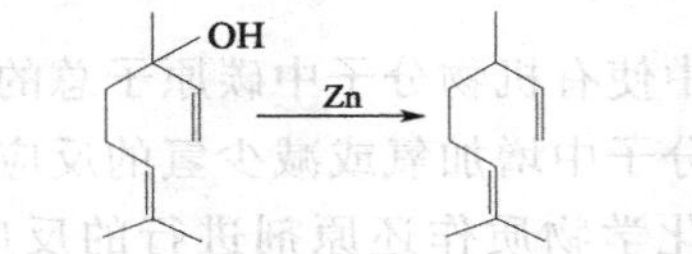

c. 锌或锌粉在酸性条件下的还原。锌粉在酸性条件下，可将硝基和亚硝基还原成氨基。如升压药多巴胺中间体的制备。

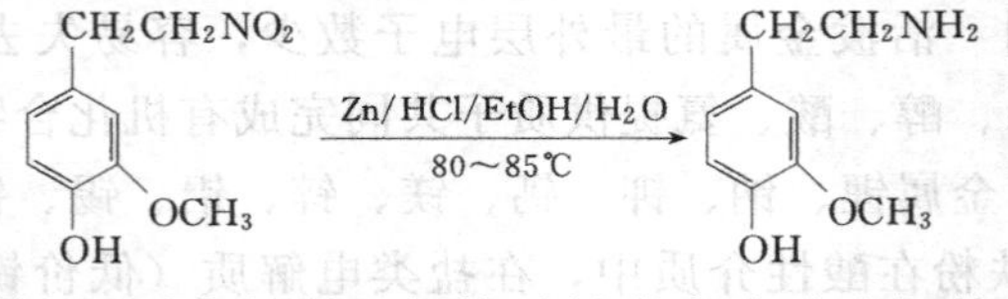

羰基被还原成醇，醌被还原成氢醌。如抗过敏药赛庚啶中间体和维生素 K_4 的制备。

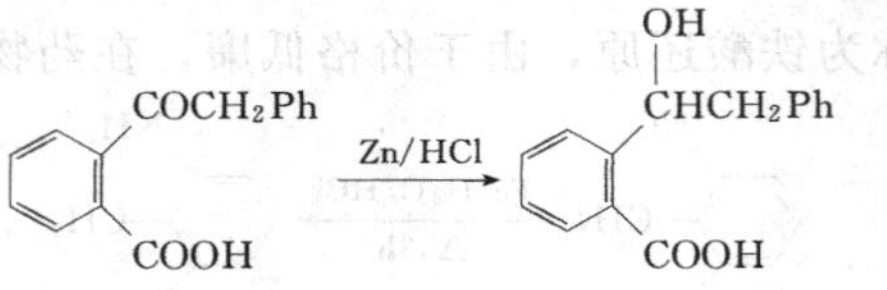

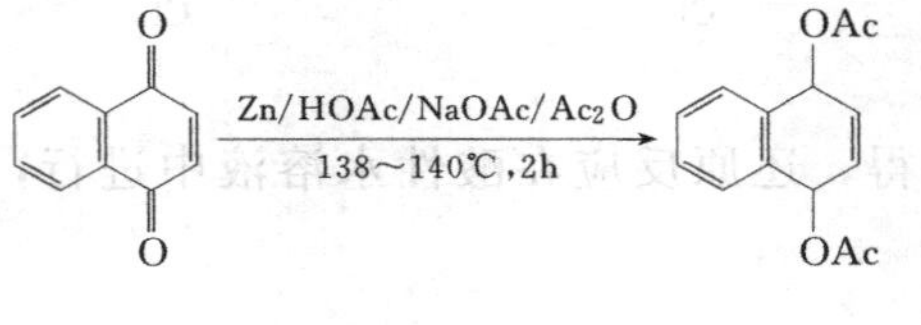

锌汞齐在酸性条件下将醛或酮的羰基还原成甲基或亚甲基，该反应称为克莱门森(Clemmensen)还原。

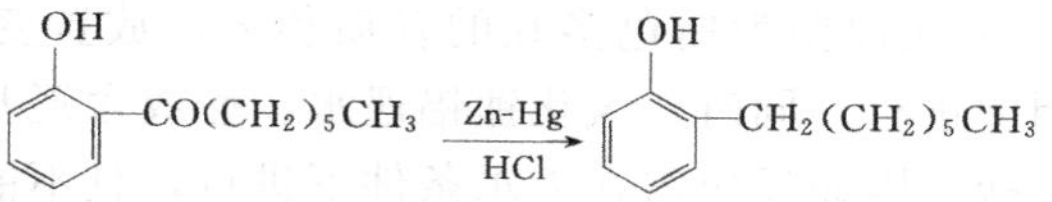

反应物分子中有羧酸、酯、酰胺等羰基存在时，可不受影响。

$$PhCOCH_2CH_2COOH \xrightarrow[\triangle]{Zn\text{-}Hg/HCl/Tol} PhCH_2CH_2CH_2COOH$$

(2) 金属氢化物还原剂　金属氢化物还原剂主要有氢化锂铝、硼氢化钾(钠)等。其还原范围见表 2-31。

表 2-31　金属氢化物还原剂的还原范围

反应的功能基(作用物)	生成的功能基(生成物)	$LiAlH_4$	KBH_4	$NaBH_4$
>C=O	>CHOH	+	+	+
—C(=O)—	$-CH_2OH$	+	+	+
—C(=O)OR	$-CH_2OH$ + ROH	+	—	—
—C(=O)OH	$-CH_2OH$	+	—	—
—C(=O)NHR	$>CH_2NHR$	+	—	—
R—C(=O)Cl	RCHO	+	+	+
$(RCO)_2O$	RCH_2OH	+	—	—
>C=NOH	$>CH_2NH_2$	+	+	+
—CH—C< (—O—)	$-CH_2-C(OH)<$	+	+	+
RNO_2	RNH_2	+	—	—
—N→O	—N<	+	+	+

注：+表示功能基被还原；—表示功能基不被还原。

本类还原剂是还原羰基化合物为醇的首选试剂，具有反应条件温和、副反应少及产率高的优点。

① 氢化铝锂的性质。氢化锂铝为白色多孔的轻质粉末，放置变灰色。氢化铝锂的毒性很大，操作时应在通风橱中进行。同时，氢化锂铝遇水、酸或含羟基、巯基的化合物，可分解放出氢而形成相应的铝盐。因而反应需在无水条件下进行，且不能使用含有羟基或巯基的化合物作溶剂。常用无水乙醚或无水四氢呋喃作溶剂，其在乙醚中的溶解度为20%～30%，四氢呋喃中为17%。采用氢化铝锂还原剂反应结束后，可加入乙醇、含水乙醚或10%氯化铵水溶液以分解未反应的氢化铝锂和还原物。用含水溶剂分解时，其水量应接近于计算量，使生成颗粒状沉淀的偏铝酸锂而便于分离。

如加水过多，则偏铝酸锂进而水解成胶状的氢氧化铝，并与水和有机溶剂形成乳化层，致使分离困难，产物损失较大。

$$LiAlO_2 + 2H_2O \longrightarrow LiOH + Al(OH)_3\downarrow$$

氢化铝锂的活性很强，除双键外，几乎可将所有的含氧不饱和基团还原成相应的醇，将脂肪族含氮不饱和基团的化合物还原成相应的胺，芳香族的硝基和亚硝基化合物、氧化偶氮化合物还原成相应的偶氮化合物以及卤代烷的脱卤反应等。

② 氢化铝锂的应用

a. 醛、酮的还原。氢化铝锂可将醛、酮还原成相应的醇，但对于某些特定结构的羰基，在一定的反应条件下，可进一步还原成相应的烃。

$$CH_3(CH_2)_5CHO \xrightarrow{LiAlH_4} CH_2(CH_2)_5CH_2OH$$

$$CH_3CH_2COCH_3 \xrightarrow{LiAlH_4} CH_3CH_2\underset{\displaystyle OH}{\underset{|}{C}H}CH_3$$

$$C_6H_5COC_6H_5 \xrightarrow[Et_2O]{LiAlH_4/AlCl_3} C_6H_5CH_2C_6H_5$$

b. 羧酸的还原。氢化铝锂可将羧酸还原成伯醇，由于氢化铝锂不能在酸性条件下反应，羧酸应先中和成盐，然后进行还原反应。

$$(CH_3)_3CCOOH \xrightarrow[\text{② } H_2O/HCl]{\text{① } LiAlH_4/Et_2O/\text{回流}} (CH_3)_3CCH_2OH$$

$$CH_3CH{=}CH{-}CH{=}CHCOOH \xrightarrow{LiAlH_4} CH_3CH{=}CH{-}CH{=}CH{-}CH_2OH$$

c. 羧酸酯的还原。氢化铝锂可将羧酸酯还原成伯醇。

$$R{-}\overset{\displaystyle O}{\overset{\|}{C}}{-}OR' \xrightarrow{LiAlH_4} RCH_2OH$$

d. 酸酐的还原。氢化铝锂可将链状酸酐还原成两分子醇，环状酸酐还原成二元醇。

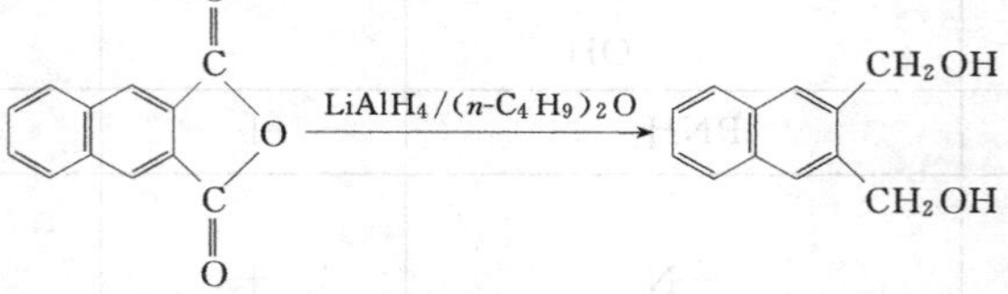

e. 酰氯的还原。酰氯可被氢化铝锂还原成相应的醇，但用三叔丁氧基氢化铝锂可选择性地将酰氯还原成醛：

$$ArCOCl \xrightarrow[\text{② } H_2O/HCl]{\text{① } LiAlH_4/Et_2O} ArCH_2OH$$

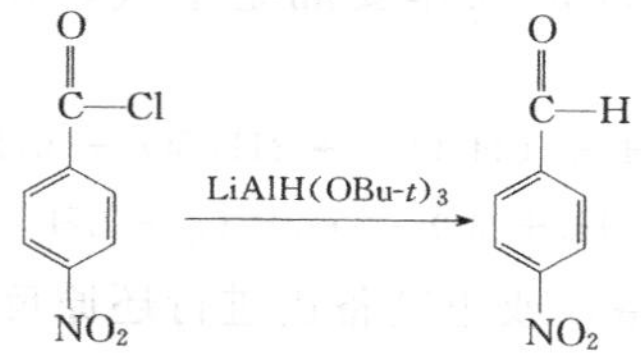

f. 酰胺的还原。氢化铝锂可将酰胺还原成胺，反应条件温和。常用于伯、仲、叔胺的合成：

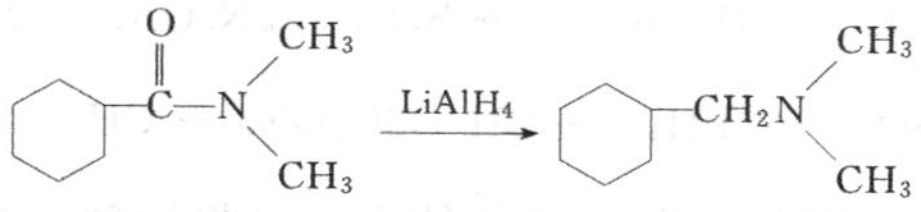

g. 腈的还原。氢化铝锂可将腈还原成伯胺，为使反应进行完全，常加入过量的氢化铝锂：

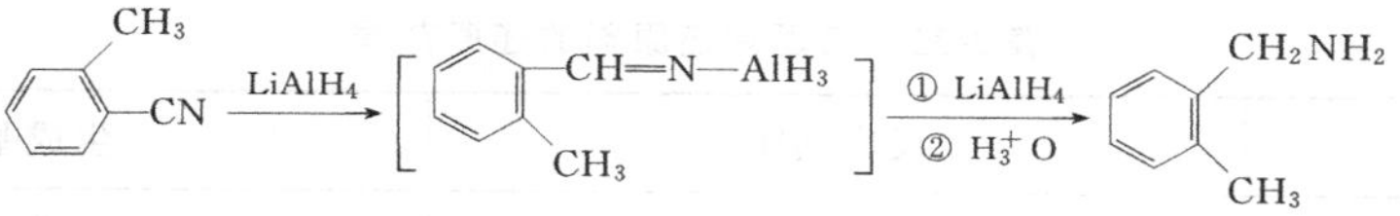

氢化铝锂虽然还原活性强、作用范围广、可还原多种基团，但选择性差；且本身化学性质活泼，不宜保存，反应条件苛刻；价格亦较贵，主要用于羧酸及其衍生物和立体位阻大的酮的还原。

③ 氢化硼钠与氢化硼钾的性质。氢化硼钠与氢化硼钾在常温下，遇水、醇都比较稳定，不溶于乙醚及四氢呋喃，能溶于水、甲醇、乙醇且分解甚微，因而常选用醇类作为溶剂。如反应须在较高的温度下进行，则可选用异丙醇、二甲氧基乙醚作溶剂。在反应液中，加入少量的碱，可促进反应的进行。由于氢化硼钠比其钾盐更具吸湿性，易于潮解，故工业上多采用钾盐。反应结束后，可加稀酸分解还原物并使剩余的氢化硼钾生成硼酸，便于分离。氢化硼钠与氢化硼钾还原作用比较温和，具有很高的选择性，操作简便，是还原醛、酮成醇的首选试剂。

④ 氢化硼钠与氢化硼钾的应用。醛、酮的还原，氢化硼钠与氢化硼钾将醛、酮还原成醇，分子中的硝基、氰基、亚氨基、烯键、炔键、卤素等不受影响，在制药工业上得到广泛应用。如邻氯异丙肾上腺素中间体、避孕药炔诺酮中间体的制备；驱虫药左旋咪唑中间体的合成。

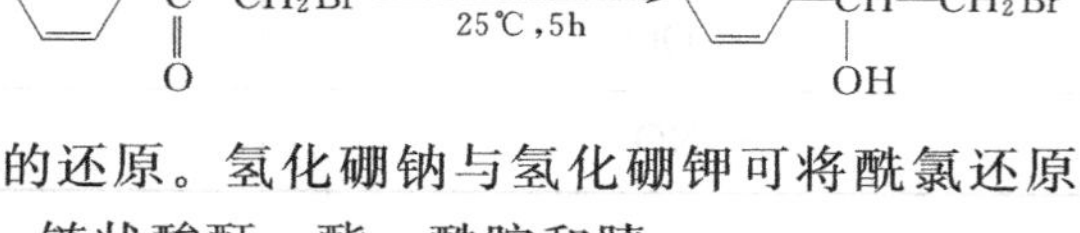

⑤ 羧酸及其衍生物的还原。氢化硼钠与氢化硼钾可将酰氯还原成醇，将环状酸酐还原成酯。一般不还原羧酸，链状酸酐、酯、酰胺和腈。

$$ArCOCl \xrightarrow{NaBH_4} ArCH_2OH$$

(3) 乙硼烷（B_2H_6） 乙硼烷是硼烷的二聚体。熔点－165.5℃，沸点－92.5℃，溶于醚（如乙醚、四氢呋喃）和二硫化碳等有机溶剂中。有剧毒，化学性质活泼，室温下遇水即可分解生成硼酸；在室温和干燥的空气中并不燃烧，若有痕量水分，就会发生爆炸性燃烧，生成氧化硼。因此，有关乙硼烷反应的操作要隔绝空气，在干燥的氮气保护下于通风橱中进行。

$$B_2H_6 + 6H_2O \longrightarrow 2H_3BO_3 + 6H_2\uparrow$$

$$B_2H_6 + 3O_2 \longrightarrow 2B_2O_3 + 3H_2O$$

乙硼烷通常在使用前临时制备，或边制备边进行还原反应。其制备方法为：

$$3LiAlH_4 + 4BF_3 \xrightarrow[\text{r. t.}]{Et_2O} 2B_2H_6 + 3LiF + 3AlF_3$$

$$2NaBH_4 + 2HOAc \xrightarrow{THF} B_2H_6 + 2NaOAc + 2H_2\uparrow$$

$$(CH_3)_2SO_4 + NaBH_4 \longrightarrow CH_3OSO_2ONa + CH_4 + \frac{1}{2}B_2H_6$$

乙硼烷是一个比较强的还原剂，在温和条件下，可将羧酸、醛、酮、酰胺等还原成相应的产物。见表 2-32。

表 2-32 乙硼烷还原剂的还原范围

活性顺序	反应基团	生成基团
①	—COOH	$—CH_2OH$
②	—CH═CH—	$—CH_2—CH_2—$
③	H—C═O，>C═O	$—CH_2OH$，>CHOH
④	—CO—N<	$—CH_2—N$<
⑤	—C≡N	$—CH_2—NH_2$
⑥	>C—C< (环氧，O)	CH—CH (OH)
⑦	—COOR	$—CH_2OH$,ROH
⑧	—COCl	不反应
⑨	$—COO^-$	不反应
⑩	$—NO_2$	不反应

乙硼烷特别容易将羧酸还原成醇，是羧酸选择性还原的优良试剂。反应速度快，反应条件温和，收率高。控制反应条件还原羧酸时，不影响分子中的酸性和碱性基团，不影响硝基、卤素、羰基、氰基、酯基、环氧化合物、砜、亚砜、甲氧酰基及二硫键等，具有良好的选择性。

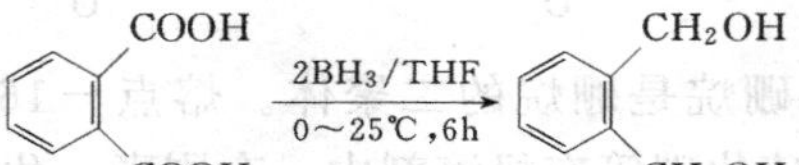

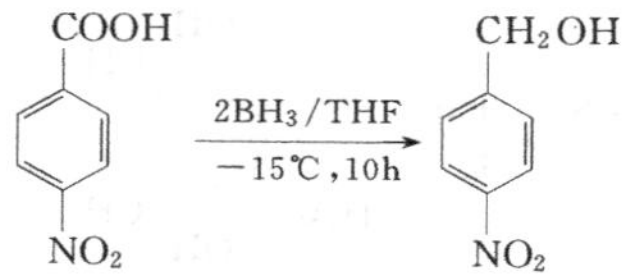

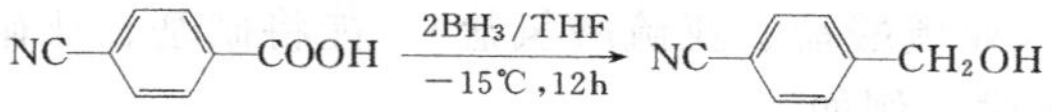

(4) 含硫化合物还原剂　含硫化合物还原剂主要有硫化物 [$Na_2S \cdot 9H_2O$，$K_2S \cdot 5H_2O$，$(NH_4)_2S$]、二硫化物 [Na_2S_2，$(NH_4)_2S_2$]、含氧硫化物（亚硫酸盐和亚硫酸氢盐及连二亚硫酸钠）。

① 硫化物。主要将硝基、亚硝基还原成氨基，以及多硝基化合物的选择性还原。

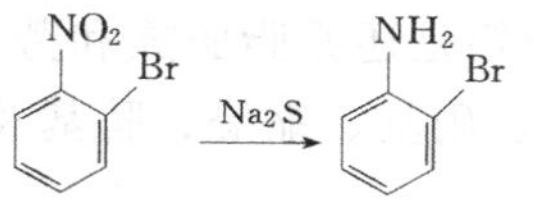

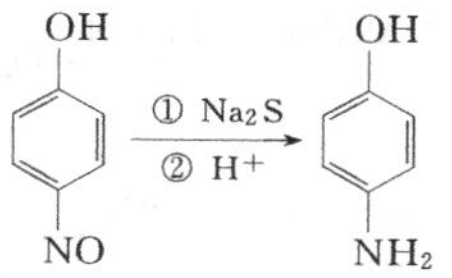

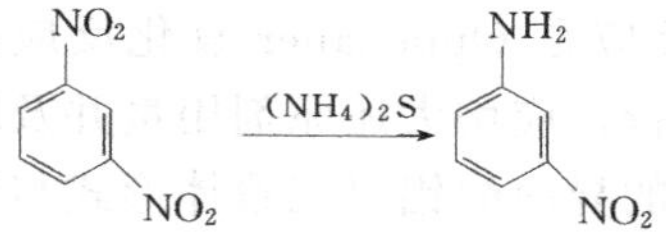

② 二硫化物。除还原硝基外，对对硝基芳烃有还原氧化作用，即硝基还原成氨基，对位的甲基或亚甲基被氧化成醛基或酮基。

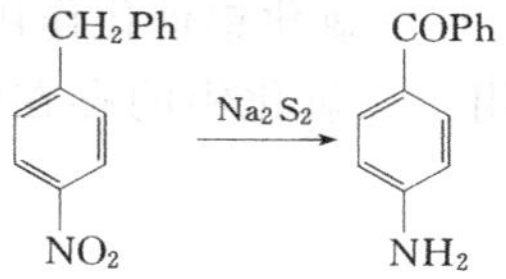

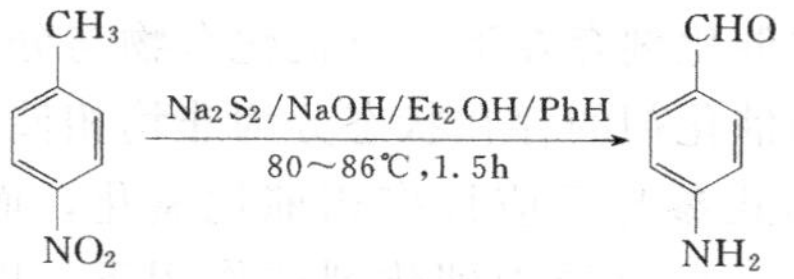

③ 含氧硫化物（连二亚硫酸钠）。亦称次亚硫酸钠，商品名称为保险粉。还原能力较强，可还原硝基、重氮基及醌基等。保险粉性质不稳定，易变质，当受热或在水溶液中，特别在酸性溶液中往往迅速剧烈分解。使用时应在碱性条件下临时配制使用。

如抗肿瘤药巯嘌呤中间体的制备：

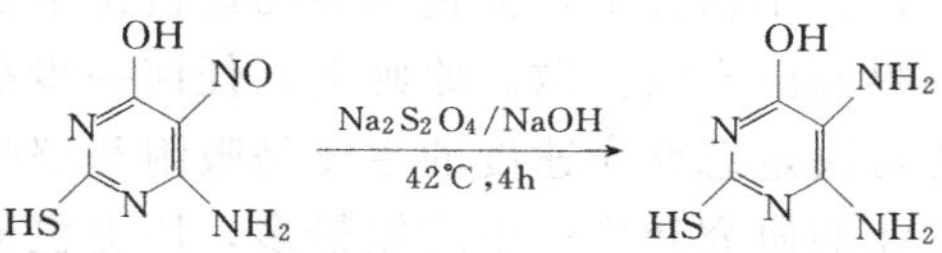

维生素类药叶酸合成原料：

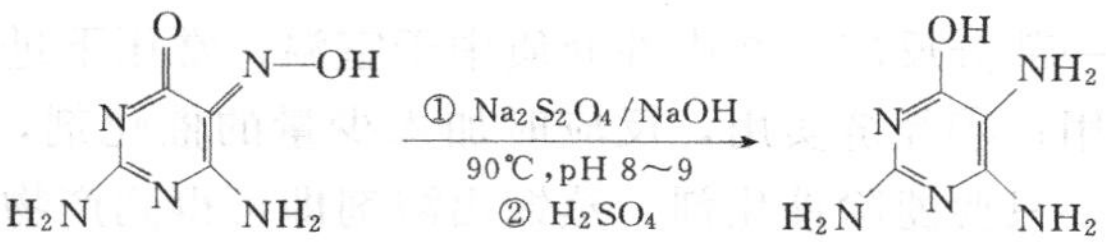

维生素 E 中间体的制备：

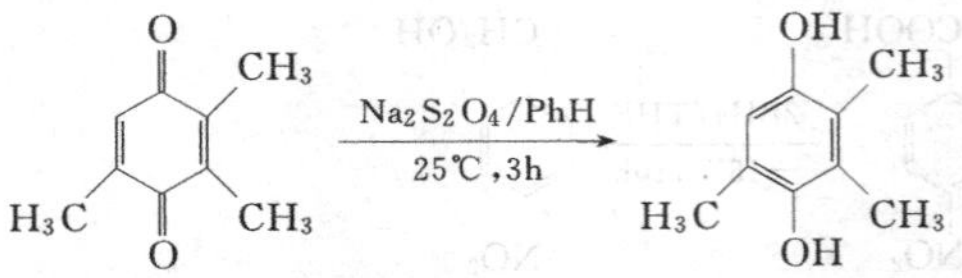

④ 亚硫酸盐还原剂（亚硫酸盐、亚硫酸氢盐） 能将硝基、亚硝基、羟氨基和偶氮基还原成氨基；重氮盐还原成肼。例如：

$$PhNH_2 \xrightarrow{NaNO_2/HCl} PhN_2Cl \xrightarrow[H_2SO_4]{(NH_4)HSO_3/(NH_4)_2SO_3} PhNHNH_2 \cdot H_2SO_4 \xrightarrow{NH_3} PhNHNH_2$$

（5）醇铝还原剂（Meerwein-ponndorf-verley 反应）。将醛、酮等羰基化合物和异丙醇铝在异丙醇中共热时，可还原得到相应的醇，同时将异丙醇氧化成丙酮。该反应称为 Meerwein-ponndorf-verley 反应。异丙醇铝是还原脂肪族和芳香族醛、酮成醇的选择性很高的还原剂，对分子中含有的烯键、炔键、硝基、缩醛、腈基及卤素等均无影响。

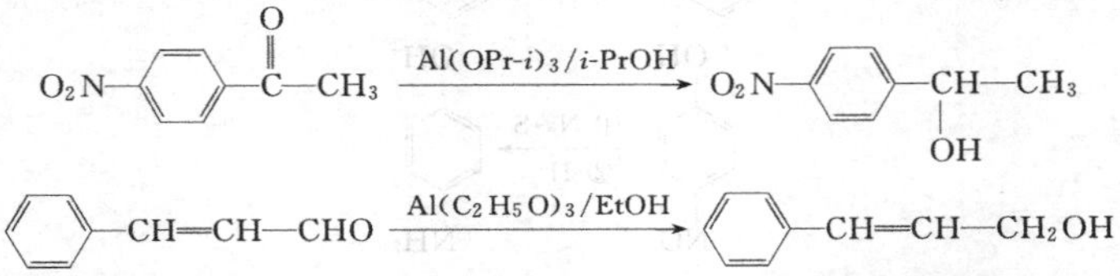

反应条件和影响因素　本反应是 Oppenauer 氧化反应的逆反应，每步均为可逆反应。为使反应向生成还原产物方向进行，应增大还原剂用量并及时移出生成的丙酮，缩短反应时间，使反应完全。由于新鲜制备的异丙醇铝以三聚体形式与酮配位，因此酮类与醇铝的配比应不小于 1∶3，这样才能得到较高的收率。

异丙醇铝为白色固体，极易吸湿变质，遇水分解，故需无水操作。通常应现制现用。异丙醇铝是将铝片加入过量异丙醇中，在三氯化铝催化作用下加热回流至铝片反应完为止。制备的异丙醇铝可不必精制，直接使用。三氯化铝的存在使部分异丙醇铝转化成氯化异丙醇铝，可加速反应并提高收率。

3. 催化氢化还原

（1）催化氢化的概念　在催化剂存在下，有机化合物与分子氢发生的还原反应称为催化氢化。催化氢化根据作用物和催化剂的存在状态分为非均相催化氢化和均相催化氢化。以气态氢为氢源，催化剂以固态形式参与反应称多相催化氢化，而以有机物为氢源者称转移氢化。均相催化氢化是指在溶于反应介质中催化剂的作用下，以气态氢为氢源还原作用物的反应。

（2）非均相催化氢化　所有非均相催化氢化均在催化剂表面进行。其反应过程一般认为包括以下五个连续的步骤：作用物分子向催化剂界面扩散；作用物分子在催化剂表面吸附（包括物理吸附和化学吸附）；作用物分子在催化剂表面进行化学反应；产物分子由催化剂表面解吸；产物分子由催化剂界面向介质扩散。原则上，任何一步都可能是最慢的从而成为决定总反应速度的步骤，但通常决定总反应速度的主要是吸附和解吸两步。

多相催化氢化在医药工业的研究和生产中应用最多，历史也最长。其特点为：①还原范围广、反应活性高、反应速度快、能还原多种可还原的基团；②选择性好；③反应条件比较温和，操作简便，相当一部分反应可在中性介质中于室温、常压下进行，对易被酸、碱或高温破坏的化合物尤为适用；④经济实用，反应时加入少量的催化剂，通入廉价的氢气即可；⑤后处理简单，反应后，只要滤除催化剂，蒸馏出溶剂即可得到产物，避免了用其他还原剂反应后繁琐的分离工作且污染较少。

（3）催化氢化在药物合成中的应用

① 炔烃的氢化。炔烃可被钯、铂、雷尼镍（Raney Ni）还原成顺式烯烃或进一步还原成烷烃。若控制反应温度、压力和通氢量等可使反应产物停留在烯烃的阶段。

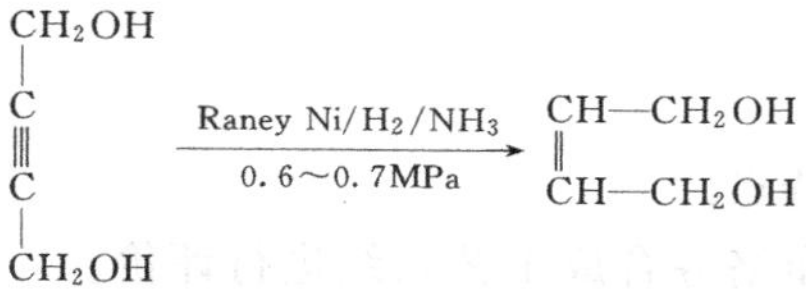

分子中有多个炔键时，末端炔键优先被还原；位阻小的优先被还原。

② 烯烃可被钯、铂、雷尼镍还原成烷烃。二烯和多烯在一定条件下可部分氢化或完全氢化。部分氢化时，哪个烯键优先被还原，取决于作用物的结构、催化剂的种类、双键的位置以及共轭关系等。

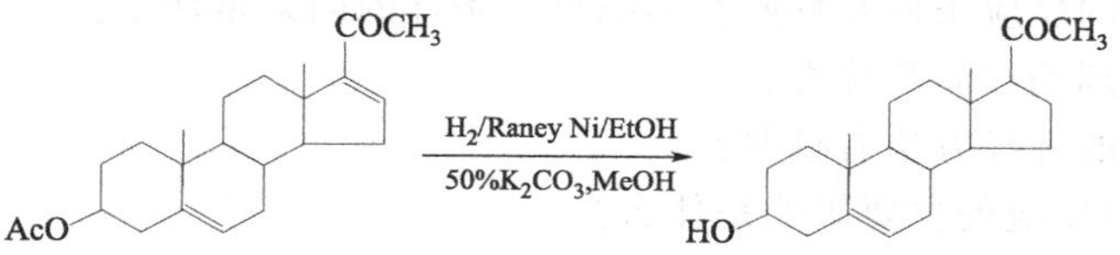

③ 醛和酮的氢化。醛和酮可被还原成醇，常用镍、钯和铂作为催化剂。脂肪族醛、酮一般用铂催化，并加入少量的氯化铁和氯化亚锡作助催化剂。也可用高活性雷尼镍并加入适量碱助催化。芳香醛和芳香酮一般用钯催化，温和条件下，控制吸氢量和催化剂用量得到醇。也可用雷尼镍在较高温度和压力下，并加入碱助催化得到醇。如：

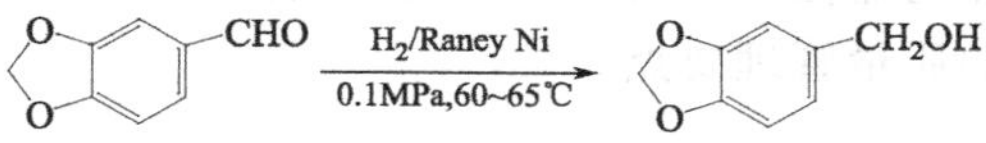

④ 硝基、亚硝基、亚氨基化合物的氢化。硝基、亚硝基、亚氨基化合物可被钯、铂、镍催化还原成胺。

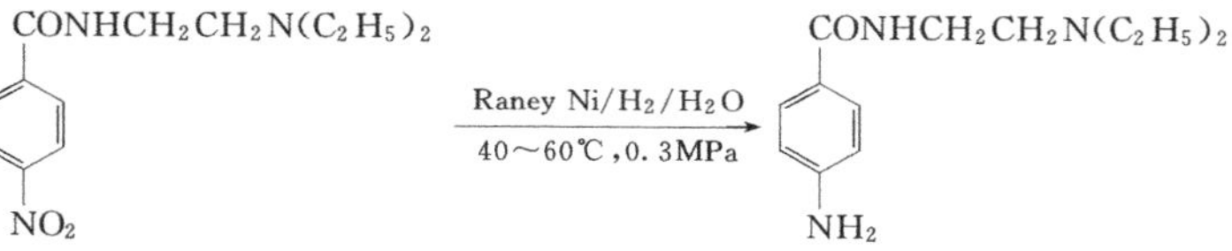

⑤ 腈的氢化。氰基催化氢化可被还原成氨基，是制备伯胺的重要方法之一。

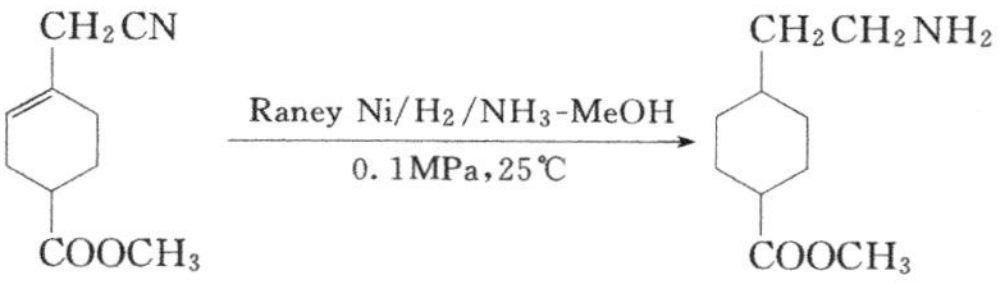

⑥ 氢化烃化和还原胺化。醛或酮与氨、伯胺或仲胺缩合并经催化氢化，从而实现羰基的胺化和伯氨基或仲氨基的烃化：

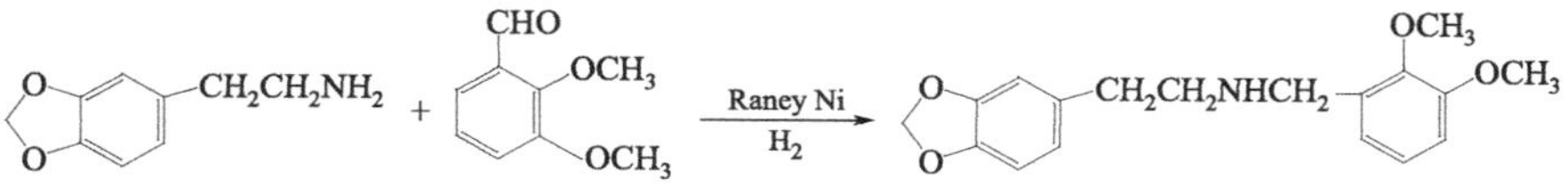

七、法律法规

1.《化学药物原料药制备和结构确证研究技术指导原则》

2. 《化学药品技术标准》

3. 《药品生产质量管理规范》(2010年修订版)

4. 《中华人民共和国药典》2010年版

八、课后自测

1. 简述理想工艺路线的特点。
2. 对非甾体抗炎镇痛药布洛芬合成工艺路线进行评价。
3. 什么是“平顶型”反应和“尖顶型”反应?
4. 简述“直线方式”和“汇聚方式”的合成路线与收率计算。
5. 进行原辅材料供应与工艺路线评价。
6. 原辅材料更换和合成步骤改变对药物质量有什么影响?
7. 化学合成药的反应条件有哪些?影响反应条件的因素是什么?
8. 简述常用溶剂的性质和分类。
9. 重结晶溶剂的选择方法有哪些?
10. 反应温度对反应的主要影响是什么?
11. 简述催化作用的特点。
12. Lewis 酸、碱催化的主要反应有哪些?
13. 简述相转移催化剂的分类及其应用。
14. 化学制药过程中质量控制点有哪些?
15. 何谓化学反应终点的监控?如何控制反应终点?
16. 论述化学原料药的质量管理要点。

项目三　化学合成原料药中试放大技术

一、职业岗位

中试即小型生产模拟试验；化学合成制药工所从事各类化学原料药成品、化学中间体的中试放大试验和化学单元反应、化工单元操作生产岗位的工作。

二、职业形象

① 具有化学合成反应和化工单元操作的基础知识和基本技能。具备相应的设备维护、化工计算和查阅资料的能力。

② 具有工程识图和计算机绘图的技能。能看懂单体设备图、工艺流程示意图、设备流程图、管道安装示意图，能绘制工艺流程图、设备平面布置简图。

③ 具有与药品质量管理、安全生产相关的法律法规知识。能正确指导日常生产，处理生产中出现的突发性事故，主持事故分析讨论会。

④ 具有良好的语言文字表达和沟通协调能力。会撰写总结报告等各类文字材料，具备良好的职业素养和团队精神。

三、职场环境

室内应符合温湿度、压差、空气净化等级要求。对于非无菌原料药生产及无菌原料药生产中非无菌生产工序的操作应满足《药品生产质量管理规范》(2010 年修订版）附录二的要求。其中非无菌原料药精制、干燥、粉碎、包装等生产操作的暴露环境应当按照 D 级洁净区的要求设置；非最终灭菌产品的无菌原料药的粉碎、过筛、混合、分装等操作环境应当按 B 级背景下的 A 级的要求设置。

四、工作目标

药品生产的最终目标是生产出质量合格的产品，以满足医疗市场需求，保障人民群众的身体健康。药品大量投放医疗市场一般需要经历实验研究阶段、小量试制阶段（小试)、中试生产阶段（中试)、大规模工业生产阶段。中试生产是从实验室迈入工业生产的必经之路，是推动科技成果转化的关键环节，是决定药品能否成功上市的重要因素。中试所生产的原料药可供临床试验使用，故中试放大研究的一切活动要符合《药品生产质量管理规范》(2010 年修订版）的要求，产品质量和纯度要达到药用标准。

化学合成原料药中试放大技术是化学合成制药工的核心操作技能，涵盖以下能力培养及训练：

① 化学反应、化工操作过程控制能力；
② 物料衡算、收率、成本等计算能力；
③ 工程识图绘图和设备管理保养能力；
④ 质量管理和安全生产组织协调能力；
⑤ 职业行为的规范和职业素养的提升。

五、化学合成原料药中试放大

项目任务单见表 3-1。

表 3-1 原料药中试放大项目任务单

任务布置者:(老师名)	部门:产品研发室	费用承担部门:研发室
任务承接者:(学生名)	部门:中试生产车间	费用承担部门:研发室
工作任务:在＊＊＊＊小试的基础上,完成中试放大生产任务,以达到工业生产要求。 工作人员:以工作小组(5 人/组)为单位完成本次任务,各小组选派 1 人集中汇报。 工作地点:中试生产车间、图书馆、计算机房、教室。 工作成果: ① 明确中试放大任务及目标。 ② 制订中试放大方案。 ③ 物料衡算。 ④ 制定生产工艺规程。 ⑤汇报展示 PPT。		
任务编号:	项目完成时间:30 个工作日	

产品开发室主任（教师）向产品研发部的原料药中试组下达中试工艺研究任务。根据公司市场调研情况，决定生产＊＊＊＊原料药，要求原料药中试组在前期小试工作的基础上，完成＊＊＊＊原料药中试任务，内容详见任务书。小组成员应仔细研读任务书内容，明确分工。

中试放大是产品在正式被批准投产前的最重要的一次模型化的生产实践。它不但为原料药的生产报批/新药审批提供了最主要的实验数据，也为产品投产前的 GMP 认证打下了坚实的基础。

通过中试所形成的产品生产工艺规程（草案）应该是“能证实任何程序、生产过程、设备、物料、活动或系统确实能导致预期结果的有文件证明的活动”。

中试放大也为政府部门对产品的投产进行审批和验收（新建车间）提供了有关消防（防火、防水）、环保（三废排放）和职业病防治措施等的数据与文件，是产品投产前准备工作中必须经历的步骤。

产品的工艺研究将贯穿从小试—中试—生产的全过程。目标是简化工艺、提高质量、降低成本。

任务一 中试放大任务及目标

（一）中试放大的目的

工艺的优化与中试放大是原料药制备从实验室阶段过渡到工业化阶段不可缺少的环节，

在模型化的生产设备上基本完成由小试向生产操作规程的过渡，也是该工艺能否工业化的关键，同时对评价工艺路线的可行性、稳定性具有重要的意义；确保按操作规程能始终如一地生产出预定质量标准的产品。

（二）中试条件及任务

1. 进行中试的条件

① 产品的合成路线已确定。

② 小试的工艺考察已完成。

③ 对成品的精制、结晶、分离、干燥的方法及要求已确定。

④ 小试的 3～5 批稳定性试验说明该小试工艺可行、稳定。

⑤ 必要的材质腐蚀性试验已经完成。

⑥ 已建立原料、中间体、产品的质控方法和质量标准。

2. 中试要实现的目标

① 制定产品的生产工艺规程（草案）。

② 证明各个化学单元反应的工艺条件及操作过程，在使用规定原辅料的条件下在模型的设备上能生产出预定质量标准的产品，且具有良好的重现性和可靠性。

③ 产品的原材料单耗等技术经济指标能为市场所接受。

④ 三废处理方案及措施能为环保部门所接受。

⑤ 安全、防火、防爆等措施能为公安、消防部门所接受。

⑥ 提供的劳动安全防护措施能为卫生职业病防治部门所接受。

3. 提供样品

为临床试验或生物等效性试验提供样品。《药品注册管理办法》（局令第 28 号）第三十五条规定：临床试验用药物应当在符合《药品生产质量管理规范》的车间制备。制备过程应当严格执行《药品生产质量管理规范》的要求。申请人对临床试验用药物的质量负责。《化学药物制剂人体生物利用度和生物等效性研究技术指导原则》中规定：对于受试制剂，应为符合临床应用质量标准的中试/生产规模的产品。《化学药物临床药代动力学研究技术指导原则》中规定：试验药品应当在符合《药品生产质量管理规范》条件的车间制备，并经检验符合质量标准。为了尽量缩短研发周期，药品生产企业通常安排药品临床试验与生产车间设计建设同步进行，故中试放大任务之一是为临床试验或生物等效性试验提供样品，但是为确保临床试验药品与将来大规模生产的药品在质量上的一致性，中试放大生产应符合 GMP 要求。

为药品稳定性研究提供样品。《化学药物稳定性研究技术指导原则》中指出：稳定性研究应采用一定规模生产的样品，以能够代表规模生产条件下的产品质量。影响因素试验采用一批样品，加速试验和长期试验采用三批样品进行，原料药的批量应达到中试规模的要求，片剂、胶囊剂为 1 万个制剂单位，输液为稳定性试验用量的 10 倍。

（三）任务驱动下的理论

1. 中国相关要求

《化学药物原料药制备和结构确证研究技术指导原则》中明确中试放大主要有八大任务。

① 考核实验室提供的工艺在工艺条件、设备、原材料等方面是否有特殊的要求，是否适合工业化生产。

② 确定所用起始原料、试剂及有机溶剂的规格或标准。

③ 验证实验室工艺是否成熟合理，主要经济指标是否接近生产要求。

④ 进一步考核和完善工艺条件，对每一步反应和单元操作均应取得基本稳定的数据。

⑤ 根据中试研究资料制定或修订中间体和成品的分析方法、质量标准。

⑥ 根据原材料、动力消耗和工时等进行初步的技术经济指标核算。

⑦ 提出“三废”的处理方案。

⑧ 提出整个合成路线的工艺流程、各个单元操作的工艺规程。

2. 美国相关要求

2004 年 1 月 FDA 公布的关于原料药的指导原则中要求：附有流程图并写出进行相关试验的详细地址；列出关键的过程控制及控制点等；详细的工艺操作方法、工艺过程描述包括每步反应中所使用的起始原料和中间体的质量标准，设备材质及类型，母液套用，试剂、溶剂、辅料、中间体、原料等的回收操作方法；过程控制包含工艺参数、环境控制、过程测试、在线试验等。

任务二 中试放大的研究

任务单见表 3-2。

表 3-2 原料药中试放大的研究任务单

任务布置者：(老师名)	部门：产品研发室	费用承担部门：研发室
任务承接者：(学生名)	部门：中试生产车间	费用承担部门：研发室
工作任务：制订中试放大方案。 工作人员：以工作小组(5 人/组)为单位，小组成员分工合作，完成本次任务。 工作地点：教室、图书馆。 工作成果：中试方案，内容如下。 ① 中试放大倍数和放大方法的确定。 ② 设备材质与形式的选择与确定。 ③ 搅拌器类型及搅拌速度的选择与确定。 ④ 化学反应条件的考查及再确认资料。 ⑤ 工艺流程与操作方法研究。 ⑥ 中试的工艺验证。		
任务编号：	项目完成时间：10 个工作日	

在实验室研究中所确定的最佳反应条件是小试研究的结果，它不一定能与中试放大研究所遭遇的情况完全相符，有些反应条件需要做相应的调整和进一步的研究，进行反应条件的再确认。尤其是一些与反应规模密切相关的影响因素，例如放热反应中的加料速度、物料流动情况的改变、反应罐的传热面积与传热系数以及制冷剂等因素，需要对其进行深入的研究和试验考查，分析其变化的原因，掌握这些因素在中试放大中的变化规律，以便重新寻找放大规模后的最适宜化学反应条件。

中试放大的工艺研究包括：

① 将小试工艺过程及工艺参数在上述条件下投料考察，确定各步反应对传热和传质的要求及对搅拌的选型；

② 确定各单元反应的设备及要求；

③ 掌握各步反应在中试各工艺参数下收率、质量的变化规律，修订并确定在中试设备条件下各步反应最佳工艺参数的适用范围，必要时修正或调整相关的工艺规程，观察各操作单元中副反应及有关物质的变化情况。

（一）确定放大系数

考虑因素：①品种大小；②预计的市场容量及生产规模。

其难点为：①反应物浓度波动范围大；②工艺与设备尚有诸多不确定因素；③特殊反应的要求；④单元反应的放大系数等。

（二）设备材质与形式的选择与确定

① 按小试对各步单元反应及单元操作的内容物所进行的腐蚀试验和对传热的要求，选定各单元反应使用的反应釜的材质，如含有氯离子的物料对不锈钢有晶间腐蚀，不宜选用不锈钢设备。

② 按反应釜或单元操作所需的热传导的要求，选择相应的加热剂或冷却剂的类型。

③ 按放大系数确定相应设备的容量，选定反应釜和各单元操作的设备的型号。

（三）搅拌器类型及搅拌速度的选择与确定

按反应的均相、非均相等反应物料的性质和反应特点及小试工艺考察中对反应液混合要求的认知，初步选择搅拌的类型和转速，并通过中试考察搅拌对反应的影响确定搅拌器的型号及转速（推进式、涡轮式、桨式、锚式、框式、螺式）。

（四）反应釜传热面积的调整

对热敏反应或对升温、降温时间要求苛刻的反应按中试实际情况，如反应釜釜体传热面积不能满足工艺要求时，则需用反应釜内置排管或蛇管的方式来调整传热面，使其尽可能满足相关工艺的要求。

（五）精制、结晶、分离、干燥等单元操作设备的选择与确定

设备能满足工艺实施要求，得到的中间体、产品能符合相应的质量标准；这部分设备的选择将在收率、晶型、有机溶剂残留等方面对质量产生较多影响。

1. 晶型

凡在质量标准中对晶型有要求的产品，对中试时产品精制结晶工序的搅拌型号、温控方式、结晶速率，乃至结晶釜底部的几何形状等都应进行研究与验证，以确保中试产品的晶型与质量标准相一致，并应确保小试样品和中试样品在晶型上的一致性。

2. 结晶水和溶剂化物

凡含结晶水或结晶溶剂的化学原料药，应对中试时产品的干燥方式及与干燥相关的工艺参数进行研究与验证，以确保中试产品所含结晶水或结晶溶剂与质量标准相一致，并应确保小试样品和中试样品所含结晶水或结晶溶剂的一致性。

3. 残留溶剂

中试过程中由于中间体、产品的产量比小试有几十到上百倍的增加，因此对干燥条件（包括干燥温度、时间、干燥设备内部的温度均匀性）进行考察是必要的。

（六）验证中试所采用的原料在中试情况下对产品质量的影响

确定原料的来源、品牌、规格和质量标准，尤其注意同一原料不同来源时的质量一致性。

（七）工艺流程与操作方法研究

在中试放大研究过程中由于需要处理的物料量增加，实验室研究中所采用的一些操作方法不一定能满足中试放大操作的要求，如实验室布氏漏斗抽滤操作在工业生产上多为板框压滤操作等，并且不同的操作方法所涉及的劳动时间和劳动强度均有所差别，甚至对产品收率也会有较大的影响。在中试放大时人们必须考虑选择那些能适合工业化生产的化工后处理操作方法，特别要注意缩短工序、简化操作、提高劳动生产率。要从加料方式、物料分离和输送形式等诸方面进行研究，同时为了减轻劳动强度，便于操作人员的劳动防护和安全，应尽可能地采用自动加料和管道输送。通过化工操作的再确认能进一步寻找到工业化生产中应用方便、操作简单、效率高的方法。同时初步测算出生产周期和操作工时等技术经济参数。

（八）中试的工艺验证

在中试已确定的设备、工艺过程及工艺参数下进行 3～5 批中试的稳定性试验，进一步验证该工艺在选定设备条件下的可靠性和重现性；最终确定各步反应的工艺控制参数，证明该工艺在上述条件下可始终如一地生产出符合质量标准和质量特性的产品。

（九）任务驱动下的理论

1. 放大倍数

判断一个工艺是否达到了中试规模，主要是看该工艺是否真正模拟了大生产的实际情况，而中试就是小型生产模拟试验，是否真正反映大规模生产较难判断也不好把握。一种说法是为了满足临床试验和稳定性试验的需要，需根据药品剂量大小、疗程长短来确定中试放大倍数，一般需要提供 2～10kg 数量的样品；另一种说法认为比小试规模放大 50～100 倍就是中试放大规模。这些都是一个经验性的结论，其范围区间也较大，具体到每个产品究竟放大多少倍数难以把握，每个企业所掌握的尺度也不一样，实际应用时会遇到范围宽泛、可操作性不强、标准不统一等问题。应根据市场对该药品的需求，结合具体情况来确定放大倍数，原则上要求能模拟工业化生产情况。

2. 放大方法

中试放大的方法有经验放大法、相似放大法和数学模拟放大法。经验放大法是指凭借经验通过逐级放大（试验装置、中间装置、中型装置、大型装置）的方法来逐级摸索反应器的特征，逐渐扩大生产制备规模。经验放大法是根据空时得率相等的原则来实现放大试验研究，即虽然化学反应规模不同，但单位时间、单位体积反应装置所生产的产品量或所处理的物料量是相同的，在确定放大试验规模所需要处理的物料数量后，可依据放大前试验规模的经验空时得率通过物料衡算，初步估算出放大反应所需反应装置的容积。经验放大法适用于反应装置的搅拌形式结构等反应条件相似的情况，并且放大倍数不宜过大，需要采用逐级放大过程，比较繁琐且耗时长，但经验放大法是制药、化工领域中应用最广泛的方法。

相似放大法是指应用相似理论进行放大的方法，适用于物理过程，有一定局限性。一般在反应装置中，化学反应与流体流动、传热、传质过程交织在一起，要同时保持几何相似、流体力学相似、传热相似、传质相似和化学反应相似是不可能的。相似放大法只对反应器中的搅拌器与传热装置等进行放大。

数学模拟放大法（非线性）是指应用计算机技术的放大方法，它是今后发展的主要方向（数字工厂）。数学模拟放大是建立在数学模型基础上的，而所谓的数学模型是指用于描述工业生产装置中各参数之间关系的数学表达式。由于制药工艺过程中影响化学过程的因素比较多，并且这些影响因素之间相互作用、相互联系，关系错综复杂很难用某一个数学模型完整准确地将全过程描述出来，所以在建立数学模型之前，首先要对全过程进行一些必要合理的简化，提出其相应的物理模型用于模拟实际的反应过程，然后再对这些物理模型进行数学描述建立数学模型。在数学模型建立后人们就可以利用计算机来研究各参数的变化对全过程的影响。数学模拟放大法是以过程参数之间的定量关系为基础而进行的一种放大，故它既避免了相似放大法中的盲目性，又可将放大倍数提高很多，从而缩短放大的时间。

3. 设备材质与型号

（1）材质选择　在小试完成任务最后阶段，技术人员为了弄清楚每个单元反应中内容物对材质腐蚀性的影响程度，通常都会开展腐蚀性试验研究，主要是将不同材料碎片投放于反应瓶中，来观察判断这些材料对产品质量和收率的影响等。中试阶段是根据小试试验中对各步单元反应及单元操作的内容物所进行的腐蚀试验情况和对传热的要求，选定各单元反应使用的反应釜的材质，一般来讲，如果反应是在酸性介质中进行，则应采用防酸材料的反应釜，如搪玻璃反应釜；如果反应是在碱性介质中进行，则应采用不锈钢反应釜。贮存浓盐酸应采用玻璃钢贮槽，贮存浓硫酸应采用铁质贮槽，贮存浓硝酸应采用铝质贮槽。

（2）型号选择　设备型号的选择是根据中试放大倍数来确定相应设备的容量，选定反应釜和各单元操作的设备容积和型号。通常情况下人们尽可能地选择标准设备，标准设备选择时可参考相应的工具书和手册。若对设备有特殊要求的，可按照反应釜或各个单元操作所需的热传导的要求，配置相应的接口，进行非标准设备的设计和制造。

4. 搅拌器类型及搅拌速度（图 3-1）

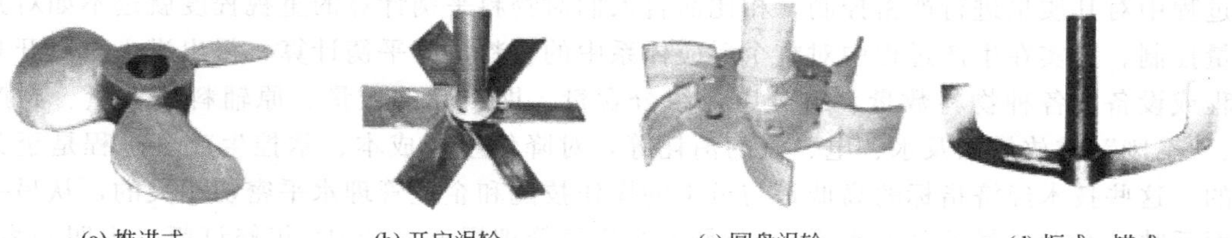

图 3-1　搅拌器的形式

（1）桨式搅拌器　桨式搅拌器是最简单的一种搅拌器。制造简便，转速一般在 20～80r/min，适合于液-液互溶系统的混合或可溶性固体的溶解。但在很高的转速下也可起到涡轮式搅拌器的效果。

（2）框式或锚式搅拌器　框式或锚式搅拌器仍属于桨式搅拌器。主要用于不需要剧烈搅拌及含有相当多的固体悬浮物或有沉淀析出的场合。但固体和液体的密度相差不能太大。此类搅拌器在重氮化等反应中较为常用，转速一般控制在 15～60 r/min。

（3）推进式搅拌器　推进式搅拌器一般有 2～4 片桨叶，通常为三片，呈螺旋推进器形式，犹如轮船上的推进器。此类搅拌器用于需剧烈搅拌的反应，例如使互不相溶的液体呈乳浊状态，使少量固体物质保持悬浮状态，以利反应的进行。此类搅拌器转速较高，一般在 300～600 r/min，最高可达 1000 r/min，对于搅拌低黏度且重 2t 左右的各种液体有良好的效果。

（4）涡轮式搅拌器　涡轮式搅拌器能够剧烈地搅拌液体，特别适用于混合黏度相差较大的两种液体、含有较高浓度固体颗粒的悬浮液、密度相差较大的两种液体或气体在液体中需要充分分散等场合，转速一般可达 200～1000 r/min。抗生素发酵车间大都采用此类搅拌器。

任务三 物料衡算

任务单见表 3-3。

表 3-3 原料药物料衡算任务单

任务布置者：(老师名)	部门：产品研发室	费用承担部门：研发室
任务承接者：(学生名)	部门：中试生产车间	费用承担部门：研发室
工作任务：对 xxx 的生产工艺过程进行物料衡算。 工作人员：以工作小组(5 人/组)为单位，小组成员分工合作，完成本次任务。 工作地点：图书馆、电子阅览室、教室。 工作成果：物料平衡汇总表，内容包括如下。 ① 物料平衡计算基准的确定。 ② 物料平衡计算范围的确定。 ③ 物料平衡计算相关公式和计算过程。 ④ 物料平衡汇总表及“三废”排放物的种类与数量。 ⑤ 原辅料消耗定额及原料成本核算。		
任务编号：	项目完成时间：5 个工作日	

药品的质量直接关系到人类的身体健康和疾病的防治，人们都能充分地重视并在药物生产过程中对其质量进行严密控制，相比而言人们对物料平衡计算的重视程度就远不如对其的质量控制。其实在生产过程中对整个反应体系中的物料进行平衡计算，得出进入与离开某一过程或设备的各种物料数量、组分以及组分含量，即产品的质量、原辅料消耗量、副产物量、“三废”排放量以及水、电、汽的消耗等，对降低生产成本、掌控生产全过程是至关重要的。这些技术经济指标的高低是与员工的操作技能和企业管理水平密切相关的，从另一个侧面反映了企业质量控制的水平。《药品生产质量管理规范》(2010 年修订版) 中明确指出：每批产品应当检查产量和物料平衡，确保物料平衡符合设定的限度。如有差异，必须查明原因，确认无潜在质量风险后，方可按照正常产品处理。

物料平衡是制药生产工艺中最基本的计算之一，通过物料平衡可深入定量地分析药物生产全过程。物料平衡可得出原料的单耗和消耗定额，明确各种物料的利用率，核算原料的生产成本；了解产品收率是否达到最佳数值，生产设备的生产能力还有多大潜力；明确各设备之间生产能力是否配套等。根据物料平衡计算的数据可以采取相应的措施，改进药物的生产工艺从而提高产品的质量和收率。物料平衡计算的结果同时也是能量平衡计算、设备选型与设备数量的确定、“三废”治理办法的筛选等技术工作的基础。

对 3～5 批稳定性试验的数据，每批按每个单元反应或每个设备体系进行物料衡算，对物料衡算中出现的不平衡去向作出合理的说明。物料衡算结果的正确与否将直接关系到整个工艺设计的可靠程度。

（一）物料平衡计算基准和计算范围的确定

1. 物料平衡计算基准

为了进行物料平衡计算必须选择一定的基准作为计算的基础。通常采用的基准有下列三种：

① 以每批操作为平衡计算基准，适用于间歇生产所采用的标准设备或非标准设备的物

料衡算，化学原料药的生产多数为间歇式生产；

② 以单位时间为平衡计算基准，适合于连续生产的设备的物料平衡；

③ 以每千克产品为平衡计算基准，以便确定原辅料的消耗定额。

通常情况下，原料药的平衡计算都是以每批次所生产的产品作为基准。药物生产批次的划分原则在《药品生产质量管理规范》（2010 年修订版）中有明确的叙述：批的定义是指经一个或若干加工过程生产的、具有预期均一质量和特性的一定数量的原辅料、包装材料或成品。为完成某些生产操作步骤，可能有必要将一批产品分成若干亚批，最终合并成为一个均一的批。在连续生产情况下，批必须与生产中具有预期均一特性的确定数量的产品相对应，批量可以是固定数量或固定时间段内生产的产品量。

《药品生产质量管理规范》（2010 年修订版）附件 2 中对原料药生产中批的划分进行了具体的描述：对连续生产的原料药，在一定时间间隔内生产的在规定限度内的均质产品为一批；对间歇生产的原料药，可由一定数量的产品经最后混合所得的在规定时间内的均质产品为一批。

2. 物料平衡计算范围

物料平衡是研究某一体系中进、出物料数量组成及组分的变化情况。因此进行物料平衡计算，必须首先确定物料衡算的对象体系，也就是物料平衡的范围。这一体系可以根据实际需要人为地确定。体系可以是一台设备或几台设备，也可以是某个化学单元反应、某个化工单元操作或整个过程。

3. 设备年操作时间

在制药工业生产管理中，通常采用轮班制，即人员分成若干个班组轮换上岗，人员轮流休息而设备基本处于连续运转状态。故车间设备每年正常生产的天数，一般以 330 天计算，剩余的 36 天作为车间检修时间。对于某些工艺技术尚不成熟或腐蚀性大的设备一般以 300 天或更少的时间天数来计算。对于连续生产操作的设备也可以按每年 7000～8000h 为设计计算的基准。如果设备腐蚀严重或在催化反应中催化剂活化时间较长、寿命较短，所需停工时间较多的，则应根据具体情况来决定每台设备的年工作时间。产品生产线的年生产能力（年产多少吨）除以设备年操作时间，可以得到每台设备每天所需要处理的物料的量。

（二）数据收集及计算公式

1. 收集有关计算数据

为了进行物料平衡计算，应根据中试放大得到的数据或生产操作记录，收集下列各项数据：反应物的配料比，原辅料、半成品及副产物等的名称、密度、浓度、纯度或组分以及转化率、每步反应收率、总收率等。

2. 转化率

对于某一组分 A 来说，生成产物所消耗的物料量与投入反应的物料量之比称为该组分的转化率，一般以百分率来表示。若用符号 X_A 表示组分的转化率，则转化率计算公式为：

$$X_A = （反应消耗的 A 组分的量/投入反应的 A 组分的量）\times 100\%$$

3. 收率或产率

某一主要产物实际收得的量与投入原料计算的理论产量之比值，也是用百分率表示。收率在表述时通常需要指出是按哪种原料计算的收率。若用符号 Y 表示产物的收率，则收率计算公式为：

$$Y = （产物实际得量/按某一主要原料计算的理论产量）\times 100\%$$

或 $Y=$（产物收得量折算成原料量/原料投入量）$\times 100\%$

4. 选择性

指各种主、副产物中，主要产物所占比率或百分率。一般用符号 Ψ 表示。

选择性 $\Psi=$（主产物生成量折算成原料量/反应消耗掉的原料量）$\times 100\%$

通常情况下转化率、收率、选择性之间的关系是收率等于转化率与选择性的乘积。即：

$$X_A = Y \times \Psi$$

例如在甲氧苄啶的生产工艺中，有一步化学反应是由没食子酸（相对分子质量为188.1）经甲基化反应制备三甲氧基苯甲酸（相对分子质量为212.2），没食子酸投料量为25.0kg，未反应的没食子酸为2.0kg，生成三甲氧基苯甲酸24.0kg。其化学反应方程式如下：

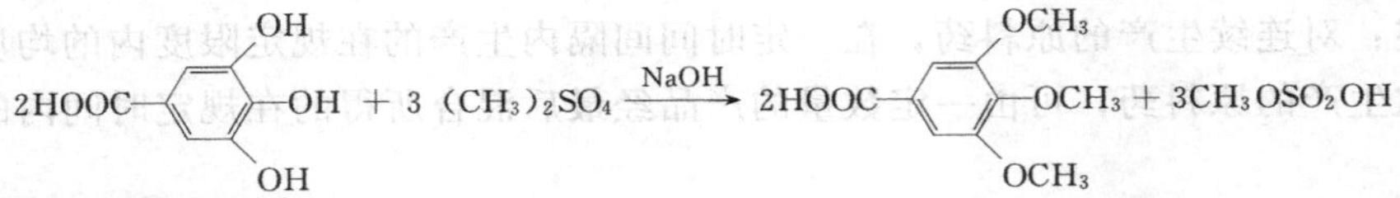

原料没食子酸的转化率 $X=(25.0-2.0)\div 25.0\times 100\%=92\%$

产物甲氧苄啶的收率 $Y=24.0\div(25.0\times 212.2\div 188.1)\times 100\%=85.1\%$

或产物甲氧苄啶的收率 $Y=(24.0\times 188.1\div 212.2)\div 25.0\times 100\%=85.1\%$

产物甲氧苄啶的选择性 $\Psi=(24.0\times 188.1\div 212.2)\div(25.0-2.0)\times 100\%=92.5\%$

实际测得的转化率、收率和选择性等数据将作为设计工业反应装置的依据，同时这些数据也是评价这套生产装置效果优劣的重要指标。

5. 车间的总收率

通常情况下，某个化学药物的生产工艺是由化学单元反应和化工单元操作组成的，并且每个生产岗位一般都包括物理和化学两种类型的工序。各个生产工序均有一定的收率，车间的总收率是各个工序收率之间的乘积。但有一点需要注意，就是这里计算所涉及的收率是指符合产品质量标准的产物的收率，故在计算收率时一定要加强质量控制，只有在产品检验合格后，所计算的收率才能作为对各工序中间体进行工艺分析的数据。对于不符合质量标准的产物，必须精制合格后重新称重后再计算收率。

车间总收率与各工序收率的关系为：$Y=Y_1\times Y_2\times Y_3\times Y_4\cdots$

(三) 物料平衡的计算步骤

① 收集和计算所必需的基本数据。

② 列出化学反应方程式，包括所有主反应、副反应的化学方程式，并且根据已知的工艺路线和工艺过程画出工艺流程简图。

③ 选择物料平衡计算的基准和计算范围。

④ 进行物料平衡计算。

⑤ 列出物料平衡表：a. 输入与输出的物料平衡表；b. 三废排放量表；c. 计算原辅材料消耗定额（kg），按每生产1kg产品来计算原辅料的单耗和消耗定额。

在化学合成药物的工艺研究中，要特别注意成品的质量标准、原辅料的质量和规格、各工序中间体的质量控制办法以及回收品的处理等，这些都是影响物料平衡的因素。

(四) 工艺流程图

工艺流程图通常情况下分为工艺流程框图（图3-2）和设备流程图（图3-3）。

① 用示意图的形式来表示生产过程中各物料及设备的流向、衔接关系，定性地表示出

由原料变成产品的工艺路线和程序，并图示反应釜的搅拌选型等。

② 表示各单元反应及单元操作的主要设备、操作条件和工艺操作参数的基本确定，各设备之间的连接顺序及所需的载能介质的流向等也都已确定。

③ 设备一览表。包括岗位名称、设备名称、材质、冷热、压力、搅拌等相关要求。设备容量：中试/生产。

④ FDA 要求在流程图中应有过程控制及控制点的表述。

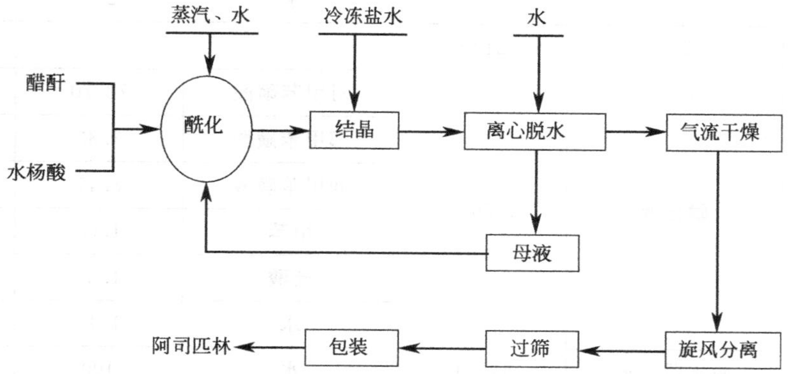

图 3-2　水杨酸酰化工艺流程框图

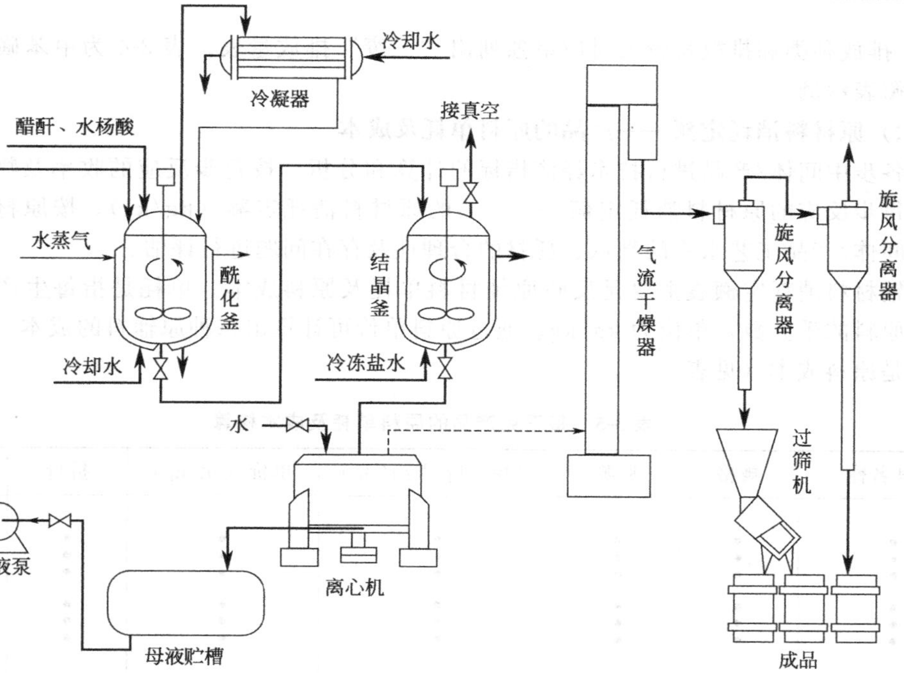

图 3-3　水杨酸酰化的生产设备流程图

（五）物料平衡汇总表

物料平衡计算汇总表包括：输入与输出的物料平衡表；三废排放量表；原辅材料消耗定额表。输入与输出平衡表主要是列出计算范围内各物料投入总量与各物料排出总量，并核算数量是否相等，出现差异要查明原因，给出合理的解释。从输入与输出平衡表中也可以看出每批产品生产过程中需要排放的“三废”的量，当“三废”排放量不大时可以两表合一，当

表 3-4 甲苯磺化过程的物料平衡表

类别	物料名称	质量/kg	质量组成/%		纯品量/kg
输入	原料甲苯	1000	甲苯	99.9	999
			水	0.1	1
	浓硫酸	1100	硫酸	98.0	1078
			水	2.0	22
	总计	2100			2100
输出	磺化液	1906.9	对甲苯磺酸	78.70	1500.8
			邻甲苯磺酸	8.83	168.4
			间甲苯磺酸	8.45	161.1
			甲苯	1.05	20.0
			硫酸	1.85	35.2
			水	1.12	21.4
	脱水器排水	193.1	水	100	193.1
	总计	2100			2100

“三废”排放种类和排放量较大时应单独列出“三废”排放量表。表 3-4 为甲苯磺化过程的物料平衡表示例。

（六）原材料消耗定额——产品的原料单耗及成本

对各步中间体/产品进行技术经济指标的计算和分析，按每步反应的收率及物料衡算表计算出每步反应的原材料消耗定额——产品的原材料消耗定额（kg/kg）。按原材料消耗定额对中间体/产品工艺水平的高低、耗材的合理性及存在问题进行评估。

原辅材料消耗定额表主要是反映原辅材料单耗及原料成本。单耗是指每生产 1kg 产品所消耗原料的千克数，单位为 kg/kg。通过原料单价可计算出每种原辅料的成本，各项相加之和就是原料成本（见表 3-5）。

表 3-5 每千克产品的原料单耗及成本核算

原料名称	规格	来源	单耗/(kg/kg 产品)	单价/(元/kg)	折价	备注
⋮ ⋮	⋮ ⋮	⋮ ⋮	⋮ ⋮	⋮ ⋮	⋮ ⋮	⋮ ⋮
总计					元/kg	

（七）质量可控性的回顾

对中试在各个阶段出现的中间体/产品的有关物质、含量、晶型、溶残等质量波动的情况进行分析和总结，列出每个单元反应或单元操作中影响质量状况的关键工艺参数。

设定各单元反应/单元操作的质量控制点，并按中试的实际情况调整中间体/产品的质量控制方法/质量标准（草案）。

（八）写出每步反应的每个单元操作的工艺操作方法（岗位操作法）

含反应方程式、物料配比、投料量、工艺操作过程、工艺参数的控制范围（加料时间、升/降温速度、温度、压力、pH……）、反应终点控制方法、后处理方法及收率。

并指出关键反应及关键控制点；母液套用，溶剂及中间体回收使用方法。

（九）副产物的利用、“三废”排量与“三废”处理方案

根据物料衡算中所列出的输入与输出的物料衡算表提出：

① 母液回收或处理的方法、溶剂回收利用的方法；

② 副产物利用或处理方案；

③ 列出“三废”排量表，对每个废弃物的去向有个交待；

④ 提出“三废”处理方案，尤其对剧毒、易燃、易爆的废弃物应提出具体的处理方法。

（十）热量衡算/概算

按中试各步反应对加热/冷却的要求，对关键反应的反应釜或设备在物料衡算的基础上，按每个主要设备的进出物料量、反应放/吸热情况进行热量衡算/概算，求出设备热负荷，尤其是致冷量的要求更应重视。

（十一）安全、防火、防爆及劳动保护

① 对产品的生产提出安全、防火、防爆的要求。

② 对相关的劳动保护提出相应的要求与措施。

综合上述各条写出该产品生产工艺规程（草稿）——组织管理生产的基本依据。

（十二）任务驱动下的理论

1. 物料衡算的理论基础

通常，物料衡算有两种情况：一种是对已有的生产设备和装置，利用实际测定的数据，计算出另一些不能直接测定的物料量，利用计算结果，可对生产情况进行分析，作出判断，提出改进措施；另一种为了设计一种新的设备或装置，根据设计任务，先做物料衡算，求出每个主要设备进出的物料量，然后再做能量衡算，求出设备或过程的热负荷，从而确定设备尺寸及整个工艺流程。

物料衡算是研究某一个体系内进、出物料及组成的变化，即物料平衡。所谓体系就是物料衡算的范围，它可以根据实际需要，人为地选定。体系可以是一个设备或几个设备，也可以是一个单元操作或整个化工过程。

进行物料衡算时，必须首先确定衡算的体系。

物料衡算的理论基础是质量守恒定律，根据这个定律可得到物料衡算的基本关系式：

进入反应器的物料量－流出反应器的物料量－反应器中的转化量＝反应器中的积累量

在化学反应系统中，物质的转化服从化学反应规律，可以根据化学反应方程式求出物质转化的定量关系。

2.《药品生产质量管理规范》（2010年修订版）中对物料平衡给出的定义

产品或物料实际产量或实际用量及收集到的损耗之和与理论产量或理论用量之间的比较，并考虑可允许的偏差范围。

3. 物料衡算例题

年产量700t非那西丁烃化工段的物料衡算。设计基本条件如下。工作日：300天/年；

收率：总收率为 83.93%，其中烃化工段收率为 93%，还原工段为 95%，酰化工段精制收率为 95%。设产品的纯度为 99.5%。

已知生产原始投料量为：

投料物	对硝基氯苯/kg	乙醇/kg	碱液/kg
投料量	2000	514.46	4653
含量	95%	95%	46%

解：日产纯品量 $=\frac{700\times 1000}{300}\times 99.5\%=2321.67\text{kg}$

每天所需纯对硝基氯苯投料量 $=\frac{2321.67\times 157.56}{179.22\times 93\%\times 95\%\times 95\%}=2431.81\text{kg}$

(其中：179.22 为非那西丁的摩尔质量，157.56 为对硝基氯苯的摩尔质量)

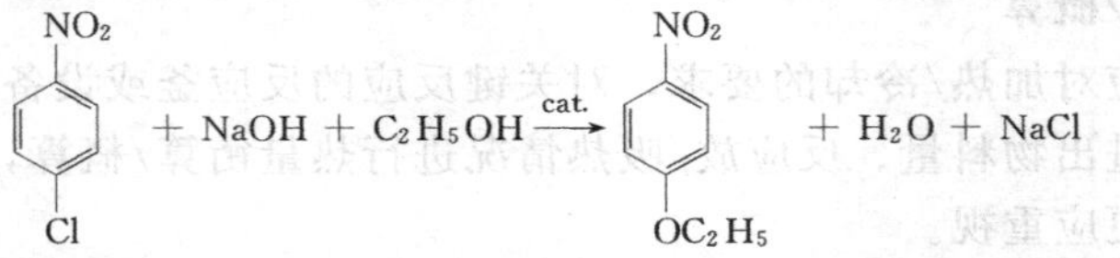

157.56　40.00　46.07　167.17　18.02

(1) 进料量

95%对硝基氯苯的量为：$\frac{2431.81}{95\%}=2559.80\text{kg}$

其中杂质为：2559.80－2431.81＝127.99kg

95%乙醇的量为：$\frac{2559.80}{2000\times 514.56}=658.59\text{kg}$

其中纯品量为：658.59×95%＝625.66kg

杂质的量为：658.59－625.66＝32.93kg

46%碱液的量为：$\frac{2559.80\times 4653}{2000}=5955.37\text{kg}$

纯品量为：5955.37×46%＝2739.47kg

水的量为：5955.37－2739.47＝3215.90kg

39.5%催化剂的量为：$\frac{2559.80\times 344.68}{2000}=441.16\text{kg}$

纯催化剂的量为：441.16×39.5%＝174.26kg

纯乙醇的量为：441.16×56.95%＝251.3kg

杂质的量为：441.16－174.26－251.24＝15.6kg

(2) 出料量　设转化率为 99.3%。

反应用的对硝基氯苯的量为：2431.81×99.3%＝2414.79kg

剩余的量为：2431.81－2414.79＝17.02kg

用去的 NaOH 的量为：$\frac{2431.81\times 99.3\%}{157.56}\times 40.00=613.08\text{kg}$

剩余的 NaOH 的量为：2739.47－613.08＝2126.39kg

用去的乙醇的量为：$\frac{2431.81\times 99.3\%}{157.56}\times 46.07=706.08\text{kg}$

进料中的乙醇的量为：625.66+251.3=876.96kg

剩余的乙醇的量为：876.96−706.08=170.88kg

生成的水的量为：$\frac{2431.81\times99.3\%}{157.56}\times18.02=276.18$kg

总的水量：276.18+3215.90=3492.08kg

生成的 NaCl 的量：$\frac{2431.81\times99.3\%}{157.56}\times55.84=855.81$kg

生成的 $O_2NC_6H_4OC_2H_5$ 的量为：$\frac{2431.81\times99.3\%}{157.56}\times167.17=2562.07$kg

杂质总量为：15.6+32.93+127.99=176.52kg

衡算数据汇总表 3-6。

表 3-6 进出物料品平衡表

进料物名称	进料物质量/kg	进料物含量/%	出料物名称	出料物质量/kg	出料物含量/%
对硝基氯苯	2431.81	25.29	对硝基氯苯	17.02	0.18
乙醇	876.96	9.12	乙醇	170.88	1.78
氢氧化钠	2739.47	28.49	氢氧化钠	2126.39	22.21
催化剂	174.26	1.81	催化剂	174.26	1.82
水	3215.90	33.45	水	3492.08	36.47
杂质	176.52	1.84	氯化钠	855.81	8.94
			对硝基苯乙醚	2562.07	26.76
			杂质	176.52	1.84
总计	9614.92	100	总计	9575.03	100

任务四 生产工艺规程制定

任务单见表 3-7。

表 3-7 制定生产工艺规程任务单

任务布置者：(老师名)	部门：产品研发室	费用承担部门：研发室
任务承接者：(学生名)	部门：中试生产车间	费用承担部门：研发室
工作任务：起草 xxx 的生产工艺规程。 工作人员：以工作小组(5 人/组)为单位，小组成员分工合作，完成本次任务。 工作地点：图书馆、电子阅览室、教室。 工作成果：xxx 的生产工艺规程。		
任务编号：	项目完成时间：5 个工作日	

一个药物可以采用几种不同的生产工艺过程，但其中必有一种是在特定条件下最为经济合理并能保证产品质量的，把这种生产工艺过程的各项内容写成文件形式即为生产工艺规程。

生产工艺规程是以药物的制备工艺路线为基础编制而成的。生产工艺规程是组织指导生产的重要技术文件，是整个生产车间的技术灵魂，是分析处理生产责任事故的重要依据，也是药物工业化生产过程中进行 GMP 管理的基石，更是工厂企业的核心机密。

生产工艺规程的主要作用：生产工艺规程是组织工业生产的指导性文件，生产的计划、调度只有根据生产工艺规程安排，才能保持各个生产环节之间的相互协调，才能按计划完成任务；生产工艺规程也是生产准备工作的依据；生产工艺规程同时还是新建和扩建生产车间或工厂的基本技术条件 。

（一）工艺规程的制定与修订

药品生产企业的技术人员、管理人员以及岗位工人均可参与药品生产工艺规程的制定工作，生产工艺规程是集体智慧的结晶，更是药品生产企业的核心机密。各药品生产企业均按照 GMP 要求制定了生产工艺规程管理制度，包括生产工艺规程制定程序、发放范围、收回办法、修订流程等管理方法。通常情况生产工艺规程由车间工艺员或车间主任起草、生产部或技术部经理审核、总工程师或生产副总签发。修订流程基本与起草流程相同，细节上各药品生产企业可能会有所不同。

在当前激烈的市场经济竞争时代，知识产权保护受到各家企业的高度重视，工艺规程属知识产权范畴，工艺规程的先进性代表了企业的核心竞争力，故各药品生产企业均会有一套较完善的制度和方法来保障企业的利益。

在生产工艺规程编制完成以后，针对生产车间不同岗位还应该起草编写岗位操作法或标准操作规程（SOP）。岗位操作法或标准操作规程是岗位工人上岗培训的主要内容，也是岗位工人生产操作时的直接依据。

（二）工艺规程的基本内容

① 产品名称和结构式。

② 生产工艺路线与工艺流程图。

③ 所用原辅料清单，当原辅料的用量需要折算时，还应当说明计算方法。

④ 生产设备一览表（名称、体积、规格、数量、位置、编号等）。

⑤ 对生产场所和所用设备的说明（如洁净度级别、温湿度、设备型号和编号等）；关键设备的准备（如无水、无菌等）所采用的方法或相应操作规程编号。

⑥ 详细的生产步骤和工艺参数说明（如物料核对、预处理、加料顺序、反应时间、温度等）。

⑦ 原辅料、产品、中间体控制方法及质量标准。

⑧ 各步收率、总收率、物料平衡的计算方法和限度要求。

⑨ 消耗定额、原材料成本、操作工时与生产周期等的确定。

⑩ 安全生产要求及防护措施。

⑪“三废”种类、数量以及治理方法。

⑫ 所需全部包装材料的完整清单，包括包装材料的名称、数量、规格、类型。

⑬ 待包装产品的贮存要求，包括容器、标签及特殊贮存条件。

（三）GMP 的要求

《药品生产管理质量规范》（2010 年修订版）附件二中对原料药的生产工艺规程进行了规定，认为原料药生产工艺规程至少应当包括：

① 所生产的中间产品或原料药名称。

② 标有名称和代码的原料和中间产品的完整清单。

③ 准确陈述每种原料或中间产品的投料量或投料比，包括计量单位；如果投料量不固定，应当注明每种批量或产率的计算方法；如有正当理由，可制定投料量合理变动的范围。

④ 生产地点、主要设备（型号及材质等）。

⑤ 生产操作的详细说明，具体如下。

a. 操作顺序。

b. 所用工艺参数的范围。

c. 取样方法说明，所用原料、中间产品及成品的质量标准。

d. 完成单个步骤或整个工艺过程的时限（如适用）。

e. 按生产阶段或时限计算的预期收率范围。

f. 必要时，需遵循的特殊预防措施、注意事项或有关参照内容。

g. 可保证中间产品或原料药适用性的贮存要求，包括标签、包装材料和特殊贮存条件以及期限。

（四）任务驱动下的理论

中试放大研究是对实验室小试工艺合理性的验证与完善，是保证工艺生产达到稳定性、可操作性的必经环节。通过中试放大研究可发现工艺可行性、劳动保护、环保、生产成本等存在的问题，控制药品研发的风险；为保证质量标准的制定、稳定性考察、药理毒理和临床研究结果的可靠性，所用样品都应为采用中试放大研究确定的工艺制备而成。

任务五 中试放大实训

任务单见表 3-8。

表 3-8 中试放大实训工作任务单

任务布置者：(老师名)	部门：产品研发室	费用承担部门：研发室
任务承接者：(学生名)	部门：中试生产车间	费用承担部门：研发室
工作任务：生产符合产品质量标准的样品，积累工艺数据。 工作人员：以工作小组(5 人/组)为单位，小组成员分工合作，完成本次任务。 工作地点：中试生产车间。 工作成果： ① 将小试的美沙拉秦中试放大 50 倍。 ② 得到一定数量的符合质量标准的产品。 ③ 3～5 批中试放大试验稳定数据，包括收率、工艺参数、物料衡算等。 ④ 实训报告，包括中试放大试验记录、相关计算、“三废”处理方法、安全生产要求等。		
任务编号：	项目完成时间：5 个工作日	

实训前的准备工作对实训成败至关重要。许多学生在进入实训室之前，心中充满期待，但实验结果的失败可能会导致大家信心和兴趣的丧失。实训前要认真做好准备工作，包括所需物料及仪器的清单列表、原料理化性质的查找、反应路线和反应机理的熟悉、反应投料比等工艺参数的核对、中试设备性能的了解和操作方法的掌握等。

实训过程中应该做好各项记录，认真观察试验现象，注意劳动防护和岗位安全操作，做好团队协调，分工合作，按照 GMP 要求实施。

六、药物合成理论

(一) 酰化反应

1. 概念

在有机化合物分子中引入酰基而与该化合物中碳、氧、氮、硫等原子相连接的反应称为酰化反应。

2. 类型

根据所引入的酰基不同，酰化反应可分为甲酰化、乙酰化、苯甲酰化等。根据接受酰基的原子不同又分为氧酰化、氮酰化、碳酰化。

3. 酰化反应通式

$$R-\overset{\overset{\displaystyle O}{\|}}{C}-Z + G-H \longrightarrow R-\overset{\overset{\displaystyle O}{\|}}{C}-G + HZ$$

式中 RCOZ 为酰化剂，Z 为 X、OCOR、OR、NHR 等。GH 为被酰化物，G 为 RO、RNH、Ar 等。

4. 酰化反应在药物合成中的应用

主要用于制备药物中间体和对药物进行结构修饰。例如，镇痛药盐酸哌替啶的合成。

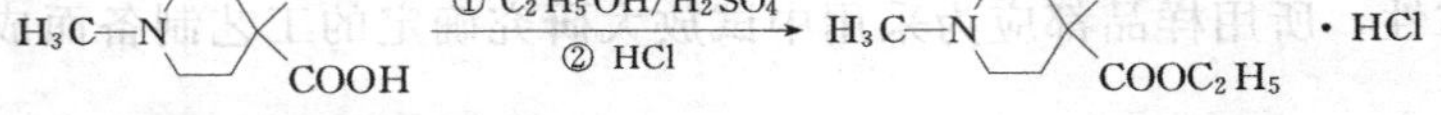

非甾体抗炎药布洛芬中间体的合成。

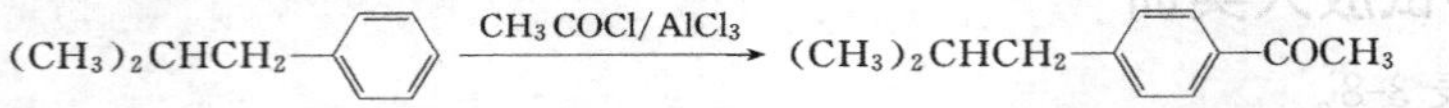

另外，含羟基、羧基、氨基等官能团的药物，通过成酯或成酰胺的修饰作用，可提高疗效、降低毒副作用。通过结构修饰，可改变药物的理化性质（如克服刺激性、异臭、苦味、增大水溶性、增大稳定性等）及药物在体内的吸收代谢。如降低副作用的贝诺酯、延长药物作用时间的氟奋乃静庚酸酯、增大水溶性的氢化可的松丁二酸单酯、消除苦味的氯霉素棕榈酸酯等。

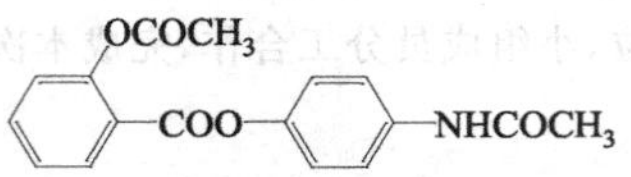

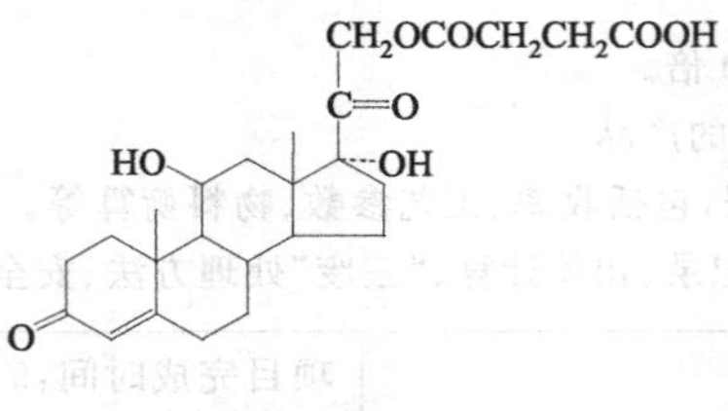

5. 常用酰化剂

常用酰化剂有羧酸、酸酐、酰卤及羧酸酯。上述四种酰化剂的反应活性顺序为：

$$RCOCl > RCOOCOR' > RCOOH > RCOOR'$$

应用时主要根据被酰化物酰化的难易以及所引入的酰基类型来决定。一般氨基比羟基易酰化，醇羟基比酚羟基易酰化。

(1) 羧酸酰化剂　羧酸是较弱的酰化剂，一般适用于碱性较强的胺类进行氮酰化，以及与醇发生氧酰化制备酯。

① 氧原子上的酰化反应。羧酸作为酰化剂进行羟基的酰化是典型的酯化反应。该反应是可逆反应。反应通式：

$$RCOOH + R'OH \rightleftharpoons RCOOR' + H_2O$$

为使反应向生成酯的方向进行，必须加入催化剂活化羧酸以增强羰基的亲电能力，或活化醇以增强其成酯的反应能力。同时采用不断从反应系统中去水或酯的方法以打破平衡。

常用的催化剂有如下种类。

a. 酸催化。浓硫酸或氯化氢、苯磺酸、对甲基苯磺酸等无机酸或有机酸为催化剂。

b. Lewis 酸催化。三氟化硼适用于不饱和酸的酯化，以避免双键的分解或重排。

c. 强酸型离子交换树脂加硫酸钙作为催化剂。可加快酯化反应的反应速度，提高收率，这种方法叫 Vesley 法。

d. 二环己基碳化二亚胺（DCC）。是一个良好的酰化缩合剂。多用于合成某些结构复杂的酯及半合成抗生素的缩合反应中。

② 氮原子上的酰化反应。羧酸对胺进行酰化可制备酰胺。反应通式：

$$RCOOH + R'NH_2 \rightleftharpoons RCONHR' + H_2O$$

该反应为可逆反应。

羧酸作为一类较弱的酰化剂，适用于碱性较强、空间位阻较小的胺类的酰化。胺类化合物的酰化活性顺序有如下规律：伯胺>仲胺；脂肪胺>芳香胺；无空间位阻胺>有空间位阻胺。芳香胺中，芳环上有给电子基时反应活性增加，反之，活性下降。

为加快反应速度并使之趋于完全，需加入催化剂或不断蒸出生成的水以破坏平衡，此反应一般在高温下脱水，因此对于热敏性酸或胺是不合适的。此时，可在反应系统中加入甲苯或二甲苯共沸蒸馏去水，或加入脱水剂，如五氧化二磷、三氯化磷等。

对于弱碱性胺类化合物直接用羧酸酰化困难者可加入 N,N'-碳酰二咪唑（CDI）及二环己基碳化二亚胺（DCC）等酰化缩合剂。

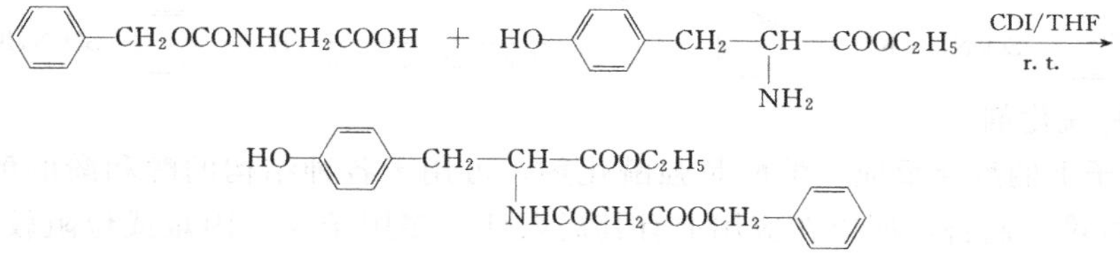

（2）羧酸酯酰化剂

① 氧原子上的酰化反应。酯可与醇、羧酸或酯分子中的烷氧基或酰基进行交换，由一种酯转化成另一种酯，其反应类型有三种：

$$RCOOR' + R''OH \rightleftharpoons RCOOR'' + R'OH$$

$$RCOOR' + R''COOH \rightleftharpoons R''COOR' + RCOOH$$

$$RCOOR' + R''COOR''' \rightleftharpoons RCOOR''' + R''COOR'$$

其中第一种酯交换方式应用最广。此法与用羧酸进行直接酯化相比较，其反应条件温和，适于某些直接进行酰化困难的化合物，如热敏性或反应活性较小的羧酸，以及溶解度较小的或结构复杂的醇等均可采用此法。如：

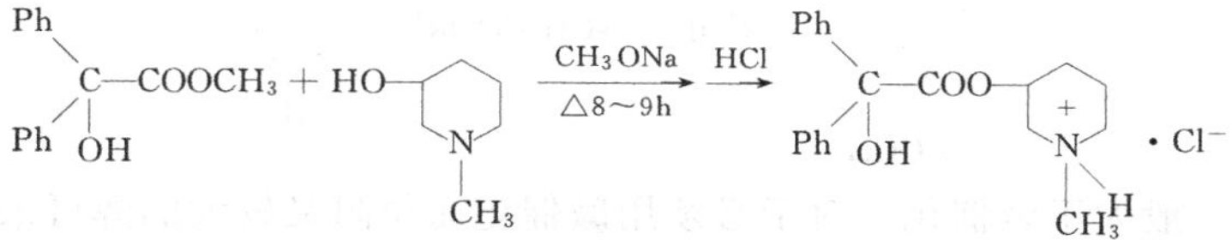

② 氮原子上的酰化反应。以羧酸酯为酰化剂进行氨基的酰化，可得到

N－取代或 N，N－二取代的酰胺。

$$RCOOR' + R''NH_2 \longrightarrow RCONHR'' + R'OH$$

$$RCOOR' + NH\begin{matrix}R''\\R'''\end{matrix} \longrightarrow RCON\begin{matrix}R''\\R'''\end{matrix} + R'OH$$

本反应需用碱催化。常用的催化剂有醇钠、金属钠、氢化锂铝、氢化钠等强碱。对于活性小的酯和胺的酰化反应，可加入 BBr_3 或 BCl_3 与酯形成络合物，进一步转化为酰溴可增大其活性。

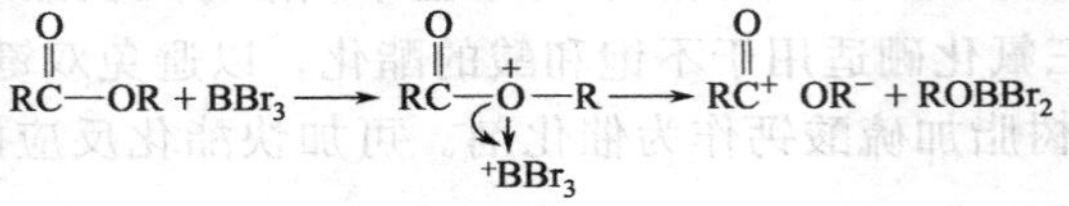

如：

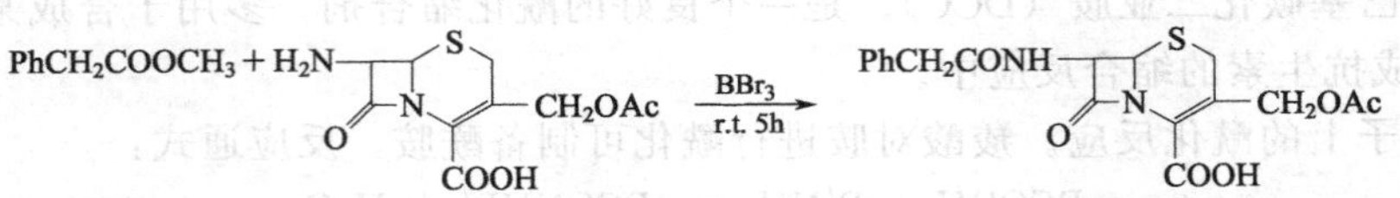

为了防止酰胺的水解和催化剂分解失效，本反应需严格控制反应体系中的水分。

③选择性酰化。同一分子中，若存在可被酰化的氨基、亚氨基和羟基，可根据电子效应进行选择性酰化。氨基氮原子的亲核性较强，酰化时均优先作用于氨基。如：

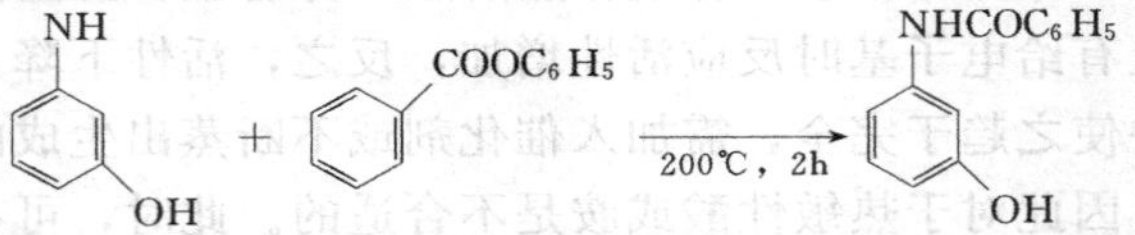

改变反应液的酸碱度，也可以进行选择性酰化。如磺胺的选择性酰化。

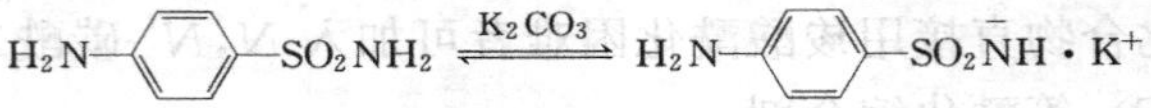

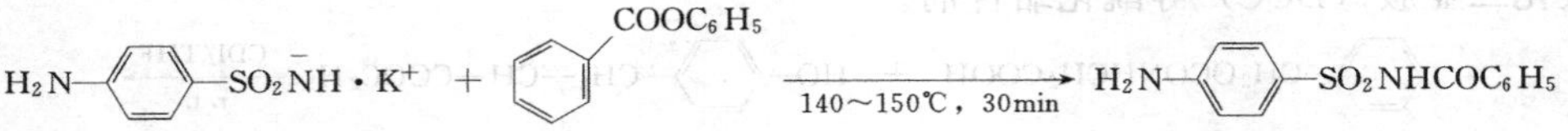

（3）酸酐酰化剂

① 氧原子上的酰化反应。酸酐是强酰化剂，可用于各种结构的醇和酚的酰化。但由于大分子的酸酐难于制备，所以在应用上有其局限性，多用于反应困难或位阻较大的醇羟基，以及酚类化合物的酰化。

反应多在酸或碱催化下进行，反应为不可逆，常用催化剂有硫酸、氯化锌、三氟化硼、对甲苯磺酸、吡啶、醋酸钠、喹啉以及二甲基苯胺等。

$$(CH_3CO)_2O + \overset{\oplus}{H} \rightleftharpoons (CH_3CO)_2\overset{\oplus}{O}H \rightleftharpoons CH_3\overset{\oplus}{C}O + CH_3COOH$$

$$CH_3\overset{\oplus}{C}O + R'OH \longrightarrow CH_3COOR' + \overset{\oplus}{H}$$

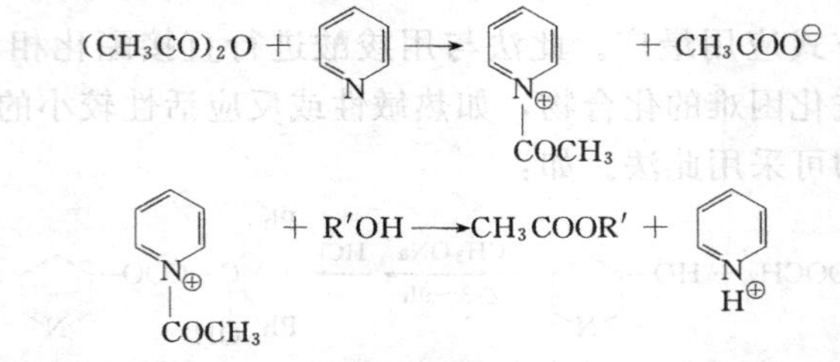

酸催化活性一般大于碱催化。对于必须用碱催化而位阻又较大的醇可采用对二甲基吡啶（DMAP）及 4-吡咯烷基吡啶（PPY）等催化剂。

某些试剂在反应中与羧酸形成反应活性更强的混合酸酐，以此来酰化比用单一酸酐更有实用价值。

a. 羧酸-三氟乙酸混合酸酐。适用于立体位阻较大的羧酸的酯化。三氟乙酐先与羧酸形成混合酸酐，再加入醇而得羧酸酯。对位阻较小的羧酸可先使羧酸与醇混合后再加入三氟乙酐，在此反应中由于三氟乙酐也能进行酰化，故要求醇的用量要多一些，以避免副反应。含有对酸敏感基团的物质不宜应用此法。

$$RCOOH + (CF_3CO)_2O \rightleftharpoons RCOOCOCF_3 + CF_3COOH$$

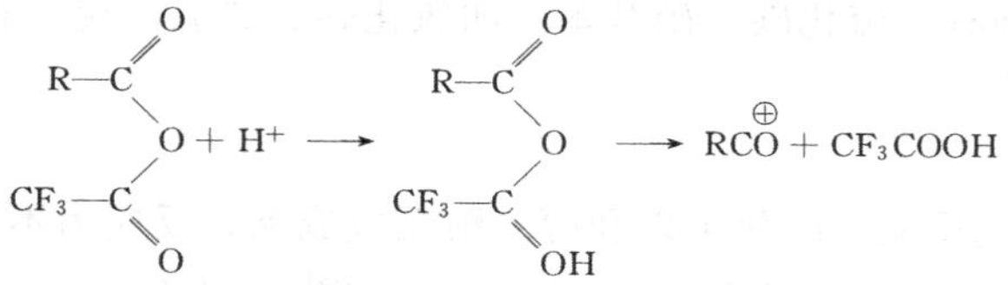

$$R\overset{\oplus}{C}O + R'OH \longrightarrow RCOOR' + H^{\oplus}$$

如：

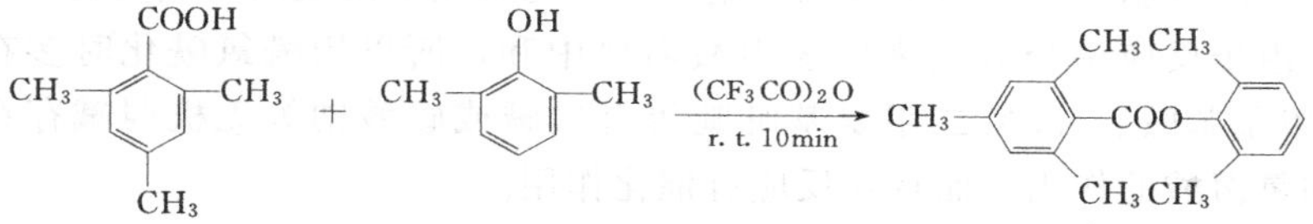

b. 羧酸-磺酸混合酸酐。羧酸与磺酰氯作用可形成羧酸－磺酸的混合酸酐，是一个活性酰化剂，用于制备酯和酰胺。

c. 羧酸-多取代苯甲酸酐。在合成大环内酯时，将结构复杂的链状羟基酸与有多个吸电子基取代的苯甲酰氯作用，先形成混合酸酐，然后再发生分子内酰化，环合成所需的内酯。如羧酸与2,4,6-三氯苯甲酸的混合酸酐，不仅使羧酸得到活化，而且由于多取代氯苯的位阻大大减少了三氯苯甲酰化副反应的发生。如：

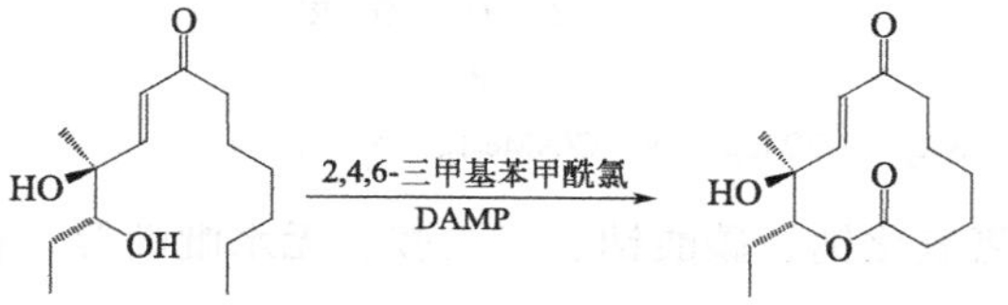

② 氮原子上的酰化反应。用酸酐对胺类进行酰化，可制备酰胺。

$$(RCO)_2O + R'NH_2 \longrightarrow RCONHR' + RCOOH$$

反应为不可逆。酸酐用量一般为理论量的5%～10%，不必过量太多。酸酐酰化活性较强，由于反应过程有酸生成，可自动催化，一般可不加催化剂。但某些难于酰化的胺类化合物可加入硫酸、磷酸、高氯酸以加速反应。

另外，为了强化酰化剂的酰化能力，在合成中常采用混合酸酐法（RCOOZ：Z＝R′CO、CF_3CO—、$R'SO_2$—）。如氨苄西林中间体的制备。

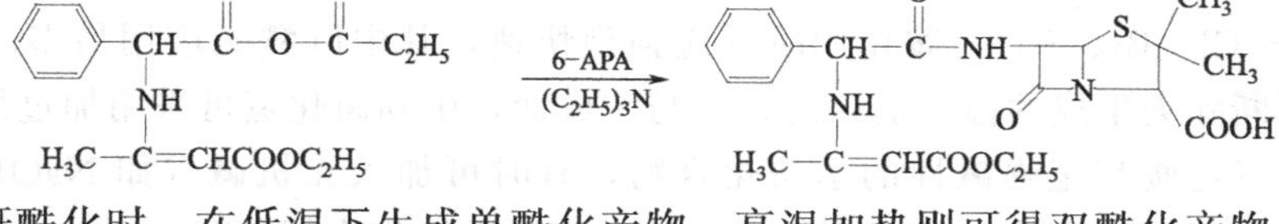

环状酸酐酰化时，在低温下生成单酰化产物，高温加热则可得双酰化产物。

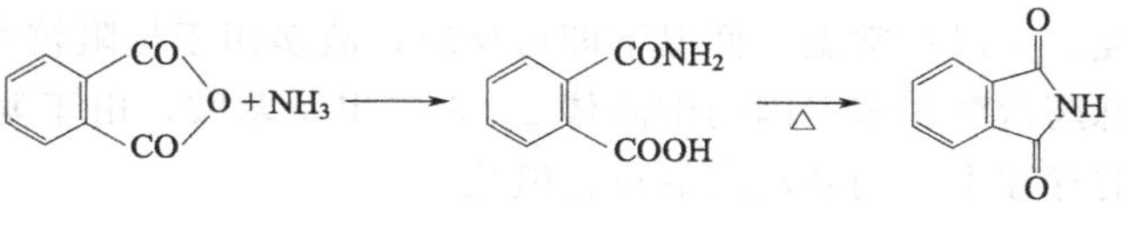

③ 碳原子上的酰化反应。以酸酐为酰化剂可在芳环上引入酰基，制备芳醛、芳酮。

$$(RCO)_2O + ArH \xrightarrow{AlCl_3} ArCOR + RCOOH$$

本反应的反应机理为芳环上的亲电取代反应，属于傅-克酰基化反应。常加入 Lewis 酸或质子酸作为催化剂。

当芳环上连有供电子基时，使芳环上电子云密度增高，反应易于进行；反之，当芳环上连有吸电子基时，芳环上电子云密度降低，反应较难进行。

本反应常用的溶剂有二硫化碳、硝基苯、四氯化碳、二氯乙烷、石油醚等，其中以硝基苯和二硫化碳应用最广。

（4）酰氯酰化剂

① 氧原子上的酰化反应。酰氯可以和醇、酚反应成酯，反应为不可逆过程。

$$RCOCl + R'OH \longrightarrow RCOOR' + HCl$$

酰氯是一个活泼的酰化剂，反应能力强，适于位阻大的醇羟基酰化，其性质虽不如酸酐稳定，但若某些高级脂肪酸的酸酐因难于制备而不能采用酸酐法时，则可将其制备成酰氯后再与醇反应。由于反应中释放出来的氢卤酸需要中和，所以用酰氯酰化时多在吡啶、三乙胺、*N*,*N*-二甲基苯胺、*N*,*N*-二甲氨基吡啶等有机碱或碳酸钠等无机弱碱存在下进行。吡啶不仅有中和氢卤酸的作用，而且对反应有催化作用。

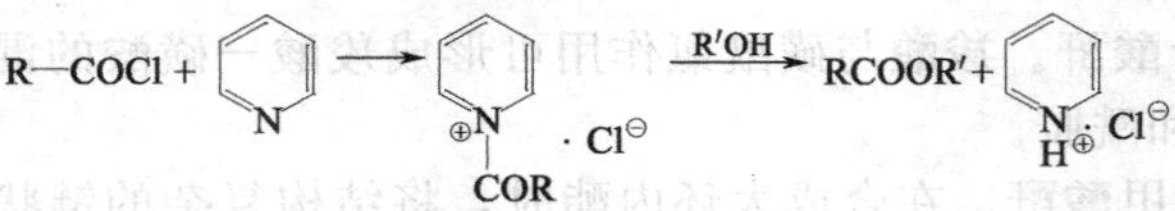

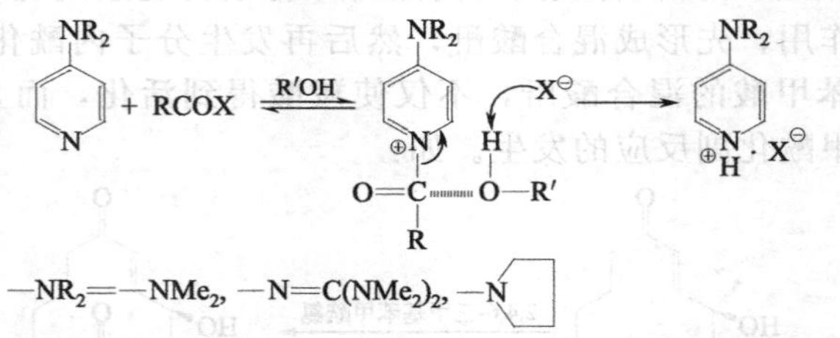

酚在碱性催化剂（氢氧化钠、碳酸钠、三乙胺、无水吡啶等）存在下，酚羟基可被酰氯酰化。

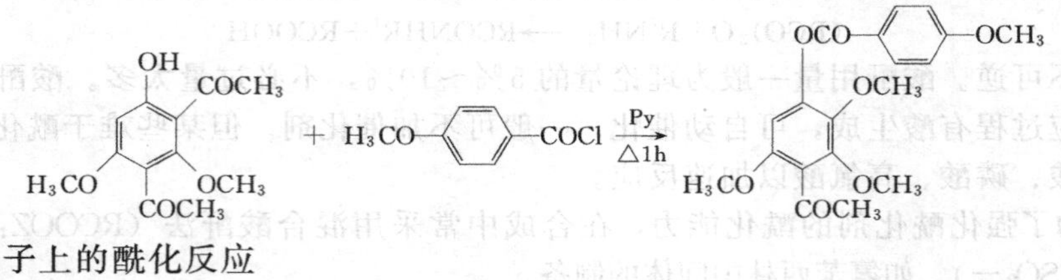

② 氮原子上的酰化反应

$$RCOX + R'NH_2 \longrightarrow RCONHR' + HX$$

酰卤（X=Cl、Br、F）与胺作用时反应强烈快速，其中以酰氯应用最多。为了获得高收率，必须不断除去生成的卤化氢以防止其与胺成盐，中和卤化氢可采用加过量的胺或加入有机碱吡啶、三乙胺甚至强碱性的季铵化合物，有时可加入无机碱（如 NaOH、Na_2CO_3、NaOAc）等，对于某些弱亲核性胺可加入吡啶、三甲胺等作为催化剂。

由于酰氯活性强，一般在常温、低温下即可反应，故多用于位阻较大的胺以及热敏性物质的酰化。例如局麻药盐酸利多卡因的中间体 2，6-二甲基苯胺，由于氨基受到的空间位阻较大，可在醋酸钠的存在下，用氯乙酰氯进行酰化。

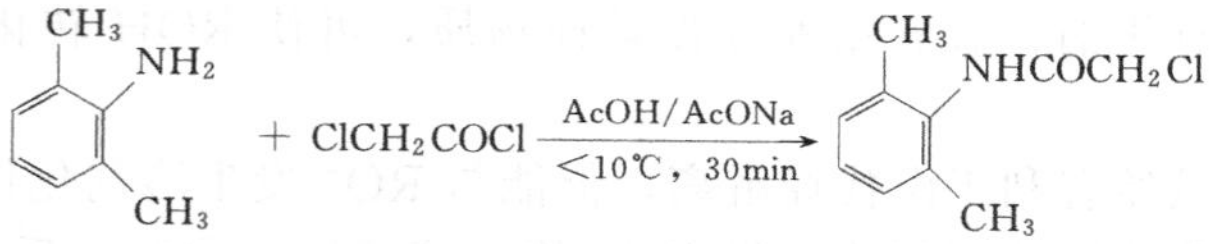

③ 碳原子上的酰化反应。酰氯作为酰化剂在 Lewis 酸催化下在芳环上引入酰基，可制备芳酮和芳醛，属于傅-克酰化反应。

各种酰卤的活性顺序为：酰碘＞酰溴＞酰氯＞酰氟。当芳环上连有邻、对位定位的烃基、烷氧基、卤素、乙酰氨基等可促进反应。Lewis 酸和质子酸可催化此类反应，Lewis 酸的催化作用强于质子酸。溶剂对本反应影响很大，不仅影响收率而且对酰基进入的位置也有影响。如：

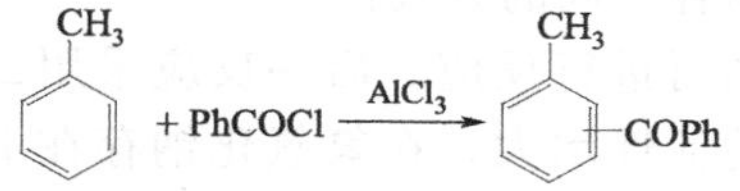

溶剂	对位/邻位酰化比例
二氯乙烷	9.3
苯甲酰氯	9.6
硝基苯	12.7

（二）烃化反应

1. 概念

在有机化合物分子中的碳、氧和氮等原子上引入烃基（R）的反应称为烃化反应。

2. 反应类型

① 烃基引入到有机化合物分子中的氧原子上称氧烃化反应。

② 烃基引入到有机化合物分子中的氮原子上称氮烃化反应。

③ 烃基引入到有机化合物分子中的碳原子上称碳烃化反应。

提供烃基的物质称烃化剂。包括饱和的、不饱和的、芳香的，以及具有各种取代基的烃基。烃基通常用 R—表示。

3. 常用的烃化剂

(1) 卤代烃类烃化剂　卤代烃是药物合成中最重要而且应用最广泛的一类烃化剂。

不同卤代烃的活性次序为：RF＜RCl＜RBr＜RI。

RF 的活性很小，且本身不易制得，故在烃化反应中应用很少。RI 尽管活性最大，但由于其不如 RCl、RBr 易得，价格较贵，稳定性差，应用时易发生消除、还原等副反应，所以应用的也很少。在烃化反应中应用较多的卤代烃是 RBr 和 RCl。

不同 R 卤代烃的活性次序为：伯卤代烃（RCH_2X）＞仲卤代烃（R_2CHX）＞叔卤代烃（R_3CX）。叔卤代烃常常会发生严重的消除反应，生成大量的烯烃。因此，不宜直接采用叔卤代烃进行烃化。氯苄和溴苄（$C_6H_5CH_2X$）＞氯苯和溴苯（C_6H_5X）。

氯苯和溴苯（C_6H_5X）往往要在强烈的反应条件（高温、催化剂催化）下或在芳环上有其他活化取代基（强吸电子基）存在时，方能顺利进行反应。

卤代烃类烃化剂的烃基可以用于氧、氮、碳原子等的烃化。

①氧原子上的烃化反应

a. 醇与卤代烃的反应。在醇的氧原子上烃化可得醚。通常醇与卤代烃的反应多用于混合醚的制备。

醇在碱（钠、氢氧化钠、氢氧化钾等）存在下，与卤代烃作用生成醚的反应称为威廉逊（Williamson）反应。

$$R—OH + R'—X \xrightarrow{碱} R—O—R' + X^-$$

催化剂：钠、氢氧化钠、氢氧化钾等强碱性物质，可使 ROH 转化成 RO^-，亲核活性增强，反应加速。

溶剂：质子溶剂虽然有利于卤代烃解离，但能与 RO^- 发生溶剂化作用，明显降低 RO^- 的亲核活性，而极性非质子溶剂却能增强 RO^- 的亲核活性。因此，反应常采用极性非质子溶剂如 DMSO、DMF、HMPTA、苯或甲苯；被烃化物醇若为液体，也可兼作溶剂使用；还可将醇盐悬浮在醚类（如乙醚-四氢呋喃或乙二醇二甲醚等）溶剂中进行反应。

醇结构：本反应中的醇可以具有不同的结构。对于活性小的醇，必须先与金属钠作用制成醇钠，再行烃化。对于活性大的醇，不必事先做成醇钠，而是在反应中加入氢氧化钠等碱作为去酸剂，即可进行反应。

抗组胺药苯海拉明的合成，可采用下列两种不同的方式：

前一反应，醇的活性较差，需先做成醇钠再进行反应。后一反应采用二苯甲醇为原料，由于两个苯基的吸电子作用，使羟基氢原子的活性增大，在氢氧化钠存在下就可顺利反应。显然后一反应优于前一反应，因此苯海拉明的合成采用后一种方式。

$$\underset{Ph}{\overset{Ph}{\diagdown}}CHBr + NaOCH_2CH_2N(CH_3)_2 \xrightarrow[\triangle]{二甲苯} \underset{Ph}{\overset{Ph}{\diagdown}}CH-O-CH_2CH_2N(CH_3)_2$$

$$\underset{Ph}{\overset{Ph}{\diagdown}}CHOH + ClCH_2CH_2N(CH_3)_2 \xrightarrow[\triangle]{NaOH 二甲苯}$$

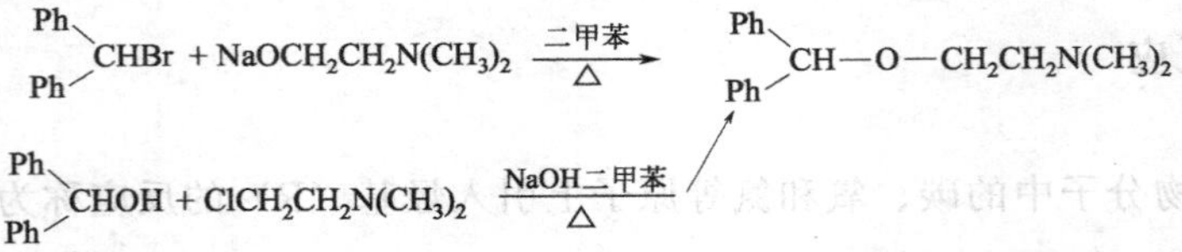

b. 酚与卤代烃的反应。 由于酚的酸性比醇强，因此很容易在碱性条件下与卤代烃反应制备酚醚。

催化剂：常用的碱是氢氧化钠或碳酸钠（钾）。

溶剂：用水、醇类、丙酮、DMF、DMSO、苯或甲苯等。反应液接近中性时反应即基本完成。

$$\underset{R'}{\overset{OH}{\diagdown}} + RX \longrightarrow \underset{R'}{\overset{OR}{\diagdown}} + X^- + H_2O$$

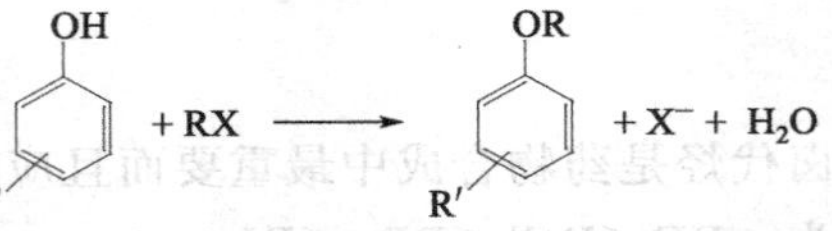

在酚羟基的邻近有羰基存在时，羰基与羟基之间易形成分子内氢键，结果使该羟基难以烃化。如水杨酸用碘甲烷于碱性条件下烃化时，得水杨酸甲酯，而不是羟基烃化产物。

$$\underset{}{\overset{OH}{\diagdown}}C\overset{O}{\diagdown}OH \xrightarrow{CH_3I,NaOH} \underset{}{\overset{OH}{\diagdown}}C\overset{O}{\diagdown}OCH_3$$

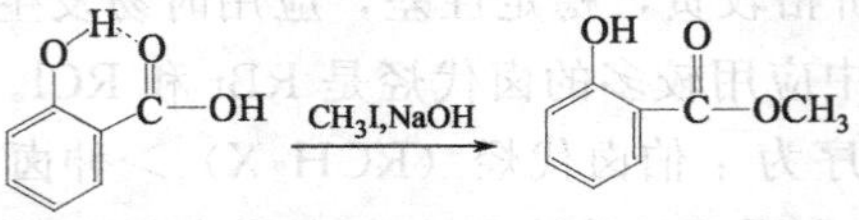

同理，一些中草药中含有的黄酮类化合物，其羰基邻近的羟基在较温和条件下也不易烃化。

② 氮原子上的烃化反应。氨或伯、仲胺用卤代烃进行烃化是合成胺类的主要方法之一。氨基氮的亲核能力强于羟基氧，一般氮-烃化比氧-烃化更易进行。

a. 氨与卤代烃的反应（伯胺制备方法）。卤代烃与氨的烃化反应又称氨基化反应。氨的三个氢原子都可被烃基取代。生成物为伯、仲、叔胺及季铵盐的混合物。

$$RX + NH_3 \longrightarrow R\overset{+}{N}H_3 X^- \underset{NH_3}{\rightleftharpoons} RNH_2 + \overset{+}{N}H_4 X^-$$

$$RNH_2 + RX \longrightarrow R_2\overset{+}{N}H_2 X^- \underset{NH_3}{\rightleftharpoons} R_2NH + \overset{+}{N}H_4 X^-$$

$$R_2NH + RX \longrightarrow R_3\overset{+}{N}HX^- \underset{NH_3}{\rightleftharpoons} R_3N + \overset{+}{N}H_4 X^-$$

$$R_3N + RX \longrightarrow R_4\overset{+}{N}X^-$$

虽然卤代烃与氨反应易得混合物，但通过长期实践，仍找到了制备伯胺的一些好方法。

将氨先制成邻苯二甲酰亚胺，再进行氮-烃化反应。这时氨中两个氢原子已被酰基取代，只能进行单烃化反应。这个反应在处理时，利用邻苯二甲酰亚胺氮上氢的酸性，先与氢氧化钾作用生成钾盐，然后与卤代烃共热，得 *N*-烃基邻苯二甲酰亚胺，后者在酸性或碱性条件下水解得伯胺，此反应称为加布里尔（Gabriel）反应。

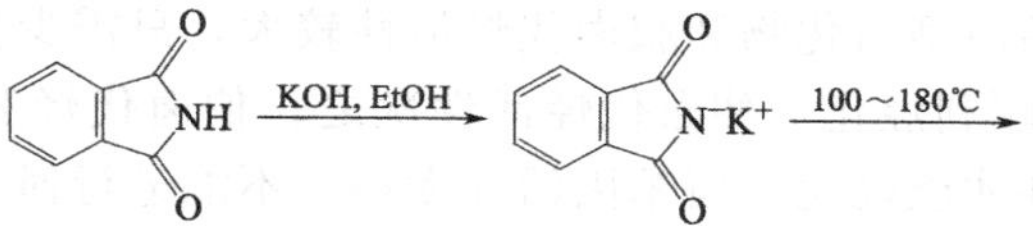

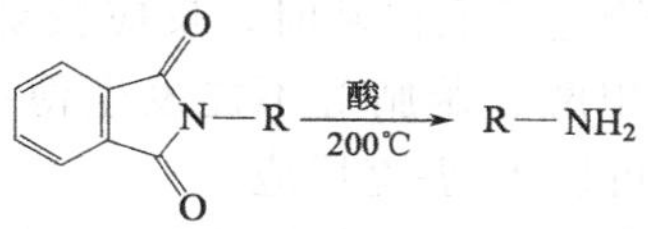

酸性水解一般需要剧烈条件，如与盐酸在封管中加热至 180℃。对于要求反应条件比较温和的化合物，可以采用水合肼来释放伯胺。

由于加布里尔反应可以从卤代烃制备不含仲、叔胺的纯伯胺，且收率较好，因而广泛用于药物合成中。在此反应中，若所用卤代烃中有两个活性基团，则可进一步反应，得到结构较为复杂的化合物。

同样，如将伯胺氮原子上的一个氢用三氟甲基磺酰基取代，经烃化反应后再去除取代基，也可获得高收率的仲胺。

b. 伯胺、仲胺与卤代烃的反应。伯胺、仲胺与卤代烃的烃化与氨的烃化过程基本相同。仲胺烃化生成叔胺，而伯胺烃化生成仲胺、叔胺的混合物。

胺的活性：立体位阻小的胺＞立体位阻大的胺；碱性强的胺＞碱性弱的胺。

卤代芳烃由于活性较低，又有位阻，因此不易与芳伯胺反应。若加入铜盐催化，将芳伯胺与卤代芳烃在无水碳酸钾中共热，可得二苯胺及其同系物，这个反应称为乌尔曼（Ullmann）反应。

乌尔曼反应常用于消炎镇痛药、灭酸类药物的合成。如氯灭酸的合成：

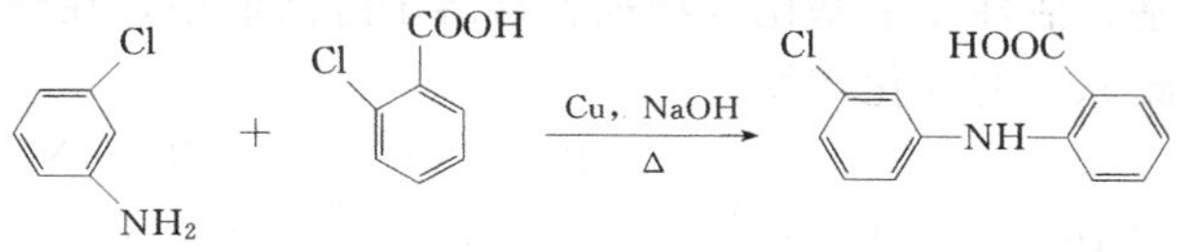

③ 碳原子上的烃化反应

a. 芳环碳原子的烃化。在三氯化铝或其他 Lewis 酸催化下，芳香族化合物与卤代烃反应时，芳环上的氢原子可被烃基取代。这个反应称为傅瑞德里-克拉夫茨（Friedel—Crafts）烷基化反应，简称傅-克烷基化反应。

催化剂常用的是三氯化铝，也可用其他催化剂如三氯化铁、四氯化锡、三氟化硼、二氯化锌、氢氟酸、硫酸、磷酸和五氧化二磷等，通常视反应需要选择。通过傅-克反应，可以在芳环上引入烷基、环烷基、芳烷基等。

例如苯和四氯化碳在三氯化铝催化下反应，可生成二氯二苯基甲烷，后者水解可生成冠状动脉扩张药哌克昔林的中间体二苯酮。

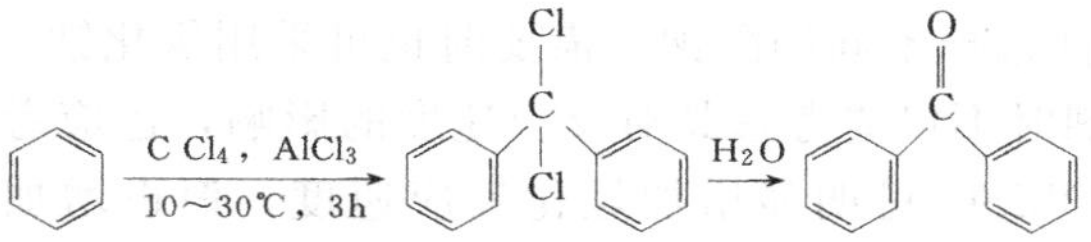

傅-克烷基化反应属于亲电取代反应。

烃化剂RX的活性取决于R的结构，也与X的性质有关。当R相同、卤原子不同时，则RX的活性次序为：RF＞RCl＞RBr＞RI。当卤原子相同、R不同时，则RX的活性取决于中间体碳正离子的稳定性，其活性次序为：$CH_2=CH-CH_2X$，$C_6H_5-CH_2X>R_3CX>R_2CHX>RCH_2X>CH_3X$。

由此可见，卤苄、烯丙型卤化物和叔卤代烃活性较大，只需少量活性小的催化剂（如二氯化锌、锌、铝），即可顺利烃化。仲卤代烃活性次之，伯卤代烃和卤甲烷反应最慢，需用更强的催化剂和反应条件才能烃化。卤苯因活性太小，不能进行傅-克烷基化反应。

芳香族化合物的结构：当芳环上有给电子取代基时，反应较易；而芳环上的吸电子取代基对反应起抑制作用。通常硝基苯、苯甲醛、苯腈等不能发生傅-克反应。但某些强给电子基与硝基等共存的苯环和某些杂环醛仍可发生傅-克反应。

烃基为给电子基，当芳环上连有一个烃基后，将有利于继续烃化而得到多烃基衍生物。

通常根据反应物的结构及烃化的难易选择适当的催化剂，当然同时还须考虑可能引起的副反应。

在所有催化剂中，无水三氯化铝催化活性强，价格较便宜，在药物合成上应用最多。

三氯化铝不宜用于某些多π电子的芳杂环如呋喃、噻吩等，即使在温和条件下，也能引起分解反应。芳环上的苄醚、烯丙基等基团，在三氯化铝的作用下，常引起去烃基的副反应。另外，三氯化铝由于催化活性强，易引起多烷基化。这时，需改用其他催化剂，如三氟化硼、三氯化铁、四氯化钛和二氯化锌等都是较三氯化铝温和的催化剂。

质子酸中较重要的有硫酸、氢氟酸、磷酸和多聚磷酸（PPA）。以烯烃、醇类为烃化剂时，广泛应用硫酸作催化剂。

当芳烃本身为液体时（如苯），即可用过量反应物兼作溶剂；当芳烃为固体（如萘）时，可在二硫化碳、四氯化碳、石油醚中进行。硝基苯不易发生傅-克反应，但它对芳香族化合物和卤代烃都有较好的溶解性；可使反应在均相中进行，所以常作为傅-克反应的溶剂使用。

b. 活性亚甲基碳原子的烃化。亚甲基上连有吸电子基团时，使亚甲基上氢原子的活性增大，称为活性亚甲基。活性亚甲基化合物很容易溶于醇溶液中，在醇盐等碱性物质存在下与卤代烃作用，得到碳原子的烃化产物。

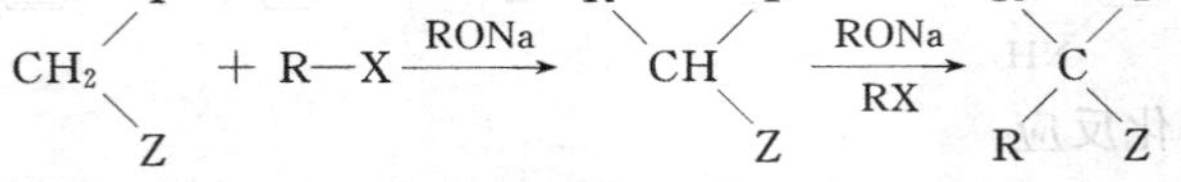

常见吸电子基团使亚甲基活性增大的能力按大小次序排列如下：

$-NO_2>-COR>-SO_2R>-CN>-COOR>-SOR>-Ph$。

最常见的具有活性亚甲基的化合物有：丙二酸酯、氰乙酸酯、乙酰乙酸酯、丙二腈、苄腈、β-双酮、单酮、单腈以及脂肪硝基化合物等。

影响因素如下。

Ⅰ. 催化剂。反应常用的催化剂是醇钠（RONa），当R不同时，它们表现出不同的碱性。

其催化活性次序为：$(CH_3)_3CONa>(CH_3)_2CHONa>CH_3CH_2ONa>CH_3ONa$。通常根据亚甲基上氢的活性选择不同的醇钠，需要时也可采用氢化钠、金属钠作催化剂。

Ⅱ. 溶剂。选用溶剂时不仅要考虑其对反应速度的影响，还应考虑副反应的发生。如极性非质子溶剂DMF或DMSO可明显增加烃化反应速度，但也增加了副反应氧-烃化程度。

又如当丙二酸酯或氰乙酸酯的烃化产物在乙醇中长时间加热时，可发生脱烷氧羰基的副反应。

Ⅲ. 被烃化物的结构。被烃化物分子中的活性亚甲基上有两个活性氢原子，与卤代烃进行烃化反应时，是单烃化还是双烃化，要视活性亚甲基化合物与卤代烃的活性大小和反应条件而定。如丙二酸二乙酯与溴乙烷在乙醇中反应，主要得单乙基化产物，而双乙基化产物的量不多。当活性亚甲基化合物在足够量的碱和烃化剂存在下，可发生双烃化反应。当用二卤化物作烃化剂时，则得环状烃化产物。如止痛药哌替啶（度冷丁）中间体的合成。

$$H_3C-N \begin{matrix} CH_2CH_2Cl \\ \\ CH_2CH_2Cl \end{matrix} + H_2C \begin{matrix} C_6H_5 \\ \\ CN \end{matrix} \xrightarrow[\text{回流 4h}]{NaOH,\ C_6H_6} H_3C-N \bigcirc \begin{matrix} C_6H_5 \\ \\ CN \end{matrix}$$

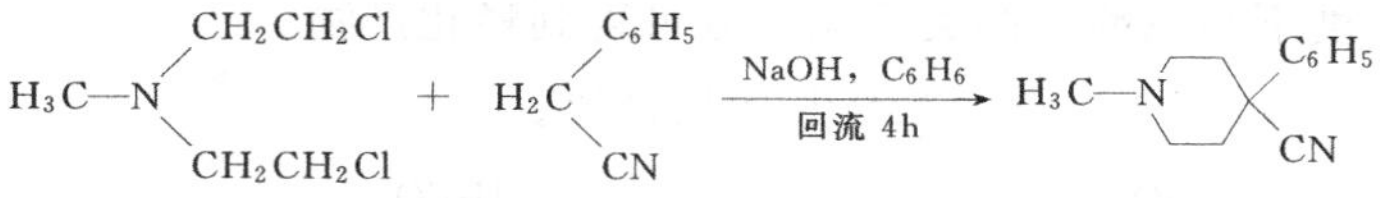

不同的双烃基丙二酸二乙酯是合成巴比妥类镇静催眠药的重要中间体，可由丙二酸二乙酯或氰乙酸乙酯与不同的卤代烃进行烃化反应制得。两个烃基引入的次序可直接影响产品的纯度和收率。若引入两个相同而较小的烃基，可先用等摩尔的碱和卤代烃与等摩尔的丙二酸二乙酯反应，待反应液接近中性，即表示第一步烃化完毕。蒸出生成的醇，然后再加入等摩尔的碱和卤代烃进行第二次烃化。若引入两个不同的伯烃基，则先引入较大的伯烃基，再引入较小者。如异戊巴比妥中间体 2-乙基-2-异戊基丙二酸二乙酯的合成，是用丙二酸二乙酯在乙醇钠存在下，先引入较大的异戊基，再引入较小的乙基，收率分别为 88% 和 87%，总收率为 76.6%。若先引入乙基再引入异戊基，其收率分别为 89% 和 75%，总收率为 66.8%，显然不如前法。

$$CH_2(COOC_2H_5)_2 \xrightarrow[6h,\ 88\%]{(CH_3)_2CH(CH_2)_2Br,\ EtONa,\ EtOH} \begin{matrix} (CH_3)_2CH(CH_2)_2 \\ \diagdown \\ C(COOC_2H_5)_2 \\ \diagup \\ H \end{matrix}$$

$$\xrightarrow[87\%]{C_2H_5Br,\ EtONa,\ EtOH} \begin{matrix} (CH_3)_2CH(CH_2)_2 \\ \diagdown \\ C(COOC_2H_5)_2 \\ \diagup \\ C_2H_5 \end{matrix}$$

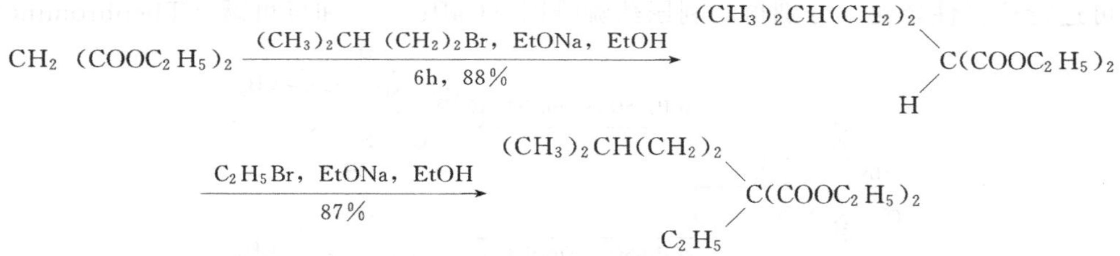

若引入的两个烃基一为伯烃基、一为仲烃基，则应先引入伯烃基再引入仲烃基。因为仲烃基丙二酸二乙酯的酸性比伯烃基丙二酸二乙酯小，而立体位阻大，要进行第二次烃化比较困难。若引入的两个烃基都是仲烃基，使用丙二酸二乙酯收率很低，需改用活性较大的氰乙酸乙酯在乙醇钠或叔丁醇钠存在下反应。如引入两个异丙基，使用丙二酸二乙酯，第二步烃化收率仅 4%，改用活性较大的氰乙酸乙酯，收率可达 95%。

（2）硫酸酯和芳磺酸酯类烃化剂

① 性质。硫酸酯（$ROSO_2OR$）和芳磺酸酯（$ArSO_2OR$）也是常用的烃化剂。由于硫酸酯基和磺酸酯基比卤原子易脱离，所以活性比卤代烃大，它们之间的活性次序为 $ROSO_2OR > ArSO_2OR > RX$。因此，使用硫酸酯和芳磺酸酯时，其反应条件较卤代烃温和。

常用的硫酸酯类烃化剂有硫酸二甲酯和硫酸二乙酯，它们可分别由甲醇、乙醇与硫酸作用制得。由于价格较贵，且只能用于甲基化和二基化反应，因此应用不如卤代烃广泛。

硫酸二酯分子中虽有两个烷基，但通常只有一个烷基参加反应。由于它们是中性化合物，在水中的溶解度小，温度高时易水解生成醇和硫酸氢酯（$ROSO_2OH$），因此一般将硫酸二酯滴加到含被烃化物的碱性水溶液中进行反应，碱可增加被烃化物的反应活性并能中和反应生成的硫酸氢酯；也可以在无水条件下直接加热进行烃化。

硫酸二酯类的沸点比相应的卤代烃高，因而能在较高温度下反应而不需加压。由于烃化活性大，其用量也不需要过量很多。

硫酸二酯中应用最多的是硫酸二甲酯，其毒性极大，能通过呼吸道及皮肤接触使人体中毒，因此反应废液需经氨水或碱液分解，使用时必须注意劳动防护。

② 应用。

a. 氧原子上的烃化。硫酸二酯类对活性较大的醇羟基（如苄醇、烯丙型醇和 α-氰基醇）和酚羟基很易烃化，在氢氧化钠水溶液中，即可顺利烃化。但对活性小的醇羟基（如甲醇、乙醇），上述条件下则难以烃化。要想使活性小的醇羟基烃化，必须先在无水条件下制成醇钠，然后在较高温度下与硫酸二酯类反应，方可得到烃化产物。

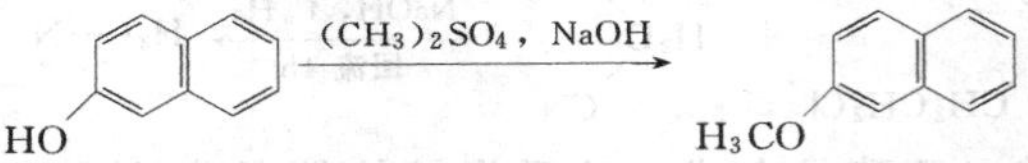

若分子中同时存在有酚羟基和醇羟基，由于酚羟基易成钠盐而优先被烃化。如：

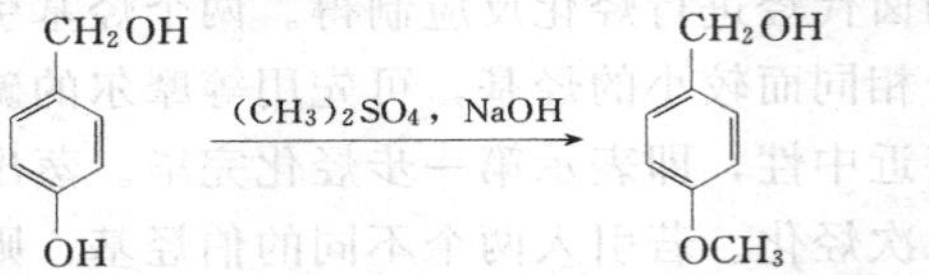

b. 氮原子上的烃化。氨基氮的亲核活性大于羟基氧，用硫酸二酯类更易烃化。若分子中有多个氮原子，通常可根据氮原子的碱性不同进行选择性烃化。如在黄嘌呤分子内有三个可被烃化的氮原子，其中 N^7 和 N^3 的碱性强，在近中性条件下可被烃化。N^1 上的氢有一定的酸性，使 N^1 在中性条件下不易烃化，只能在碱性条件下被烃化。因此，控制反应液的 pH 值可进行选择性烃化，分别得到利尿药咖啡因（Caffeine）和可可碱（Theobromine）。

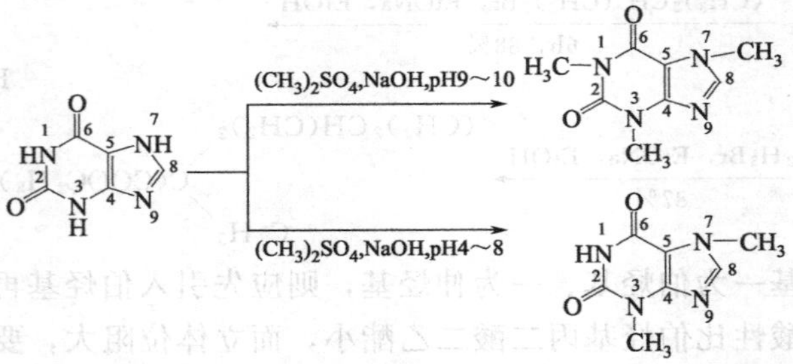

某些难以烃化的羟基（如与邻近羰基形成氢键的羟基），用芳磺酸酯在剧烈条件下可顺利烃化。如：

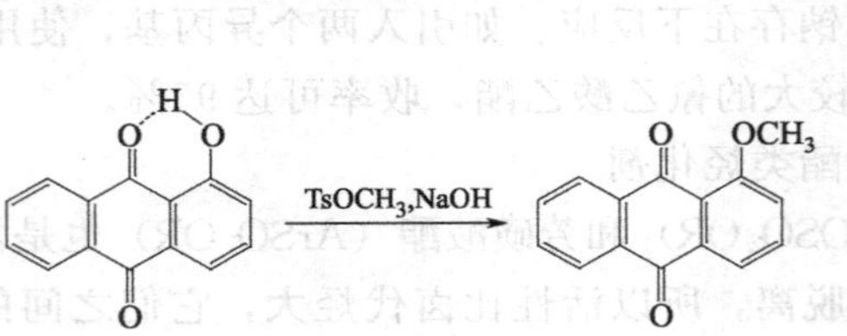

七、法律法规

1.《药品生产质量管理规范》（2010 年修订版）

2.《药品注册管理办法》（局令 28 号）

3.《化学药物稳定性研究技术指导原则》

4.《化学药物原料药制备和结构确证研究的技术指导原则》

5.《化学药物杂质研究技术指导原则》

6.《化学药物质量控制分析方法验证研究技术指导原则》
7.《化学药物残留溶剂的研究技术指导原则》
8.《化学药物质量标准建立的规范化过程技术指导原则》
9.《生产现场试验管理程序》
10.《生产过程管理程序》
11.《中试试验管理程序》
12.《安全管理程序》

八、课后自测

1. 从工业化生产对工艺的要求出发，分析中试所要解决的关键技术问题和经济问题。
2. 如何进行中试研究？包括哪些内容？影响中试放大的主要因素有哪些？
3. 分析比较几种放大研究方法，如何选择应用？
4. 为什么要制定生产工艺规程？
5. 生产工艺规程的主要内容是什么？如何制定和修订生产工艺规程？

项目四 化学制药生产过程控制技术

一、职业岗位

化学合成制药工是使用专用设备、控制化学合成药单元反应及化学合成药单元操作、生产药物原料的人员。其从事的工作主要包括：

① 使用溶剂清洗反应设备，并进行干燥；

② 使用衡器、量器对化学合成反应原料进行称量，加入到反应器内；

③ 操作反应设备，控制反应时间、温度、压力、pH 值，进行搅拌，完成合成反应；

④ 操作离心机、真空抽滤器等设备，对混合物进行固液分离；

⑤ 使用溶剂、树脂等，进行药用成分的提取、纯化；

⑥ 使用结晶、重结晶和微孔过滤等方法进行药物的精制；

⑦ 操作干燥设备对药物进行干燥；

⑧ 制备符合原料药生产标准的工艺用水；

⑨ 使用衡器将原料药包装在专用容器中。

包括以下岗位群及工种。

合成药单元反应岗位群：合成药备料、配料工；合成药酰化工；合成药卤化工；合成药硝化工；合成药烃化工；合成药氧化工；合成药还原工等。

合成药单元操作岗位群：合成药精制结晶工；合成药提取工；合成药液固分离工；合成药蒸发工；合成药干燥、包装工等。

二、职业形象

① 熟悉 GMP，遵章守纪，不违章操作。

② 具有职业安全意识和卫生习惯，正确使用生产安全防护用具。

③ 具备团队协作精神，工作中不推诿，共同完成目标任务。

④ 具有一定的学习理解能力、语言表达能力和计算能力。

⑤ 进入生产区后，在本岗位区域内工作，不得串岗，保持工作区域干净、整洁。

⑥ 听觉、嗅觉、视觉正常，达到 GMP 中规定的岗前培训要求。

⑦ 职业守则。爱岗敬业，忠于职守；认真负责，诚实守信；遵规守纪，着装规范；团结协作，相互尊重；节约成本，降耗增效；保护环境，文明生产；继续学习，努力创新。

三、职场环境

1. 环境

岗位保持整洁，门窗玻璃、地面洁净完好；设备、管道、管线无跑、冒、滴、漏现象发生；符合清场的相关清洁要求。

2. 水、电、气

检查岗位水、电、气，确保安全、正常生产。

3. 设备

设备试车运转，检查高压、真空设备，确保岗位正常生产。

4. 安全

检查岗位易燃、易爆、有毒、有害物质的预防措施。

四、工作目标

（一）项目目标

1. 培训

认真学习岗位生产工艺规程、安全技术规程、岗位操作法、生产控制分析化验规程、操作事故管理制度等生产文件，以及 GMP 对原料药质量管理和生产管理的要求，接受培训，保证岗位的安全生产。

2. 备料、配料

能按照 GMP 对备料、配料的管理要点，进行生产岗位的备料、配料工艺操作，计算本岗位的原料配比及投料量；使用计量器具，准确称量物料；及时、准确地配料，确保生产的正常进行，正确填写备料、配料原始记录。

3. 开车前设备的检查和生产准备

能按生产指令做好开车前设备的检查和生产准备工作，劳保用品齐全，反应罐、设备、管道及阀门确保无泄露和保持清洁，复核生产用原材料，准备投料。

4. 岗位操作法操作

能按照岗位操作法进行酰化、卤化、硝化、烃化、氧化、还原等反应岗位的操作，能按照岗位操作法进行精制、结晶、分离、蒸发等后处理岗位的操作，对生产中常见的异常现象进行处理，学会突发事件的应急处理；并正确填写生产记录；学会岗位工艺参数、控制点、控制方法的归纳总结。

5. 质量管理

能按照 GMP 文件要求，对生产全过程实施生产质量管理，使生产准备阶段、生产过程中的质量控制要点处于受控状态；对工艺和设备的验证有一定的了解。

6. 生产安全

能保证岗位生产安全和劳动保护。

7. 设备的清洁及清场

能按照 GMP 要求进行设备的清洁及清场操作。

（二）拓展目标

① 本岗位的原料基础知识，能够从外观识别所需原料的质量；本岗位使用原料的性质，储存场地的环境条件。

② 学会突发事件的应急处理。

③ 岗位“三废”处理与环境保护，岗位的污染来源与防治方法、清洁生产。

④ 会进行本岗位生产效果的评价。

⑤ 化学合成药生产全过程的管理知识。

五、化学制药生产过程控制技术

项目任务单见表 4-1。

表 4-1 化学合成原料药生产过程控制项目任务单

<table>
<tr><td>任务布置者：(老师名)</td><td>部门：药品生产部</td><td>费用承担部门：生产部</td></tr>
<tr><td>任务承接者：(学生名)</td><td>部门：药品生产车间</td><td>费用承担部门：生产部</td></tr>
<tr><td colspan="3">工作任务：依据岗位生产文件，及时、准确地配料，进行酰化、卤化、硝化、精制、结晶、分离等反应岗位的操作，正确填写备料、配料原始记录，学会突发事件的应急处理，保证岗位生产安全和劳动保护。
工作人员：以工作小组(8 人/组)为单位完成本次任务，各小组选派 1 人集中汇报。
工作地点：实训车间、合成实验室、一体化教室。
工作成果：
① 岗位生产工艺规程、安全技术规程、岗位操作法等生产文件的培训。
② 进行生产岗位的备料、配料工艺操作，进行酰化、卤化、硝化、精制、结晶、分离、等反应岗位的操作。
③ 进行设备的清洁及清场操作。
④正确填写备料、配料原始记录，学会突发事件的应急处理，保证岗位生产安全和劳动保护。
⑤ 汇报展示 PPT。</td></tr>
<tr><td>任务编号：</td><td colspan="2">项目完成时间：20 个工作日</td></tr>
</table>

任务一 原料药生产准备

任务单见表 4-2。

表 4-2 化学合成原料药生产准备任务单

<table>
<tr><td>任务布置者：(老师名)</td><td>部门：生产部</td><td>费用承担部门：生产部</td></tr>
<tr><td>任务承接者：(学生名)</td><td>部门：生产车间</td><td>费用承担部门：生产部</td></tr>
<tr><td colspan="3">工作任务：化学制药生产岗位的相关生产文件、质量管理和设备管理的培训。
工作人员：以工作小组(5 人/组)为单位，小组成员分工合作，完成本次任务。
工作地点：教室、图书馆、实训车间。
工作成果：
① 完成生产工艺规程、安全技术规程、岗位操作法、分析化验规程、标准操作规程的培训。
② 熟悉化学合成制药岗位的质量管理、2010 年版 GMP 的特点。
③ 熟悉设备管理、设备的使用、维护与保养、检修和 GMP 中相关原料药的生产设备内容的描述。
④ 正确填写生产准备阶段需用的表格。</td></tr>
<tr><td>任务编号：</td><td colspan="2">项目完成时间：10 个工作日</td></tr>
</table>

化学原料药在经过实验室小试、中试后，进行工业化试生产和工业化生产。在试生产中，制定生产工艺规程，对工艺条件进行优化，各项指标达到预期要求后，方可进行工业化生产。工业化生产的岗位操作人员在上岗前应具备下列知识和能力。

（一）制药生产相关文件

1. 生产工艺规程

生产工艺规程是用文字、表格和图示等方式将产品、原料、工艺过程、制药设备、工艺指标、安全技术要求等主要内容进行具体的规定和说明，是一个综合性技术文件，对本企业具有法规作用。每一个企业每一个产品的生产都应当制定相应的生产工艺技术规程。

GMP 中相关原料药的生产工艺规程内容描述如下。

① 所生产的中间产品或原料药名称和文件编号。

② 标有名称和特定代码（足以识别任何特定的质量特性）的原料和中间产品的完整清单。

③ 准确陈述每种原料或中间产品的投料量或投料比，包括计量单位。如果投料量不固定，应注明每种批量或产率的计算方法。如有正当理由，可制定数量合理变动的范围。

④ 生产地点及主要设备。

⑤ 生产操作的详细说明，包括：a. 操作顺序；b. 所用工艺参数的范围；c. 取样方法说明，所使用原料、中间产品及成品的质量标准；d. 完成单个步骤或整个工艺过程的时限（如适用）；e. 按生产阶段或时间计算的预期收率范围；f. 必要时，需遵循的特殊预防措施、注意事项或有关参照内容；g. 可保证中间产品或原料药适用性的贮存要求，包括标签、包装材料和特殊贮存条件以及时限。

2. 安全技术规程

安全技术规程是根据产品在生产过程中涉及易燃、易爆、有毒的物料及生产过程中的不安全因素，对相关物料的贮存、运输、使用，对生产过程中的电气、仪表、设备的安全装置等，对现场工作人员应具备安全措施等作出的技术规定。

3. 岗位操作法

岗位操作法是根据药物生产过程的工艺原理、工艺控制指标和实际生产经验编写的各生产岗位操作方法和要求。其中对工艺生产过程的开、停车步骤，维持正常生产的方法及工艺规程中每一个设备和每一项操作，都列有具体的操作步骤和要领。对生产过程中可能出现的事故隐患、原因、处理方法都有列举。

4. 生产控制——分析化验规程

生产控制——分析化验规程是对原材料、中间产品及产品进行质量分析检验的依据，分析化验规程对分析标准、采样点、时间及分析方法都作出了详细的规定。

5. 标准操作规程（SOP）

标准操作规程包含岗位的生产操作方法和要点，重要操作的复核、复查，中间产品质量标准及控制，安全和劳动保护，设备维修、清洗，异常情况处理和报告，工艺卫生和环境卫生等。

此外设备维修检查制度、岗位责任制、原始记录制度、交接班制度等一系列技术和管理文件，均需要培训。

（二）化学合成制药岗位的质量管理

《药品生产质量管理规范》（GMP）是药品生产和质量管理的基本准则，适用于药品制剂生产的全过程和原料药生产中影响成品质量的关键工序。大力推行药品 GMP，能最大限度地避免药品生产过程中的污染和交叉污染，降低各种差错的发生，是提高药品质量的重要措施。

世界卫生组织20世纪60年代中开始组织制定药品GMP，我国于80年代开始推行。1988年颁布了中国药品的GMP，1998年进行了第二次修订，2010年进行了第三次修订，现推广使用2010年版药品GMP，2010年版药品GMP于2011年3月1日起施行，自2011年3月1日起，新建药品生产企业、药品生产企业新建（改、扩建）车间应符合2010年版药品GMP的要求。

2010年版GMP共有14章、313条，3.5万字，详细描述了药品生产质量管理的基本要求，条款所涉及的内容基本保留了1998年版GMP的大部分章节和主要内容，涵盖了欧盟GMP的基本要求和WHO的GMP主要原则中的内容，适用于所有药品的生产，2010年版GMP的特点如下。

1. 强化人员、体系、文件管理

① 提高了对人员的要求，全面强化了从业人员的素质要求。增加了对从事药品生产质量管理人员素质要求的条款和内容，进一步明确职责。"机构与人员"一章明确将质量受权人与企业负责人、生产管理负责人、质量管理负责人一并列为药品生产企业的关键人员，并从学历、技术职称、工作经验等方面提高了对关键人员的资质要求。

② 明确要求企业建立药品质量管理体系。2010年版GMP加强了药品生产质量管理体系建设，大幅提高对企业质量管理软件方面的要求。细化了对构建实用、有效质量管理体系的要求，强化药品生产关键环节的控制和管理，以促进企业质量管理水平的提高。

③ 细化了对操作规程、生产记录等文件管理的要求。为规范文件体系的管理，增加指导性和可操作性，2010年版GMP参照欧盟GMP基本要求和美国GMP中相关要求，分门别类地对主要文件（质量标准、生产工艺规程、批生产和批包装记录等）的编写、复制以及发放提出了具体要求，大大增加了违规记录、不规范记录的操作难度。

2. 硬件要求

① 调整了无菌制剂生产环境的洁净度要求，2010年版GMP在无菌药品附录中采用了WHO和欧盟最新的A、B、C、D分级标准，对无菌药品生产的洁净度级别提出了具体要求；增加了在线监测的要求，特别对生产环境中的悬浮微粒的静态、动态监测，对生产环境中的微生物和表面微生物的监测都作出了详细的规定。

② 增加了对设备设施的要求。对厂房设施——生产区、仓储区、质量控制区和辅助区分别提出设计和布局的要求，对设备的设计和安装、维护和维修、使用、清洁及状态标识、校准等几个方面也都作出了具体规定。

3. 围绕质量风险管理增设了一系列新制度的新理念

2010年版GMP引入质量风险管理的概念，并相应增加了一系列新制度，如供应商的审计和批准、变更控制、偏差管理、纠正和预防措施、产品质量回顾分析等。从原辅料采购、生产工艺变更、发现问题的调查和纠正、上市后药品质量的持续监控等方面可能出现的风险进行管理和控制，及时发现影响药品质量的不安全因素，主动防范质量事故的发生。

4. 强调了与药品注册和药品召回等其他法规的有效衔接

2010年版GMP在多个章节中都强调了生产要求与注册审批要求的一致性。如：企业必须按注册批准的处方和工艺进行生产，按注册批准的质量标准和检验方法进行检验，采用注册批准的原辅料和与药品直接接触的包装材料的质量标准，其来源也必须与注册批准一致，只有符合注册批准各项要求的药品才可放行销售等。

5. 引入的"十个概念"

（1）质量受权人（qualified person）　2010年版GMP明确规定了产品放行负责人的资

质、职责及独立性，大大强化了产品放行的要求，增强了质量管理人员的法律地位，使质量管理人员独立履行职责有了法律保证。

（2）质量风险管理 2010年版GMP提出了质量风险管理的基本要求，明确企业必须对药品整个生命周期根据科学知识及经验对质量风险进行评估，并最终与保护患者的目标相关联。

（3）变更控制 2010年版GMP在“质量管理”一章中专门增加了变更控制一节，对变更提出了分类管理的要求。

（4）偏差处理 2010年版GMP在质量控制与质量保证一章中增加了偏差处理内容，参照ICH的Q7、美国FDA的GMP中相关要求，明确了偏差的定义，规定了偏差分类管理的要求。

（5）纠正和预防措施（CAPA） 2010年版GMP在质量控制与质量保证一章中增加了CAPA的要求，要求企业建立纠正和预防措施系统，对投诉、产品缺陷、召回、偏差、自检、工艺性能和产品质量监测趋势等进行调查并采取纠正和预防措施。

（6）超标结果调查（OOS） 2010年版GMP在质量控制与质量保证一章中增加了OOS调查的要求，要求企业质量控制实验室建立超标调查的书面规程，对任何超标结果必须按照书面规程进行完整的调查，并有相应的记录、规范实验室的操作行为。

（7）供应商审计和批准 2010年版GMP要求单独设立相关章节，明确了在供应商审计和批准方面的具体要求，进一步规范了企业供应商考核体系。

（8）产品质量回顾分析 2010年版GMP引入了“产品质量回顾审核”的概念，要求企业必须每年定期对上一年度生产的每一类产品进行质量回顾和分析，这种新方法的引入有力地推动企业长期、时时重视产品质量，关注每一种产品的质量和变更情况，并定期加以汇总和评估。

（9）持续稳定性考察计划 2010年版GMP引入了持续稳定性考察计划，旨在推动药品生产企业重视对上市后药品的质量监控，以确保药品在有效期内的质量。

（10）设计确认 在2010年版GMP中要求企业必须明确自己的需求，并对厂房和设备的设计是否符合需求、符合GMP的要求予以确认，避免盲目性，增加科学性。

（三）设备管理

设备管理是制药企业管理的一个重要方面，是生产管理的一项重要内容，是现场管理的重要环节。加强设备管理，及时维护保养，使设备处于最佳状态，对于保证正常的生产秩序、降低生产成本、提高企业经济效益有重要意义。

1. 设备使用

保证设备合理使用应做到如下几个方面：

① 严禁设备超负荷运转，禁止精机粗用；

② 配置合格的设备操作人员，实行持证上岗使用制度；

③ 操作中严格控制各项工艺指标，安全操作；

④ 创造良好的工作条件，注意防腐、保温和卫生等设施的设置；

⑤ 建立健全设备使用管理规章制度，并严格执行。

2. 设备的维护保养

（1）日常保养 重点是进行清洗、润滑，紧固易松动部件，检查零部件状况，是一种经常性的不占工时的维护保养。

（2）一级保养　除普遍地进行清洗、润滑、紧固和检查外，还要部分地进行检修。

（3）二级保养　主要进行设备内部清洗、润滑、局部解体检查和调整。

（4）三级保养　对设备主体部分进行解体检查和调整，同时更换一些磨损零件，并对主要零部件的磨损状况进行测量和鉴定。

3. 设备检修

（1）大修　指机器设备长期使用后，为了恢复其原有的精度、性能和生产效率而进行的全面检修。大修需要对设备进行全部拆卸，更换和修复所有已磨损及腐蚀的零部件，大修后必须进行试运行。

（2）中修　指对设备进行部分解体，修理或更换部分主要零部件与基准件，或检修使用期限接近检修期限的零部件。中修后也应进行试运行。

（3）小修　指对设备进行局部检修，清洗、更换和修复少量容易磨损和腐蚀较小的零部件并调整机构，以保证设备能使用至下一次检修。

（4）系统大检修　指对整个装置系统停车进行检修。由于工作量大、涉及面广，全系统停车前必须做好检修计划，进行充分准备和安排，做到有计划、有步骤地完成检修任务，保证检修效果。

4. GMP 中相关原料药的生产设备内容的描述

① 设备所需的润滑剂、加热液或冷却剂等，应避免与中间产品或原料药直接接触，以免影响中间产品或原料药的质量。当任何偏离上述要求的情况发生时，应进行评估，以确保对产品的质量和用途无不良影响。

② 原料药生产宜使用密闭设备；密闭设备、管道可以安置于室外。使用敞口设备或打开设备操作时，应有避免污染的措施。

③ 使用同一设备生产多种中间体或原料药品种的，应说明设备可以共用的理由，并有防止交叉污染的措施。

④ 难以清洁的设备或部件应专用。

（四）生产准备（投料前的准备）

① 对设备，尤其是新安装和技改过的设备或久置不用的设备要进行试压、试漏工作，要结合清洗工作进行联动试车，以确保投料后不用再动明火，在无泄漏的情况下，进行设备管道保温。

② 做好设备的清洗和清场工作，确保不让杂物带入反应体系，防止产生交叉污染和确保有序的工作。

③ 根据工艺要求和试验的需要核定投料系数，计算投料量做到原材料配套领用，注意质量合格、标志清楚、分类定置安放。

④ 计划和准备好中间体的盛放器具和堆放场所。

⑤ 生产条件的检查：蒸汽、油浴、冷却水和盐水是否通畅（可用手试一下阀门开启后的前后温差），阀门开关是否符合要求。

⑥ 物料是否均相，搅拌是否足以使它们混合均匀，固体是否沉积在底阀凹处，尤其固体催化剂或难溶原料的沉积，如何采取避免沉积的措施。

⑦ 各种仪表是否正常？估计整个过程（物料浅满发生变化和投料偏少时）温度计是否能插到物料里。

⑧ 写好操作规程和安全规程。

⑨ 对职工进行工艺培训（尤其要讲清楚控制指标和要点，违犯操作规程的危害和管道走向、阀门的进出控制，落实超出控制指标和突发事件的应急措施）。进行安全培训和劳动保护培训。

⑩ 明确项目的责任人，组织好班次，骨干力量安排好跟班，明确职工与骨干与上级领导之间夜间联络方法。

⑪ 做好应急措施预案和必要的准备工作。见表 4-3、表 4-4、图 4-1。

表 4-3　批生产指令单　　填表日期：　　年　月　日

产品名称				规　　格		
批　　号				包装规格		
批生产量				生产日期	年　月　日	
起　　草		审　　核			批　　准	
原　　辅　　料						
名　　称	进厂编号	检验单号	生产厂家	含量	理论用量	批准用量
				%	kg	kg
				%	kg	kg
				%	kg	kg
				%	kg	kg
				%	kg	kg
内包装材料						
名　　称	进厂编号	检验单号	生产厂家	理论用量	批准用量	
备　注						

表 4-4　开工前现场检查表　　检查日期：　年　月　日

原生产产品		批　　号	
待生产产品		批　　号	
检查项目	检查情况(打“√”)		
	合　格	不合格	
门窗清洁、明亮	□	□	
天花板清洁、无剥落物	□	□	
墙面清洁、无剥落物	□	□	
地面清洁、无剥落物	□	□	
台面清洁	□	□	

续表

检查项目	检查情况(打"√")	
	合　格	不合格
物料外包装清洁	□	□
清洁状态标志	□	□
清洁场合格证	□	□
设备清洁、光亮	□	□
操作工人着装符合要求	□	□
按净化程序进行净化	□	□
无上次生产遗留物	□	□
检查结果	经检查符合生产要求,同意开工。	□
	不符合生产要求,请按"检查项目"要求重新整理。	□
备　注		

生产管理员：　　　　　　　　　　QA 检查员：

清场合格证

原生产品名________________生产批号________________

准备生产品名________________生产批号________________

清场班组（岗位）____________清场者签名________________

清场日期______年____月____日 检查者签名________________

图 4-1　清场合格证

任务二　备料和配料

任务单见表 4-5。

表 4-5　备料和配料任务单

任务布置者:(老师名)	部门:生产部	费用承担部门:生产部
任务承接者:(学生名)	部门:生产车间	费用承担部门:生产部
工作任务:GMP 中有关备料和配料的内容和要求,磅秤的安全操作规程,领料、备料和配料岗位相关的标准操作规程,备料、配料岗位生产操作记录。 工作人员:以工作小组(5 人/组)为单位,小组成员分工合作,完成本次任务。 工作地点:教室、图书馆、实训车间。 工作成果: ① GMP 中有关备料和配料的内容和要求。 ② 磅秤的安全操作规程。 ③ 备料和配料岗位相关的标准操作规程。 ④ 配料岗位生产操作记录。		
任务编号:	项目完成时间:10 个工作日	

(一)《药品生产质量管理规范》中有关备料和配料的内容和要求

第九十条　应当按照操作规程和校准计划定期对生产和检验用衡器、量具、仪表、记录和控制设备以及仪器进行校准和检查，并保存相关记录。校准的量程范围应当涵盖实际生产和检验的使用范围。

第九十一条　应当确保生产和检验使用的关键衡器、量具、仪表、记录和控制设备以及仪器经过校准，所得出的数据准确、可靠。

第九十二条　应当使用计量标准器具进行校准，且所用计量标准器具应当符合国家有关规定。校准记录应当标明所用计量标准器具的名称、编号、校准有效期和计量合格证明编号，确保记录的可追溯性。

第九十三条　衡器、量具、仪表、用于记录和控制的设备以及仪器应当有明显的标识，标明其校准有效期。

第九十四条　不得使用未经校准、超过校准有效期、失准的衡器、量具、仪表以及用于记录和控制的设备、仪器。

第九十五条　在生产、包装、仓储过程中使用自动或电子设备的，应当按照操作规程定期进行校准和检查，确保其操作功能正常。校准和检查应当有相应的记录。

第一百九十九条　生产开始前应当进行检查，确保设备和工作场所没有上批遗留的产品、文件或与本批产品生产无关的物料，设备处于已清洁及待用状态。检查结果应当有记录。

生产操作前，还应当核对物料或中间产品的名称、代码、批号和标识，确保生产所用物料或中间产品正确且符合要求。

第二百条　应当进行中间控制和必要的环境监测，并予以记录。

第二百零一条　每批药品的每一生产阶段完成后必须由生产操作人员清场，并填写清场记录。清场记录内容包括：操作间编号、产品名称、批号、生产工序、清场日期、检查项目及结果、清场负责人及复核人签名。清场记录应当纳入批生产记录。

(二) 磅秤的安全操作规程

1. 开机前的检查

① 电子秤使用之前应检查摆放是否平稳，秤面是否处于水平状态。

② 检查电源是否符合要求，是否有检定合格证。

2. 通电源

接通电源，给仪表进行预热（15～30min），打开称重显示器的开关，初始化完成后自动进入称重状态。

3. 称量

进行称量时，货物应轻拿轻放，应避免撞击，被称量的物品应放在秤台面的中间位置。

4. 称量清洁

称量完后应及时清洁电子秤台面，注意清洁用水不得溅入秤台内部。

5. 称量腐蚀性物品

称量带有腐蚀性的物品时，腐蚀品不得直接接触秤台面。

6. 称量范围

称重物不得超过最大称重范围，称量完毕应及时移开被称量物，不得长时间放置于秤台上。

7. 称量毕

衡器停用时，应先关闭电源，拔下电源插头；下雨打雷时应停用，避免仪表与传感器受雷击损坏。

8. 维护

定期清理秤体与基础间及周围的异物和粉尘，防止异物与秤体卡滞，造成称量不准。

(三) 领料单

领料单是由领用材料的部门或者人员（简称领料人）根据所需领用材料的数量填写的单据。其内容有领用日期、材料名称、单位、数量、金额等。为明确材料领用的责任，领料单除了要有领用人的签名外，还需要主管人员的签名、保管人的签名等。

领料人凭借领料单到仓库中领取所需材料时，由库存管理人员确认并出具出货单方可领取材料（见表 4-6）。

表 4-6 领料单编号： 年 月 日

产品型号		生产数量			生产日期	
产品名称		入库数量			生产批号	
原料名称	规格	数量	实用量	单价	金额	备注
工艺要求						
损耗数量		包装类型			制单人	

付料： 领料： 配料： 复核：

注：一式三联。一联生产部存根，一联交原料库，一联交生产班组。

(四) 备料和配料岗位相关的标准操作规程

领料标准操作规程见表 4-7。脱包标准操作规程见表 4-8。称量标准操作规程见表 4-9。配料标准操作规程见表 4-10。配料室清洁规程见表 4-11。

表 4-7 备料岗位——领料标准操作规程

题 目	领料标准操作规程			编码：	页码：
制 定 人		审 核 人		批 准 人	
制定日期		审核日期		批准日期	
颁发部门		颁发数量		生效日期	
分发单位	生产部 合成药单元反应岗位群 合成药单元操作岗位群				

目 的：建立领料标准操作规程，使操作者按领料单正确领取原料。

适用范围：车间合成药单元反应岗位群、合成药单元操作岗位群的领料岗位。

责 任 者：QA 质监员、领料操作人员。

操 作 法：

1. 按生产指令，将原辅料领回岗位，待用。

2. 领料时要按《复核制度》的相关条款认真检查所领物料的品名、批号、规格、数量、产地。

3. 发现下列问题时，领料不得进行：

① 未经检验或检验不合格的原辅料。

② 包装容器内无标签或盛装单、合格证的原辅料。

③ 因包装被损坏、内容物已受到污染的原辅料。

④ 已霉变、生虫、鼠咬烂的原辅料。

⑤ 在仓库存放已过复检期，未按规定进行复检的原辅料。

⑥ 其他有可能给产品带来质量问题的异常原辅料。

4. 做好物料领用记录，操作者、复核者必须在领料记录上签字。

5. 将原辅料推进脱包室。

6. 领料员、发料员交接清楚并签名。

表 4-8 备料岗位——脱包标准操作规程

题 目	脱包标准操作规程			编码：	页码：
制 定 人		审 核 人		批 准 人	
制定日期		审核日期		批准日期	
颁发部门		颁发数量		生效日期	
分发单位	生产部 合成药单元反应岗位群 合成药单元操作岗位群				

目　　的：建立脱包操作规程，规范脱包工艺。

适用范围：适用于脱包岗位的操作人员及岗位脱包暂存。

责 任 者：QA 质监员、岗位操作人员。

操 作 法：

1. 对待脱包的原辅料，要认真复核外包装上的品名、规格、数量是否相符，是否有随行质控部门下发的原辅料检验报告单，否则不得脱包。

2. 发现以下问题时请保留现场，请现场质监员决定：

① 品名或规格、数量、批号不符。

② 包装破损、内容物被污染。

③ 既无标签又无盛装单（或合格证）。

④ 已霉变、生虫、鼠咬烂。

⑤ 在仓库存放已过复检期而未复检的。

⑥ 其他有可能给产品带来质量问题的异常现象。

3. 脱掉外包装

① 有数种原、辅材料要拆除外包装时，应先按品名、规格、批号分别堆放整齐，同一品名、规格、批号的原辅料拆包完成后，再拆另一品名、规格、批号的原辅料，不允许同时或交叉进行，防止差错。

② 如是桶装或箱装，拆开桶盖和纸箱，要集中放在固定容器内，防止包装物带进生产场所。

③ 轻轻除去外包装，将内容物连同内包装一起取出，用 75%酒精喷洒或擦拭消毒后放在干净的容器内，并正确填写盛装单放在该容器内。

④ 脱包需分种类进行，清洁卫生经检查合格后方能进行另一种物料的脱包。

⑤ 将脱包之后的原辅料放至暂存间。

⑥ 将脱下的外包装收集放入废物盛装袋，把退回的外包装运送到废物库。

4. 及时填写岗位原始记录。

表 4-9 配料岗位——称量标准操作规程

题 目	称量标准操作规程			编码：	页码：
制 定 人		审 核 人		批 准 人	
制定日期		审核日期		批准日期	
颁发部门		颁发数量		生效日期	
分发单位	生产部 合成药单元反应岗位群 合成药单元操作岗位群				

目　　的：建立称量标准操作规程，规范称量操作。

适用范围：适用于车间称量操作人员。

责 任 者：操作者、QA 质监员、车间工艺员。

操 作 法：

1. 认真检查磅秤等所使用的工具是否清洁，并将磅秤调节平衡。

2. 根据生产指令单，接受原辅料，接受时要认真检查品名、规格、批号、数量等是否与生产指令单相符。

3. 根据生产指令及领料单，称取所需物料。

① 称量人核对原辅料是否相符，确认无误后，准确称取物料。

② 复核人核对称量后的原辅料的品名、数量，确认无误后记录、签名。

4. 操作程序

① 电子台秤安全操作程序

a. 接通电源后，按“置零”键，稳定、指示灯亮且置零。

b. 按“去皮”键将显示皮重扣除，去皮标志灯亮。

c. 根据要求进行称重。

② 按《磅秤的安全操作规程》进行称量

a. 调至零点。

b. 将称量物轻轻放在台秤台面上，称量读数。

③ 及时填写岗位原始记录。

表 4-10 配料岗位——配料标准操作规程

题 目	配料标准操作规程			编码：	页码：
制 定 人		审 核 人		批 准 人	
制定日期		审核日期		批准日期	
颁发部门		颁发数量		生效日期	
分发单位	生产部 合成药单元反应岗位群 合成药单元操作岗位群				

目　　的：建立配料标准操作规程，规范配料操作。

适用范围：适用于车间配料操作人员。

责 任 者：操作者、QA 质监员、车间工艺员。

操 作 法：

1. 称量配料岗位操作程序与方法

① 直接使用原料或中间产品，需清洁或除去外包装。

② 称量人认真核对物料名称、规格、批号、数量等，确认无误后按规定的方法和生产配料单的定额称量，记录并签名。

③ 称量必须复核，核对称量后物料的名称、重量，确认无误后记录、签名。

④ 需要进行计算后称量的物料，计算结果先经复核无误后再称量。

⑤ 配好批次的原辅料装于洁净容器中，并附上标志，注明品名、批号、规格、数量、称量人、日期等。

⑥ 剩余物料包装好后，贴上标志，放入脱包暂存室。

⑦ 每配制完一种产品的原辅料必须彻底清场，清洁卫生经检查合格后方可进行另一种产品的称量配制。

2. 根据各种物料配料量，按"称料的先后原则"依次称量。每称量一种物料均需另一人复核，(品名、数量) 无误后，再称下一种物料。

3. 称量好的物料用洁净容器盛装，填写好盛装单，交接下一工序。

4. 一个品种称量后按清场要求进行清场。

5. 及时填写原始记录。

表 4-11　配料岗位——配料室清洁规程

题 目	称量配料室清洁规程			编码：	页码：
制 定 人		审 核 人		批 准 人	
制定日期		审核日期		批准日期	
颁发部门		颁发数量		颁发日期	
分发单位	生产部 合成药单元反应岗位群　合成药单元操作岗位群				

目　　的：建立称量配料室清洁规程，保证产品质量。

适用范围：适用于备料区、脱外包区、称量区操作人员。

责 任 者：车间主任、班组长以及操作人员、QA 质监员。

操 作 法：

1. 清除

① 清洁磅秤、电子台秤及工具上的粉尘。

② 清除场地上的一切污物、杂物，按 GMP 规定处理。

2. 清洗

① 清洁并晾干称量器具。

② 称量容器内外清洗干净。

③ 场内的日光灯、门窗、通风口、开关以及墙壁等要求清洁干净。

④ 地面每天到岗后彻底擦洗一遍，脱外包区每脱一批外包擦拭地面一次，平时注意保持随脏随擦。

⑤ 墙面、天花板、门窗等连续生产时每周一次，停产三天以上再开工时，用前用后均清洁一次。

3. 检查要求

① 地面应无积尘、无杂物、无死角。

② 日光灯、门窗、通风口、开关及墙壁等应无积尘、污垢和水迹。

③ 工具和容器清洁后无杂物，擦干后放入器具间。

④ 操作间内不应有与生产无关的物品。

⑤ 清洁所用的工具、拖把、抹布等用后按规定清洗、拧干并放入洁具间。

⑥ 清场完毕，当班人员应自查并签名记录。

⑦ 组长检查并签名。

(五) 备料、配料岗位生产操作记录

见表 4-12～表 4-14。

表 4-12 备料岗位生产记录

<table>
<tr><td colspan="4">生产日期：</td><td colspan="3">生产批号：</td></tr>
<tr><td rowspan="2">备料</td><td colspan="6">① 复查清场是否合格，房间挂有“清场合格证”，设备挂有“完好清洁”标识，检查衡器按置零键置零；是否在校验合格期内。
② 复查原辅料外观质量，有否异常。
③ 按生产指令备料，复核。</td></tr>
<tr><td colspan="3">备料人：　　年　月　日</td><td colspan="3">复核人：　　年　月　日</td></tr>
<tr><td rowspan="3">称量</td><td>物料名称</td><td>规格/批号</td><td>标准量</td><td>投料量</td><td>操作人</td><td>复核人</td></tr>
<tr><td></td><td>kg/桶</td><td></td><td></td><td></td><td></td></tr>
<tr><td></td><td>kg/包</td><td></td><td></td><td></td><td></td></tr>
<tr><td colspan="4">计算人：</td><td colspan="3">复核人：</td></tr>
<tr><td colspan="7">车间审核：　　年　月　日</td></tr>
<tr><td colspan="7">QA 审核：　　年　月　日</td></tr>
<tr><td colspan="7">备注：</td></tr>
</table>

表 4-13 配料岗位生产记录——饱和碳酸氢钠溶液的配制记录

<table>
<tr><td>操作步骤</td><td>工艺要求</td><td>操作记录</td><td>操作人</td><td>复核人</td></tr>
<tr><td>① 将备料岗位准备好的 6.5 kg $NaHCO_3$ 加到碳酸氢钠溶液配制专用桶中</td><td rowspan="3">由 6.5kg $NaHCO_3$ 和 60kg 纯化水配制而成</td><td rowspan="3">__日__时__分至__时__分
碳酸氢钠溶液的配制结束</td><td rowspan="3"></td><td rowspan="3"></td></tr>
<tr><td>② 准确加入 60kg 纯化水，边加边搅拌，搅拌至完全溶解</td></tr>
<tr><td>③ 将配制好的溶液做好标记备用</td></tr>
</table>

生产管理员：　　　　　　　　QA 检查员：

表 4-14 配料岗位生产记录——6mol/L 盐酸溶液的配制记录

操作步骤	工艺要求	操作记录	操作人	复核人
① 将备料岗位准备好的 12kg 试剂盐酸加到盐酸溶液配制专用桶中	由 12kg 浓盐酸＋80kg H_2O 组成	__日__时__分至__时__分盐酸溶液的配制结束		
② 准确加入 80kg 纯化水，边加边搅拌，搅拌均匀后加入到盐酸高位槽中，抽入盐酸溶液到高位槽中		__日__时__分至__时__分抽入盐酸溶液结束		

生产管理员：　　　　　　　　　　QA 检查员：

任务三 乙酰氨基酚的生产制备

任务单见表 4-15。

表 4-15 乙酰氨基酚的生产制备任务单

任务布置者：（老师名）	部门：生产部	费用承担部门：生产部
任务承接者：（学生名）	部门：生产车间	费用承担部门：生产部
工作任务：对乙酰氨基酚的生产。 工作人员：以工作小组（5 人/组）为单位，小组成员分工合作，完成本次任务。 工作地点：教室、图书馆、实训车间。 工作成果： ① 生产前准备工作和设备检查。 ② 岗位操作法。 ③ 操作要点及工艺讨论。 ④ 生产安全和劳动保护。 ⑤ 主要防护措施和安全注意事项。		
任务编号：	项目完成时间：30 个工作日	

以对乙酰氨基酚的生产为例，生产中设计了用对硝基苯酚还原、乙酸酰化合成对乙酰氨基酚生产工艺流程，包括对硝基苯酚的还原和乙酰化制备粗品、稀乙酸回收、酸母液回收、粗产品精制和湿成品处理等工序。

（一）生产前准备工作和设备检查

① 开工前现场检查和清场记录。

② 按岗位要求准备劳动保护用品，如工作服、橡胶手套、护目镜等。

③ 检查设备、管道及阀门，确保无泄露并保持清洁。

④ 检查蒸汽、压缩空气和真空等的供应。

⑤ 对岗位操作使用的设备进行试车检查。

（二）工艺流程图

对乙酰氨基酚生产工艺流程框图见图 4-2。

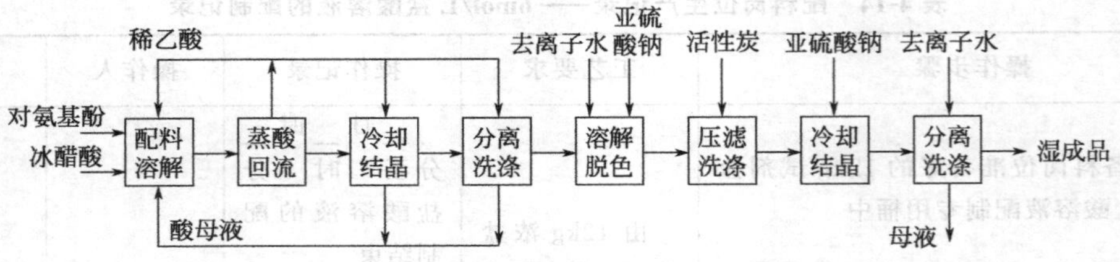

图 4-2　对乙酰氨基酚生产工艺流程框图

(三) 岗位操作法

1. 对乙酰氨基酚——还原岗位操作

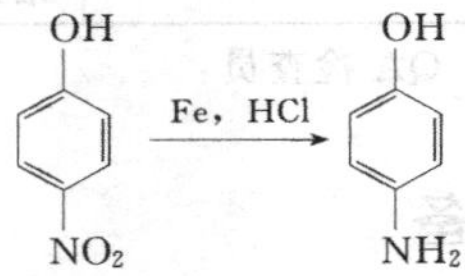

原料配比（质量比）：对硝基苯酚∶铁粉∶盐酸＝1∶1.15∶0.21＝280∶322∶60（kg）

① 备好物料，经双人复核，并做好记录，开盐酸泵将盐酸打入计量罐中至规定刻度，关盐酸泵。

② 开泵，开吸压料罐的母液阀和排气阀，将母液打入罐中至液位计显示罐内液体满后，关进液阀和排气阀。

③ 开预热罐压缩空气阀、母液压出阀，向还原罐压入母液约 1000L，关压缩空气阀、母液压出阀。

④ 开还原罐搅拌，开蒸汽阀加热母液至 60℃以上，开排风及碱液循环泵，投入全量 1/3 的铁粉，加入盐酸，搅拌，液温达 90℃后关蒸汽。

⑤ 向还原罐投入全量 1/3 的对硝基苯酚，待泡沫上泛后，继续将全量的对硝基苯酚与铁粉交替投入，控制温度，抑制泡沫，当泡沫层退去，以滤纸蘸取少许反应液，不呈现黄圈时反应基本完成，开蒸汽维持搅拌 10min。

⑥ 关排风。小心用纯碱调反应液 pH 至 6.8～7.0，开蒸汽加热，加适量重亚硫酸钠与活性炭，关闭搅拌。继续加冷母液至液面离边约 25～30cm，关进液阀，小心开搅拌，注意不要让液体溢出，沸腾后停止搅拌，关蒸汽静置 20min。

⑦ 开吸压料罐真空阀，开还原罐吸料阀，将还原罐中反应液抽入吸压料罐中。待吸压料罐吸满后，关该罐的进液阀、真空阀。

⑧ 开吸压料罐压缩空气阀、压滤机的阀，将罐中反应液通过压滤机过滤后压送至结晶罐，即刻取样观察溶液是否澄明，确认澄明后方可继续进料；如发现漏铁，则必须停止压滤，重新拆洗压滤机，更换破漏滤布，进行压滤。

⑨ 每台结晶罐事先放入 3kg 重亚硫酸钠，开结晶罐搅拌及夹套上、下水阀，对罐中滤清液进行冷却、结晶。

⑩ 关预热罐压缩空气阀，开排气阀、蒸汽加热阀，待罐内液温达 100℃，关蒸汽阀。开液体压出阀。将罐中约 1500L 液体压送至还原罐。

⑪ 开还原罐搅拌，开还原罐蒸汽阀，洗涤铁泥，还原罐中液体达到 95℃以上，关蒸汽，停搅拌静置 20min，将洗涤液吸入结晶罐中进行冷却、结晶。

⑫ 向还原罐压入 1000L 母液，第二次洗涤铁泥，将洗液吸入吸压料罐经压滤机过滤压至结晶罐进行冷却、结晶。

⑬ 滤清液于结晶罐中冷却近室温即可出料。将布袋用水浸湿后铺在离心机内，开结晶罐底阀和离心机的放料阀，将结晶液均匀放入离心机中，待布袋内结晶达一定数量后关结晶罐底阀、放料阀，开离心机、甩干。

⑭ 甩干的对氨基酚分贮于容器中，称重，标明批号，待抽样后，移交“酰化”工序。

⑮ 收率计算

$$\text{还原收率}=\frac{\text{对氨基酚重量}\times\text{含量}}{\text{对硝基酚折纯量}\times\dfrac{\text{对氨基酚分子量}}{\text{对硝基酚分子量}}}\times 100\%$$

还原岗位开工前现场检查表同表 4-4。还原岗位生产记录见表 4-16 和表 4-17。

表 4-16 还原岗位生产记录（备料）

<table>
<tr><td colspan="4">生产日期：</td><td colspan="3">生产批号：</td></tr>
<tr><td rowspan="2">备料</td><td colspan="6">① 复查清场是否合格，房间挂有“清场合格证”，设备挂有“完好清洁”标识，检查衡器按置零键置零；是否在校验合格期内。
② 复查原辅料外观质量，有否异常。
③ 按生产指令备料，复核。</td></tr>
<tr><td colspan="2">备料人：　　　年　月　日</td><td colspan="4">复核人：　　年　月　日</td></tr>
<tr><td rowspan="3">称量</td><td>物料名称</td><td>规格/批号</td><td>标准量</td><td>投料量</td><td>操作人</td><td>复核人</td></tr>
<tr><td></td><td></td><td></td><td></td><td></td><td></td></tr>
<tr><td></td><td></td><td></td><td></td><td></td><td></td></tr>
<tr><td colspan="4">计算人：</td><td colspan="3">复核人：</td></tr>
<tr><td colspan="7">车间审核：　　　　　　　　　　年　月　日</td></tr>
<tr><td colspan="7">QA 审核：　　　　　　　　　　年　月　日</td></tr>
<tr><td colspan="7">备注：</td></tr>
</table>

表 4-17 还原岗位生产记录（生产）

<table>
<tr><td colspan="3">生产批号：</td><td colspan="2">生产日期：</td></tr>
<tr><td>操作步骤</td><td>工艺要求</td><td>操作记录</td><td>操作人</td><td>复核人</td></tr>
<tr><td>检查环境、反应罐</td><td>干净无异物</td><td>日　时　分 结果：____</td><td></td><td></td></tr>
<tr><td>备料</td><td>对硝基苯酚：铁粉：盐酸＝1：1.15：0.21</td><td>日　时　分 对硝基苯酚____kg
日　时　分 铁粉____kg
日　时　分 盐酸____L</td><td></td><td></td></tr>
<tr><td>压送母液</td><td>压入母液约 1000L</td><td>日　时　分至　时　分
加入母液________L</td><td></td><td></td></tr>
</table>

续表

操作步骤	工艺要求	操作记录	操作人	复核人
开搅拌、投料、反应	开搅拌，加热母液至60℃投入部分铁粉，液温达90℃投入部分对硝基苯酚，稳定，对硝基苯酚与铁粉交替投入，维持搅拌10min	日　时　分 开搅拌 日　时　分 $T=$______℃ 日　时　分 加铁粉______kg 日　时　分 $T=$______℃ 日　时　分 加对硝基苯酚______kg 日　时　分 加铁粉______kg 日　时　分 加对硝基苯酚______kg 日　时　分 检查终点 日　时　分 停搅拌		
调pH、加活性炭、压滤、冷却、结晶	纯碱调反应液pH 6.8～7.0；加适量重亚硫酸钠与活性炭；沸后静置20min、压滤、冷却、结晶	日　时　分至　时　分调pH 日　时　分加活性炭___kg 日　时　分加抗氧剂___kg 日　时　分至　时　分脱色______min 日　时　分至　时　分压滤		
洗铁泥	开搅拌，液体温度达95℃停搅拌，静置20 min、过滤、冷却、结晶	日　时　分 开搅拌 日　时　分 $T=$______℃ 日　时　分至　时　分静置____min 日　时　分至　时　分压滤 日　时　分至　时　分静置____min 日　时　分至　时　分压滤		
离心、洗涤	离心放料	日　时　分 离心甩干		
取样化验	表明批号	日　时　分 化验		
称重、计算收率		日　时　分 湿品______kg 日　时　分收率______%		
备注：				

生产管理员：　　　　　　　　　　　　QA检查员：

2. 对乙酰氨基苯酚——酰化岗位操作

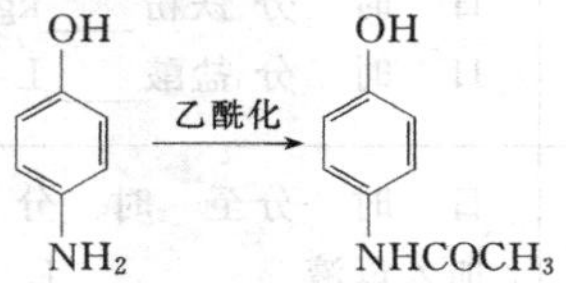

投料比：对氨基苯酚：冰醋酸：酸母液或50%乙酸=1：0.85：1.3（重量比）。

投料量：对氨基苯酚（折纯）约900～960kg，其他根据物料配比计算。

① 开乙酸计量罐真空阀及进料阀，关排气阀，将橡胶管插入母液槽内，向乙酸计量罐内吸入酸母液（如配新料，则吸入稀乙酸）至规定体积，关真空阀，开排气阀，开放料阀，将酸母液或稀乙酸放入酰化罐内，关放料阀。

② 开乙酸计量罐真空阀及进料阀，关排气阀，将橡胶管插入冰醋酸桶内，向乙酸计量罐内吸入计算量80%的冰醋酸至规定体积，关真空阀，开排气阀，开放料阀，将冰醋酸放入配料罐内，关放料阀。

③ 开酰化罐搅拌，在搅拌下将两人复核过的对氨基苯酚倒入酰化罐中，并根据所加对氨基苯酚实际量，计算并补足冰醋酸的量。

④ 开酰化罐夹层蒸汽阀，开夹层排水阀，至有大量蒸汽放出时关闭排水阀，加热至罐内对氨基苯酚完全溶解并达100℃左右。

⑤ 加热至罐内料液沸腾后，开冷凝器，排酸阀开始出酸，控制夹层蒸汽压力0.12～0.15MPa，前期出酸应缓慢，通过控制夹层蒸汽压力，使蒸出稀酸浓度在40%以下，而后通过逐步提高蒸汽压力保持出酸速度恒定，每小时出酸90～120L，维持约8h，使蒸汽压力达0.2MPa，最先蒸出的100～200L稀乙酸可放至乙酸回收塔回收。

⑥ 夹层压力达到0.2MPa后，以0.05MPa/h的速度升高蒸汽压力加快蒸酸速度，蒸出稀酸累计达1100～1200L后关淡酸贮槽出酸阀，开至中酸（即50%以上稀乙酸）贮槽出酸阀。开计量罐真空阀，关排气阀。开淡酸贮槽出酸阀至冷却酸计量罐阀，向冷却酸计量罐中吸入约800L稀乙酸，关放酸阀。

⑦ 当出酸至酰化罐内温度达125～130℃（此时蒸汽压力为0.4MPa）不再升高蒸汽压力，开中酸贮槽真空阀，关排气阀。关搅拌，在酰化罐内有一定真空度下打开人孔盖，迅速取样后关人孔盖，开搅拌，关中酸贮槽真空阀，开排气阀。

⑧ 所取样品送化验室检查，对氨基苯酚残留量应在2.5%以下，否则应根据对氨基苯酚残留量与余酸浓度决定继续反应一段时间或补充一定量冰醋酸继续反应至终点合格。

⑨ 化验合格后关酰化罐夹层蒸汽阀，开排气阀。稍冷开冷却酸阀，将约800L稀乙酸从冷却酸计量罐放至酰化罐中，将夹层冷却水打开少量，待罐内温度降至90℃以下时，逐渐开大夹层冷却水，以加快冷却速度。

⑩ 酰化罐内温度降至室温即可出料，将离心机布袋浸湿后在机内铺好，打开放料总管蒸汽阀，用蒸汽冲开釜底结晶，关蒸汽阀，开离心机进行物料甩干，母液集中到母液槽中。

⑪ 开稀酸总管阀，用少量稀酸洗粗产品，关稀酸总管阀。开离心机全速甩干10min以上，关离心机。开自来水阀，用水洗粗产品，开离心机，将甩出水放下水道，至洗水基本无酸味，并使离心机全速甩干20min以上，关离心机。将粗产品贮于容器中，称重，取样化验合格后送精制工序，要求含水小于3%。

⑫
$$\text{酰化收率}=\frac{\text{粗产品重量}\times\text{含量}}{\text{对氨基酚折纯量}\times\dfrac{\text{对乙酰氨基酚分子量}}{\text{对氨基酚分子量}}}\times100\%$$

酰化岗位开工前现场检查表同表4-4。酰化岗位生产记录备料同表4-16、生产见表4-18。

表 4-18　酰化岗位生产记录（二）

生产批号：		生产日期：		
操作步骤	工艺要求	操作记录	操作人	复核人
检查环境	干净无异物	日　时　分 结果：____		
检查反应罐	洁净完好	日　时　分 结果：____ 设备编号：____		
抽入酸母液（稀乙酸）	工艺要求 ml	日　时　分至　时　分 加入酸母液________ml		
抽入冰醋酸	工艺要求 ml	日　时　分至　时　分 加入冰醋酸________ml		
启动搅拌		日　时　分至　时　分		
加入对氨基苯酚	kg	日　时　分至　时　分 对氨基苯酚______kg		
开回流阀门，开蒸汽，升温	升温到 100℃	日　时　分 $T=$________℃ 日　时　分 $T=$________℃ 日　时　分 $T=$________℃		
开冷凝器，开蒸汽，蒸酸	0.12～0.15MPa，最终达 0.2MPa，出酸速度 90～120L/h	日　时　分 $P=$____MPa 日　时　分 $P=$____MPa 日　时　分 $P=$____MPa 日　时　分 $P=$____MPa		
开冷凝器，开蒸汽，蒸酸	达 0.2MPa 后 0.05MPa/h 升高压力，最终达 0.4MPa，$T=125～130℃$	日　时　分 $P=$____MPa 日　时　分 $P=$____MPa 日　时　分 $P=$____MPa 日　时　分 $P=$____MPa 日　时　分 $T=$________℃		
取样化验	对氨基苯酚残留量应在 2.5%以下	对氨基苯酚残留量______%		
冷却	温度降至 90℃，快速冷至室温	日　时　分 $T=$________℃ 日　时　分 $T=$________℃		
离心、洗涤	离心放料，酸洗 10min，水洗 20min 至无酸味	日　时　分 放料 日　时　分 酸洗　次 日　时　分 酸洗　次 日　时　分 水洗____次 日　时　分 水洗____次 日　时　分 水洗____次		
称重	要求含水小于 3%	日　时　分 湿品______kg 日　时　分 含水量____%		
计算收率		日　时　分 收率______%		
备注：				

生产管理员：　　　　　　　　　　　　QA 检查员：

3. 对乙酰氨基苯酚——酸母液回收岗位操作法

① 酸母液套用2次后投入母液回收罐（可用酰化罐代替），开夹层蒸汽阀，开搅拌，开配套冷却水，在真空条件下蒸稀酸至淡酸贮槽，蒸出酸累计1000L后关淡酸贮槽真空阀，关淡酸进酸阀，开排气阀。开中酸贮槽真空阀，开中酸进酸阀，关排气阀，继续在真空条件下回收稀乙酸至回收罐内温度达到120℃。

② 关回收罐夹层蒸汽阀，开排气阀，通过冷却酸计量槽放入冷却酸150L，关排气阀，开夹层冷却水阀，至罐内温度冷到近室温即可离心出料，回收粗产品。离心收集母液为二次母液，放入二次母液槽。粗产品洗涤后送精制工序。

③ 二次母液回收处理与一次母液回收相同，其离心母液为三次母液，集中处理。

酸母液回收岗位生产记录见表4-19。

表4-19 酸母液回收岗位生产记录

生产批号：		生产日期：		
操作步骤	工艺要求	操作记录	操作人	复核人
一次母液回收处理，开夹层蒸汽阀，开搅拌，开配套冷却水，母液回收	真空蒸乙酸1000L，回收罐内温度达到120℃	日 时 分 开蒸汽阀 日 时 分 开搅拌 日 时 分 开冷却水阀 日 时 分 $P=$____MPa 日 时 分 蒸酸____L 日 时 分 $T=$____℃ 日 时 分 无明显回流		
回收粗产品收集二次母液	开排气阀，放入冷却酸150L，罐内温度冷至室温，离心、洗涤	日 时 分 开排气阀 日 时 分 加酸____L 日 时 分 $T=$____℃ 日 时 分至 时 分离心 日 时 分 酸洗____次 日 时 分 水洗____次 日 时 分收集二次母液		
二次母液回收处理，开夹层蒸汽阀，开搅拌，开配套冷却水，母液回收	真空蒸乙酸1000L，回收罐内温度达到120℃	日 时 分 开蒸汽阀 日 时 分 开搅拌 日 时 分 开冷却水阀 日 时 分 $P=$____MPa 日 时 分 蒸酸____L 日 时 分 $T=$____℃ 日 时 分 无明显回流		
回收粗产品，收集三次母液	开排气阀，放入冷却酸150L，罐内温度冷至室温，离心、洗涤	日 时 分 开排气阀 日 时 分 加酸____L 日 时 分 $T=$____℃ 日 时 分至 时 分离心 日 时 分 酸洗____次 日 时 分 水洗____次 日 时 分收集三次母液		
备注：				

生产管理员：　　　　　　　　　　QA检查员：

(四) 操作要点及工艺讨论

1. 铁粉还原

铁粉还原为还原硝基成氨基的经典方法。此法在后处理时应将对氨基苯酚制成钠盐使其溶于水中而与铁泥分离，但对氨基苯酚钠在水中极易氧化，所得产品质量差，必须精制。且排出的废渣、废液量大，几乎每生产 1t 对氨基苯酚就有 2t 铁泥产生，环境污染严重。铁粉-盐酸还原成本低，但收率低，质量差，“三废”处理成本高

2. 投料中添加酸母液和稀乙酸的目的

投料中添加酸母液和稀乙酸是为了降低冰醋酸的消耗和提高收率，工艺规定酸母液可以循环使用二次，然后回收三次母液中的粗产品。

3. 蒸酸时蒸汽压力控制

蒸酸时夹层蒸汽压力要稳步上升，尽量避免波动，这样使蒸出的稀酸浓度由低到高，带出较多的水分使反应完全。

4. 反应接近终点时回流的目的

工艺要求近终点时回流 2h，主要是将尚未被酰化的对氨基苯酚和剩余的乙酸继续反应使反应完全。

5. 终点合格后加稀乙酸的作用

酰化反应的大部分时间都消耗在蒸乙酸除反应生成的水，到终点如果不加入稀乙酸，一方面由于物料浓度太高，冷却时大量结晶析出，母液太少可能板结，使出料困难；另一方面粗产品结晶中会夹杂大量杂质。加入稀乙酸可降低母液中的杂质浓度，提高粗产品质量，减少精制次数。

6. 加入稀乙酸不会导致产品水解

对乙酰氨基酚遇水会发生水解，在反应终点时加入稀乙酸后母液逐步冷却，实际水解速度很慢，产品水解可以忽略。

7. 对乙酰氨基酚粗产品的洗涤

结晶洗涤的方法是有讲究的，一般来说，离心机运转时水喷淋洗涤结晶的效果很差，因为洗水和结晶接触时间太短。所以洗涤时可将离心机停下来，用水将结晶润湿几分钟后，再开启离心机脱水，至洗水脱尽再停机洗第二次。

8. 腐蚀

乙酸对皮肤和黏膜有刺激和腐蚀作用，一旦溅上应立即用大量水冲洗。

(五) 对乙酰氨基酚生产安全和劳动保护

1. 对氨基苯酚

吸入过量的本品粉尘，可引起高铁血红蛋白血症。有致敏作用，能引起支气管哮喘、接触性变应性皮炎。本品不易经皮肤吸收。本品可燃，有毒，具致敏性。

2. 冰醋酸

吸入本品蒸气对鼻、喉和呼吸道有刺激性。对眼有强烈刺激作用。皮肤接触，轻者出现红斑，重者引起化学灼伤。慢性影响：眼睑水肿、结膜充血、慢性咽炎和支气管炎。本品易燃，具腐蚀性、强刺激性，可致人体灼伤。

3. 主要防护措施和安全注意事项

对乙酰氨基酚操作中注意以下安全事项。

① 生产人员必须熟悉相关岗位消防设施的种类及存放位置，并能熟练正确使用，了解现场物料性质。

② 在进入岗位操作时应穿好工作服，戴耐酸橡胶手套和防护眼镜，对氨基苯酚搬运和投料时应带防毒口罩。

③ 生产设备应密封，操作中应防止跑冒滴漏，并防止手套上的污物带入物料中，生产人员工作服内禁止带东西，防止落入设备内影响生产。

④ 设备维护时应先行冲洗和准备好防护用具。

⑤ 皮肤接触物料后用水及时冲洗干净，以免引起湿疹。

⑥ 物料不慎溅入眼睛应用大量水冲洗和及时就医。

⑦ 配备相应品种和数量的消防器材及泄漏应急处理设备。

⑧ 失火时可用水、黄沙、二氧化碳灭火器扑救，消防人员应戴防毒面具。

⑨ 生产现场禁止使用易产生火花的机械设备和工具。

⑩ 原料和产品按规定分类贮存，避免日光曝晒，贮藏在通风阴凉处。

⑪ 生产车间应保持通风良好，用水冲洗地面时应注意防止酸液飞溅。

⑫ 工作现场严禁吸烟。工作完毕及时换洗工作服，淋浴更衣，保持良好的卫生习惯。

⑬ 意外停水、停电时应及时关闭加热蒸汽，防止乙酸挥发。

⑭ 如发生中毒，应迅速将患者移至空气新鲜处，并及时就医。

⑮ 应急处理人员戴呼吸器，穿防酸碱工作服。不要直接接触泄漏物。尽可能切断泄漏源。

任务四 粗品分离及精制——对乙酰氨基酚

任务单见表 4-20。

表 4-20 粗品分离及精制任务单

任务布置者：(老师名)	部门：生产部	费用承担部门：生产部
任务承接者：(学生名)	部门：生产车间	费用承担部门：生产部
工作任务：对乙酰氨基酚粗品分离及精制。 工作人员：以工作小组(5 人/组)为单位，小组成员分工合作，完成本次任务。 工作地点：教室、图书馆、实训车间。 工作成果： ① 生产前准备工作和设备检查。 ② 岗位操作法。 ③ 脱色和重结晶岗位生产记录、粗品检验报告单。 ④ 操作要点。 ⑤ 防护措施和安全注意事项。		
任务编号：	项目完成时间：30 个工作日	

（一）生产前准备工作和设备检查

同本项目任务三中相应内容。

（二）岗位操作法

1. 对乙酰氨基酚——脱色和重结晶岗位法

配料比：粗产品：冷凝水：活性炭：无水硫酸钠：重亚硫酸钠＝1：5：（0.1～0.14）：0.001：0.009＝540：2700：（54～75）：0.6：4.3（kg）

① 开去离子水阀，放入约 200L 去离子水，加入约 4.3kg 重亚硫酸钠，搅拌 5min；加入约 0.5kg 活性炭，搅拌 5min，关排气阀，开压缩空气阀、滤液压出阀、重亚硫酸钠计量罐阀，将溶液压入计量罐至规定刻度，关阀，关搅拌。

② 开配料罐真空阀，关排气阀，开进液阀，吸入冷凝水 700L，关真空阀、排气阀、进液阀，倒入所需的活性炭，开搅拌，搅匀关排气阀。

③ 开真空阀，开水阀，吸入冷凝水至规定量，关真空阀，开排气阀，关进水阀。开夹层蒸汽阀，开搅拌，沸腾后投入粗品和硫酸钠，加热至沸腾，关夹层蒸汽阀。

④ 开一级压滤罐蒸汽阀，预热压滤罐至结晶罐管道，关蒸汽阀，开重亚硫酸钠计量罐放出阀、结晶罐进液阀，向罐内放入 24L 重亚硫酸钠滤清液，关进液阀。

⑤ 开配料罐内蒸汽阀，关排气阀，使罐内压力达 0.2MPa，开一级压滤罐进液阀，将脱色液通过一级、二级压滤罐，滤清液进入结晶罐。

⑥ 脱色罐内液体压干后，关一级压滤罐进料阀，关脱色罐内蒸汽阀；开脱色罐排气阀，开一级压滤罐蒸汽阀；将罐内液体压到结晶罐。脱色罐内抽入 100～200L 冷凝水，开夹层蒸汽阀加热至沸腾，关夹层蒸汽阀。待一级压滤罐内液体基本压干后，开脱色罐内蒸汽阀使罐内蒸汽压力达 0.2MPa，关一级压滤罐蒸汽阀，开一级压滤罐进料阀，将洗液全部压入一级压滤罐。

⑦ 一级、二级压滤罐内液体全部压干，关一级、二级压滤罐间的连通阀，关结晶罐进料阀。关一级压滤罐蒸汽阀，开一级压滤罐排气阀及进水阀，向压滤罐内充水至上封头下 15cm 后关进水阀。

⑧ 第二次水压干后，关一级压滤罐蒸汽阀，关水排出阀，开进水阀，开排气阀，向一级压滤罐内充水至上封头处，关进水阀。碳浆排干后，关排碳阀，进行第二次排碳。

⑨ 当脱色液压干后，即可开结晶罐夹层冷却水阀进行冷却。结晶液冷却到室温即可出料。开结晶罐底阀、离心机放料阀，将结晶液放入离心机内，当结晶放满，关放料阀、结晶罐底阀。开离心机甩干母液，放入 80L 去离子水洗涤，甩干。结晶称重、标明批次，化验室检验，指标要求同成品，合格品移交干燥岗位。

2. 对乙酰氨基酚——脱色和重结晶岗位生产记录（表 4-21）

表 4-21 脱色和重结晶岗位生产记录

生产批号：		生产日期：		
操作步骤	工艺要求	操作记录	操作人	复核人
检查环境、设备	干净无异物	日 时 分 结果：		
备料	粗产品：冷凝水：活性炭：无水硫酸钠：重亚硫酸钠	日 时 分 粗品____kg 日 时 分 冷凝水____ml 日 时 分 活性炭____kg 日 时 分 无水硫酸钠____kg 日 时 分 重亚硫酸钠____kg		
配重亚硫酸钠	放入 200L 去离子水，加入约 4.3kg 重亚硫酸钠，搅拌 5min；加入约 0.5kg 活性炭，搅拌 5min。	日 时 分 去离子水____ml 日 时 分 重亚硫酸钠____kg 日 时 分 搅拌____min 日 时 分 活性炭____kg 日 时 分 搅拌____min		
加活性炭	配料罐吸入冷凝水 700L、活性炭适量	日 时 分 冷凝水____ml 日 时 分 活性炭____kg		
投料	沸腾、投入粗品和硫酸钠	日 时 分 沸腾 日 时 分 粗品____kg 日 时 分 硫酸钠____kg		
压滤	结晶罐放入 24L 重亚硫酸钠滤清液，脱色罐内抽入 100～200L 冷凝水加热至沸腾，配料罐内压力达 0.2MPa，压滤	日 时 分重亚硫酸钠液 ml 日 时 分冷凝水____ml 日 时 分沸腾 日 时 分 $P=$____MPa 日 时 分压滤 日 时 分压滤		
离心、甩干	冷却室温出料，放入 80L 去离子水洗涤	日 时 分 $T=$____℃ 日 时 分 水洗____次 日 时 分 水洗____次		
称重、化验		总重量：______kg 化验指标见化验单		
备注：				

生产管理员： QA 检查员：

3. 对乙酰氨基酚——粗品检验报告单（表 4-22）

表 4-22 粗品检验报告单 检验单号：

品　名		规　格	
批　号		数　量	
检品来源		取样人	
检验目的		收检日期	年　月　日
检验项目		报告日期	年　月　日
检验依据			
检验项目	标准规定		检验结果
结论			

化验室主任： 复核人： 检验人：

（三）操作要点及工艺讨论

酰化反应得到的粗产品含有相当多的杂质，例如副产物和原料等，不能直接供药用，要经过精制加以纯化，使其达到药典标准要求。重点应控制以下几个方面。

1. 产品精制的方法

精制的方法有蒸馏、重结晶和升华等，一般来说液体的精制采用蒸馏，固体的精制采用重结晶。对乙酰氨基酚是固体，所以采用重结晶的方法。重结晶的一般操作是把粗产品溶于一种合适的溶剂中，加热使其达到较高的浓度，并加活性炭吸附杂质，趁热过滤将活性炭除去，滤液冷却后析出精制品结晶，离心分离得到精制品，用少量相同的冷溶剂洗涤、甩干。

2. 重结晶溶剂的选择

在重结晶中选择一种合适的溶剂非常重要，否则达不到纯化目的或收率很低，因此选用的溶剂应满足下列条件：①不与重结晶物质发生化学反应；②重结晶物质和杂质在此溶剂中溶解度有较大差别；③重结晶物质在溶剂中随温度的不同，溶解度有显著的变化；④溶剂与重结晶物质易分离；⑤不易燃烧，毒性小、价格便宜、来源方便、容易回收；⑥对乙酰氨基酚比较理想的重结晶溶剂是水。

3. 活性炭

活性炭是木屑、果壳经干馏、水蒸气处理得到的，它是一种疏松多孔的物质，具有很大的比表面积，因而具有强大的吸附能力。一般来说，分子量大的化合物容易被活性炭吸附。活性炭吸附能力在水中比在有机溶剂中强，在酸性环境中比在碱性环境中强。它在精制中的作用就是吸附色素和树脂状物质，从而得到无色纯产品。其用量一般在1%～2%，视具体情况调整。

4. 对乙酰氨基酚重结晶溶剂和溶剂量

对乙酰氨基酚在冷水中的溶解度较小（1∶70），但在热水中溶解度较大（1∶20），所以把粗产品溶解在适量热水中用活性炭脱色，滤除活性炭后再将滤液冷却，产品就会重新结晶出来。在这个过程中，粗产品中所含杂质一部分被吸附除去，一部分溶解在水中，因而重新结晶出来的对乙酰氨基酚产品质量比粗产品有很大提高。

水是最便宜和最容易得到的溶剂，对乙酰氨基酚在水中溶解度随温度变化很大，杂质在水中溶解度也比较大，所以精制选用水为溶剂是比较理想的。现行工艺规定，精制时对乙酰氨基酚粗产品和水的比例控制为1∶5，水量过大使母液量增加，一次回收率降低；水量过小，杂质在母液中浓度过高，导致精制品质量不合格，而且在热过滤除炭时容易稍有冷却就析出结晶，堵塞过滤器或管道，造成操作中的困难。

对乙酰氨基酚粗产品的杂质主要是对氨基苯酚和色素，它们的量虽然不多，但会使粗产品有较深的色泽和相当的毒性。在精制过程中，色素主要由活性炭的吸附而除去，对氨基苯酚因溶解在水中而与对乙酰氨基酚产品分离。

5. 操作要点

① 对乙酰氨基酚遇水会水解，所以精制时蒸汽要足，要先把水加热，后投粗产品，以避免长时间的加热造成水解。

② 为了防止对乙酰氨基酚在过滤时析出，堵塞过滤孔和管道，过滤前，过滤器到结晶罐的管道要很好地预热。

③ 为了防止对乙酰氨基酚水解氧化，重新带上色泽，滤液中加入重亚硫酸钠，工业重亚硫酸钠含有机械杂质，所以先将其溶解过滤，采用加入重亚硫酸钠溶液的方法。重亚硫酸钠不可加入太多，否则将作为一种杂质带入成品，造成澄清度不好。

④ 无水硫酸钠加入可使水中的一些金属离子生成沉淀，随过滤除去，有时还加入硫酸或双氧水，目的主要是为了提高成品的澄清度，应控制加入量。

6. 精制工艺控制点

本岗位工艺控制点是脱色外观质量、活性炭洗涤和结晶粒度。

(四) 防护措施和安全注意事项

同本项目任务三中相应内容。

任务五 咖啡因的生产制备

任务单见表 4-23。

表 4-23 咖啡因的生产制备任务单

任务布置者:(老师名)	部门:生产部	费用承担部门:生产部
任务承接者:(学生名)	部门:生产车间	费用承担部门:生产部
工作任务:咖啡因的生产。 工作人员:以工作小组(5 人/组)为单位,小组成员分工合作,完成本次任务。 工作地点:教室、图书馆、实训车间。 工作成果: ① 生产前准备工作和设备检查。 ② 岗位操作法。 ③ 操作要点及工艺讨论。 ④ 生产安全和劳动保护。 ⑤ 主要防护措施和安全注意事项。		
任务编号:	项目完成时间:30 个工作日	

以咖啡因的生产为例，生产中设计了二甲脲的制备岗位；二甲氰乙酰脲的制备岗位；二甲基紫脲酸制备岗位；1，3-二甲基-4-氨基-5-甲酰氨基脲嘧（二甲 FAU）制备岗位；咖啡因制备岗位等工序。

(一) 生产前准备工作和设备检查

同本项目任务三中相应内容。

(二) 岗位操作法

1. 二甲脲的制备——烃化反应岗位操作

$$NH_2-\overset{\overset{\displaystyle O}{\|}}{C}-NH_2 + 2CH_3NH_2 \xrightarrow{\text{高温，高压}} H_3C-NH-\overset{\overset{\displaystyle O}{\|}}{C}-NH-CH_3 + 2NH_3$$

配料比：尿素∶甲胺＝1∶2.03（摩尔比）

（1）尿素熔融　在合成反应罐 1 中吸入尿素，开夹层蒸汽，控制压力 0.4～0.5MPa，升温至 110～130℃，熔融 4h。

（2）甲胺汽化　将 1600L 40%（体积浓度）甲胺水溶液置于 1 号、2 号、3 号储罐中，开启压缩空气（0.3MPa），将罐中溶液经缓冲罐压入高位槽，交替压料，控制 300～500L/次，高位槽进料流速 220kg/h。

（3）二甲脲合成　待尿素全熔，甲胺汽化塔内压达到 68.6kPa，顺次打开合成反应罐 4、3、2、1 的搅拌及甲胺进料阀门，并开启尾气吸收装置吸收副产物氨气。通甲胺保持汽化罐中釜温 110～120℃、顶温 25℃、内压 50～80kPa；合成反应罐的内温分别是 4 号罐 170～180℃、3 号罐 160～170℃、2 号罐 140～150℃、1 号罐 110～130℃。连续通甲胺 7～8h 后，4 号罐取样分析，二甲脲的凝固点达到 103～104℃，含量在 96% 以上，反应达到终点。将罐中物料转入二甲脲储罐。将 3 号罐中反应不完全的中间体转入 4 号罐继续通甲胺控制温度 170～180℃，反应 8h，取样分析。期间 2 号、1 号罐中的物料依次转入 3 号、2 号罐，1 号罐中留部分底料，准备熔融下一批尿素。每个罐内反应时间各为 7～8h，一批尿素合成二甲脲需要反应 28～32h。

（4）尾气吸收与残液处理　尾气中的氨气用喷射泵吸收，水作吸收剂。通甲胺反应 4h 左右，测氨气含量达 6%～8%时，须重新更换吸收剂。待甲胺水溶液汽化完毕，继续保温，直到汽化罐塔顶温度升至 50℃，塔釜残液中甲胺含量≤0.5%后，将残液回收。

（5）操作要点及工艺讨论

① 在二甲脲合成中，为了加快尿素熔融，缩短熔融时间，采用留少量底料，这样，可使尿素熔点下降。如适当增加底料，在投尿素后，悬浮液予以搅拌，可省去 4h 熔融时间，且可避免副反应。

② 尿素不稳定，当加热熔融时，即解离成氨与氰酸，氰酸与尿素作用，可生成二缩脲，尿素加热到 130℃，亦可生成二缩脲。

③ 尿素与水加热到 100℃，则分解为 CO_2 及 NH_3。尿素加热到 140℃，可生成三聚氰胺。

④ 二缩脲和尿素在较高温和高压下，可生成二甲脲，故采用高温反应，有利于减少副反应。

烃化岗位开工前现场检查表同表 4-4。烃化岗位生产记录（一）见表 4-24。

2. 二甲氰乙酰脲的制备

（1）氰乙酸制备——中和、氰化、酸化反应岗位操作

$$2Cl{-}CH_2{-}COOH + Na_2CO_3 \longrightarrow Cl{-}CH_2{-}COONa + CO_2 + H_2O$$

$$Cl{-}CH_2{-}COONa + NaCN \longrightarrow CN{-}CH_2{-}COONa + NaCl$$

$$CN{-}CH_2{-}COONa + HCl \longrightarrow CN{-}CH_2{-}COOH + NaCl$$

配料比：氯乙酸∶氰化钠＝1∶1.028（摩尔比）

中和罐内加入氯乙酸和水进行溶解，40～50℃加入碳酸钠控制 pH＝7.3～7.8，产物转入氰化罐，加入液体氰化钠，开蒸汽，当温度升到 75～80℃，通水降温防止突沸冲料，待突沸点到达 110～115℃，表示反应完全，迅速降温到 50℃以下，将物料转入酸化罐，用盐酸缓慢酸化，后将其转入抽水罐，采用减压抽水，浓缩氰乙酸水溶液。

（2）二甲氰乙酰脲的制备——缩合反应岗位操作

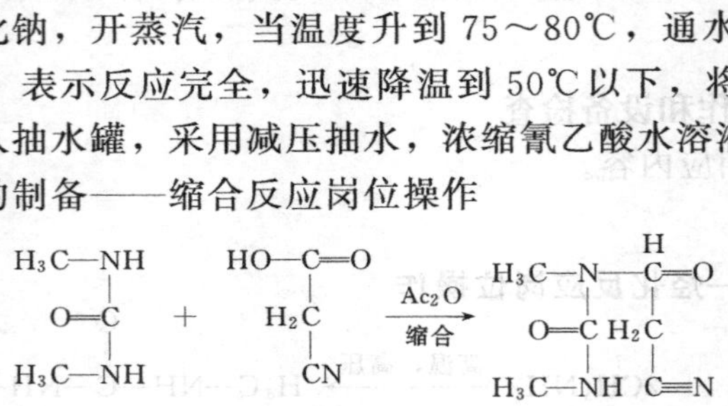

表 4-24 烃化岗位生产记录（一）

生产批号：		生产日期：		
操作步骤	工艺要求	操作记录	操作人	复核人
检查环境	干净无异物	日　时　分 结果：____		
检查反应罐	洁净完好	日　时　分 结果：____ 设备编号：__________		
将尿素吸入1＃反应罐中，加热熔融	工艺要求 P、T	日　时　分 P=____MPa 日　时　分 T__________℃		
甲胺水溶液压入高位槽	工艺要求 ml	日　时　分至　时　分 加入甲胺水溶液__________ml		
启动搅拌		日　时　分至　时　分		
开回流阀门，开蒸汽，升温	4＃罐 170～180℃，3＃罐 160～170℃，2＃罐 140～150℃，1＃罐 110～130℃	日　时　分 T=________℃ 日　时　分 T=________℃ 日　时　分 T=________℃ 日　时　分 T=________℃ 日　时　分 T=________℃ 日　时　分 T=________℃ 日　时　分 T=________℃ 日　时　分 T=________℃ 日　时　分 T=________℃		
取样化验	凝固点 103～104℃			
离心、洗涤	离心放料，酸洗 10min，水洗 20min	日　时　分 放料 日　时　分 酸洗____次 日　时　分 酸洗____次 日　时　分 水洗____次 日　时　分 水洗____次 日　时　分 水洗____次		
称重	要求含水小于 3％	日　时　分 湿品____kg 日　时　分 含水量____％		
计算收率		日　时　分 收率____％		
备注：				

生产管理员：　　　　　　　　QA 检查员：

配料比：氰乙酸：二甲脲：醋酐=1：1.01：1.28（摩尔比）

将浓缩的氰乙酸溶液转入缩合罐，减压蒸水至不出水为止，控制含水量1.5%以下。然后降温到40℃以下加入二甲脲，60～65℃加入醋酐，待温度上升到90℃时，保温反应0.5h，得到二甲氰乙酰脲。保温结束开始蒸醋酸，控制温度不超过95℃，蒸毕，降温到40℃以下，取样分析，备用。氰化岗位生产记录（二）见表4-25。

（3）操作要点及工艺讨论

① 氯乙酸必需先用碳酸钠中和后，控制pH=7.3～7.8才能进行氰化反应，否则，氰化时将有剧毒的HCN生成。

$$Cl—CH_2—COOH + NaCN \longrightarrow Cl—CH_2—COONa + HCN\uparrow$$

中和时，用Na_2CO_3，而不能用NaOH。前者系弱碱，可以防止氯乙酸水解，生成羟基乙酸。

$$Cl—CH_2—COOH + NaOH \longrightarrow HO—CH_2—COOH$$

② 氰化钠水溶液不稳定，易分解为甲酸钠，故溶解NaCN时，温度不超过50℃，以防止分解。

$$NaCN + 3H_2O \longrightarrow HCOONa + NH_4OH$$

③ 氰化时，采用快速高温反应，反应后，立刻降温，可提高氰乙酸收率和质量。

④ 氰乙酸钠，不可放置过久，因反应液呈碱性，可能产生丙二酸钠副产物。

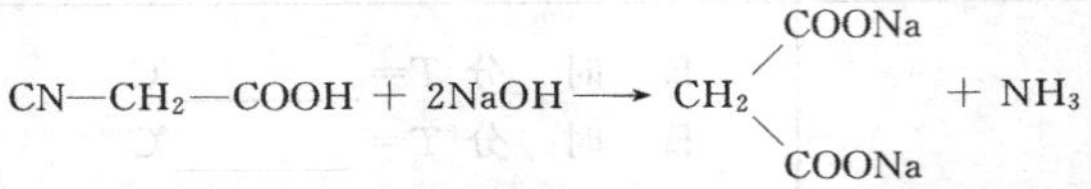

⑤ 氰化钠处理方法。氰化钠是剧毒品！因此，处理NaCN时，要特别注意，在处理NaCN过程中，要穿特别工作服，戴防毒面具及手套，在通风橱内排风下处理。

氰化反应结束后，对现场和一切用具，特别是氰化钠包装容器要及时用硫酸亚铁进行处理，彻底消毒。

$$6NaCN + FeSO_4 \longrightarrow \underset{(无毒)}{Na_4Fe(CN)_6} + Na_2SO_4$$

⑥ 氰化钠急性中毒者，要立即离开现场，至通风处，呼吸困难者进行人工呼吸，迅速送医院，并按下法治疗。

a. 吸入亚硝酸异戊酯15～30s；

b. 以30%硫代硫酸钠6～12mg/kg体重做静脉注射。

⑦ 缩合反应的物料配量，二甲脲过量1%，过量太多，不但浪费，而且在亚硝化反应中，要消耗亚硝酸钠。醋酐可过量20%，醋酐过量与蒸水终点有关。

⑧ 二甲氰乙酰脲容易水解，其水溶液于90℃，经24h放置，发生水解：

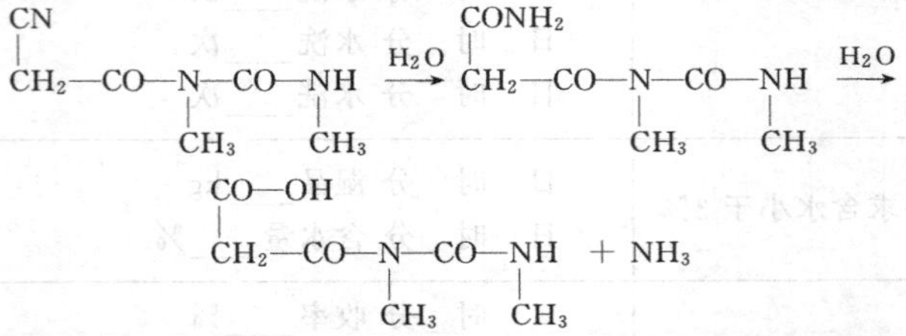

3. 二甲基紫脲酸（NAU）的制备——环合反应、硝化反应岗位操作

（1）环合

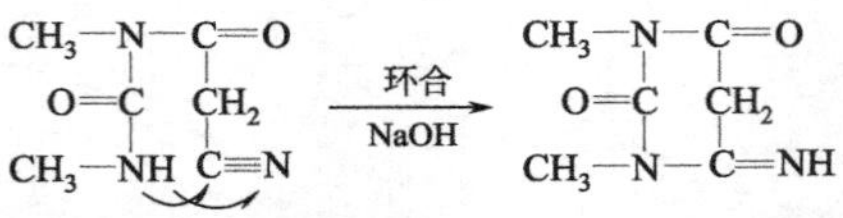

将二甲氰乙酰脲转入环合罐，于40～45℃用30%～40%液碱调pH=9.1～9.5。控制加碱速度，稳定pH值，升温并保持90～95℃，反应0.5h，然后冷却至60℃，转入亚硝化罐，备用。

表 4-25　氰化岗位生产记录（二）

生产批号：		生产日期：		
操作步骤	工艺要求	操作记录	操作人	复核人
检查环境	干净无异物	日　时　分 结果：____		
检查反应罐	洁净完好	日　时　分 结果：____ 设备编号：________		
将氯乙酸加入中和罐加水溶解	40～50℃加入碳酸钠控制 pH	日　时　分 T ________ 日　时　分 pH ________		
将中和产物转入氰化罐，加氰化钠，开蒸汽	温度要求	日　时　分 T ________		
启动搅拌		日　时　分至　时　分		
通水降温	突沸点到达 110～115℃迅速降温到50℃以下	日　时　分 T=______℃ 日　时　分 T=______℃ 日　时　分 T=______℃ 日　时　分 T=______℃ 日　时　分 T=______℃		
氰乙酸加入缩合罐，减压蒸水至不出水	含水量 1.5%	日　时　分 T=______℃		
向缩合罐内加入二甲脲，加醋酐，保温 0.5h，蒸乙酸	升温至 60～65℃；升温至 90℃；温度不超过 95℃，蒸毕，降温到 45℃以下	日　时　分 T=______℃ 日　时　分 T=______℃ 日　时　分 T=______℃ 日　时　分 T=______℃ 日　时　分 T=______℃		
取样化验	含量			
离心、洗涤		日　时　分 放料 日　时　分 洗____次		
称重		日　时　分 湿品____kg 日　时　分 含水量____%		
计算收率		日　时　分 收率____%		
备注：				

生产管理员：　　　　　　　　　　QA 检查员：

（2）亚硝化

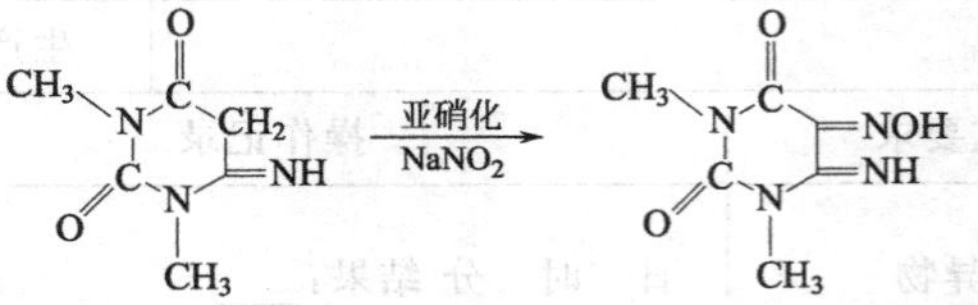

1,3-二甲基氰乙酰脲　　　　1,3-二甲基-4-亚氨基脲嗪

采用倒加料法，预先在亚硝化罐内加水和30%～40%稀硫酸，降温至40℃以下，将1,3-二甲基-4-亚氨基脲嗪（二甲4-AU）和亚硝酸钠溶液缓慢压入亚硝化罐内，保持pH＝3.1～3.3，温度40～45℃，反应0.5h，即得二甲基紫脲酸。

反应终点，取产物用碘化钾淀粉试液检验变蓝表示反应达到终点。否则，需补加亚硝酸钠继续反应，检验合格为准。

（3）操作要点及工艺讨论

① 亚硝化反应采用倒加料法，可在酸性中先析出少量二甲基紫脲酸晶种，再继续反应，晶种逐渐长大，因而结晶粒子较大。

② 二甲氰乙酰脲缩合时，如果蒸出的醋酸少，则在本工序环合时用碱要多，原因如下。

环合时：

$$CH_3—COOH + NaOH \longrightarrow CH_3COONa + H_2O$$

亚硝化时：

$$2CH_3—COONa + H_2SO_4 \longrightarrow 2CH_3COOH + Na_2SO_4$$

环合、亚硝化岗位生产记录见表4-26。

表4-26　环合、亚硝化岗位生产记录

生产批号：		生产日期：		
操作步骤	工艺要求	操作记录	操作人	复核人
检查环境	干净无异物	日　时　分 结果：______		
检查反应罐	洁净完好	日　时　分 结果：______ 设备编号：______		
二甲氰乙酰脲加入环合罐	40～50℃加入液碱控制pH	日　时　分 T______ 日　时　分 pH______		
加液碱	控制pH	日　时　分 pH______		
启动搅拌		日　时　分至　时　分		
通蒸汽	控制温度90～95℃，反应0.5h	日　时　分 T=______℃ 日　时　分 T=______℃		
降温	控制温度60℃	日　时　分 T=______℃		
加硫酸	降温至40℃	日　时　分 T=______℃		
加料	控制温度60℃反应0.5h	日　时　分 T=______℃		
取样化验	含量			
离心、洗涤		日　时　分 放料 日　时　分 洗______次		
称重		日　时　分 湿品______kg 日　时　分 含水量______%		
计算收率		日　时　分 收率______%		
备注：				

生产管理员：　　　　　　QA检查员：

4. 二甲基紫脲酸的制备——还原反应、酰化反应岗位操作

(1) 还原

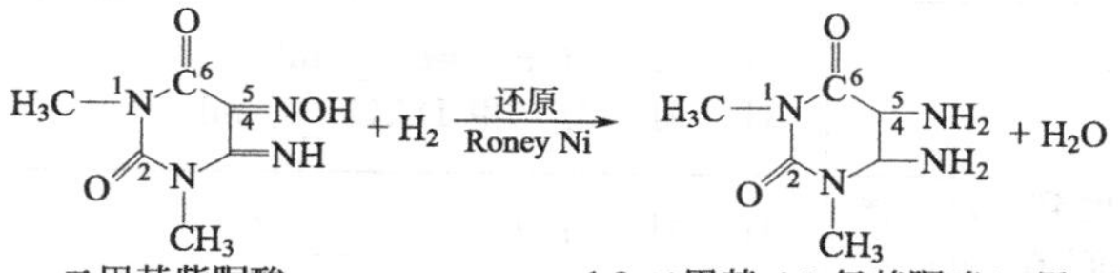

二甲基紫脲酸　　　　1,3-二甲基-4,5-氨基脲嗪(二甲DAU)

将上工序的二甲基紫脲酸转入还原罐，再吸入备好的雷尼镍（Roney Ni），保持真空度0.09MPa通氮气置换罐内空气三次，用氢气再置换两次后抽成真空。开启氢气进料阀，待压力达到0.25MPa时，开动搅拌，升温，保持60～70℃，反应0.5h，观察氢气进料管路压力表指数不再下降说明反应不再吸氢。缓慢开启排气阀，卸压至0.03MPa，再抽真空至0.05MPa，开压缩空气至0.25MPa，准备压料进行酰化。

(2) 甲酰化

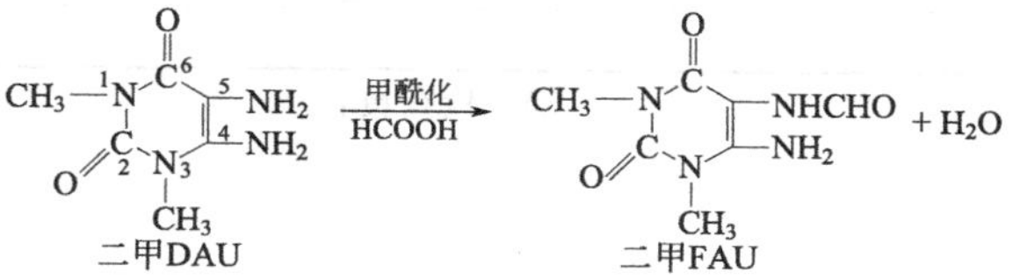

二甲DAU　　　　二甲FAU

配料比：二甲基紫脲酸∶甲酸＝1∶1.4（摩尔比）

甲酰化罐中置甲酸，压入二甲DAU，升温至95℃，保持内温95～100℃，反应1h，备用。

(3) 操作要点及工艺讨论

① 催化氢化还原的温度。实际操作中，于40℃缓缓升温，(反应放热）以不超过60℃为适宜。

② 催化氢化还原压力高、反应快，但设备要求高，密封困难。

③ 要注意镍催化剂中毒，硫、磷、砷、卤素、亚硝酸盐、碱金属氰化物等，都可使镍中毒，失去活性。

④ 镍保存在水或乙醇中，以免活性镍接触空气后自燃。

⑤ 二甲基紫脲酸必须洗至中性，如含有酸，则与Ni作用，从而消耗Ni，同时亚硝酸盐可使Ni中毒而失效。

⑥ 催化氢化还原采用组合搅拌（由锚式、桨式等组合而成）。搅拌时，液面的氢气可从轴套管吸入至液面下，鼓泡吸收。此法有利于气液接触，效果比较理想，制造安装简便。

⑦ 二甲基紫脲酸∶甲酸＝1∶1.4（摩尔比），如甲酸配量低，则二甲FAU呈白色，粗品咖啡因质量较差。

⑧ 反应温度保持95～100℃，温度太低，则酰化不完全。甲酰化反应速度较快，0.5～1h即可完成。

还原、甲酰化岗位生产记录见表4-27。

表4-27　还原、甲酰化岗位生产记录

生产批号：		生产日期：		
操作步骤	工艺要求	操作记录	操作人	复核人
检查环境	干净无异物	日　时　分 结果：____		
检查反应罐	洁净完好	日　时　分 结果：____ 设备编号：________		
加料于还原罐	加料(ml)	日　时　分________ml		
真空吸入Ni，通N_2置换空气3次，通H_2置换N_2两次，加H_2	压力0.25MPa，温度60～70℃，反应0.5h	日　时　分 $T=$________℃ 日　时　分 P________MPa		

续表

生产批号：		生产日期：		
加甲酸于酰化罐，加入二甲DAU	加料(ml)	日　时　分甲　酸____ml 日　时　分二甲 DAU____ml		
通蒸汽	升温度到95℃，保持温度在95～100℃，反应1h	日　时　分 $T=$________℃ 日　时　分 $T=$________℃		
取样化验	含量			
离心、洗涤		日　时　分放料 日　时　分洗____次		
称重		日　时　分湿品____kg 日　时　分含水量____%		
计算收率		日　时　分收率____%		
备注：				

生产管理员：　　　　　　　　　　　　　　QA检查员：

5. 咖啡因的制备

(1) 环合

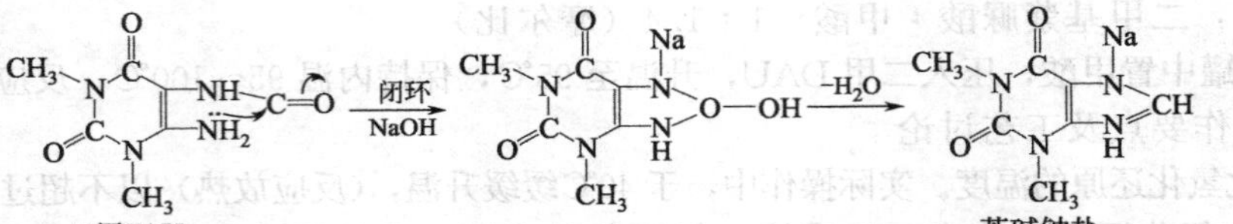

二甲FAU　　　　　　　　　　　　　　　　　　茶碱钠盐

将二甲FAU压入甲化罐，开动搅拌，加入碱液，调料液至pH=13～14，保温90～98℃，反应0.5h，然后降温至38～40℃，准备甲基化。

(2) 甲基化

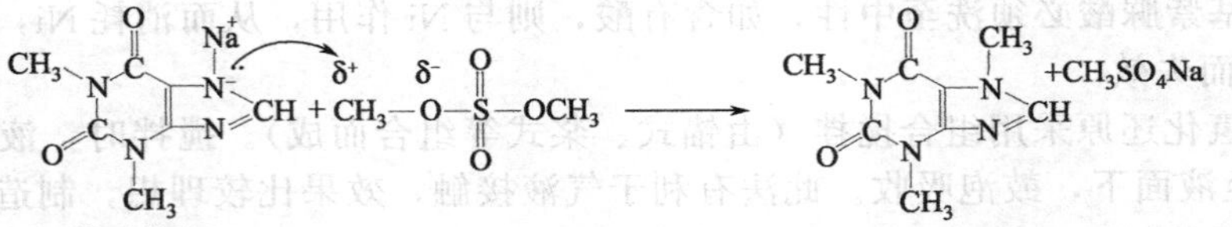

茶碱钠盐　　　　　　　　　　　　　　　　　　咖啡因

碱性条件下，茶碱钠盐与硫酸二甲酯发生亲核取代反应，生成咖啡因。

配料比：茶碱钠盐∶硫酸二甲酯=1∶1.48（摩尔比）

38～40℃向反应液加入硫酸二甲酯，保持pH 9.3左右，温度不超过45℃，0.5h内完成加料。然后继续搅拌，稳定pH值及温度38～45℃，反应45min。升温到70℃压料，得到粗品咖啡因结晶。

(3) 精制　粗品加水，于80～85℃搅拌溶解15～20min，降温至70～75℃，用40% H_2SO_4 调整pH2.5～3，缓缓加入高锰酸钾溶液，调整pH，维持pH=3.5～4.5氧化1h，保持终点pH=5～6，升温到80～85℃，加活性炭脱色1～1.5h，压滤、结晶、离心、洗涤、干燥、粉碎、混合得精品咖啡因。

(4) 操作要点及工艺讨论

① 环合。pH13以上，pH低时，闭环不彻底产物呈绿色荧光，精制较难除去绿色荧光。

② 环合温度。90～98℃，时间30min；温度低，则闭环不彻底；高温、时间过长茶碱钠盐分解，溶液呈棕红色。

③ 甲基化。pH＝9.3～9.5，pH 过高，则收率降低，系咖啡因在碱性中分解为副产物咖啡亭。

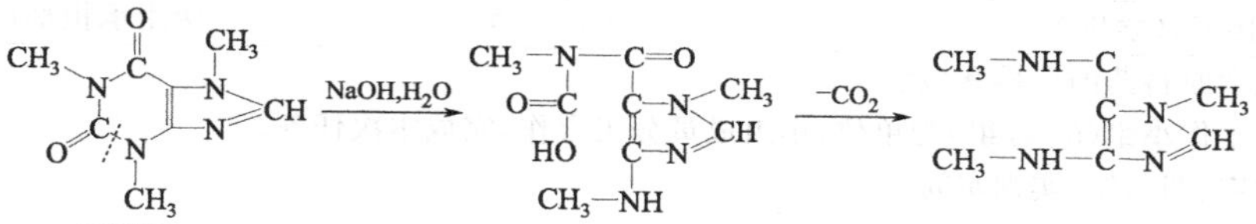

咖啡因　　　　咖啡亭

④ 在高温碱性条件下，咖啡因两环可被彻底破坏，为此，要求控制温度为 38～45℃。

⑤ 硫酸二甲酯须过量 48%，保证甲基化完全，且硫酸二甲酯有毒，操作时须注意安全防护。

⑥ 近年来，一种新型的绿色化工产品——碳酸二甲酯替代了硫酸二甲酯，其无毒、无污染，是一种良好的甲基化试剂，在世界各国受到重视和应用。

⑦ 精制。pH 控制要求是开始 pH＝2.5～3，中间 pH＝3.5～4，终点 pH＝5～6。如果 pH 过低，容易使咖啡因成品澄清度不合格，如果 pH 偏碱性，则杂质含量偏高，难过滤且产品外观发红。

环合、甲基化岗位生产记录见表 4-28。

表 4-28　环合、甲基化岗位生产记录

生产批号：			生产日期：	
操作步骤	工艺要求	操作记录	操作人	复核人
检查环境	干净无异物	日　时　分 结果：____		
检查反应罐	洁净完好	日　时　分 结果：____ 设备编号：________		
将二甲 FAU 加入甲基化罐加碱液调 pH	加料(ml)	日　时　分________ml		
加碱液调 pH	pH13～14	日　时　分 pH＝________		
通蒸汽	保温 90～98℃，反应 0.5h	日　时　分 T＝______℃ 日　时　分 T＝______℃		
通冷却水	降温至 38～40℃	日　时　分 T＝______℃		
加入 $(CH_3)_2SO_4$	pH9.3，$T\leqslant 45$℃，反应 45min	日　时　分 pH ＝______ 日　时　分 T＝______℃		
取样化验	含量			
通蒸汽	保温 70℃	日　时　分 T＝______℃		
离心、洗涤		日　时　分 放料 日　时　分 洗____次		
称重		日　时　分 湿品______kg 日　时　分 含水量____%		
计算收率		日　时　分 收率______%		
备注：				

生产管理员：　　　　　　　　　　　QA 检查员：

任务六　干燥、包装

任务单见表 4-29。

表 4-29　化学原料药的干燥和包装任务单

任务布置者：（老师名）	部门：生产部	费用承担部门：生产部
任务承接者：（学生名）	部门：生产车间	费用承担部门：生产部
工作任务：化学原料药的干燥和包装。 工作人员：以工作小组（5 人/组）为单位，小组成员分工合作，完成本次任务。 工作地点：教室、图书馆、实训车间。 工作成果： ① 生产前准备工作和设备检查。 ② 干燥、包装岗位标准操作规程。 ③ 干燥岗位操作法。 ④ 干燥、包装岗位生产记录。		
任务编号：		项目完成时间：30 个工作日

（一）生产前准备工作和设备检查

同本项目任务三中相应内容。

（二）干燥、包装岗位标准操作规程（见表 4-30～表 4-32）

表 4-30　干燥岗位标准操作规程

题　目	干燥岗位标准操作规程			编码：	页码：
制 定 人		审 核 人		批 准 人	
制定日期		审核日期		批准日期	
颁发部门	GMP 办	颁发数量		生效日期	
分发单位	生产部　车间干燥岗位				

目　　的：建立干燥岗位标准操作规程，使物品干燥符合 GMP 生产要求。

适用范围：适用于干燥的岗位操作。

责 任 者：操作者、QA 质监员、车间工艺员。

操 作 法

① 检查干燥设备的清洁卫生。

② 检查物品是否符合药品生产工艺要求，有无异物。

③ 将湿物品均匀置于干燥设备内进行干燥。

④ 按《干燥设备安全操作规程》及工艺要求进行操作，温度从低到高逐渐升高，并随时检查，并按工艺要求翻料，使物品干燥符合要求即可。

⑤ 干燥好的物品冷却至室温或接近室温时，装入洁净的干燥桶中。

⑥ 装桶时，注意将物料倒干净，防止物料损失。

⑦ 正确填写盛装单，注明品名、批号、数量，并放入每桶中。

⑧ 按《干燥设备清洗规程》搞好清洁卫生。

表 4-31　干燥室清洁规程

题　目	干燥室清洁规程			编码：	页码：
制 定 人		审 核 人		批 准 人	
制定日期		审核日期		批准日期	
颁发部门	GMP 办	颁发数量		生效日期	
分发单位	生产部　车间干燥岗位				

目　　的：建立干燥室清洁规程以防发生混药和交叉污染，以提高设备的保养和正常运行，保证产品质量。

适用范围：适用于干燥室及其设备、设施，均须按本程序进行操作。

责 任 者：车间主任、组长以及操作人员、QA质监员。

操 作 法

1. 物料、粉尘清除

① 将已干燥的原料、辅料全部按规程交于下一工序。

② 将留在工序内的不合格品及细粉写明品名、规格、重量、日期交质控部处理。

③ 清洁热风循环烘箱粉尘（包括设备里面和外面）。

④ 将热风循环烘箱的盛料盘拆下来进行清洁。

⑤ 扫除场地上（包括设备里面）的一切污物、杂物，并按规定处理。

2. 清洗、擦、抹

① 将热风循环烘箱中的盛料盘，用饮用水清洗再用纯化水清洗并晾干。

② 设备内外用饮用水擦洗再用纯化水擦拭干净。

③ 场内的日光灯、门窗、通风口、开关、设备以及墙壁等按要求清洁干净。

④ 地面用碱水或0.01%洗涤精清洗拖干，再用纯化水拖干。

3. 检查要求

① 地面应无积尘、无杂物、无死角。

② 地漏、日光灯、门窗、通风口、开关、设备及墙壁等应无积尘、污垢和水迹。

③ 工具和容器清洁后无杂物并定点存放。

④ 设备内外应无粒状、粉状等痕迹的异物并安装到位。

⑤ 工作间内不应有与生产无关的物品。

⑥ 清洁所用的工具、胶棉拖把、洁净抹布、扫帚等用后按规定清洗并放入洁具间。

⑦ 清场完毕，当班人员应自查并签名记录。

⑧ 组长检查复核后签名。

⑨ QA质监员检查合格后发放清场合格证。

表4-32　外包装岗位标准操作规程

题 目	外包装岗位标准操作规程			编码：	页码：
制 定 人		审 核 人		批 准 人	
制定日期		审核日期		批准日期	
颁发部门	GMP办	颁发数量		生效日期	
分发单位	生产部　车间干燥岗位				

目　　的：为了使外包装岗位的包装操作规范进行，特制定外包装岗位标准操作规程。

适用范围：适用于外包装岗位。

责 任 者：车间工艺员、外包装操作人员、QA质监员。

操 作 法

① 根据批包装指令核对待包装产品的品名、批号、规格、检验报告单等。

② 从仓库领取合格的外包装材料，注意核对编号、品名、数量、规格。

③ 准备外包工具，调整好色带、打码机日期及批号等。

④ 包装顺序：标签批号打印、贴标签、装纸箱、封箱。

⑤ 当天包装好的药品放在待验库。

⑥ 每个批号的产品包装完毕后，经质控部检验合格发放成品检验报告单及产品合格证，经 QA 质监员及质控部经理审核后填写“成品放行审核单”，根据成品检验合格报告单填写成品入库单，仓库根据成品检验报告单办理成品入库手续。

⑦ 外包时要注意剔除不合格的外包材料，经质控部确认并在 QA 质监员的监督下销毁。

⑧ 标签和含标签内容的外包材料要求使用数、残损数、剩余数三者之和等于领用数，如果数目不相符要查明原因并得出合理解释，同时做好记录；套印过的剩余外包装应按规定销毁处理。

⑨ 下班前清理外包现场，并搞好卫生，做好批包装记录。

⑩ 换品种、规格或批号时要按《清场管理制度》清场，确信无上批包装材料、药品遗存时才能进行下批产品的包装。

⑪ 外包操作人员和 QA 质监员应经常检查外包装质量，对不规范行为及时纠正。

（三）干燥岗位操作法

1. 生产前准备

① 操作人员应按《一般生产区更衣规程》的要求进行更衣，按程序进入生产区。

② 检查该干燥岗位是否具有“清场合格证”，检查干燥设备是否具有“完好备用”标示和“已清洁”标示。

③ 检查干燥设备的蒸汽、电源是否已就绪，各种开关及阀门是否正常完好，干燥设备是否都已经过清洁消毒。

④ 对有直接接触药品的设备表面、容器、工具等进行消毒备用。

⑤ 原辅料领用。操作人员必须按照生产指令仔细核对待干燥物料品名、批号、规格和数量等。

⑥ 生产操作前，将生产状态标志“生产中”挂于显眼的位置；同时要将设备的“完好备用”标示取下，改悬挂“正常使用”标示。

2. 干燥操作

① 将待干燥物料均匀放置在干燥设备内进行干燥。

② 按照工艺要求设置干燥温度及上下限报警温度后，开启蒸汽阀门进行干燥。

③ 请 QA 随时对物料含水量进行监控，符合工艺要求即可停止干燥。

④ 停止干燥时，应先切断蒸汽，等设备内温度降下来后关闭电源，方允许开门出料。

⑤ 将干燥物料放入周转桶中，挂上状态标志。

⑥ 及时填写干燥批生产记录。

3. 工序管理

① 严格按照《干燥岗位标准操作规程》的要求进行操作。

② 操作中如有异常情况，应立即停机，通知相关人员解决。

③ 非本岗人员不得随意进入操作间。

④ 在生产操作中，严格遵守洁净区生产操作的各项规定，操作中轻拿轻放，移动物料容器、工具、设备时注意避免划伤地面，碰伤墙面、门、窗。

4. 生产结束后清场

① 清洁设备，依据《干燥室清洁规程》的要求用湿布将设备内外擦拭干净，再用 75% 乙醇擦拭，完成后填写清洁记录，并由 QA 检查员检查，合格后签字并贴挂“已清洁”状态标示。

② 生产所用容器、工具的清洗，应按照《一般生产区容器具清洗规程》的要求进行清洗、消毒。

③ 工作场地的门、窗、墙、地面应清洁干净。

④ 清除该批次的遗留物料。

⑤ 填写清场记录。

⑥ 清场、清洁完毕后，由 QA 检查合格后待用。

5. 生产结束

按《一般生产区人员更衣规程》的要求将工作服脱下放置在指定的地点后离开生产区。

(四) 干燥、包装岗位生产记录（表 4-33～表 4-37）

表 4-33 干燥岗位生产记录

产品批号		生产日期		年 月 日	
按烘干岗位 SOP 规定操作					
操作间温度		操作间湿度		烘箱编号	
烘干前重量	烘干后重量	干燥收率	操作人	复核人	
kg	kg				
操作过程					
操作步骤	工艺要求	操作记录		操作人	复核人
核对物料	批号、数量正确，外观质量无异常	__日__时__分 结果：____			
检查烘箱	洁净完好	__日__时__分 结果：____ 设备编号：________			
干燥	升温至 60℃，开始干燥，保持烘箱内温度在 60℃±1℃左右，真空度≤－0.09MPa，真空干燥 4h，随时注意烘箱是否工作正常，温度是否正常，并随时调节蒸汽阀门控制循环热水锅水温，并每半小时做 1 次记录。4h 左右取小样送中控测水分，若水分不合格，继续烘干直至合格，检测记录及报告填在下列备注中	__日__时__分 $T=$____℃ 真空度：______MPa			
		__日__时__分 $T=$____℃ 真空度：______MPa			
		__日__时__分 $T=$____℃ 真空度：______MPa			
		__日__时__分 $T=$____℃ 真空度：______MPa			
		__日__时__分 $T=$____℃ 真空度：______MPa			
		__日__时__分 $T=$____℃ 真空度：______MPa			
		__日__时__分 $T=$____℃ 真空度：______MPa			
		__日__时__分 $T=$____℃ 真空度：______MPa			
		__日__时__分 $T=$____℃ 真空度：______MPa			
		__日__时__分 $T=$____℃ 真空度：______MPa			
		__日__时__分 $T=$____℃ 真空度：______MPa			
		__日__时__分 $T=$____℃ 真空度：______MPa			
备注：					

生产管理员：　　　　　　　　　　QA 检查员：

表 4-34 原料药洁净区岗位清场记录

品名	批号	岗位	清场日期	有效期
			年 月 日	至 年 月 日

基本要求	
基本要求	① 地面无积粉、无污斑、无积液；设备外表面见本色，无油污、无残迹、无异物
	② 工器具清洁后整齐摆放在指定位置；需要消毒灭菌的清洗后立即灭菌，标明灭菌日期
	③ 无上批物料遗留物
	④ 设备内表面清洁干净
	⑤ 将与下批生产无关的文件清理出生产现场
	⑥ 生产垃圾及生产废物收集到指定的位置

	项目	合格(√)	不合格(×)	清场人	复核人
清场项目					
	地面清洁干净，设备外表面擦拭干净				
	设备内表面清洗干净，无上批物料遗留物				
	物料存放在指定位置				
	与下批生产无关的文件清理出生产现场				
	生产垃圾及生产废物收集到指定的位置				
	工器具、洁具擦拭或清洗干净，整齐摆放在指定位置，需要消毒灭菌的清洗后立即消毒灭菌，标明灭菌日期				
	更换状态标志				
备注					

生产管理员： QA检查：

表 4-35 批包装指令单 日期： 年 月 日

产品名称			规格	
批号			包装规格	
批生产量			包装日期	年 月 日
起草		审核	批准	

包装材料

名称	进厂编号	检验单号	生产厂家	理论用量	批准用量
备注					

表 4-36　原料药包装岗位清场记录

<table>
<tr><td colspan="3">品　　名</td><td>批　　号</td><td>岗　位</td><td colspan="2">清场日期</td><td colspan="2">有 效 期</td></tr>
<tr><td colspan="3"></td><td></td><td></td><td colspan="2">年　月　日</td><td colspan="2">至　年　月　日</td></tr>
<tr><td rowspan="7">内包装工序</td><td rowspan="7">清场项目</td><td colspan="3">项　　目</td><td>合格(√)</td><td>不合格(×)</td><td>清场人</td><td>复核人</td></tr>
<tr><td colspan="3">多余包装材料退回仓库或存放在指定位置</td><td></td><td></td><td rowspan="6"></td><td rowspan="6"></td></tr>
<tr><td colspan="3">地面、门窗、墙壁、送(回)风口清洁干净</td><td></td><td></td></tr>
<tr><td colspan="3">工器具、洁具擦拭清洗干净并放于指定位置</td><td></td><td></td></tr>
<tr><td colspan="3">与下批生产无关的任何文件记录清理出生产现场</td><td></td><td></td></tr>
<tr><td colspan="3">更换状态标志</td><td></td><td></td></tr>
<tr><td colspan="3">生产废弃物存放在指定位置</td><td></td><td></td></tr>
<tr><td rowspan="11">外包装工序</td><td colspan="4">清场时间　　年　　月　　日</td><td colspan="4">有效时间　　至　　年　　月　　日</td></tr>
<tr><td rowspan="10">清场项目</td><td colspan="3">项　　目</td><td>合格(√)</td><td>不合格(×)</td><td>清场人</td><td>复核人</td></tr>
<tr><td colspan="3">多余包装材料退回仓库</td><td></td><td></td><td rowspan="9"></td><td rowspan="9"></td></tr>
<tr><td colspan="3">多余标签或损毁标签及时按规定处理</td><td></td><td></td></tr>
<tr><td colspan="3">地面、门窗、墙壁清洁干净</td><td></td><td></td></tr>
<tr><td colspan="3">工器具、洁具擦拭清洗干净并放于指定位置</td><td></td><td></td></tr>
<tr><td colspan="3">无任何上批次生产遗留物</td><td></td><td></td></tr>
<tr><td colspan="3">物料放在指定位置</td><td></td><td></td></tr>
<tr><td colspan="3">与下批生产无关的任何文件记录清理出生产现场</td><td></td><td></td></tr>
<tr><td colspan="3">更换状态标志</td><td></td><td></td></tr>
<tr><td colspan="3">生产废弃物存放在指定位置</td><td></td><td></td></tr>
<tr><td colspan="2">备注</td><td colspan="7"></td></tr>
</table>

生产管理员：　　　　　　　　　　　QA 检查员：

表 4-37　成品检验报告单

<table>
<tr><td colspan="6">检验单号：</td></tr>
<tr><td>品　　名</td><td></td><td>规　　格</td><td colspan="3"></td></tr>
<tr><td>批　　号</td><td></td><td>包　　装</td><td colspan="3"></td></tr>
<tr><td>检品来源</td><td></td><td>数　　量</td><td colspan="3"></td></tr>
<tr><td>检验目的</td><td></td><td>收检日期</td><td>年</td><td>月</td><td>日</td></tr>
<tr><td>检验项目</td><td></td><td>报告日期</td><td>年</td><td>月</td><td>日</td></tr>
<tr><td>检验依据</td><td colspan="5"></td></tr>
<tr><td colspan="2">检验项目</td><td colspan="2">标准规定</td><td colspan="2">检验结果</td></tr>
<tr><td></td><td></td><td></td><td></td><td></td><td></td></tr>
<tr><td></td><td></td><td></td><td></td><td></td><td></td></tr>
<tr><td></td><td></td><td></td><td></td><td></td><td></td></tr>
<tr><td></td><td></td><td></td><td></td><td></td><td></td></tr>
<tr><td></td><td></td><td></td><td></td><td></td><td></td></tr>
<tr><td>结　论</td><td colspan="5"></td></tr>
<tr><td colspan="2">化验室主任：</td><td colspan="2">复核人：</td><td colspan="2">检验人：</td></tr>
</table>

任务七 阿司匹林生产模拟实训

任务单见表 4-38。

表 4-38 阿司匹林生产模拟实训任务单

任务布置者:(老师名)	部门:生产部	费用承担部门:生产部
任务承接者:(学生名)	部门:生产车间	费用承担部门:生产部
工作任务:阿司匹林生产模拟实训。 工作人员:以工作小组(5 人/组)为单位,小组成员分工合作,完成本次任务。 工作地点:教室、图书馆、实训车间。 工作成果: ① 生产前准备工作和设备检查。 ② 备料、配料。 ③ 岗位操作法。 ④ 岗位生产记录。		
任务编号:	项目完成时间:20 个工作日	

(一) 生产前准备工作和设备检查

同本项目任务三中相应内容。

(二) 备料、配料

① 根据生产指令，按照领料标准操作规程正确领取所需原辅料。

② 在脱包室按脱包标准操作规程，对领取物料脱包。

③ 根据生产任务，按照称量标准操作规程和称量配料室清洁规程，准确称取原辅料，填写备料生产记录，清理称量配料室。

(三) 岗位操作法

1. 合成流程框图、设备流程图

阿司匹林合成流程框图见图 4-3。阿司匹林中试生产工艺流程见图 4-4。

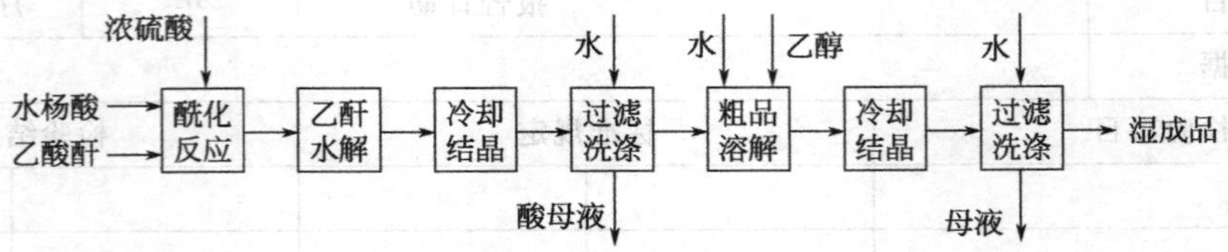

图 4-3 阿司匹林合成流程框图

2. 岗位操作法

投料配比：水杨酸：乙酸酐：母液＝1.25：1：1

单位投料量：水杨酸（折纯）约 500kg，其他根据物料配比计算。

① 通过母液计量槽向酰化釜中加入乙酸酐 400 kg，启动搅拌器，向酰化釜夹套通入蒸

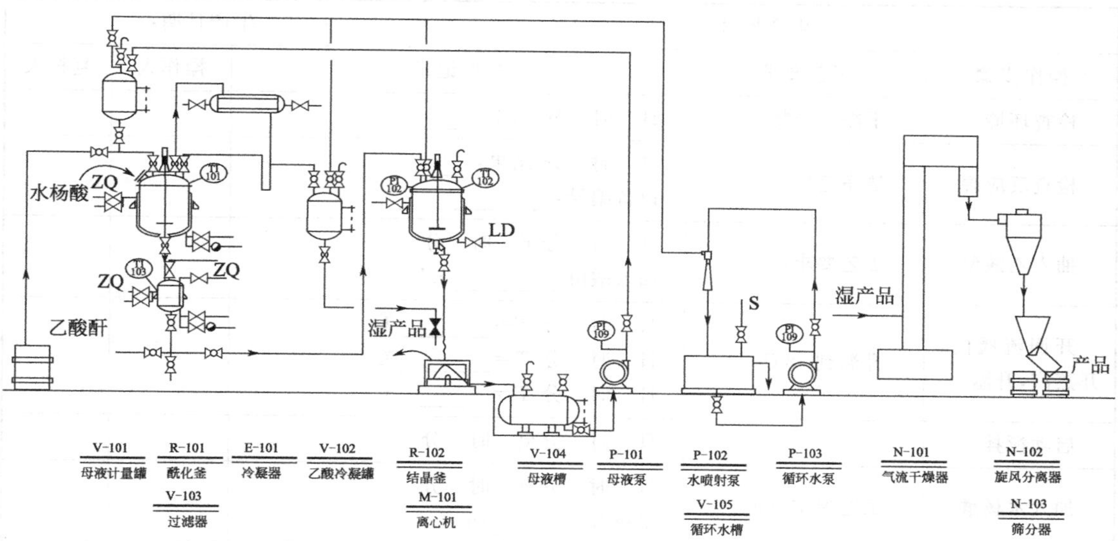

图 4-4　阿司匹林中试生产工艺流程

汽，升温至 48℃。

② 在搅拌下加入水杨酸 335 kg，升温至 80℃，反应 1h；夹套通入冷却水降温至 48℃，再加入水杨酸 165 kg，升温至 80℃，反应 2h。

③ 取样检查游离水杨酸合格后，将反应液经过活性炭过滤器真空抽入结晶釜。

④ 向结晶釜夹套中缓慢通入冷冻盐水，缓慢降温至 13℃以下。

⑤ 准备好离心机滤布，将冷冻母液用离心机甩干 15min。

⑥ 用纯水浸洗结晶 2～3min，然后尽量甩干得湿成品。

3. 操作要点

① 反应釜中液体量较少，水杨酸应分批投入，便于溶解和搅拌。

② 酰化反应为放热反应，水杨酸投入时温度降低到 48℃，温度自然上升到 70～80℃。

③ 必要时用夹套蒸汽加热，反应温度不能过高。

④ 游离水杨酸合格后及时后处理，时间不能过长，以免副反应加剧。

⑤ 结晶釜夹套中应缓慢通入冷冻盐水，控制结晶粒度和产品质量。

⑥ 浸洗结晶用的水量不能太多，洗水单独收集处理，应尽量甩干。

4. 问题讨论和合理化建议

① 如何取样控制反应终点？

② 阿司匹林结晶为何采用浸洗方式？

③ 酰化反应温度过高会生成哪些副产物，对产品质量有何影响？

④ 冷却过快使结晶过细，为什么影响产品质量？

⑤ 采用活性炭过滤器和将活性炭搅拌吸附有什么区别？

5. 模拟实训完成的生产记录

批生产指令单同表 4-3。酰化岗位开工前现场检查表同表 4-4。酰化岗位生产记录（备料）同表 4-16。酰化岗位生产记录（生产）见表 4-39。原料药一般生产区岗位清场记录见表 4-40。

表 4-39　酰化岗位生产记录（生产）

生产批号：			生产日期：	
操作步骤	工艺要求	操作记录	操作人	复核人
检查环境	干净无异物	日　时　分 结果：____		
检查反应罐	洁净完好	日　时　分 结果：____ 设备编号：________		
抽入乙酸酐	工艺要求(ml)	日　时　分至　时　分 加入酸酐________ml		
开回流阀门，开蒸汽，升温	升温到 48℃	日　时　分 $T=$______℃ 日　时　分 $T=$______℃ 日　时　分 $T=$______℃		
启动搅拌		日　时　分至　时　分		
加入水杨酸	工艺要求(kg)	日　时　分至　时　分 水杨酸______kg		
开蒸汽，升温	升温到 80℃	日　时　分 $T=$______℃ 日　时　分 $T=$______℃ 日　时　分 $T=$______℃		
开冷却水，降温	48℃	日　时　分 $T=$______℃ 日　时　分 $T=$______℃ 日　时　分 $T=$______℃		
加入水杨酸	工艺要求(kg)	日　时　分至　时　分 水杨酸______kg		
开蒸汽，升温	升温到 80℃	日　时　分 $T=$______℃ 日　时　分 $T=$______℃ 日　时　分 $T=$______℃		
取样	检查水杨酸含量	日　时　分 含量=____		
结晶	真空抽取至结晶罐	日　时　分至　时　分		
开冰冻盐水，降温	13℃	日　时　分 $T=$______℃ 日　时　分 $T=$______℃ 日　时　分 $T=$______℃		
离心、洗涤	离心，水洗 3 次至无酸味	日　时　分 放料 日　时　分 水洗____次 日　时　分 水洗____次 日　时　分 水洗____次		
称重		日　时　分 湿品____kg 日　时　分 含水量____%		
计算收率		日　时　分 收率____%		
备注：				

生产管理员：　　　　　　　　　　　　　QA 检查员：

表 4-40　原料药一般生产区岗位清场记录

<table>
<tr><td colspan="2">品　名</td><td>批　号</td><td>岗　位</td><td colspan="2">清场日期</td><td colspan="2">有 效 期</td></tr>
<tr><td colspan="2"></td><td></td><td></td><td colspan="2">年　月　日</td><td colspan="2">至　年　月　日</td></tr>
<tr><td rowspan="6">基本要求</td><td colspan="7">① 地面无积粉、无污斑、无积液</td></tr>
<tr><td colspan="7">② 工器具、盛具清洁整齐摆放在指定位置</td></tr>
<tr><td colspan="7">③ 物料存放于指定位置</td></tr>
<tr><td colspan="7">④ 设备外表面见本色，无油污、无残迹、无异物；设备内表面每三批进行一次清洗</td></tr>
<tr><td colspan="7">⑤ 将与下批生产无关的文件清理出生产现场</td></tr>
<tr><td colspan="7">⑥ 生产垃圾及生产废物收集到指定的位置</td></tr>
<tr><td rowspan="8">清场项目</td><td colspan="3">项　目</td><td>合格(√)</td><td>不合格(×)</td><td>清场人</td><td>复核人</td></tr>
<tr><td colspan="3">地面清洁干净，设备外表面擦拭干净</td><td></td><td></td><td rowspan="7"></td><td rowspan="7"></td></tr>
<tr><td colspan="3">物料存放于指定位置</td><td></td><td></td></tr>
<tr><td colspan="3">与下批生产无关的文件清理出生产现场</td><td></td><td></td></tr>
<tr><td colspan="3">生产垃圾及生产废物收集到指定位置</td><td></td><td></td></tr>
<tr><td colspan="3">工器具、洁具擦拭或清洗干净摆放在指定位置</td><td></td><td></td></tr>
<tr><td colspan="3">设备内表面每三批进行一次清洗</td><td></td><td></td></tr>
<tr><td colspan="3">更换状态标志</td><td></td><td></td></tr>
<tr><td>备注</td><td colspan="7"></td></tr>
</table>

生产管理员：　　　　　　　　　　　　　　　　　　QA 检查员：

(四) 任务驱动下的知识

1. 制药企业生产管理部门简介

生产管理部门的主要工作内容有新产品开发、生产技术准备、生产过程组织、生产计划制订、劳动定额、劳动组织、生产作业计划、设备维修、质量检验、物资与库存管理等。

无论是大型制药企业，还是中小型企业，为保证正常生产的进行，一般都要设置生产车间、生产辅助车间以及担负各种任务的职能部门。

(1) 化学制药生产车间　由若干工段和生产岗位组成，通过一定的生产程序完成从原料到产品的生产任务。生产车间的管理任务主要是通过对生产程序中操作条件的控制和生产人员的管理，保质保量地完成计划的生产任务。

(2) 生产辅助车间　指为保证生产车间的生产设备、控制系统正常使用而配置的维护、维修及动力部门。一般包括动力车间、机修车间、仪表车间等。

① 动力车间。任务是为企业生产系统和生活系统提供所有的公用工程，包括生产生活用电、加热升温的热源（如蒸汽、燃油、燃气）、降温的冷源（如循环冷却水、冷冻盐水）、生产生活用水（如工艺用纯水、软水、自来水、深井水）、各种气源（仪表用气、压缩空气、保安氮气）等。

② 机修车间。任务是保证所有生产车间的生产设备处于正常状态，对设备运行情况进行必要的巡回检查、必要的维护以及按计划进行的检修，避免因设备损坏而造成生产事故。

③ 仪表车间。任务是保证生产过程中各种控制系统的正常运行，包括对仪器仪表及电脑等控制系统的巡回检查、日常保养和运行故障维修，避免因控制系统故障出现生产事故。

(3) 职能管理部门　指为保证企业各项工作正常运行而设立的完成各种管理任务和行使管理职权的部门。一般制药企业的职能管理部门包括生产技术部、质量检查部、机械动力部、安全生产部、环境保护部、供应及销售部等。

① 生产技术部。负责全厂生产的组织、计划、管理，一般通过调度室协调全厂生产及与其他部门的关系，保证生产正常运行，并通过工艺技术组负责全厂工艺技术的管理工作，定期对全厂的物料及工艺进行核算。

② 质量检查部。负责全厂原料、中间产品、目的产品的重要指标的质量分析，并提供分析检验结果，作为调整工艺参数和加强生产过程控制管理的依据，并严格控制合格产品出厂的标准，防止不合格产品流入市场，造成不良后果。

③ 机械动力部。负责全厂制药机器和设备的统一管理，建立机器设备及其运行情况档案，定期提出设备维修及更新计划，并负责监督执行。

④ 安全生产部。负责贯彻执行安全管理规程，进行日常的安全巡回检查，及时发现安全隐患，并协同有关部门采取相应措施，杜绝事故发生，保证安全生产，同时负责对职工及进入生产现场人员的安全教育，检查企业内各部门安全措施的落实情况。

⑤ 环境保护部。负责监测生产过程排放的所有废物使其符合国家规定标准，同时监督和组织有关部门进行物料的回收和综合利用，对可能产生的污染进行治理，保护大环境。

⑥ 供应及销售部。负责全厂所有原材料的采购以及产品和副产品的销售。

2. 原料药生产验证技术

(1) 验证　验证是指任何程序、生产过程、设备、物料、活动或系统确实能达到预期结果的有文件证明的一系列活动，能始终如一地生产出符合预先确定的规格标准和质量特性的产品。原料药生产过程验证的内容有厂房与设施的验证、设备验证、生产工艺验证、检验与计量验证、清洗验证、原辅材料验证以及产品验证等。方法有前验证、同步验证、回顾性验证和再验证等。

(2) 原料药生产验证及其要求

① 厂房与设施验证

a. 生产厂房的验证。原料药生产厂房验证的重点是精、干、包工序，其厂房要根据工艺流程和生产要求合理布局和分区，内部装修应符合规定要求，并设有符合要求的人员卫生通道和物流通道。

b. 水系统工程的验证。原料药的精制、设备和容器的清洁等都要用到水，水是药品的污染源之一，故要十分重视水系统的验证。水处理设备要经过安装确认和运行确认。这是为了证明系统、设备达到设计标准与生产工艺要求而进行的实际运行试验。

② 设备验证。原料药的设备验证有预确认、安装确认、运行确认和性能确认。原料药精、干、包工序的设备主要有结晶（反应）罐、贮存计量罐、离心机或过滤设备、干燥设备、粉碎过筛和混合设备以及与之相配套的物料输送设备、管路、仪器仪表等。

a. 结晶（反应）设备的验证。结晶（反应）罐是原料药精制中常用的设备。对不锈钢材质的结晶罐，其内表面的抛光面要进行确认。结晶罐安装后必须进行试运转，包括空载和负载运转。对结晶罐的搅拌器、热交换器的性能和效果进行确认。

b. 分离设备的确认。离心机和过滤器是原料药生产中常用的分离设备。离心机的安装和运行必须达到设计要求：转鼓起动时间不超过设定标准，主机运转平稳、无异常振动及杂音；停车时，制动器灵敏可靠，主轴承外测温度不超过设定标准。

c. 压滤器的确认主要是对过滤面积、承受压力、夹层换热效果以及扬程、流量等进行测试。

d. 干燥设备的确认。原料药常用箱式干燥或机械干燥，要对风机的风量、风速、压头等进行测试，确认是否满足设定要求。干燥介质要进行预处理，无菌原料药要经初、中、高效过滤器过滤，非无菌原料药也要经初、中效过滤器过滤。

③ 生产工艺验证。原料药的精制常有化学单元反应，应控制的工艺条件有配料比、反应物浓度、反应温度、溶剂、催化剂、pH 值、压力和反应时间等。不同原料药的精制应根据生产实际需要，对涉及到该反应的工艺条件逐一进行验证。

a. 结晶工艺验证。根据溶质晶体在结晶过程中晶核形成速度及晶体成长速度，对固体药物在粒度、晶型等方面的具体质量要求加以控制。主要是检测晶型、粒度、外观以及晶体中所含杂质等是否符合设定要求。

b. 分离工艺验证。过滤是一种最常用的分离工艺方法，其过程有过滤、洗涤、去湿和卸料四个阶段。离心效果的验证可采用检测滤饼中溶剂残留量或洗液残留量、母液中和洗液中固体悬浮物的量以及每次滤饼的量等方法。可采用检测滤饼中母液的残留量或检验洗液等，确认洗涤效果。

c. 干燥工艺验证。主要是对干燥介质和干燥效果的验证。检查经过滤器除尘的干燥介质中的尘粒数以及在干燥器中干燥介质的温度、湿度和流量是否具有均一性和符合工艺要求。干燥效果的验证必须在药物热稳定性考察的基础上，检查在规定干燥时间内药物中湿分含量是否达到设定要求。

d. 不溶性微粒的控制。原料药中不溶性微粒主要通过控制原辅材料与溶剂、生产设备与工具、洁净蒸汽与水、净化空调以及操作人员工作服、手套等的质量和清洁要求，使其在规定范围之内。

e. 原辅材料、包装材料的供应商需要确认。

④ 清洗验证和灭菌方法与要求

a. 清洗验证。为了防止原料药批与批之间的交叉混杂，特别是交叉污染，应对直接接触药物的生产设备、容器及操作室制定清洗标准操作规程（SOP），把交叉混杂或污染的程度控制在一个可允许的限度之内，从而确保原料药质量。

b. 灭菌方法与要求。对于原料药生产，特别是无菌原料药，生产环境、设备和容器等的消毒灭菌是十分重要的。

（3）原料药验证需要注意的一些问题

① 原料药生产验证工作涉及到企业内的动力、设备、计量、质检、生产、供应等许多部门，因此必须由企业负责验证工作的职能部门统一组织、实施、协调和监督这项工作。

② 验证是一项专业性、技术性很强的工作，凡参加这项工作的人员必须是训练有素的专业技术人员。验证数据必须真实可靠，符合实际情况。

③ 验证方案的制定及其实施，既要符合 GMP 的原则要求，又要结合实际，因地制宜，切实可行。原料药验证的重点是精制、干燥和包装工序，切忌贪大求全和形而上学，照搬照抄国内外其他企业。

④ 当原辅材料（特别是精制用的粗品或中间体及有关原辅料）、设备、生产工艺等发生变更，有可能影响产品质量时，需要进行再验证。为了防止如厂房陈旧和设备老化等因素影响到产品质量，应定期进行再验证或回顾性验证。

六、药物合成理论

(一) 缩合反应

1. 概念

凡两个或两个以上有机化合物分子之间相互反应形成一个新键，同时放出简单分子；或两个有机化合物分子通过作用形成较大分子的反应均称为缩合反应。根据形成新键的种类不同，缩合反应分为形成碳-碳键的缩合和形成碳-杂键的缩合。

2. 类型

(1) 醛酮化合物之间的缩合

①自身缩合。含 α-活泼氢的醛或酮在酸或碱的催化下生成 β-羟基醛或酮，或经脱水生成 α，β-不饱和醛或酮的反应，称为羟醛缩合反应。

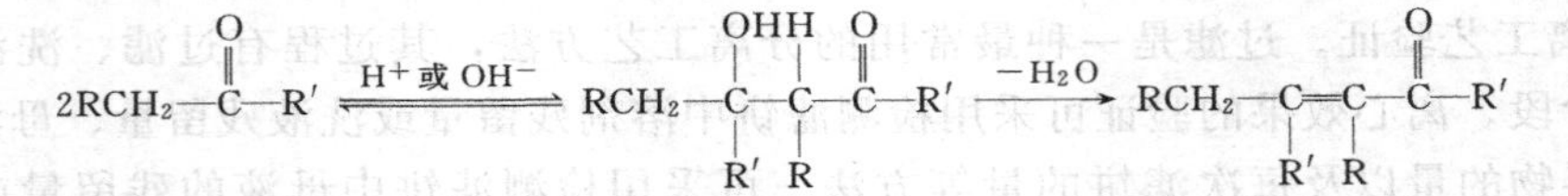

a. 含一个 α-活泼氢的醛自身缩合，得到单一的 β-羟基醛。

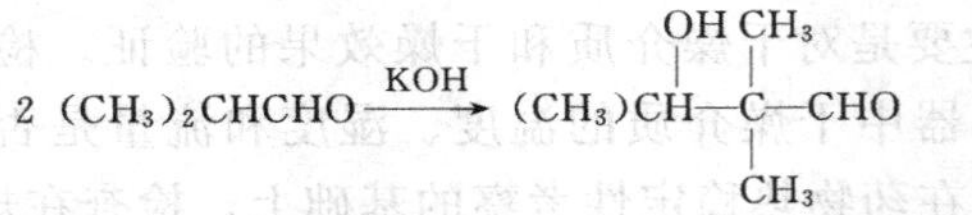

b. 含两个或三个 α-活泼氢的醛自身缩合，若在稀碱溶液或较低温度下反应得到 β-羟基醛，温度较高或用酸催化反应，均得 α,β-不饱和醛。

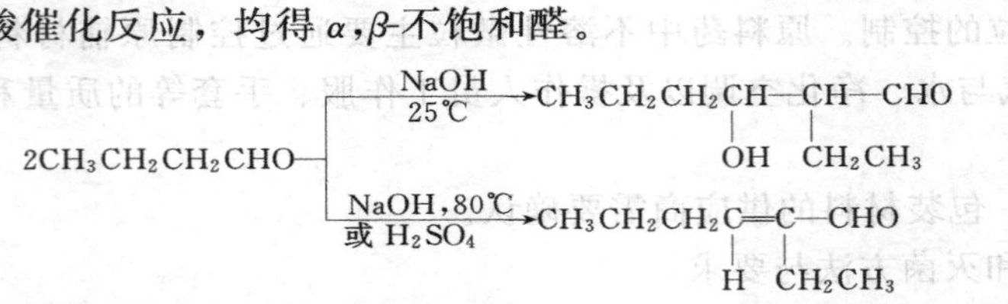

c. 含 α-活泼氢的脂肪酮自身缩合比醛慢。

d. 芳醛的自身缩合。芳醛在含水乙醇中，以氰化钠或氰化钾为催化剂，加热后发生自身缩合，生成 α-羟酮的反应称为安息香缩合。

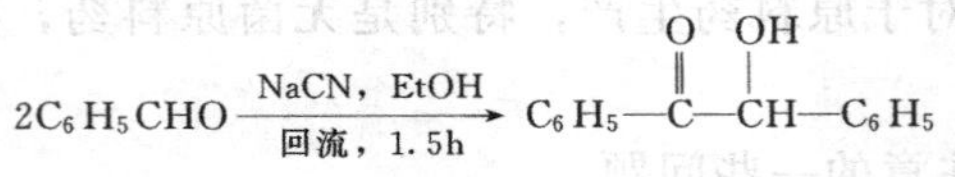

② 交错缩合

a. 甲醛与含 α-活泼氢的醛、酮的缩合。甲醛与其他含 α-活泼氢的醛、酮在碱的催化下，于醛、酮 α-碳上引入羟甲基的反应称为多伦斯（Tollens）反应，又称羟甲基化反应。

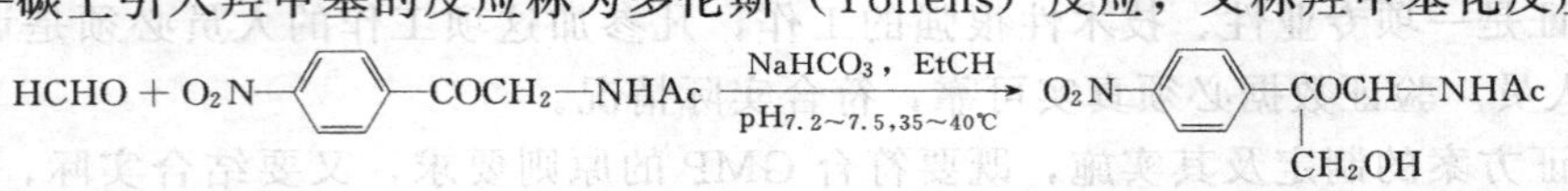

多伦斯缩合中若碱的浓度过大，则会发生康尼查罗副反应。有时可利用这一点，使缩合反应和康尼查罗反应相继发生，以制备多羟基化合物。

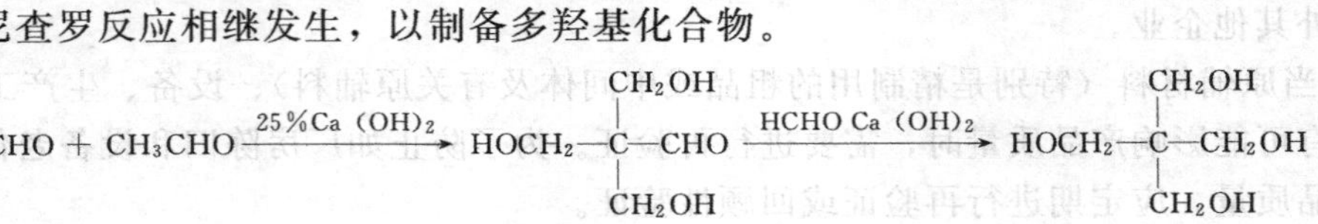

b. 芳醛与含 α-活泼氢的醛、酮的缩合。芳醛与含 α-活泼氢的醛、酮在少量氢氧化钠等碱性催化剂的存在下进行羟醛缩合，脱去一分子水，最后生成 α，β-不饱和醛或酮。该反应称克莱森-施米特（Claisen-Schmidt）缩合。

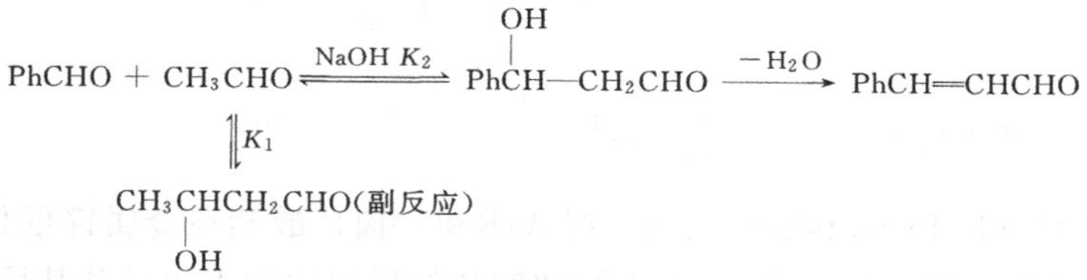

含 α-活泼氢的醛、酮的自身缩合副反应速度很慢，其平衡常数 $K_1 \gg K_2$。为使副反应减少到最低，常采取下列措施：将等摩尔的苯甲醛与乙醛混匀，然后均匀滴加到氢氧化钠水溶液中；或将苯甲醛与氢氧化钠水溶液混合后，再慢慢加入乙醛，并控制在低温（0～6℃）下反应。

（2）酮与羧酸或其衍生物之间的缩合

① 克脑文格（Knoevenagel）缩合。醛或酮与含有活性亚甲基的化合物在氨、胺或它们的羧酸盐催化下，发生类似的羟醛缩合，脱水而形成 α，β-不饱和化合物的反应称为克脑文格缩合。

式中，R′为—H，烃基；—X，—Y 为硝基、氰基、酯基、酮基等。

克脑文格缩合在药物及其中间体合成中应用甚多。主要用于制备 α，β-不饱和羧酸及其衍生物、α，β-不饱和氰和硝基化合物等。其构型一般为 E 型。

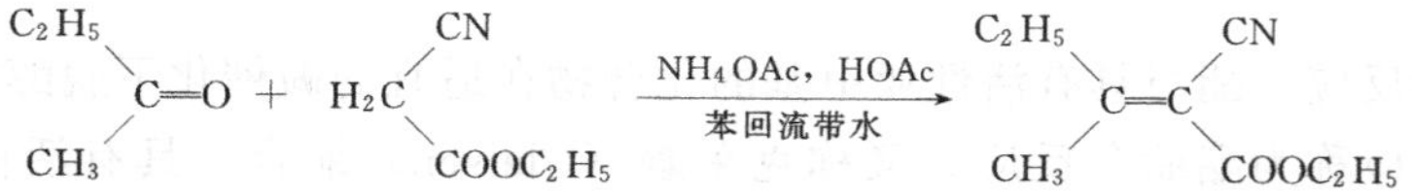

② 柏琴（Perkin）反应。芳香醛与脂肪酸酐在相应羧酸盐或叔胺催化下缩合，生成 β-芳丙酸类化合物的反应称为柏琴反应。

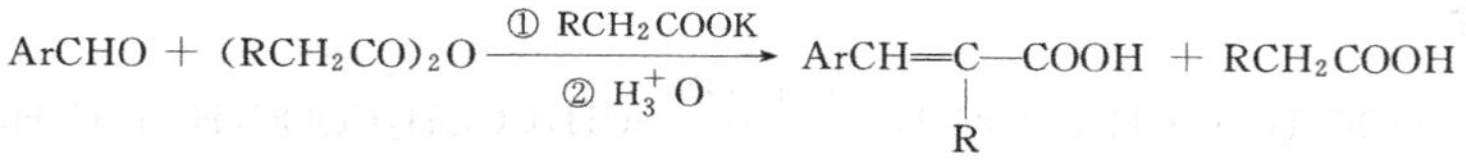

柏琴反应需在无水条件下进行。主要用于制备 β-芳丙酸类化合物。

③ 达参（Darzens）反应。醛或酮与 α-卤代酸酯在碱催化下缩合，生成 α，β-环氧酸酯的反应称为缩水甘油酸酯缩合反应。又称达参反应。

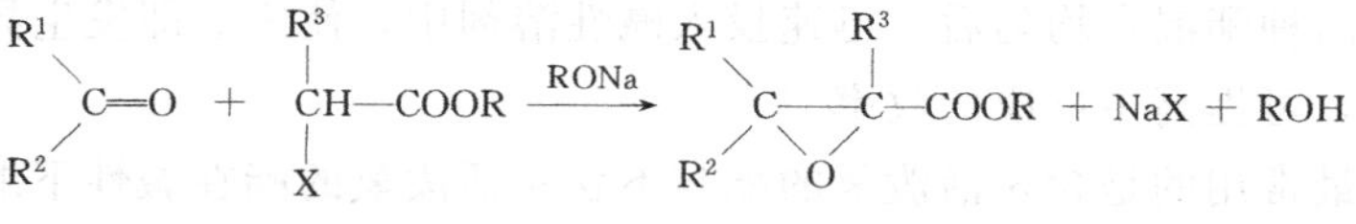

参加达参反应的 α-卤代酸酯中，一般以 α-氯代酸酯最合适。α-溴代酸酯和 α-碘代酸酯虽然活性较大，但因易发生烃化副反应，产品复杂而很少采用。由于 α-卤代酸酯和催化剂均易水解，故达参缩合需在无水条件下完成，反应温度也不高。

通过达参反应可得到 α，β-环氧酸酯。但其意义主要还是在于其缩合产物经水解、脱羧等反应，可以转化成比原反应物醛或酮至少多一个碳原子的醛或酮。如维生素 A 中间体十四碳醛的制备。

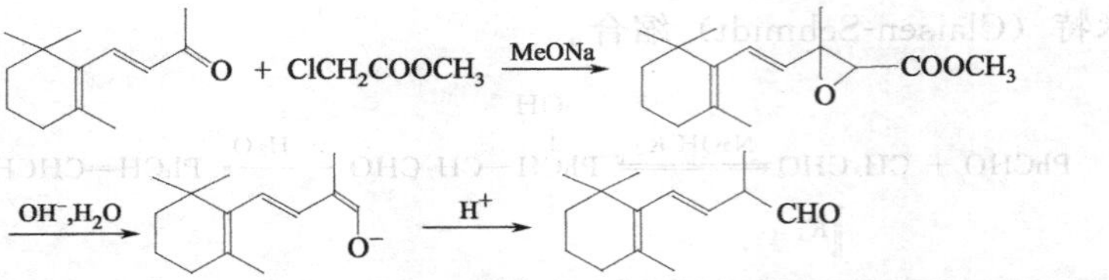

④ 雷福马茨基（Reformatsky）反应。醛或酮和α-卤代酸酯在金属锌催化下，于惰性溶剂中缩合，得β-羟基酸酯或脱水得α，β-不饱和酸酯的反应称为雷福马茨基反应。

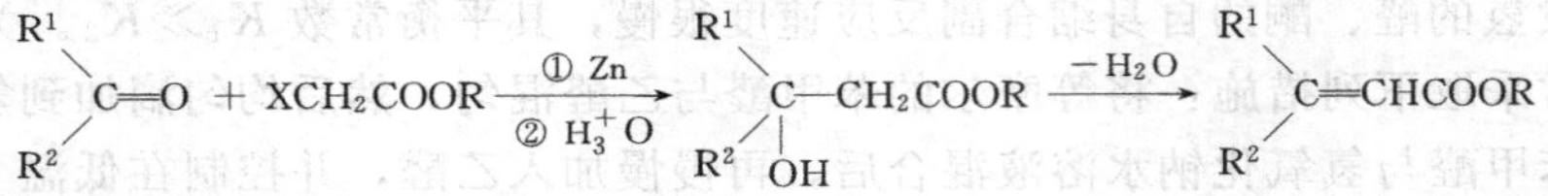

a. 反应物羰基化合物可以是各种醛或酮，醛的活性一般比酮大，但活性大的脂肪醛在反应条件下易发生自身缩合。

b. α-卤代酸酯中，以α-溴代酸酯最常用。

c. 催化剂锌粉可以市购，也可以自制。市购锌粉必须活化。活化的方法是用20%的盐酸处理，再用丙酮、乙醚洗涤，真空干燥即得。用金属钾与无水氯化锌在四氢呋喃中直接反应生成锌粉。

$$ZnCl_2 + 2K \xrightarrow[\Delta]{THF,\ N_2} Zn + 2KCl$$

d. 本反应应在中性条件下进行，以减少醛或酮的自身缩合。反应中生成的碱性氢氧化锌卤化物用硼酸三甲酯中和，以使反应保持在中性。

e. 本反应最适温度为90～105℃。

f. 无水操作。

（3）酯缩合反应　酯与具有活性亚甲基的化合物在适宜的碱催化下脱醇缩合，生成β-羰基类化合物的反应称为酯缩合反应，又称克莱森（Claisen）缩合。具有活性亚甲基的化合物可以是酯、酮、氰，其中以酯类与酯类的缩合较为重要，应用也比较广泛。

①酯-酯缩合

a. 同酯缩合

$$CH_3COOC_2H_5 + CH_3COOC_2H_5 \xrightarrow{C_2H_5ONa} CH_3COCH_2COOC_2H_5 + C_2H_5OH$$

常采用蒸馏或分馏的方法，除去生成的低沸点的醇，以提高收率。

b. 异酯缩合。若参加反应的两种酯中均含α-活泼氢且活性差别较小，除发生异酯缩合外，还可发生同酯缩合，产物复杂，无实用价值。如果两种含α-活泼氢的酯活性差别较大，生产上可先将这两种酯混合均匀后，迅速投入碱性溶剂中，使之立即发生异酯缩合，减少同酯缩合的可能性，可提高主反应的收率。

异酯缩合中最常用的是含α-活泼氢的酯与不含α-活泼氢的酯在碱性下缩合，生成β-酮酸酯，收率较高。

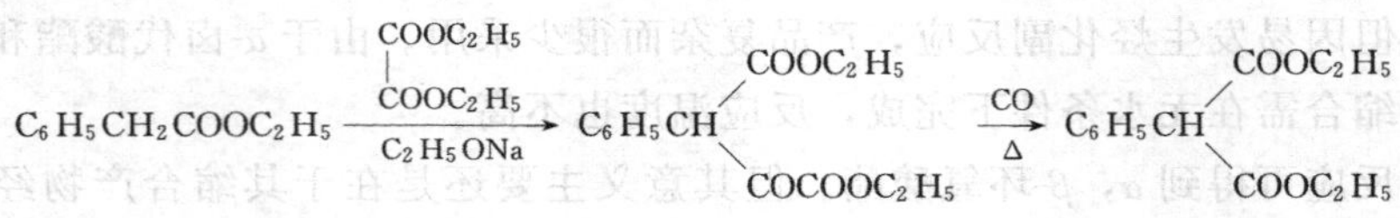

在上述反应条件下，含 α-活泼氢的酯也会发生同酯缩合副反应。若将含 α-活泼氢的酯滴加到碱和不含 α-活泼氢的酯的混合物中，或采用碱与 α-活泼氢的酯交替加料方式，则可以降低该副反应的发生。

c. 分子内的酯缩合。同一分子中含两个酯基时，在碱催化剂存在下，分子内部发生克莱森缩合反应，环化而成 β-酮酸酯类缩合物。该反应称为狄克曼（Diekmann）反应。

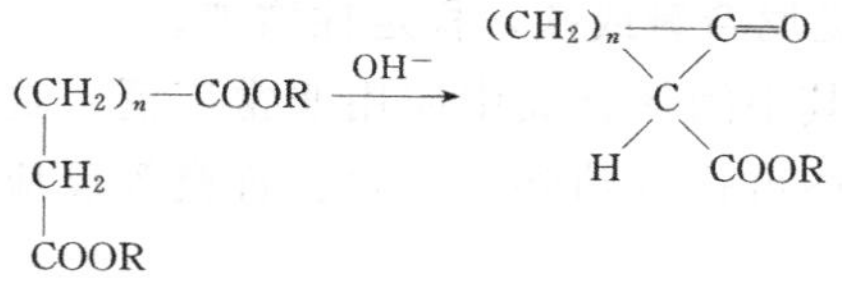

式中：碱＝Na，$n=3$，收率 81%

碱＝Na，$n=4$，收率 76%

碱＝NaH，$n=5$，收率 58%

$n=3\sim5$ 时，狄克曼反应的效果最好；$n>7$，则产率降低，甚至不反应。

狄克曼反应主要用于合成五元、六元或七元 β-酮酯类化合物；后者再经水解及加热脱羧反应，生成五元、六元或七元环酮。

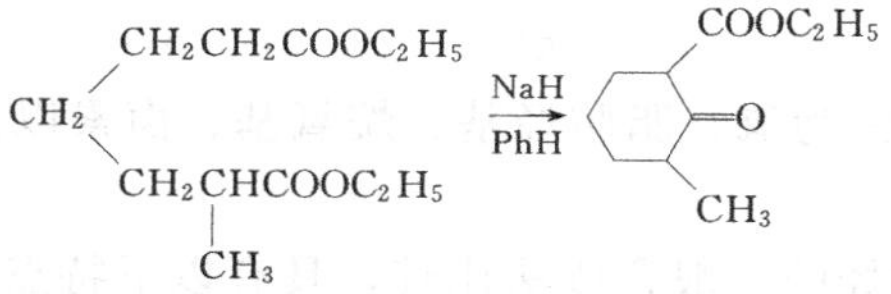

② 酯-酮缩合。酯-酮缩合与酯-酯缩合相似。由于酮的 α-氢的活性比酯大（如丙酮的 $pK_a=20$，乙酸乙酯的 $pK_a=24$），故在碱性条件下，酮比酯更容易脱去质子。

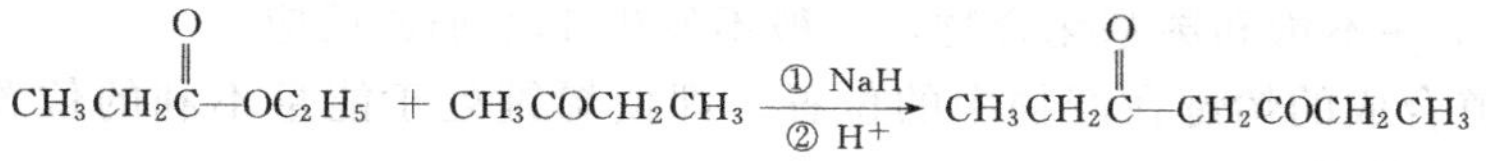

③ 酯-腈缩合。酯-腈缩合与酯-酯缩合相似。在碱催化下，腈形成的碳负离子对酯羰基进行亲核加成。

如抗疟药乙胺嘧啶中间体的制备。

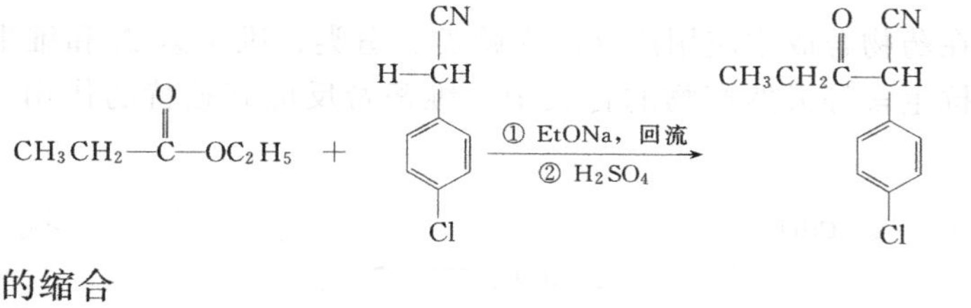

（4）其他类型的缩合

① 曼尼希（Mannich）反应。在酸性条件下，含活泼氢原子的化合物与甲醛（或其他醛）和具有氢原子的伯胺、仲胺或铵盐脱水缩合，结果含活泼氢原子化合物中的氢原子被氨甲基所取代。该反应称为氨甲基化反应，又称为曼尼希反应。其产物叫做曼尼希碱或盐。

$$R'H + HCHO + R_2NH \xrightarrow{H^+} R'CH_2NR_2 + H_2O$$

a. 活泼氢化合物种类很多。它们可以是酮、醛、羧酸及其酯类、腈、硝基烷、炔、酚类及其某些杂环化合物。其中以酮类应用较多。

b. 胺的碱性、种类和用量对反应都有影响。胺的亲核能力一定要大于活泼氢化合物的亲核能力。以仲胺最常用，因其碱性强，且仅有一个氢原子，产物单纯。

c. 以甲醛最常用，其他醛不如甲醛活泼。

d. 曼尼希反应需在弱酸（pH3～7）条件下进行。常用的酸为盐酸。酸的作用有三个方面：Ⅰ. 催化作用，反应液的pH值一般不小于3，否则对反应有抑制作用；Ⅱ. 解聚作用，使用三聚甲醛和多聚甲醛时，在酸性条件下加热解聚生成甲醛，使反应正常进行；Ⅲ. 稳定作用，在酸性条件下生成的曼尼希碱或盐，稳定性增加。

e. 曼尼希反应在药物及其中间体合成中应用非常广泛。这是由于曼尼希产物大部分本身就是药物或中间体，此外还可进行消除、氢解、置换等反应，从而制得许多有价值的化合物。

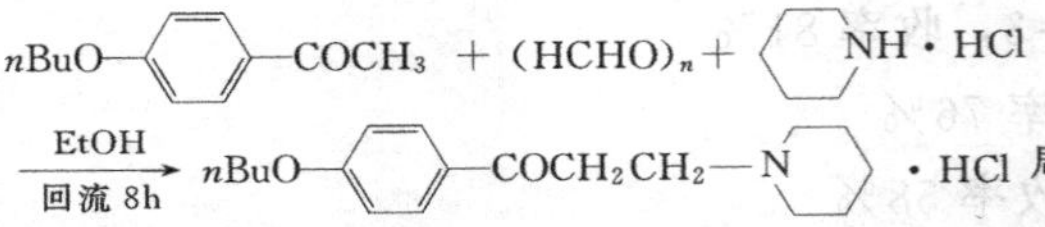

局麻药盐酸达可罗宁

② 维蒂希（Wittig）反应。羰基化合物与烃代亚甲基三苯基膦作用，生成烯类化合物以及氧化三苯基膦的反应称为维蒂希反应，又称羰基烯化反应。

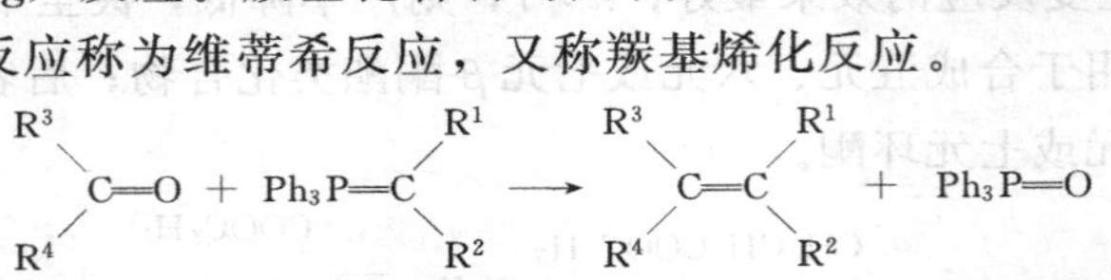

式中，R^1、R^2、R^3、R^4 为氢、脂肪烃基、烷氧基、卤素以及有各种取代基的脂肪烃基和芳烃基等。

维蒂希反应的特点与烯烃的一般合成法比较，具有以下特点。

a. 反应条件一般较温和，收率较高。若控制反应条件，可合成立体选择性产物。

b. 改变维蒂希试剂中的取代基，可制得通常很难合成的烯类化合物。

c. 对某些 α，β-不饱和羰基化合物，一般不发生 1,4-加成反应。

d. 确切知道合成的烯键在产物中的位置。即使烯键处于能量不利的位置也能用此法合成，不产生几何异构体。

e. 维蒂希试剂的制备一般较麻烦，操作费用高。

f. 维蒂希反应后处理麻烦。这是由于产物烯烃常和反应伴生的氧化三苯膦基混杂，较难纯制。

维蒂希反应在药物合成中应用广泛。在萜类、甾类、维生素A和维生素D、前列腺素、昆虫信息素、新抗生素等天然产物的合成中，维蒂希反应有独特的作用。如维生素A中间体的合成：

③ 麦克尔（Micheal）加成。活性亚甲基化合物与 α，β-不饱和化合物在碱性催化剂存在下发生的加成反应，称为麦克尔（Micheal）加成。

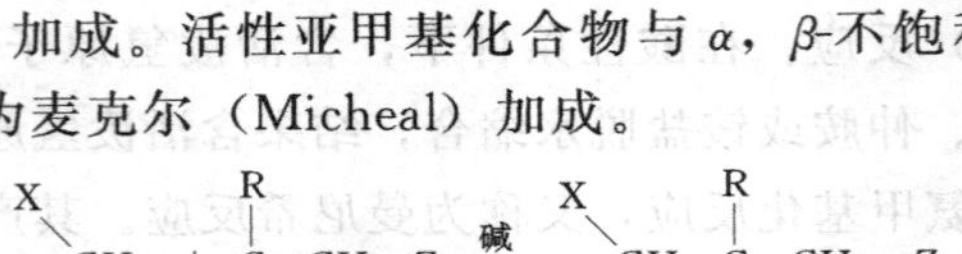

式中，X、Y、Z 为吸电子基；R、R′为氢或烃基。

a. X、Y、Z 吸电子能力越大，活性越强。

b. 麦克尔（Micheal）加成反应是可逆的，而且大多数为放热反应，所以，一般在较低温度下进行；温度升高，收率下降。若用较弱的碱催化，反应温度可适当提高。

c. 麦克尔（Micheal）加成的应用广泛，在药物合成上的意义主要有以下两个方面。

Ⅰ. 增长碳链。通过反应可在活性亚甲基上引入至少含三个碳的侧链。如催眠药格鲁米特中间体的制备：

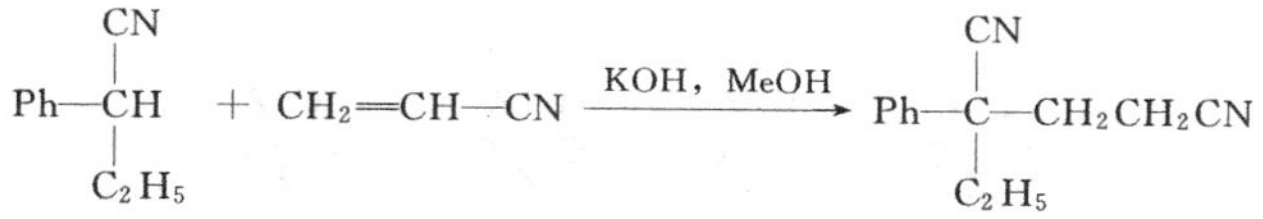

Ⅱ. 鲁宾逊（Robinson）增环反应。环酮与 α，β-不饱和酮在碱催化下发生麦克尔加成，紧接着再发生分子内的羟醛缩合，闭环而产生一个新的六元环；然后再继续脱水，生成二元环（或多元环）不饱和酮的反应成为鲁宾逊（Robinson）增环反应。

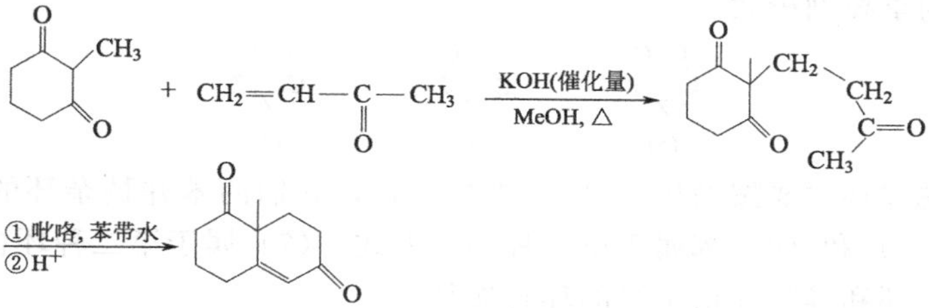

（二）环合反应

(1) 定义　环合反应是使链状化合物生成环状化合物的缩合反应。环合产物可以是碳环化合物，也可以是杂环化合物，是通过形成新的碳-碳、碳-杂原子或杂原子-杂原子共价键来实现的。

(2) 类型　环合反应一般分成两种类型：一种是分子内部进行的环合，称为单分子环合反应；另一种是两个（或多个）不同分子之间进行的环合，称为双（或多）分子环合。

环合反应也可以根据反应时所放出的简单分子的不同来分类。例如脱水环合、脱醇环合、脱卤化氢环合等。也有不放出简单分子的环合反应，例如，双烯 1，4 加成反应，这类反应在合成环状或稠环化合物中具有一定的重要意义。

(3) 结构剖析和环合方式　结构剖析是根据环状化合物的结构式进行剖析，分析各种环合途径的可能性。其目的是寻找比较切实可行的合成路线。

环状化合物的种类很多，结构各异，每一个环状化合物的环合途径往往又有好几种可能性。但是如以环合时形成的新键来区分，可以归纳为三种环合方式：第一种为通过碳-杂键形成的环合方式；第二种为通过碳-杂键和碳-碳键形成的环合方式；第三种为通过碳-碳键形成的环合方式。

① 五元杂环及其苯并衍生物

a. 环内有一个杂原子。环内有一个杂原子的五元杂环及其苯并衍生物主要有吡咯、噻吩、呋喃、吲哚、苯并噻吩、苯并吡喃。环合途径一般有下列六种。

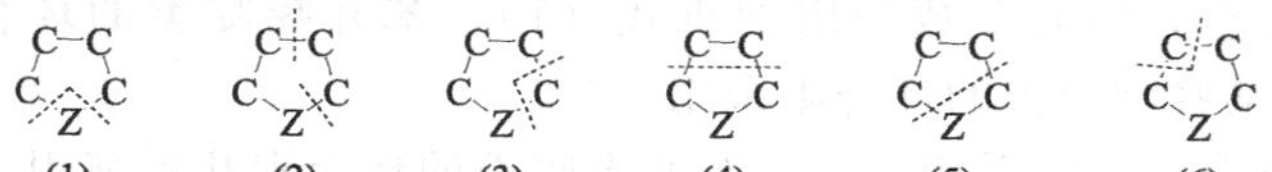

(1)　(2)　(3)　(4)　(5)　(6)

上列剖析式中的 Z 代表杂原子，虚线代表新键的位置。(1) 属于第一种环合方式，(2)、(3) 和 (5) 属于第二种环合方式，(4)、(6) 属于第三种环合方式。单杂环如吡咯、噻吩、呋喃等化合物的环合，以剖析式 (1) 最重要，也就是说五元单杂环主要是通过碳-杂键的形成而实现的。苯并单杂环如吲哚、苯并噻吩或苯并呋喃等化合物的环合，以剖析式

（2）最常见。也就是说苯并单杂环环合时，既有碳-杂键的形成，还有碳-碳键的形成。（3）、（4）两种剖析式应用不多，（5）和（6）应用更少。

b. 环内有两个杂原子。含有两个杂原子的五元杂环及其苯并衍生物的环合，绝大多数以第一种环合方式为主。如咪唑、噁唑、噻唑的环合均属于第一种环合方式。其剖析式如下：

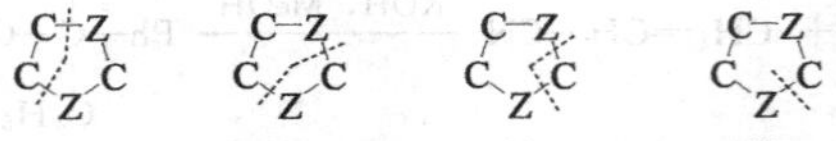

(1) (2) (3) (4)

噻唑类衍生物的环合主要按剖析式（1）进行，（1）也适用于咪唑环、噁唑环的合成。但是，咪唑环和噻唑环的环合常按剖析式（2）进行。（3）和（4）是噁唑环以及1，3-二唑类的苯并稠杂环的重要剖析式。

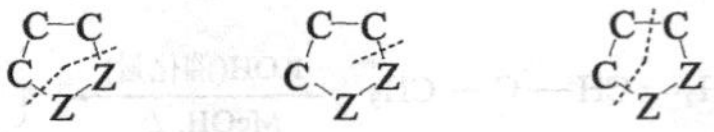

(5) (6) (7)

吡唑环和异噁唑环主要按剖析式（5）进行环合，它们的苯并稠杂环的环合则往往按剖析式（6）进行。（5）和（6）都属于第一种环合方式。（7）属于第二种环合方式，这是以炔类为原料制备吡唑环和异噁唑衍生物的环合途径。

② 六元杂环及其苯并衍生物

a. 环内有一个杂原子。含有一个杂原子的六元杂环，其剖析式一般也有下列六个：

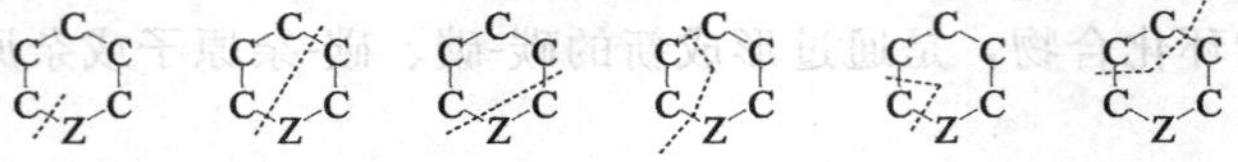

(1) (2) (3) (4) (5) (6)

剖析式（1）属于碳-杂键形成的环合方式，（2）～（5）四种剖析式属于碳-杂键和碳-碳键形成的环合方式，（6）属于碳-碳键形成的环合方式。在生产与科学研究中，六元单杂环如吡啶类化合物的环合，以剖析式（1）最常用；苯并六元杂环如喹啉、异喹啉等化合物的环合，采用碳-碳键和碳-杂键的环合方式。喹啉类的环合以（2）、（4）两种方法最常用；异喹啉的环合，则以（2）、（5）法最重要；（3）、（6）两法应用很少或根本不用。

b. 环内含有两个杂原子。含有两个杂原子的六元杂环及其苯并稠杂环的环合途径，其中采用较多的都属于形成碳-杂键的环合方式。它们的剖析式如下：

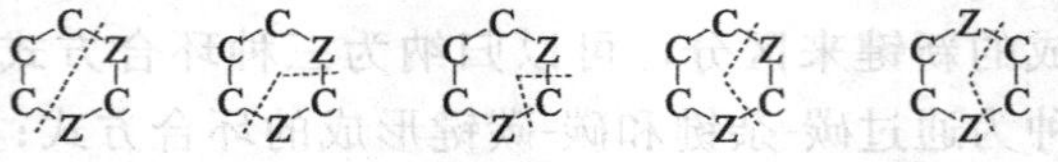

(1) (2) (3) (4) (5)

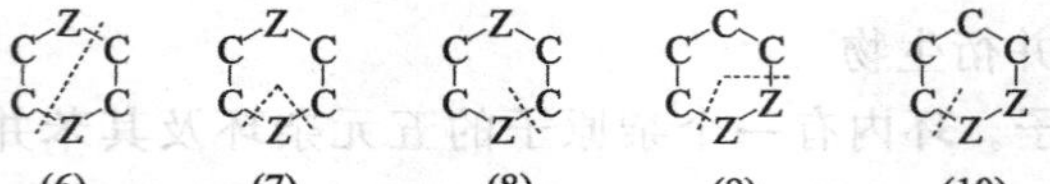

(6) (7) (8) (9) (10)

嘧啶单杂环的环合，绝大多数采用剖析式（1），苯并嘧啶类的环合往往采用（2）和（4），氢化嘧啶类和某些嘌呤类的环合则采用（3）。

吡嗪单杂环的环合，经常采用（6），苯并吡嗪类的环合则几乎都用（5），有一些氢化吡嗪衍生物的环合也采用（5），酚噻嗪的合成大都采用（7），苯并二嗪（9,10-二氮杂蒽）的环合则（5）、（6）、（8）都有采用。

哒嗪单杂环的环合，绝大多数采用（9），1,2-氧氮杂苯和1,2-二氮杂苯的环合也采用（9），苯并哒嗪类的环合则（9）、（10）都有采用。

综上所述，含有一个（或两个）杂原子的五元和六元环以及它们的苯并稠杂环，绝大多数是采用碳-杂键的环合方式和碳-碳键、碳-杂键的环合方式进行环合的。可以这样讲，杂环的环合往往是通过碳-杂键的形成而实现的。从键的形成来看，碳原子与杂原子之间结合成键（C—N）、（C—S）、（C—O），比碳-碳之间结合成键（C—C）要容易得多。

在进行某一具体杂环化合物的结构剖析时，选择起始合成原料是一个不容忽视的重要问题。一般以市场上供应方便、结构上相当接近、价格低廉作为选择起始原料的基本原则。如果市场上已有供应较方便的并含有所需要的杂环结构的某些原料，就可采用这些原料进行结构改造，而不需要进行杂环的制备。

③ 吡唑衍生物的合成

a. 化学结构

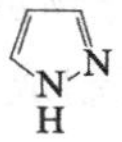
吡唑

在含有吡唑环的药物中，常以吡唑烷酮与吡唑啉酮的形式出现，也有以吡唑啉的形式出现的。

b. 无取代基吡唑的合成

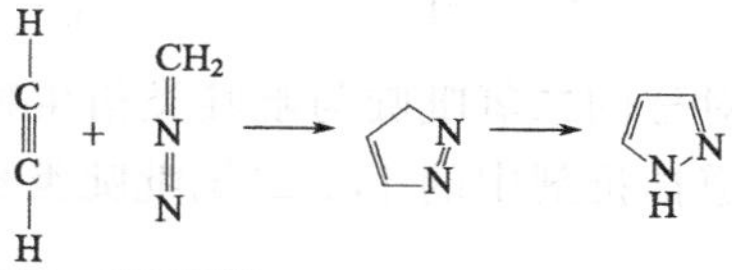
乙炔　重氮甲烷

c. 5-吡唑啉酮类的合成。常采用β-酮酸酯、酰胺等与肼类作用。

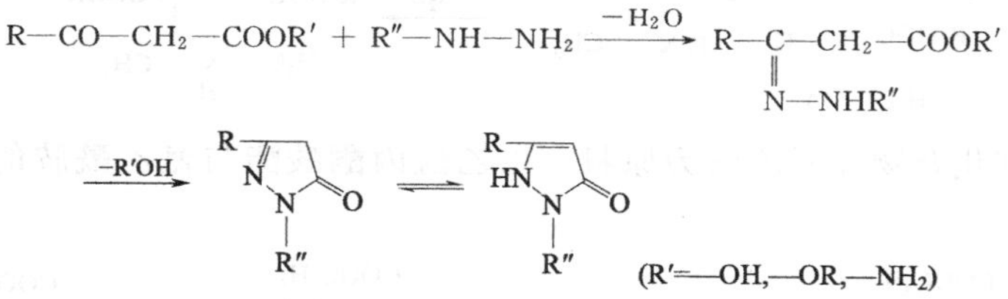

工业上合成5-吡唑酮的方法均采用此法。

d. 3，5-吡唑烷二酮类的合成。可采用丙二酸二乙酯的衍生物与相应的肼类化合物缩合制得。

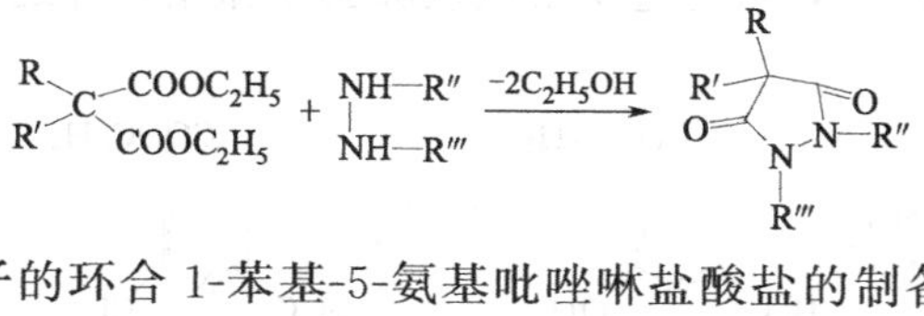

e. 氨基氰化物内分子的环合 1-苯基-5-氨基吡唑啉盐酸盐的制备

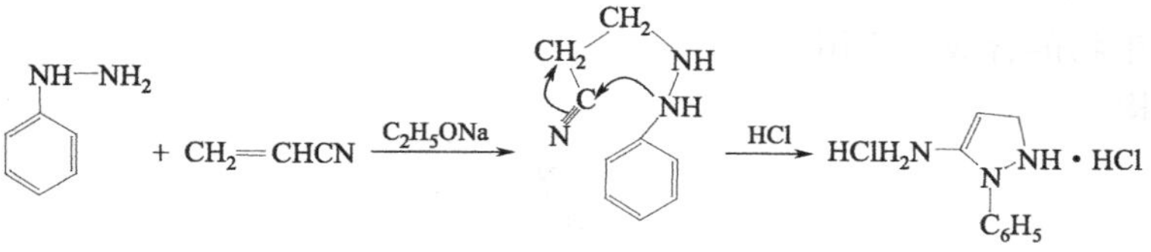

④吡啶衍生物的合成

a. 化学结构

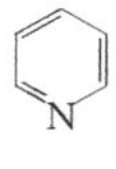

常以下列两种方式环合：

b. 以1,5-二羰基化合物为原料。氨与1,5-二羰基化合物作用，得到不稳定的二氢吡啶，后者易脱氢成吡啶类化合物。如果氨与不饱和的1,5-二羰基化合物作用则直接制得吡啶衍生物。

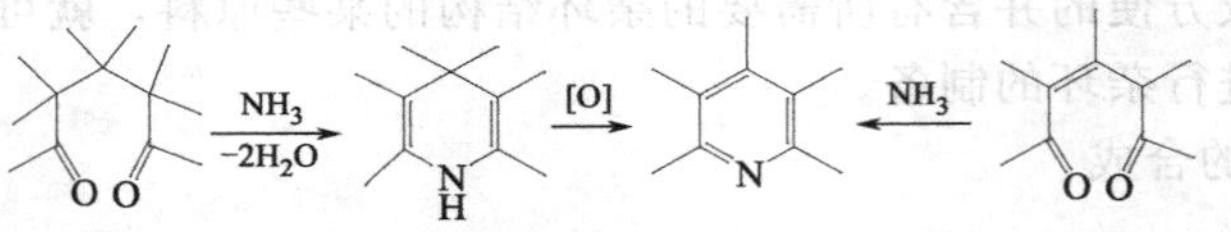

c. 以β-二羰基化合物和β-烯氨基羰基化合物或腈类化合物为原料。最简单的β-二羰基化合物是丙二醛，但极不稳定，无法应用，要制成丙二醛的缩醛烯醚衍生物，与丙烯胺类作用得吡啶的衍生物。

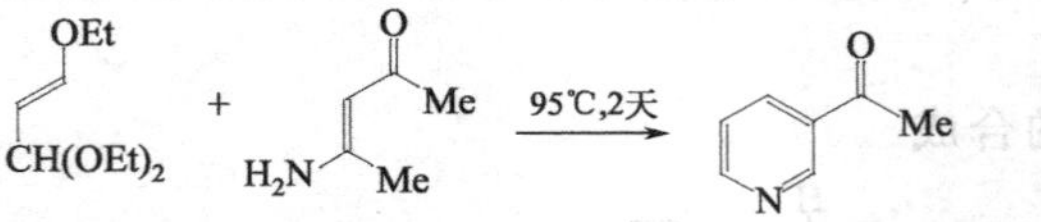

本法可制备取代基位置不对称的二氢吡啶与吡啶类衍生物，所以应用范围很广。如心血管系统疾病治疗药物钙离子通道拮抗剂中的1,4-二氢吡啶类药物即采用此法合成。

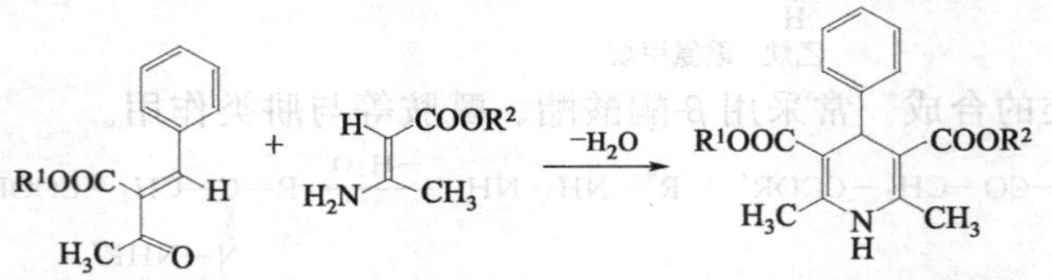

d. 以β-二羰基化合物和氰乙胺为原料。以乙酰丙酮酸酯与氰乙酰胺的作用为例，环合得α-羟基吡啶。

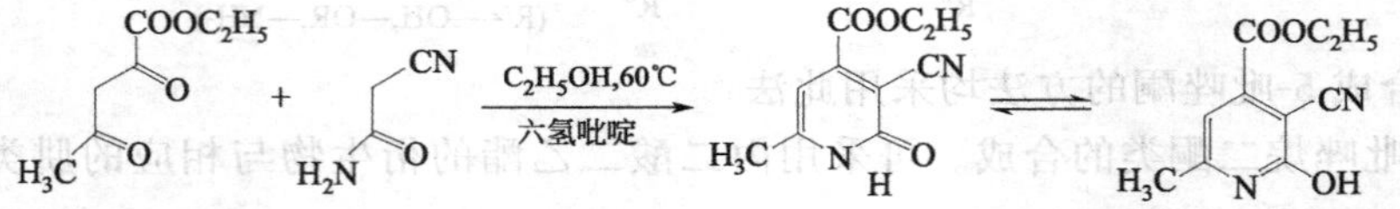

反应产物含有氰基和羟基，可通过水解脱羧除去3-氰基，并通过卤置换和还原除去2位羟基。

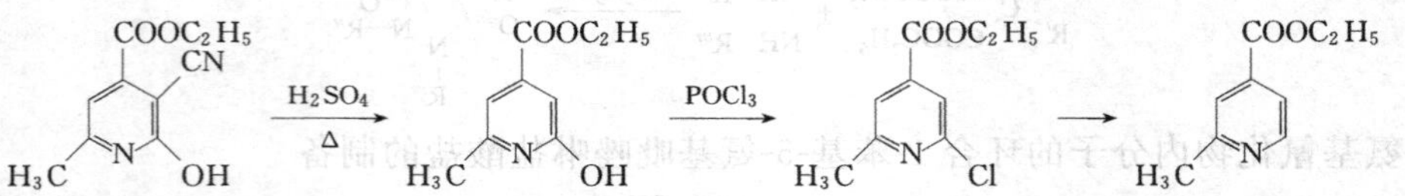

⑤ 嘧啶衍生物的合成及应用

a. 化学结构

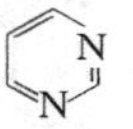

嘧啶环的环合方式有下列四种：

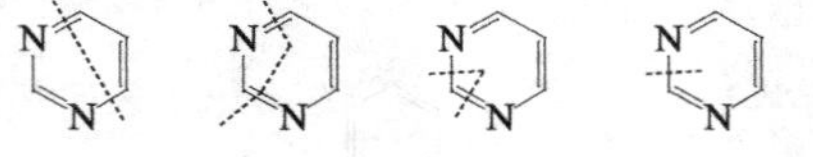

其中第（4）种单分子环合不多，第（2）种双分子环合在制药工业中极少应用，第（1）和第（3）种环合常用，特别是第（1）种是合成嘧啶环常用的方法。

b. 尿素（硫脲、胍脒）与1,3-二羰基化合物的反应

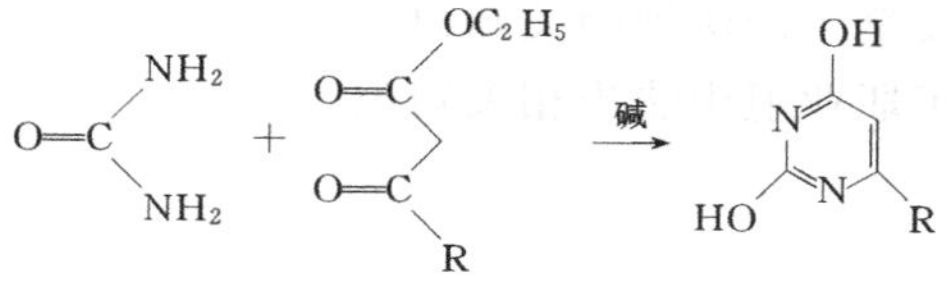

c. 以具有—N—C—C—C—N—基本结构的化合物（例如丙二酰胺、丙二脒）与具有H—CO—基本结构的化合物（例如甲酰胺、甲酸乙酯）作用。

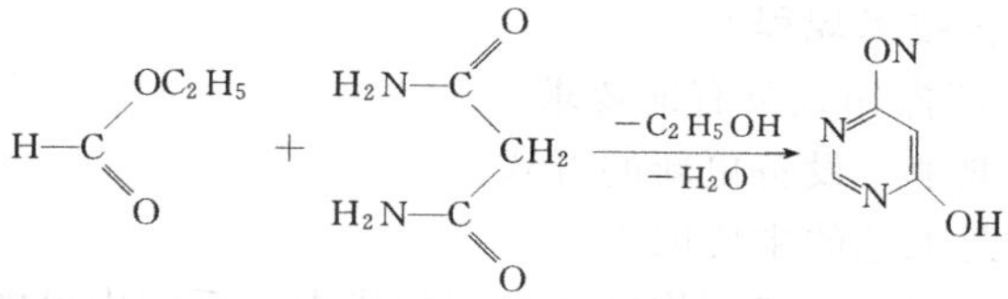

⑥ 嘌呤衍生物的合成及其应用

a. 化学结构

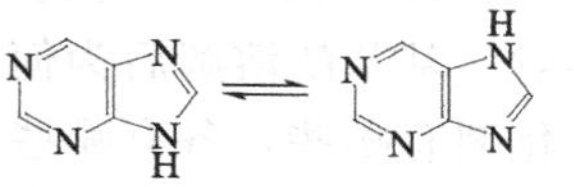

嘌呤类化合物对研究核酸、核苷酸和核苷的结构、组成、性质和合成，对发展抗癌药和抗病毒方面的化学治疗，均有十分重要的意义。

b. 以4,5-二氨基嘧啶为原料

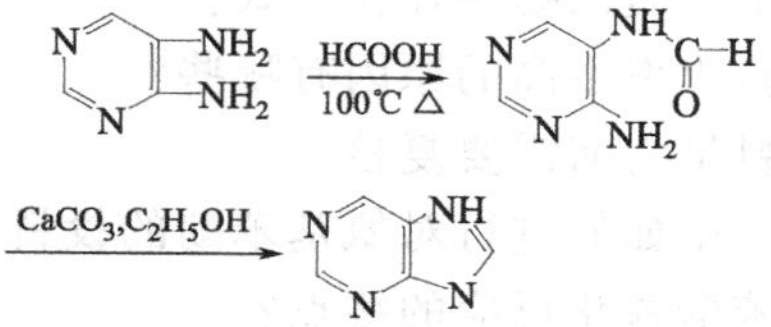

许多重要的嘌呤类化合物如咖啡因等均采用此法合成。

c. 以4,5-二羟基嘧啶或5-氨基-4-羟基嘧啶为原料

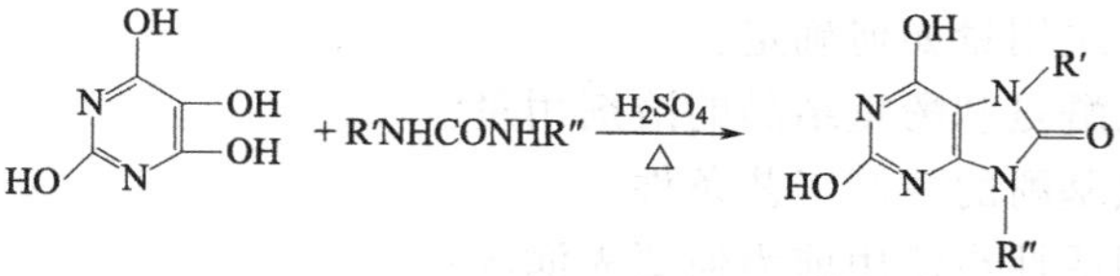

d. 以咪唑类衍生物为原料

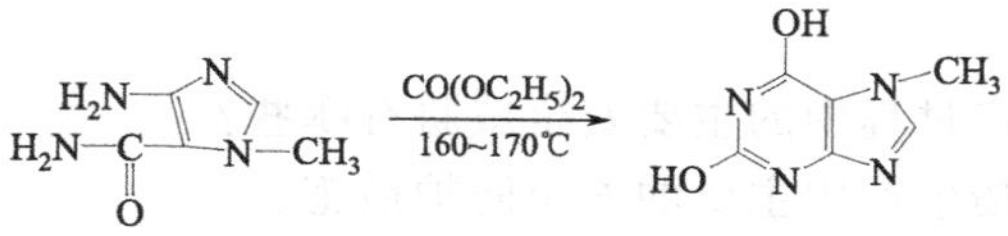

这是以咪唑为原料合成嘌呤类的第一个成功的例子。

七、法律法规

1.《药品生产质量管理规范》2010年修订版

2.《中华人民共和国药品管理法》

3.《中华人民共和国药典》2010 年版

4.《危险化学品安全管理条例》

5. 劳动法相关知识

6. 安全生产法及化工安全生产法规相关知识

7. 职业病防治法及化工职业卫生法规相关知识

八、课后自测

1. 化学制药企业主要由哪些部门组成?
2. 岗位操作法包括哪些内容?
3. 如何修订生产工艺技术规程?
4. GMP 对原料药生产操作人员有何要求?
5. 简述化学制药企业生产设备更新的方式。
6. 简述影响化学制药工艺的主要因素。
7. 简述对乙酰氨基酚制备用醋酐作酰化试剂的优点，反应中可能有什么副反应发生?
8. 简述对乙酰氨基酚制备实验中理论上产生多少醋酸需要回收，列出计算式。
9. 简述对乙酰氨基酚精制过程加入活性炭和亚硫酸钠的目的 。
10. 对乙酰氨基酚制备时原料对氨基苯酚溶解后为何变色?
11. 何为酰化反应，常用的酰化剂有哪些，各有哪些特点?
12. 简述对乙酰氨基酚制备用乙酸作酰化试剂的优点。
13. 用稀乙酸作原料能否制备对乙酰氨基酚?
14. 对乙酰氨基酚在水中重结晶为何不会导致产品水解?
15. 对乙酰氨基酚粗产品中杂质以哪些存在形式?
16. 对乙酰氨基酚合成实验收率不高的原因有哪些?
17. 生产中对氨基苯酚投料量为何需要复核?
18. 对乙酰氨基酚工业生产中如何进行对氨基苯酚的投料?
19. 如何快速确定对氨基苯酚酰化反应的终点?
20. 药物产品精制的方法有哪些?
21. 药物重结晶溶剂的选择原则是什么?
22. 药物脱色活性炭用量如何确定?
23. 如何确定对乙酰氨基酚重结晶的溶剂用量?
24. 简述对乙酰氨基酚的精制工艺条件。
25. 工业上脱色用活性炭使用前为何要先润湿?
26. 对乙酰氨基酚生产过程中的控制分析指标主要有哪些? 与《中国药典》指标有何异同?
27. 对乙酰氨基酚生产过程中的主要安全威胁有哪些?
28. 简述对乙酰氨基酚生产中主要的安全防护措施。
29. 简述对乙酰氨基酚生产的主要污染源。
30. 简述对乙酰氨基酚生产中主要污染治理措施。
31. 什么是原料药生产的消耗定额，包括哪些内容和指标?
32. 试述对乙酰氨基酚工业生产工艺路线和实验室工艺路线有哪些不同点。
33. 医药化工产品生产中主要原料投料量为何需要复核?

项目五　化学制药“三废”防治技术

一、职业岗位

原料药合成工、废水处理工，具备污废水处理基础理论知识和专业综合技能，能够操作和管理各类工业废水处理设施（设备）和小城镇污水处理厂，能将污染的水进行净化处理并达到国家规定的排放标准，或满足国家规定的各类用水标准的操作人员。

二、职业形象

① 宣传、贯彻、执行国家环境保护法律法规。

② 树立现代环境意识，重视环境保护与资源综合利用，为建立可持续发展战略观奠定基础。

③ 深入现场了解“三废”处理状况、“三废”处理设施运行情况。

④ 严格按照“三废”处理操作规程操作。

⑤ 及时维护“三废”处理设备。

⑥ 积极配合检测人员、环保部门对“三废”进行取样、分析。

⑦ 做好“三废”排放情况的检查、考核。

⑧ 具有认真、严肃的工作态度，吃苦耐劳、踏实务实的职业道德，高度的责任心与团队合作精神，较强的学习能力与敬业精神。

三、职场环境

(1) 环境　岗位保持整洁，门窗玻璃、地面洁净完好；设备、管道、管线无跑、冒、滴、漏现象发生；符合清场的相关清洁要求。

(2) 水、电、气　检查岗位水、电、气，确保安全、正常生产。

(3) 设备　设备试车运转，检查高压、真空设备，确保岗位正常生产。

(4) 安全　检查岗位易燃、易爆、有毒、有害物质的预防措施。

四、工作目标

① 能够进行“废水、废气、废渣”的生产操作和质量控制，具备进行“三废”处理工艺参数的研究及根据生产调整参数的能力。

② 具备正确使用和维护常规设备的能力。

③ 具备按照岗位标准操作规程组织“三废”处理的能力。

④ 从理论上解释生产中常见实际问题的能力。

⑤ 具有独立思考、吃苦耐劳、勤奋工作的意识以及诚实、守信的优秀品质。

⑥ 具备自我学习、自我发展的能力，创新的科学态度和创新精神，树立良好的职业道德。

⑦ 能够爱岗敬业，有强烈的工作责任感。

⑧ 能适应环境，具有良好的沟通能力和团结合作精神。

五、“三废”防治技术

项目任务单见表 5-1。

表 5-1 化学合成原料药“三废”防治项目任务单

任务布置者:(老师名)	部门:药品生产部	费用承担部门:生产部
任务承接者:(学生名)	部门:药品生产车间	费用承担部门:生产部
工作任务:制药厂在药物生产过程中,产生大量的废水、废气、废渣。对“三废”进行防治,达到国家排放标准。 工作人员:以工作小组(8 人/组)为单位完成本次任务,各小组选派 1 人集中汇报。 工作地点:药厂废水池、药厂原料药生产车间或合成实验室、制药厂废渣收集站。 工作成果: ①提供制药厂废水、废气、废渣的处理技术。 ②汇报展示 PPT。		
任务编号:	项目完成时间:20 个工作日	

任务一 废水的防治

废水的防治任务单见表 5-2。

表 5-2 废水的防治任务单

任务布置者:(老师名)	部门:药品生产部	费用承担部门:生产部
任务承接者:(学生名)	部门:药品生产车间	费用承担部门:生产部
工作任务:制药厂在药物生产过程中,产生大量的废水。对废水进行防治,达到国家排放标准。 工作人员:以工作小组(8 人/组)为单位完成本次任务,各小组选派 1 人集中汇报。 工作地点:药厂废水池、药厂原料药生产车间或合成实验室。 工作成果: ①制定废水管理和控制范围及方案。 ②调查废水水质状况并计算废水的处理规模。 ③确定废水经处理后达到的排放标准。 ④制定废水处理工艺流程。 ⑤废水的排放及回收利用。 ⑥废水的监测、实施与监督。		
任务编号:	项目完成时间:20 个工作日	

化学制药废水成分复杂、有机污染物种类多、COD 和 BOD_5 高且波动性大、带有颜色和气味、悬浮物含量高、易产生泡沫、含有难降解物质和有毒物质，特别是可生化性很差，属极难处理的工业废水。

（一）废水管理和控制范围

1. 废水管理和控制原则

① 废水排放口应设立醒目标识，并标明污染物名称。

② 废水排放标准参见《废水水质检验规程》。

③ 工艺科负责依据《废水水质检验规程》监测废水排放水质，若监测不合格，则应依据《纠正和预防措施控制程序》执行。

2. 废水管理和控制范围

① 生产废水（包括工艺废水、废液、循环冷却水等）。

② 设备、管道、生产地板清洗废水。

③ 生活废水（包括厕所、餐厅、澡堂等）。

④ 雨水。

3. 废水管理和控制

（1）生产废水（包括工艺废水、废液、循环冷却水等）的管理和控制

① 废水由管道直接送往废水处理系统。

② 跑冒滴漏之废水、化学液体，有关人员应用水冲洗干净，由管道直接送往废水处理系统。

（2）设备、管道、生产地面清洗废水的管理和控制

① 生产车间应定期清洗设备、管道外表面、生产地面，清洗废水由管道直接送往废水处理系统。

② 生产车间定期清洗设备、管道内表面或进行工艺清洗时，废水由管道直接送往废水处理系统。

（3）生活废水的管理和控制

① 厕所应设置化粪池，严禁直接进入废水管道，严禁使用含磷清洁剂。

② 餐厅应设置过滤网，严禁使用含磷清洁剂。

③ 工艺科配合当地环保监测机构，对生活废水排放口进行监测，若监测不合格，则应依据《纠正和预防措施控制程序》执行。

（4）雨水的管理和控制

① 公司应专设雨水管道。

② 生产、生活垃圾不允许露天堆放，以确保雨水不被污染。

③ 工艺科配合当地环保监测机构，对雨水排放口进行监测，若监测不合格，则应依据《纠正与预防控制程序》执行。

（二）废水的水质状况及处理规模

1. 废水水质分析

（1）水质组成　废水可分为冲洗废水、提取分离废水和其他废水。其中水洗废水、离心废水和过滤、分层废水含有未被利用的有机组分及染菌体，也含有一定的酸碱有机溶剂，需要处理后才能排放，而其他废水主要为废气吸收废水及冲洗废水、冷却水排放，一般污染物浓度不大，可以回用。

排水量指生产设施或企业排放到企业法定边界外的废水量。包括与生产有直接或间接关系的各种外排废水（含厂区生活污水、冷却废水、厂区锅炉和电站废水等）。

某制药厂化学合成法生产＊＊＊原料药，产生废水情况见表5-3。

表 5-3　进水及水质

废水种类	水量/(m^3/天)	总有机碳 TOC/(mg/L)	化学需氧量 COD/(mg/L)	生化需氧量 BOD/(mg/L)	总悬浮性固体 TSS/(mg/L)
* * *	1000	1000	4000	2000	250

污水处理厂污水水质排放标准执行《城镇污水处理厂污染物排放国家三级标准》，具体水质如表 5-4 所示。

表 5-4　废水处理要求

废水种类	水量/(m^3/天)	总有机碳 TOC/(mg/L)	化学需氧量 COD/(mg/L)	生化需氧量 BOD/(mg/L)	总悬浮性固体 TSS/(mg/L)
* * *	1000	15	120	20	30

(2) 废水种类　化学合成类制药企业产生较严重污染的原因是合成工艺比较长、反应步骤多，形成产品化学结构的原料只占原料消耗的 5%～15%，辅助性原料等却占原料消耗的绝大部分，这些原料最终以废水、废气和废渣的形式存在。化学合成类制药废水的产生来源主要包括：①工艺废水，如各种结晶母液、转相母液、吸附残液等；②冲洗废水，包括反应器、过滤机、催化剂载体、树脂等设备和材料的洗涤水，以及地面、用具等洗刷废水等；③回收残液，包括溶剂回收残液、副产品回收残液等；④辅助过程废水，如密封水、溢出水等；⑤厂区生活废水。

(3) 废水的来源及特点　化学合成类制药废水主要来自反应器的清洗水，清洗水中包括未反应的原料、溶剂，以及伴随不同化学反应生成的化合物。其废水成分复杂、有机物含量高、毒性大、色度深、含盐量高，特别是生化性很差，且间歇排放，属难处理的工业废水。随着我国医药工业的发展，制药废水已逐渐成为重要的污染源之一，如何处理该类废水是当今环境保护的一个难题。其特点为：①该类废水的水质、水量变化大，水质成分复杂；②多含生物难以降解的物质和微生物生长抑制剂；③化学合成制药废水 COD 和 SS（悬浮固体）高，含盐量大，主要污染物质为有机物，如脂肪、苯类有机物、醇、酯、石油类、氨氮、硫化物及各种金属离子等；④水量较小但间歇排放，冲击负荷较高。

废水组成复杂，除含有抗生素残留物、未反应的原料外，还含有少量合成过程中使用的有机溶剂。COD 浓度大，一般在 4000～4500 mg/L 之间。

难降解有机污染物如有机氯化物、高分子聚合物以及多环有机化合物等，这些难降解污染物进入水体后，能长时间残留在水体中，且大多具有较强的毒性和致癌、致畸、致突变作用，并通过食物链不断积累、富集，最终进入动物或人体内产生毒性或其他危害。由于难降解有机物具有上述特点，因此它们对环境的污染是全球性的，例如非洲施用的农药可以在美洲出现，甚至在荒无人烟的南极也能找到。无论从水中的浮游生物到鱼类、贝类，从家禽、家畜到野生动物，几乎在所有的生物体内都可以找到难降解有机物。可见，难降解有机物对生态环境的影响和破坏是极其严重的。另外，某些难降解有机物具有很强的毒性和致癌、致畸、致突变作用，排入水体后通过食物链进入人体，对人类的健康构成很大的威胁。

2. 实行清污分流、分类收集、分质处理

总体来说，企业废水可分为三部分：①高浓度工艺废水。包括分层废水、离心或过滤母液、水洗废水等，这部分废水排放量小，但 COD、无机盐浓度较高，有机物浓度高，处理难度较大。②中低浓度生产废水。主要有实验室废水、设备清洗水、地面冲洗水以及废气处理用水等，其特点是水量相对较大，COD浓度相对较低。③生活污水。生活污水生化性好，处理难度较低。

（三）废水经处理后达到的排放标准

环境保护部和国家质量监督检验检疫总局发布了《化学合成类制药工业水污染物排放标准》，企业水污染物排放限值如表5-5所示。

表5-5 企业水污染物排放限值

单位：mg/L（pH值、色度除外）

序号	污染物项目	排放限值	污染物排放监控位置
1	pH值	6～9	企业废水总排放口
2	色度	50	
3	悬浮物	50	
4	五日生化需氧量(BOD_5)	25(20)	
5	化学需氧量(COD_{Cr})	120(100)	
6	氨氮(以N计)	25(20)	
7	总氮	35(30)	
8	总磷	1.0	
9	总有机碳	35(30)	
10	急性毒性($HgCl_2$毒性当量)	0.07	
11	总铜	0.5	
12	挥发酚	0.5	
13	硫化物	1.0	
14	硝基苯类	2.0	
15	苯胺类	2.0	
16	二氯甲烷	0.3	
17	总锌	0.5	
18	总氰化物	0.5	
19	总汞	0.05	车间或生产设施废水排放口
20	烷基汞	不得检出①	
21	总镉	0.1	
22	六价铬	0.5	
23	总砷	0.5	
24	总铅	1.0	
25	总镍 1.0	1.0	

① 烷基汞检出限：10 ng/L。

注：括号内排放限值适用于同时生产化学合成类原料药和混装制剂的生产企业。

根据环境保护工作的要求，在国土开发密度较高、环境承载能力开始减弱，或水环境容量较小、生态环境脆弱，容易发生严重水环境污染问题而需要采取特别保护措施的地区，应严格控制企业的污染物排放行为，在上述地区的化学合成类制药工业现有和新建企业执行表5-6规定的水污染物特别排放限值。

执行水污染物特别排放限值的地域范围、时间，由国务院环境保护主管部门或省级人民政府规定。化学合成类制药工业单位产品基准排水量见表5-7。

表5-6　水污染物特别排放限值

单位：mg/L（pH值、色度除外）

序号	污染物项目	排放限值	污染物排放监控位置
1	pH值	6～9	企业废水总排放口
2	色度	30	
3	悬浮物	10	
4	五日生化需氧量(BOD_5)	10	
5	化学需氧量(COD_{Cr})	50	
6	氨氮(以N计)	5	
7	总氮	15	
8	总磷	0.5	
9	总有机碳	15	
10	急性毒性($HgCl_2$毒性当量)	0.07	
11	总铜	0.5	
12	挥发酚	0.5	
13	硫化物	1.0	
14	硝基苯类	2.0	
15	苯胺类	1.0	
16	二氯甲烷	0.2	
17	总锌	0.5	
18	总氰化物	不得检出①	
19	总汞	0.05	车间或生产设施废水排放口
20	烷基汞	不得检出②	
21	总镉	0.1	
22	六价铬	0.3	
23	总砷	0.3	
24	总铅	1.0	
25	总镍	1.0	

①总氰化物检出限：0.25 mg/L。

②烷基汞检出限：10 ng/L。

表 5-7　化学合成类制药工业单位产品基准排水量　　单位：m^3/t 产品

序号	药物种类	代表性药物	单位产品基准排水量
1	神经系统类	安乃近	88
		阿司匹林	30
		咖啡因	248
		布洛芬	120
2	抗微生物感染类	氯霉素	1000
		磺胺嘧啶	280
		呋喃唑酮	2400
		阿莫西林	240
		头孢拉定	1200
3	呼吸系统类	愈创木酚甘油醚	45
4	心血管系统类	辛伐他汀	240
5	激素及影响内分泌类	氢化可的松	4500
6	维生素类	维生素 E	45
		维生素 B_1	3400
7	氨基酸类	甘氨酸	401
8	其他类	盐酸赛庚啶	1894

注：排水量计量位置与污染物排放监控位置相同。

(四) 制药废水处理工艺及选择

制药废水的水质特点使得多数制药废水单独采用生化法处理根本无法达标，所以在生化处理前必须进行必要的预处理。一般应设调节池，调节水质水量和 pH，且根据实际情况采用某种物化或化学法进行预处理，以降低水中的 SS、盐度及部分 COD，减少废水中生物抑制性物质，提高废水的可降解性，利于废水的后续生化处理。预处理后的废水，可根据其水质特征选取某种厌氧和好氧工艺进行处理，若出水水质要求较高，好氧处理工艺后还需继续进行后处理。具体工艺的选择应综合考虑废水的性质、工艺的处理效果、基建投资及运行维护等因素，做到技术可行、经济合理。总的工艺路线为预处理—厌氧—好氧—(后处理) 组合工艺。

1. 工艺流程选择

假设废水属高浓度废水，且废水中含有较高浓度的氨氮和有机磷，为了调节废水中 BOD_5 与 N、P 含量的比例，废水与厂区生活污水（$50m^3/h$）混合后进入处理系统。该废水利用传统处理工艺很难达到预期的处理效果。而选用 A＋A2/O 处理工艺能达到预期的处理效果。

A2/O 处理工艺是 Anaerobic-Anoxic-Oxic 的英文缩写，它是厌氧-缺氧-好氧生物脱氮除磷工艺的简称，A2/O 工艺是在厌氧-好氧除磷工艺的基础上开发出来的，该工艺同时具有脱氮除磷的功能。

A＋A2/O 处理工艺由污泥负荷率很高的 A 段和污泥负荷率较低的 B 段（A2/O 段）二级活性污泥系统串联组成，并分别有独立的污泥回流系统。该工艺于 20 世纪 80 年代初应用于工程实践，现在越来越广泛地得到了应用。

2. A＋A2/O 工艺原理

A＋A2/O 生物处理工艺流程见图 5-1。

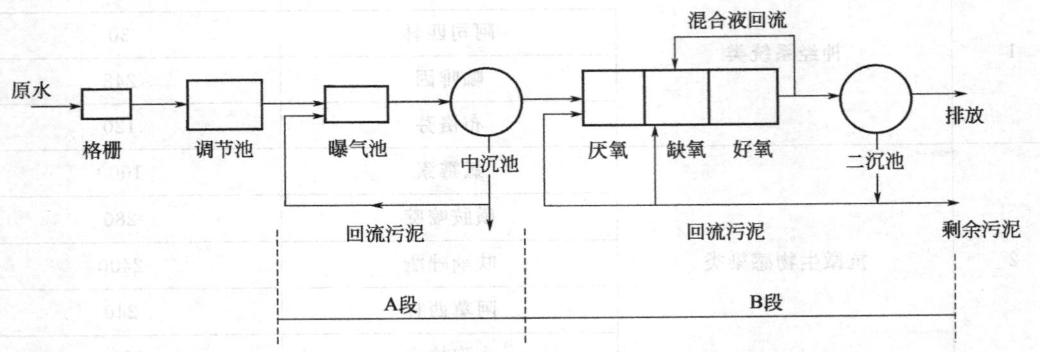

图 5-1 A＋A2/O 生物处理工艺流程

该工艺不设初沉池，由 A-B 二段活性污泥系统串联运行，并各自有独立的污泥回流系统。原水经格栅进入 A 段，该段充分利用原污水中的微生物不断繁殖，形成一个开放性的生物动力学系统。A 段中污泥以吸附为主，生物降解为辅，对污水中 BOD 的去除率可达 40%～70%，SS 的去除率达 60%～80%，正是 A 段对悬浮物和有机物较彻底的去除，使整个工艺中以非生物降解途径去除的 BOD 量大大提高，降低了运行和投资费用。B 段中，厌氧池主要是进行磷的释放，使污水中磷的浓度升高，溶解性有机物被细胞吸收而使污水中 BOD 浓度下降；另外 NH_3-N 因细胞的合成被去除一部分，使污水中 NH_3-N 浓度下降。在缺氧池中，反硝化菌利用污水中的有机物作碳源，将回流混合液中带入的大量 NO_3-N 和 NO_2-N 还原为 N_2 释放至空气，因此 BOD 浓度继续下降，NO_3-N 浓度大幅度下降，而磷的变化很小。在好氧池中，有机物被微生物生化降解而继续下降；有机氮被氨化继而被硝化，使 NH_3-N 浓度显著下降，但随着硝化过程的进行，使 NO_3-N 的浓度增加，而磷随着聚磷菌的过量摄取，以较快的速率下降。所以，A2/O 工艺可以同时完成有机物的去除、硝化脱氮、磷的过量摄取被去除等功能，脱氮的前提是 NH_3-N 应完全硝化，好氧池能完成这一功能。缺氧池则完成脱氮功能。厌氧池和好氧池联合完成除磷功能。

3. A＋A2/O 工艺的特点

评价活性污泥的指标为污泥干重，亦称污泥浓度及混合液悬浮固体（MLSS），系指每升混合液所含污泥的干重（g/L）。

① 该工艺中 A 段负荷高达 2～6kgBOD_5/(kgMLSS·天)，因此具有很强的抗冲击负荷能力和具有对 pH、毒物影响的缓冲能力，活性污泥中全部是繁殖速度很快的细菌。

② A 段活性污泥吸附能力强，能吸附污水中某些重金属、难降解有机物及氮、磷等植物性营养物质，这些物质通过剩余污泥的排放去除。

③ B 段中，厌氧、缺氧、好氧三种不同的环境条件和不同种类微生物菌群的有机配合，同时具有去除有机物、脱氮除磷的功能。

④ 在同时脱氮除磷去除有机物的工艺中，该工艺流程最为简单，总的水力停留时间（一般为 30min）少于同类其他工艺。

⑤ 在厌氧-缺氧-好氧交替运行中，丝状菌不会大量繁殖，不会发生污泥膨胀。

⑥ 污泥中含磷量高，一般为 2.5%以上。

⑦ 厌氧-缺氧池以轻缓搅拌使之混合、不增加溶解氧为度。

⑧ 沉淀池要防止发生厌氧、缺氧状态，以避免聚磷菌释放磷而降低出水水质和反硝化产生 N_2 而干扰沉淀。

⑨ 脱氮效果受混合液回流比大小的影响，除磷效果受回流污泥中挟带 DO 和硝酸态氧的影响。

（五）制药废水中有用物质的回收利用

应推进制药企业清洁生产，提高原料的利用率以及中间产物和副产品的综合回收率，通过工艺改革使污染降到最低或消除。由于某些制药生产工艺的特殊性，其废水中含有大量可回收利用的物质，对这类制药废水的治理，应首先加强物料的回收和综合利用。如浙江义乌华义制药有限公司针对其废水中含量高达 5%～10%的铵盐，采用固定刮板薄膜蒸发、浓缩、结晶等方法，回收质量分数为 30%左右的 $(NH_4)_2SO_4$、NH_4NO_3 作肥料，具有明显的经济效益；某高科技制药企业用吹脱法处理甲醛含量极高的生产废水，甲醛气体回收后配成福尔马林试剂，或作为锅炉热源进行焚烧。通过回收甲醛使资源得到可持续利用，并且 4～5 年内可将该处理站的投资费用收回，实现了环境效益和经济效益的统一。但一般来说，制药废水成分复杂，不易回收，且回收流程复杂，成本较高。因此，先进高效的制药废水综合治理技术是彻底解决污水问题的关键。

（六）废水的监测、实施与监督

1. 污染物监测要求

① 对企业排放废水采样应根据监测污染物的种类，在规定的污染物排放监控位置进行，有废水处理设施的应在该设施后设置监控。在污染物排放监控位置须设置排污口标志。

② 新建企业应按照《污染源自动监控管理办法》的规定，安装污染物排放自动监控设备，并与环保部门监控设备联网，同时保证设备正常运行。各地现有企业安装污染物排放自动监控设备的要求由省级环境保护行政主管部门规定。

③ 对企业污染物排放情况进行监测的频次、采样时间等要求，按国家有关污染源监测技术规范的规定执行。

④ 企业产品产量的核定，以法定报表为依据。

⑤ 对企业排放水污染物浓度的测定采用表 5-8 所列的方法标准。

⑥ 企业须按照有关法律和《环境监测管理办法》的规定，对排污状况进行监测，并保存原始监测记录。

表 5-8　水污染物项目分析方法

序号	污染物项目	分析方法标准名称	方法标准编号
1	pH 值	水质 pH 值的测定　玻璃电极法	GB 6920—1986
2	色度	水质色度的测定	GB 11903—1989
3	悬浮物	水质悬浮物的测定　重量法	GB 11901—1989
4	化学需氧量	水质化学需氧量的测定　重铬酸盐法 高氯废水化学需氧量的测定　氯气校正法 高氯废水　化学需氧量的测定　碘化钾碱性高锰酸钾法	GB 11914—1989
5	五日生化需氧量	水质五日生化需氧量(BOD_5)的测定　稀释与接种法	GB 7488—1987

续表

序号	污染物项目	分析方法标准名称	方法标准编号
6	总有机碳	水质总有机碳(TOC)测定　非色散红外线吸收法 水质总有机碳的测定　燃烧氧化-非分散红外吸收法	GB 13193—1991 HJ/T 71—2001
7	总氮	水质总氮的测定　碱性过硫酸钾消解紫外分光光度法 水质总氮的测定　气相分子吸收光谱法	GB 11894—1989 HJ/T 199—2005
8	总磷	水质总磷的测定　钼酸铵分光光度法	GB 11893—1989
9	总汞	水质总汞的测定　冷原子吸收分光光度法	GB 7468—87
10	总铅	水质铜、锌、铅、镉测定　原子吸收分光光度法	GB 7475—87
11	硝基苯类	水质硝基苯、硝基甲苯、硝基氯苯、二硝基甲苯的测定　气相色谱法	GB 13194—91

2. 实施与监督

① 水污染物分析方法标准由县级以上人民政府环境保护主管部门负责监督实施。

② 在任何情况下，企业均应遵守水污染物分析方法标准规定的水污染物排放控制要求，采取必要措施保证污染防治设施正常运行。各级环保部门在对企业进行监督性检查时，可以现场即时采样或监测结果，作为判定排污行为是否符合排放标准以及实施相关环境保护管理措施的依据。在发现企业耗水或排水量有异常变化的情况下，应核定企业的实际产品产量和排水量，按水污染物分析方法标准的规定，换算水污染物基准水量排放浓度。

(七) 任务小结

由于制药废水的特殊性，仅用一种方法一般不能将水中所有污染物除去，因此常将几种方法组合在一起，形成一个处理流程。流程的组织一般是先宜后难、先简后繁，即先用物理法除去悬浮物，然后再采用化学法和生化法等处理方法。

对于某种特定的制药废水，应根据废水的水质、水量，回收有用物质的可能性和经济性，以及排放水的具体要求等确定废水处理的具体工艺流程。

制药废水种类繁多，选择什么样的治理技术路线取决于废水的性质。由于普遍的制药废水浓度高、色度深、可生化性较差的特点，一般通过预处理以提高废水的可生化性和初步去除污染物，再结合生化处理。同时在处理前期应考虑所处理的废水是否有回收综合利用的价值和适当途径，力求达到经济效益和环境效益的统一。当然，制药废水的根本治理，还需要推行清洁生产，让污染在生产过程中得到减少或消除。

(八) 任务驱动下的相关知识

1. 制药废水

化学制药工业废水一般是废母液，反应罐废残液，设备清洗液，冷凝水；跑、冒、滴、漏的原辅材料，物料事故跑料液，废气吸收液，废渣稀释，排入下水管道的污水等。

2. 制药废水的特点

制药废水的特点为：污染物成分复杂，种类繁多，浓度高，pH 变化大，含盐量高，气味重及色度深；且很多污染物有毒害作用，生物难降解，对环境污染严重。

3. 水质指标

(1) 生化需氧量 (BOD)　是指在一定条件下微生物分解水中有机物时所需的氧量。常用 BOD_5 即 5 日生化需氧量表示在 20℃下培养 5 日，1L 水中溶解氧之减少量。BOD_{20} 为 20

日生化需氧量。不加特殊说明的 BOD 是指 BOD_5。BOD 的单位为 mg 氧/L。BOD 越高，表示水中有机物越多，水体被污染的程度越高。

（2）化学需氧量（COD） 是指在一定条件下用强氧化剂（$K_2Cr_2O_7$ 或 $KMnO_4$）使污染物氧化所消耗的氧量。这些污染物包括能被强氧化剂氧化的有机物及无机物。测定结果分别标记为 COD_{Cr} 或 COD_{Mn}，不标记时一般为 COD_{Cr}。所用单位和 BOD 相同。COD 与 BOD 之差，表示未能被微生物分解的污染物含量。

（3）悬浮固体（SS） 水中的悬浮物。

（4）BOD/COD 反映废水的可生化性指标，比值越大越容易被生物处理。

（5）pH 值 是指废水中的酸碱程度，无论 pH 值高或低的废水，必须中和到中性或接近中性，才能排放。

4. 污泥负荷率

有机物与微生物之比称污泥负荷率（$F:M$）。它影响过程的代谢深度和污泥的沉降性能，也影响运行的稳定性和基建费用。污泥负荷率低些，过程的运行比较容易，处理效率比较稳定，剩余污泥量比较少，但基本建设和运行费用一般要高些。普通活性污泥法的负荷率常在 0.15～0.3kg BOD_5/kg 污泥之间。高负荷率活性污泥法采用负荷率 1 以上，回流污泥量和空气量可以大大减少，节省费用，但是 BOD_5 去除率降低到 60%～70%，因此也称为变型活性污泥法。

5. 格栅

一般斜置在进水泵站之前，主要对水泵起保护作用，截去废水中较大的悬浮物和漂浮物。工艺流程中首先采用中格栅，栅条间隙取 20mm。

6. 废水处理的基本方法

废水处理的目的是对废水中的污染物以某种方法分离出来，或将其分解转化为无害稳定的物质，从而使污水得到净化。废水的处理和利用方法，一般可归纳为物理处理法、化学处理法、生化处理法和物理化学处理法。

（1）物理处理法 应用物理作用分离、回收废水中不易溶解的呈悬浮或漂浮状态的污染物而不改变污染物化学本质的处理方法为物理处理法。

物理法具体分为重力（沉降和上浮）分离法、离心（水旋和离心机）分离法以及筛滤（格栅、筛网、布滤、砂滤）截留法。处理单元操作包括调节、离心、分离、除油、过滤等。

（2）生物化学法 利用微生物的代谢作用氧化、分解、吸附废水中呈溶解和胶体状态的有机物及部分不溶性有机物，并使其转化为无公害的稳定物质而使水得到净化的方法称为生物化学法，也称为生化法。生化法能够去除大部分有机污染物，是目前废水处理常用的方法。

根据微生物种类以及环境条件的不同，可以把生化处理工艺分为好氧和厌氧两种类型；①好氧生化法。系在游离氧（分子氧）存在下，利用好氧微生物（主要是好养细菌）分解废水中以溶解性和胶体状为主的有机污染物，而使其稳定、无害化的处理方法。处理的最终产物是二氧化碳、水、氨、硫酸盐和磷酸盐等稳定的无机物。好氧生化法包括活性污泥处理法（又称曝气法）和生物膜处理法。②厌氧处理法。通常指在无分子氧条件下，通过兼性菌和厌氧菌的代谢作用降解废水中的有机污染物，分解的最终产物是甲烷、二氧化碳、水及少量硫化氢和氨。厌氧处理的特点：厌氧处理具有对营养物需求低、成本低、能耗低、节能、污泥产量小等优点。但也有其弊端，例如厌氧处理的出水质量较差，通常需要后处理以使废水达标后排放。另外，厌氧处理对操作过程和技术要求非常高。用好氧法和厌氧法都不能降解的有机物，可以采用水解酸化与好氧生化法相结合的方法，水解酸化可以使废水中一些难生化降解的物质转化为易降解物，从而有利于后续的生化处理。

(3) 化学处理法　向污水中投加化学试剂，利用化学反应来分离、回收污水中的污染物质，或将污染物转化为无害的物质。化学处理法中有中和处理法、化学沉淀处理法、氧化还原处理法等。处理单元操作包括：中和、化学沉淀、化学氧化还原、臭氧氧化、电解、光氧化等。与生物处理法相比，化学处理法能迅速、有效地除去废水中多种剧毒和高毒等种类更多的污染物，特别是氧化法（臭氧、高锰酸钾等）可以除去难以生物降解的有机污染物。故化学处理法可作为前处理措施或生物处理后的三级处理措施。

(4) 物理化学法　应用物理化学原理去除废水中溶解性污染物，污染物在处理过程中通过相转移的变化而得到去除的方法称为物理化学法。污染物在物化过程中可以不参与化学变化或化学反应，直接从一相转移到另一相，也可以经过化学反应后再转移。

物理化学法主要有：混凝法、吸附法、离子交换法、膜分离法、萃取法等。处理的单元操作有：混凝、气浮、吸附、离子交换、扩散渗透、电渗析、反渗透、超滤等。

与生物处理法相比，此法占地面积少，出水水质好且比较稳定，对废水水量、水温和浓度变化适应性强，可除去有害的重金属离子，除磷、脱氮、脱色效果好，多用于制药废水的三级或深度处理。

由于化学制药工业的“三废”比较复杂，所以不能指望用一种方法就可以解决全厂的废水治理问题。

7. 废水处理级数

按废水处理的工程要求划分，人们常把废水处理划分为一级、二级、三级。

(1) 一级处理或预处理　一级处理可以从废水中去除部分或大部分悬浮物或漂浮物，中和水中的酸碱。经一级处理后，悬浮固体的去除率达 70%～80%，而 BOD 的去除率只有 25%～40%。一级处理具有投资少、减少二级处理负荷、降低污水处理成本等特点。

(2) 二级处理　二级处理指从废水中大幅去除胶体和溶解性有机物。常采用生物化学法，如活性污泥法和生物滤池法等。经生化法处理后，废水中可被微生物分解的有机物一般可去除 90%左右，固体悬浮物可去除 90%～95%。二级处理能大大改善水质，处理后的污水一般能达到排放标准。

(3) 三级处理或深度处理　采用物化法或生化法进一步除去二级处理未能去除的污染物，包括微生物未能降解的有机物、磷、氮和可溶性有机物。常用的方法有化学凝聚、活性炭吸附及臭氧氧化等。三级处理常以废水回收、再利用为目的，通常需达到工业用水、农业用水和饮用水的标准。

8. 各类废水的处理技术

(1) 含悬浮物或胶体的废水　对于悬浮物质一般可用沉淀、上浮或过滤等方法去除。对于相对密度小于 1 或疏水性悬浮物，采用气浮法向水中通入空气，使污染物黏附于气泡上而浮于水面进行分离。也可直接蒸汽加热，加入无机盐等，使悬浮物聚集沉淀或上浮分离。对于极小的悬浮物或胶体，则可用混凝法或吸附法处理之。

(2) 酸碱性废水　对于含高浓度酸或碱的废水，应首先考虑回收利用。对于浓度在 1.0%以下，没有直接利用价值的酸或碱，应中和后排放。中和时尽量使用废酸或废碱，同时也可以考虑用氨水中和，用于农田灌溉。

(3) 含无机物废水　含无机物的废水的处理方法主要是稀释法、浓缩结晶法和化学法等。稀释法主要用于不含毒物而又无法综合利用的无机盐溶液；浓缩结晶法适用于浓度较高的无机盐废水的处理。化学法主要用于毒性较大的含氰化物、氟化物和重金属的处理，如氢氧化钙可用于含氟化铵的废水、硫化物用于汞和镉的沉淀处理。

（4）含有机物废水　含高浓度有机物的废水应首先考虑综合利用，主要方法有萃取和蒸馏等。处理含有机物废水的方法主要有焚烧法和生化法，前者主要用于浓度较高的废水，COD 的去除率可达 99.5%以上，后者适用的浓度则较低，具有处理效率高、运转费用低等优点。此外，沉淀、萃取和吸附等方法也较常用。

任务二　废气的防治

任务单见表 5-9。

表 5-9　某制药企业化学制药废气的防治任务单

<table>
<tr><td>任务布置者:(老师名)</td><td>部门:药品生产部</td><td>费用承担部门:生产部</td></tr>
<tr><td>任务承接者:(学生名)</td><td>部门:药品生产车间</td><td>费用承担部门:生产部</td></tr>
<tr><td colspan="3">工作任务:制药厂在药物生产过程中,产生大量的废气。对废气进行防治,达到国家排放标准。
工作人员:以工作小组(8 人/组)为单位完成本次任务,各小组选派 1 人集中汇报。
工作地点:药厂原料药生产车间或合成实验室。
工作成果:
①制定废气管理和控制范围及方案。
②调查废气状况并计算废气的处理规模。
③企业废气污染物排放特征分析。
④制定废气处理工艺流程。
⑤废气的监测、实施与监督。</td></tr>
<tr><td colspan="2">任务编号:</td><td>项目完成时间:20 个工作日</td></tr>
</table>

（一）制定废气管理和控制范围及方案

1. 废气管理和控制原则

① 根据该公司的产品结构及生产废气特征，结合已有的工程实例，在确保尾气达标的前提下，尽可能采用简单、成熟、可靠的处理工艺，达到功能可靠、经济合理、管理方便。

② 污染调查结合企业介绍与实际勘察，尽可能真实反应企业污染状况，为工艺选择提供充分依据。

③ 处理工艺有针对性。应根据企业的具体情况及发展规划，有针对性地提出综合整治技术路线，有恶臭、有毒化学品防治优先考虑，分析其达标排放的可行性，减轻对大气环境的影响。

④ 清洁生产与末端治理相结合，以提高处理效果，降低运行成本，减轻企业负担。

⑤ 对企业现有废气处理设施进行分析，充分利用原有的废气处理装置和设施，降低企业废气治理的投资。

⑥ 主要机电设备选用优质、低能耗的国产设备，设置必要的自控装置，尽最大可能地减少维修费用。

2. 废气管理和控制工作内容

① 调查企业的产品及中间体种类、数量、生产工艺、设备、原辅料（包括各种有机溶剂）消耗、环保设施、储运及公用工程等情况，掌握企业工艺废气的排放种类、数量、排放方式、排放规律、排放部位。

② 制定废气治理方案，提供投资、运行等技术经济指标。

3. 废气排放标准

根据企业所处位置和当地环保管理部门的要求，执行二级标准，相应标准值见表 5-10。

表 5-10　大气污染物排放限值一览表

<table>
<tr><th rowspan="2">污染物</th><th rowspan="2" colspan="2">最高允许排放浓度/(mg/m³)</th><th colspan="2">最高允许排放速率/(kg/h)</th><th colspan="2">无组织排放监控浓度限值</th></tr>
<tr><th>排气筒/m</th><th>二级</th><th>监控点</th><th>浓度/(mg/m³)</th></tr>
<tr><td rowspan="3">甲醇</td><td rowspan="3" colspan="2">190</td><td>15</td><td>5.1</td><td rowspan="3">周界外浓度最高点</td><td rowspan="3">12</td></tr>
<tr><td>20</td><td>8.6</td></tr>
<tr><td>20</td><td>17</td></tr>
<tr><td rowspan="2">甲醛</td><td rowspan="2" colspan="2">25</td><td>15</td><td>0.26</td><td rowspan="2">周界外浓度最高点</td><td rowspan="2">0.20</td></tr>
<tr><td>20</td><td>0.43</td></tr>
<tr><td>三乙胺</td><td rowspan="5">工作场所有害因素职业接触限值（GBZ 2—2002）</td><td>—</td><td rowspan="5" colspan="4">短时间接触容许浓度(STEL)</td></tr>
<tr><td>二氯甲烷</td><td>300</td></tr>
<tr><td>二甲基甲酰胺</td><td>40</td></tr>
<tr><td>甲酸</td><td>20</td></tr>
<tr><td>丙酮</td><td>450</td></tr>
<tr><td rowspan="2">臭气浓度</td><td rowspan="2" colspan="2">—</td><td>15</td><td>2000(无量纲)</td><td rowspan="2">厂界标准</td><td rowspan="2">20</td></tr>
<tr><td>20</td><td>6000(无量纲)</td></tr>
</table>

（二）调查废气状况并计算废气的处理规模（污染物源强）

1. 原料药车间废气

见表 5-11、表 5-12。

表 5-11　一车间废气排放源强

污染物	排放量	
	kg/天	kg/h
甲醇	46.84	7.81
三乙胺	9.67	1.61
DMF	10.19	1.70

表 5-12　二车间废气排放源强

污染物	排放量	
	kg/天	kg/h
二氯甲烷	23.25	3.88
甲醇	35.5	5.92
丙酮	22.8	3.8
甲醛	0.31	0.05
甲酸	0.07	0.01

2. 废水池恶臭废气

废水池恶臭废气主要来自于废水中各种有机物的挥发（VOC）、某些有机物生物分解后的产物。

废气气量可根据生化池曝气池的曝气量和调节池废气收集面积估算。预计废气气量约为 $6000m^3/h$。

（三）企业废气污染物排放特征分析

1. 废气污染源分析

厂区车间在生产过程中产生一定的废气污染物，对周边大气环境造成一定污染，给周边居民生活造成一定影响。

主要污染环节为：

① 反应釜加料和合成放空时；

② 冷凝器、储槽呼吸口放空时；

③ 离心机运行时；

④ 真空泵拉料时；

⑤ 干燥时。

2. 排放特点分析

根据调查得知，某公司年产 500t 医药中间体项目共有五个主要生产车间。由于每个反应釜废气排放形式不尽相同，因此，在此不对每一个反应釜的废气排放作出分析，而就全厂大气污染物排放特征进行归纳和汇总，具体如下。

（1）反应釜排气　呈间断性无组织排放，排放源波动范围大。主要污染物来自挥发性溶剂以及反应过程产生的挥发性物质。一般反应釜排气经过冷凝后排放，冷凝介质大多为冷却水，少量为冷冻盐水。对于低沸点、易挥发的化合物，尾气中的化合物浓度仍明显超标。

（2）溶剂回收过程中的冷凝尾气　即冷凝过程的不凝气，呈连续性无组织排放。主要有挥发性溶剂的饱和蒸气和其他低沸点化合物。一般排气量少，但浓度较高。

（3）抽真空过程产生的无组织排放　在精细化工企业，抽真空过程主要用在物料的提取、输送、抽滤、减压反应或蒸馏过程，主要设备为水冲泵。无组织排放的废气发生于挥发性污染物被真空泵抽出时散发于空气中，形成污染。污染物的逸出量与其性质、真空度、温度等因素有关。一般来说，在抽真空过程中，低沸点、易挥发的化合物的无组织排放量较大。

（4）离心过程产生的无组织废气　呈间断性无组织排放。来自挥发性化合物，包括溶剂、原料、反应副产物等。

（5）人工投料、卸料过程产生的无组织废气　呈间断性无组织排放。来自挥发性化合物，包括溶剂、原料等。

归纳起来，被调查企业的大气污染源的排放特征如下：大气污染源数量多，污染物成分复杂多变，排放浓度较高，VOC 基本上超标排放，多呈阵发性、无组织排放。

3. 废气污染物控制重点分析

从公司废气排放情况来看，排放的废气污染物主要是有机废气，如甲醇、DMF、甲醛、二氯甲烷、甲酸、丙酮等。

上述各种污染物经过冷凝后大部分可被冷凝回收；但不凝尾气中污染物浓度仍超标，因此甲醇、DMF、甲醛、丙酮等水溶性较好的有机物应进一步采用水吸收法处理。而有机气体中的二氯甲烷由于不溶于水、沸点低、不易冷凝、处理成本较高，是废气污染物控制的重点和难点。

4. 主要废气污染物物化性质（见表 5-13）

表 5-13 主要废气污染物物化性质表

名称	沸点/℃	溶点/℃	备　注
甲醇	64.65	−97.8	在常压室温下，甲醇为无色透明、易挥发、易燃烧、易爆、有毒的中性液体，极性较强，溶解性好，与水及有机溶剂以任何比例互溶。其蒸气与空气形成爆炸性混合物，爆炸极限为 6%～36.5%
三乙胺	89.7	−114.7	有氨气味的无色易挥发液体。溶于水和乙醇。用于制橡胶硫化催化剂、湿润剂和杀菌剂等，也用作溶剂，并可用来合成四级铵化合物。具碱性，与无机酸生成可溶的盐类
DMF	153	−61	无色液体，有氨的气味。能与水和大多数有机溶剂、无机液体混溶。是非质子极性高介电常量的有机溶剂，由于溶解能力很强，被称为万能有机溶剂。主要用作萃取乙炔和丙烯腈拉丝的溶剂。在气液色谱分析中作固定相
甲醛	−19.5	−92	无色气体，有特殊的刺激气味，对人的眼鼻等有刺激作用。易溶于水和乙醇。用作农药和消毒剂，也用于制酚醛树脂、脲醛树脂、维纶、乌洛托品、季戊四醇和染料等。主要用于有机合成、医药、合成树脂，在石油钻井液和压裂液中作杀菌剂，在酸化液中作缓蚀剂，还用作饲料青贮添加剂。液体的相对密度 0.815（−20℃），低温保存，并加入 8%～12%的甲醇防止聚合。其蒸气与空气形成爆炸性混合物，爆炸极限为 7%～73%（体积分数），着火温度约 300℃。浓度为 40%的甲醛水溶液称为福尔马林
甲酸	100.8	8.6	无色刺激气味的液体。溶于水、乙醇、乙醚和甘油。酸性强，有腐蚀性，刺激皮肤起泡，还原性，易被氧化而成水和二氧化碳
丙酮	56.5	−94.6	无色易挥发和易燃液体，微香气味。与水、甲醇、乙醇、乙醚、氯仿、吡啶等混溶。溶解油脂肪、树脂和橡胶，是制造醋酐、双丙酮醇、氯仿、碘仿、环氧树脂、聚异戊二烯橡胶、甲基丙烯酸甲酯等的重要原料。在无烟火药、赛璐珞、醋酯纤维、喷漆等工业中作溶剂
二氯乙烷	57.4	−96.9	无色液体，具有类似氯仿的气味。蒸气压 227mmHg/25℃，相对密度 1.175（20℃/4℃），溶于丙酮、乙醇、乙醚等有机溶剂中，难溶于水

注：1mmHg=133.322Pa，全书余同。

（四）废气处理工艺选择

1. 废气治理设计思路

从分析结果可以看到，企业每年进入大气的污染物量较大，单凭末端治理手段很难达到治理的要求，且耗费巨大。因此，应采取清洁生产、预处理（回收）、末端集中治理相结合的方式。

（1）加强全厂冷凝系统　由于该企业从污染源强来分析，突出的特点就是有机物料挥发特别多。这部分源强如不加强冷凝措施，进入末端治理系统后会造成很大的负担，且难以治理。

（2）预处理与集中后处理结合　为了回收有用物质以及减少集中处理的负担，在废气集中后处理前，采用前处理，同时，为了保证前处理后尾气能达标排放，在前处理实施后，再加一道后处理设备，这样既对同类性质废气的尾气处理进行了适当归并，又可实现达标排放。

（3）不同废气分类处理　针对公司的具体情况，废气污染物处理原则为：对于成分较单一、有回收利用经济价值的，尽量考虑冷凝和冷冻回收，提高经济效益；对部分气量较大的混合废气加冷凝器处理，削减其强度，减轻末端治理压力；对其他水溶性废气和酸性、碱性废气，采用水或酸、碱液喷淋吸收处理；其余采用活性炭吸附处理。

2. 清洁生产措施

清洁生产是一种新的创造性的思想，该思想将整体预防的环境战略持续应用于生产过程、产品和服务中，以增加生态效率和减少人类及环境的污染风险。对生产过程，要求节约原材料和能源，淘汰有毒原材料，降低所有废弃物的数量和毒性；对产品，要求减少从原材料提炼到产品最终处置的全生命周期的不利影响；对服务，要求将环境因素纳入设计和所提供的服务中。

企业应切实落实推广清洁生产审核制度。力争在源头尽可能地控制废气污染物的排放，减轻末端治理的压力。

① 进行原料替代的探索，减轻环境污染。

② 对挥发性物料和溶剂，采用贮罐集中供料和贮存，减少搬运、投料等过程的物料损耗和废气污染物排放。

③ 将各车间真空抽料尽可能改为泵料方式，减少真空抽料时溶剂挥发造成的物料损耗和废气污染物排放。

④ 将原有敞口式离心机改为密闭式或半密闭式，同时接水盘也要密闭，减少挥发，离心母液池要求密封，尾气收集后处理。

⑤ 现有水冲泵水槽要加盖收集尾气进行处理。

⑥ 尽量采用密闭式干燥设备便于收集尾气进行处理。

⑦ 车间室内排污明沟改为暗沟。

⑧ 改变投料方式。根据生产工艺，许多物料都采用真空投料，物料损耗大，虽然企业在这方面采取了措施，如采用冷凝器冷凝回收一部分损耗物料，但由于真空投料过程中物料或多或少地会进入大气和水中，为此，应尽可能地将真空投料改为泵送物料，减少原料损耗和废气污染物排放，减轻后续的处理费用。

⑨ 冷凝或冷冻回收。从企业污染源分析，排出的废气因气量大、有机物料挥发多，因此需设置冷凝措施。冷凝回收作为清洁生产的一个重要内容，不仅可以给企业节省成本，同时也可以削减废气污染物源，还可降低废气温度，提高末端废气处理能力。

3. 末端治理工艺

（1）一车间预处理　含二氯甲烷废气的预处理。

① 工艺流程。车间生产过程中产生的二氯甲烷废气经过废气收集系统收集后，先采用二级深冷的方法回收，回收后的尾气进入吸附装置进行处理，尾气送集中处理系统处理。废气进入活性炭吸附塔（2 台，交替运行）吸附一定时间（设计为 2 天）后，进行蒸汽脱附，脱附气体经冷凝回收，冷凝后的废物在尽量考虑综合利用的前提下（可进一步分离提纯，也可作燃料使用），余下的可作为危险废物处理；并定期（半年）对活性炭更新，更新后不能再用的活性炭交由其他单位或公司处置。其工艺流程见图 5-2。

② 设备安全运行体系。由于有机气体大都易燃易爆，对于有机废气的处理，安全是非

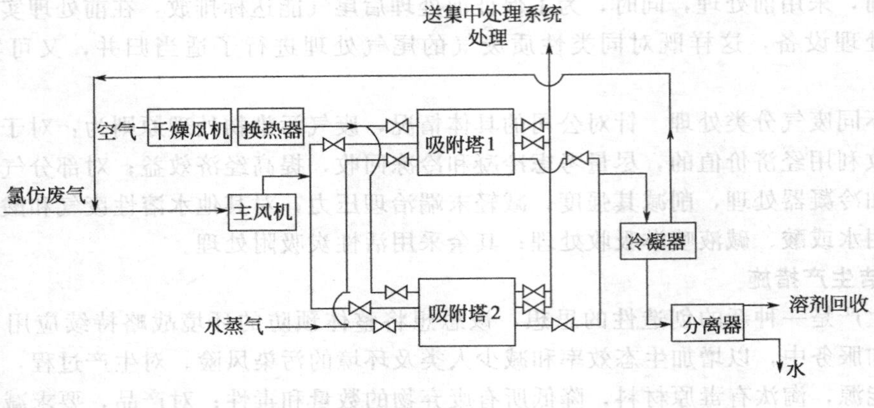

图 5-2 活性炭吸附处理系统示意

常重要的。在工艺处理过程中，应考虑以下几点安全措施。

温度的监控。吸附是一个放热过程，因此，在连续吸附操作时床层温度会升高；在脱吸附时，加热蒸汽如果控制不好，也会使系统温度过高。因此系统应设置床层温度控制报警装置（感温探头安装在活性炭层中间部位，从而准确感测炭层温度），控制脱吸附时蒸汽的供应量，如果炭层温度过高，系统便自动报警并自动切换到安全位置；同时启动降温装置，保证系统安全运行。

处理系统的密封。由于整个处理系统始终处在频繁的操作切换之中，故系统的密封问题就显得特别重要。设计上采用了特殊结构的密封垫和气动控制风阀，保证系统的严密，从而保证运行场所的安全。

处理系统的自动化。整个处理系统的运行均采用 PLC 自动控制，一旦发生事故可自动处理并自动切换，实现无人值班，同时保证系统运行的绝对安全。

设备和管道设置接地系统，消除静电，并对室外装置设置避雷系统。

其余可溶性废气预处理。其余混合废气主要指甲醇、甲醛、丙酮等无机气体和其他有机废气，废气经过酸碱两级吸收后，送末端集中处理，见图 5-3。

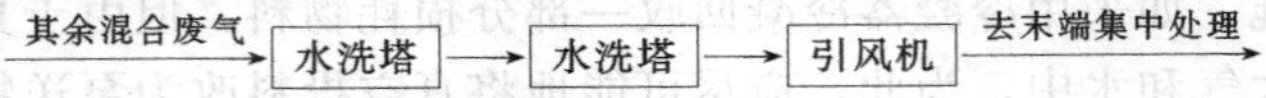

图 5-3 车间其余可溶性废气预处理工艺流程示意

(2) 二车间预处理 可溶性气体预处理（甲醇和氯化氢）。

化学合成反应和精制提纯过程中产生的废气经过二级冷凝后尾气经收集系统收集后采用二级酸吸收法处理，尾气送末端集中处理系统处理。其废气处理工艺流程见图 5-4。

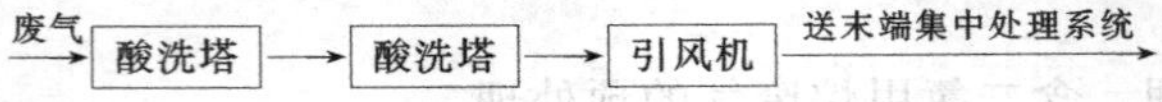

图 5-4 可溶性气体废气预处理工艺流程

(3) 集中处理 为了使废气能够达标排放，经过以上各车间的废气预处理后与污水池废气汇合，由引风机送集中处理系统处理。

集中处理采用氧化、酸洗、碱洗三级吸收处理工艺。其废气处理工艺流程见图 5-5。

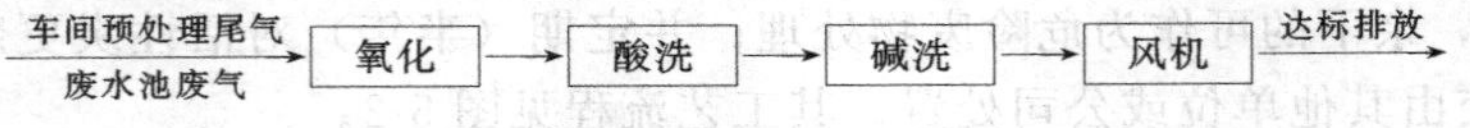

图 5-5 集中处理工艺流程

（五）废气排放的监测、实施与监督

各废气排放点废气的排放，由生产部每年制定《环境监测计划》，委托具备资质的环境监测机构进行检测，频次为半年一次。具体规定按《监测和测量控制程序》执行。废气的监测、检查与考核如下。

① 环保站负责制定废气监测计划，对现场进行检查，并根据生产信息及监测报告结果，对各单位进行考核。

② 环保站按监测计划对废气污染源排放口进行监测，建立《废气监测台账》，出现异常情况及时通知责任单位，以便及时采取措施。

③ 各单位环保员及岗位人员对本单位的废气状况进行日常监控和检查，根据监测报告，建立台账。

④ 对废气排放过程中发生的不符合情况，按《不符合、纠正与预防措施控制程序》执行。

（六）任务驱动下的相关知识

1. 制药厂废气

化学制药厂排出的废气主要为含悬浮物废气（又称粉尘）、含无机物废气、含有机物废气三类。这些废气具有短时期内排放浓度高、数量大的特点，严重危害操作者的身体健康，并造成环境污染。

2. 废气的处理技术

国内外现有污染气体的主要处理技术有：热氧化法、物理化学法、低温等离子法、植物提取液法、生物氧化法等，见表 5-14。

表 5-14　废气处理各种治理技术对比表

治理技术		主要机理	优点	缺　点
活性炭吸附法		利用活性炭吸附污染气体中致臭物质，污染气体通过活性炭层，污染物质被吸附，洁净气体排出吸附塔	去除效率高，适合高净化要求的气体	活性炭吸附一定量时会出现饱和，必须再生或更换活性炭，运行成本高。常用于低浓度臭气和脱臭后处理
化学反应法		利用臭气中的某些物质和药液产生中和反应的特性，去除气体中的污染成分。常见的有酸碱洗涤法、加氯洗涤法、过氧化氢洗涤法	可以广泛地去除多种恶臭气体，并达到很高的去除效率；具有较强的操作弹性	必须配备较多的附属设施，运行管理较为复杂，运行费用较高，与药液不反应的臭气较难去除，效率低。会引起二次污染
热氧化法	催化氧化法	在催化剂的作用下，使有机废气中的碳氢化合物在较低温度下迅速氧化成为氧化碳和水，从而达到净化目的	低温操作（288～350℃），高去除率	运行费用较高，催化剂易中毒，产生 NO_x 的二次污染。高设备投资
	直燃式氧化法	用直接燃烧的方式来去除有机污染气体	高去除率，可处理高浓度 VOC	高设备投资，运行费用高，产生较多 NO_x 的二次污染
	蓄热式氧化法	加热蓄热陶瓷，让有机气体通过蓄热燃烧室进行燃烧，达到去除的目的	高去除效率，较之直燃式，运行费用低	高设备投资，处理可燃气浓度小于 25%，产生 NO_x 的二次污染，设备重量大，维护保养困难

续表

治理技术	主要机理	优点	缺 点
土壤脱臭法	土壤脱臭机理主要可分为物理吸附和生物分解两类，水溶性恶臭气体（如胺类、硫化氢、低级脂肪酸等）被土壤中的水分吸收去除，而非溶性臭气则被土壤表面物理吸附继而被土壤中的低微生物分解	维护费用低，除臭效果与活性炭相当	占地多，处理占地为 2.5～3.3m^2/m^3 气体；不适于多暴雨多雪地区，对于高温、高湿和含水尘等气体必须进行预处理
低温等离子法	在外加电场的作用下，电极空间里的电子获得能量后加速运动，从而使其发生激发、离解或电离等一系列复杂的物理、化学反应，使得产生臭味的基团化学键断裂，再经过多级净化而达到除臭目的	工艺简洁，操作简单，适应气体温度宽（－50～50℃）	去除效率低，可处理的气体种类较少
UV 紫外线法	利用特制高能高臭氧 UV 紫外线光束照射恶臭气体，改变恶臭气体分子结构，使有机或无机高分子恶臭化合物分子链在高能紫外线光束照射下，降解转化成低分子化合物	占地面积小，运行成本较低，设备投资较低	去除效率低，可处理的气体种类较少
植物液喷洒技术	通过雾化植物的天然提取液，让雾化后的液体与异味气体结合，产生包覆、氧化、分解等一系列物理化学反应，将异味气体转化成二氧化碳、水和无机盐，达到除臭目的	设备投资较低，工艺简单，易操控，去除效率较高	运行费用高，可处理气体种类较少
生物氧化法	利用微生物与污染气体接触，当气体经过生物表面时被特定微生物捕获并消化掉，从而使有毒有害污染物得到去除	工艺流程简短、监测控制集中、减除效果明显、去除效率高，运行费用低，占地面积小、不产生二次污染	一次性投资高

3. 生物氧化法

系将人工筛选的特定微生物群固定于生物载体内和表面上，当污染气体经过生物表面时被特定微生物捕获并消化掉，从而使得有毒有害污染物得到去除。去除率高，运行成本低，无二次污染。

（1）工艺流程　生产过程中产生的臭气不具有燃烧价值，针对其浓度高、成分复杂的特点，采用喷淋+生物除臭床+强化吸附复合塔的组合工艺，洗涤作为预处理工艺可以降低后续强化生化反应器的负荷，有利于保证强化生化反应器的运行稳定性，同时其作为一个缓冲容器能对臭气进行调温、调湿，活性炭吸附塔能有效保证出口浓度，在生化反应器检修或者运行故障时还可以短时间内对排放浓度起到保证作用，其工艺流程框图见图5-6。

(2) 工艺简介　车间废气收集后先经过喷淋塔进行预处理，喷淋塔中装有填料，以保证气相与液相的充分接触，降低废气中污染物的浓度，为后续的生化处理提供良好条件。经喷淋洗涤后的废气进入生物氧化塔，废气中的污染物与水或固相表面的水膜接触，污染物溶于水中成为液相中的分子或离子，水溶液中污染成分被微生物吸附、吸收，污染成分从水中转移至微生物体内。作为吸收剂的水被再生复原，继而用以溶解新的废气成分。被吸附的有机物经过生物转化成为无害物质。

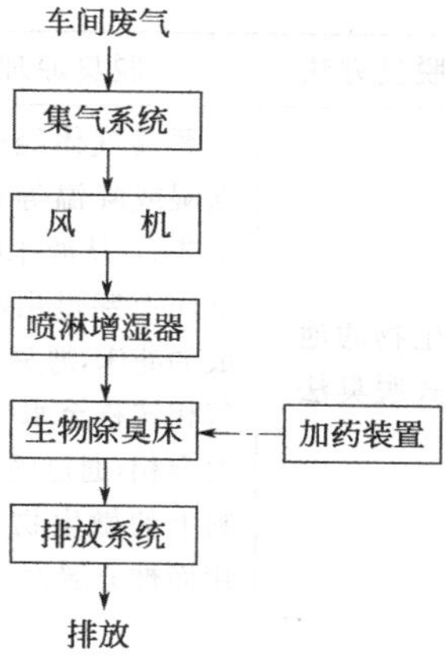

图5-6　废气处理流程框图

4. 废气处理方法介绍及适用范围和优缺点说明（见表5-15）

表5-15　废气处理方法

脱臭方法	脱臭原理	适用范围	优点	缺点
掩蔽法	采用更强烈的芳香气味与臭气掺和，以掩蔽臭气，使之能被人接收	适用于需立即、暂时消除低浓度恶臭气体影响的场合，恶臭强度级2.5左右，无组织排放源	可尽快消除恶臭影响，灵活性大，费用低	恶臭成分并没有被去除
稀释扩散法	将有臭味地气体通过烟囱排至大气，或用无臭空气稀释，降低恶臭物质浓度以减少臭味	适用于处理中、低浓度的有组织排放的恶臭气体	费用低，设备简单	易受气象条件限制，恶臭物质依然存在
热力燃烧法	在高温下恶臭物质与燃料气充分混合，实现完全燃烧	适用于处理高浓度、小气量的可燃性气体	净化效率高，恶臭物质被彻底氧化分解	设备易腐蚀，消耗燃料，处理成本高，形成二次污染
催化燃烧法				
水吸收法	利用臭气中某些物质易溶于水的特性，使臭气成分直接与水接触，从而溶解于水达到脱臭目的	水溶性、有组织排放源的恶臭气体	工艺简单，管理方便，设备运转费用低	产生二次污染，需对洗涤液进行处理；净化效率低，应与其他技术联合使用，对硫醇、脂肪酸等处理效果差
药液吸收法	利用臭气中某些物质和药液产生化学反应的特性，去除某些臭气成分	适用于处理大气量、中高浓度的臭气	能够有针对性地处理某些臭气成分，工艺成熟	净化效率不高，消耗吸收剂，易形成二次污染
吸附法	利用吸附剂的吸附功能使恶臭物质由气相转移至固相	适用于处理低浓度、高净化要求的恶臭气体	净化效率很高，可以处理多组分恶臭气体	吸附剂费用昂贵，再生较困难，要求待处理的恶臭气体有较低的温度和含尘量

续表

脱臭方法	脱臭原理	适用范围	优点	缺点
生物滤池式脱臭法	恶臭气体经过去尘增湿或降温等预处理工艺后，从滤床底部由下向上穿过由滤料组成的滤床，恶臭气体由气相转移至水-微生物混合相，通过固着于滤料上的微生物代谢作用而被分解掉	是目前研究最多，工艺最成熟，在实际中也最常用的生物脱臭方法。又可细分为土壤脱臭法、堆肥脱臭法、泥炭脱臭法等	处理费用低	占地面积大，填料需定期更换，脱臭过程不易控制，运行一段时间后容易出现问题，对疏水性和难生物降解物质的处理还存在较大难度
生物滴滤池式脱臭法	原理与生物滤池式类似，不过使用的滤料是诸如聚丙烯小球、陶瓷、木炭、塑料等不能提供营养物的惰性材料	只有针对某些恶臭物质而降解的微生物附着在填料上，不会出现生物滤池中混合微生物群同时消耗滤料有机质的情况	池内微生物数量大，能承受比生物滤池大的污染负荷，惰性滤料可不用更换，造成的压力损失小，而且操作条件极易控制	需不断投加营养物质，而且操作复杂，使得其应用受到限制
洗涤式活性污泥脱臭法	将恶臭物质和含悬浮物泥浆的混合液充分接触，在吸收器中将臭气去除掉，洗涤液再送到反应器中，通过悬浮生长的微生物代谢活动降解溶解的恶臭物质	有较大的适用范围	可以处理大气量的臭气，同时操作条件易于控制，占地面积小	设备费用大，操作复杂而且需要投加营养物质
曝气式活性污泥脱臭法	将恶臭物质以曝气形式分散到含活性污泥的混合液中，通过悬浮生长的微生物降解恶臭物质	适用范围广，目前日本已用于粪便处理场、污水处理厂的臭气处理	活性污泥经过驯化后，对不超过极限负荷量的恶臭成分，去除率可达 99.5%以上	受到曝气强度的限制，该法的应用还有一定局限
三相多介质催化氧化工艺	反应塔内装填特制的固态复合填料，填料内部复配多介质催化剂。恶臭气体在引风机作用下穿过填料层，与通过特制喷嘴呈发散雾状喷出的液相复配氧化剂在固相填料表面充分接触，在多介质催化剂催化作用下，恶臭气体中的污染因子被充分分解	适用范围广，尤其适用于处理大气量、中高浓度的废气，对疏水性污染物质有很好的去除率	占地小，投资低，运行成本低；管理方便，即开即用；耐冲击负荷，不易受污染物浓度及温度变化影响	需消耗一定量的药剂

脱臭方法	脱臭原理	适用范围	优点	缺点
低温等离子体技术	介质阻挡放电过程中，等离子体内部产生富含极高化学活性的粒子，如电子、离子、自由基和激发态分子等。废气中的污染物质与这些具有较高能量的活性基团发生反应，最终转化为 CO_2 和 H_2O 等物质，从而达到净化废气的目的	适用范围广，净化效率高，尤其适用于其他方法难以处理的多组分恶臭气体，如化工、医药等行业	电子能量高，几乎可以和所有的恶臭气体分子作用；运行费用低；反应快，设备启动、停止十分迅速，随用随开	一次性投资较高

任务三 废渣的防治

任务单见表 5-16。

表 5-16 某制药企业化学制药废渣的防治任务单

任务布置者：(老师名)	部门：药品生产部	费用承担部门：生产部
任务承接者：(学生名)	部门：药品生产车间	费用承担部门：生产部
工作任务：制药厂在药物生产过程中，产生大量的废渣。对废渣进行防治，达到国家排放标准。 工作人员：以工作小组(8 人/组)为单位完成本次任务，各小组选派 1 人集中汇报。 工作地点：药厂原料药生产车间或合成实验室。 工作成果： ①制定废渣处理原则和管理制度。 ②调查废渣的来源状况及危害。 ③废渣的最终处理。 ④废渣的监测、实施与监督。		
任务编号：	项目完成时间：20 个工作日	

药厂废渣是指在制药过程中产生的固体、半固体或浆状废物，是制药工业的主要污染源之一。

(一) 制定废渣处理原则和管理制度

1. 废渣处理原则

防治废渣污染应遵循“减量化、资源化和无害化”的“三化”原则。

(1) 减量化　采取各种措施，最大限度地从“源头”上减少废渣的产生量和排放量。通过合适的技术手段减少废渣的产生量和排放量。

首先，选用合适的生产原料，尽量在源头上减少和避免废渣的产生；其次，采用无废或低废工艺，尽量减少和避免在生产过程中产生的废渣；再次，提高产品质量和使用寿命，使用寿命延长则一定时间内废渣的累积量也能减少；最后，对产生的废渣进行有效地处理和最大限度地回收利用，减少废渣的最终处置量。

（2）资源化　对于必须排出的废渣，从综合利用上下功夫，尽可能从废渣中回收有价值的资源和能量。对废渣施以适当处理技术从中回收有用物质和能源。

主要包括三方面的内容：①物质回收，从废渣中回收二次物质。②物质转换，利用废渣制取新形态的物质。③能量转换，从废渣处理过程中回收能量，生产热能或电能。

（3）无害化　对无法综合利用或经综合利用后的废渣进行无害化处理，以减轻或消除废渣的污染危害。将废渣经过相应的工程处理使其达到不影响人类健康、不污染周围环境的目的。

2. 固体废物管理制度

固体废物管理制度实行分类管理：

① 工业固体废物申报登记制度；

② 固体废物污染环境影响评价制度及其防治设施的“三同时”制度；

③ 排污收费制度；

④ 限期治理制度；

⑤ 进口废物审批制度；

⑥ 危险废物行政代执行制度；

⑦ 危险废物经营许可证制度；

⑧ 危险废物转移报告单制度。

（二）调查废渣的来源状况及危害

1. 废渣的来源

在制药过程中，废渣的来源很多，如活性炭脱色精制工序产生的废活性炭，铁粉还原工序产生的铁泥，锰粉氧化工序产生的锰泥，废水处理产生的污泥，以及蒸馏残渣、失活催化剂、过期的药品、不合格的中间体和产品等。

2. 制药废渣的危害

（1）污染侵占土地　废渣及其渗出液和滤沥所含的有害物质会改变土质和土壤结构，影响土壤中微生物的活动，有碍植物根系生长，或在植物机体内积蓄。

（2）污染大气　废渣堆中的粉灰、干污泥和垃圾中的尘粒会随风飞扬，遇到大风，会刮到很远的地方。许多种固体废渣本身或者在焚化时，会散发毒气和臭气污染大气。

（3）污染水体　废渣进入水体，影响水生生物的生存和水资源的利用。投弃海洋的废渣会在一定海域造成生物的死亡。废渣堆或垃圾填地，经雨水浸淋，渗出液和滤沥会污染土地、河川、湖泊和地下水。不少国家直接把固体废物倾倒入河流、湖泊、海洋，甚至把海洋投弃作为一种处置方法。美国在 20 世纪 70 年代末将 15% 的污泥等废物投弃海洋。中国由于向水体投弃废物，80 年代的江湖面积比 50 年代减少 2000 多万亩。

一般来说，药厂废渣的数量比废水、废气少，污染也没有废水、废气严重，但废渣的组成复杂，且大多含有高浓度的有机污染物，有些还是剧毒、易燃、易爆的物质。因此，必须对药厂废渣进行适当的处理，以免造成环境污染。

（三）废渣的最终处理

废渣污染控制的末端环节，目的是解决废渣的归宿问题，主要是指最终处置或者安全处置。

1. 深海投弃法

利用船舶、航空器、平台及其他载运工具，向海洋倾倒废渣的行为。

2. 海上焚烧法

指以高温破坏有毒有害废渣为目的，在远离人群的海洋焚烧设施上有意焚烧废渣的行为。

3. 土地耕作法

指将废渣分散在现有耕地中，通过生物降解、植物吸收以及风化作用来消除废渣污染。

4. 堆存法

土地堆存，主要处置对象是不溶解、不扬尘、不腐烂变质的废渣。筑坝堆存，主要的处置对象是湿排灰，如粉煤灰、尾矿粉等。

5. 土地填埋法

即在陆地上选择合适的天然场所或者由人工改造出合适的场所，把废渣用土层覆盖起来的技术，如填埋场。

6. 深井灌注法

是将废渣液化，用强制性措施注入与饮用水和矿脉层隔开的可渗透性岩层中，从而达到废渣的最终处置。

7. 综合利用法

综合利用实质上是资源的再利用，不仅解决了“三废”的污染问题，而且充分利用了资源。综合利用可从以下几个方面考虑：①用作本厂或他厂的原辅材料。如氯霉素生产中排出的铝盐可制成氢氧化铝凝胶等。②用作饲料或肥料。有些废渣，特别是生物发酵后排出的废渣常含有许多营养物质，可根据具体情况用作饲料或农肥。③作铺路或建筑材料。如硫酸钙可作为优质建筑材料；电石渣除可用于调节 pH 外，也可用作建筑材料。

最终处置方案比较见表 5-17。

表 5-17 最终处置方案比较

处理方法	优 点	缺 点	处理主要用途
焚 烧	有效解决重金属离子的污染问题	设备复杂，能耗大，投资高，可产生二噁英等有毒有害气体	砖、混凝土、波兰特水泥、可燃气、油，发电
填 埋	处理成本低，可增加城市建设用地	有毒有害物质可能渗入地下，污染地下水及周边生态环境；受到用地的限制，污染废渣的输送费用可能很高	建造人工平原，填海造地
农 用	经济简便，可使污泥充分资源化	致癌物质、重金属化合物可能会使人、动植物慢性中毒	复合肥料、土地改良剂

（四）废渣的监测、实施与监督

① 提倡制药企业进行清洁生产。

② 加强制药废渣的危害性教育。

（五）任务驱动下的相关知识

1. 废渣

药厂废渣指制药厂在生产过程中排出或投弃的固体、半固体或浆状废弃物。

废渣的组成复杂，多为来自制药工业生产过程中排出的不合格产品、副产物、废催化剂、废溶剂及废水、废气处理产生的污泥等，且大多含有高浓度的有机污染物，有些还含有剧毒、易燃、易爆的物质。

2. 废渣处理的一般方法

固体废物处理方法指将固体废物转变成适于运输、利用、贮存或最终处置的过程。

(1) 物理处理方法　通过浓缩或者相变化来改变固体废物的结构，常用压实、破碎、分选、增稠、吸附、萃取等法。

(2) 化学处理方法　采用化学方法破坏固体废物中的有害成分从而达到无害化，或将其转变成适于进一步处理、处置的形态，常用氧化、还原、中和、化学沉淀和化学溶出等法。

(3) 生物处理　利用微生物分解固体废物中可降解的有机物，从而达到无害化或综合利用。例如好氧堆肥、厌氧发酵和兼性厌氧处理。

(4) 热处理　通过高温来破坏和改变固体废物的组成和结构，同时达到减容、无害化或综合利用的目的，常用焚烧、热解、湿式氧化等方法。

(5) 固化处理　采用固化基材如水泥将废物固定或包埋起来以降低其对环境的危害，以便能较安全地运输和处置的一种处理过程，固化处理的对象主要是有害废物和放射性废物。

3. 废渣的分类

① 从污染防治的需求出发分为：危险废渣和一般工业废渣。

② 按化学性质分为：无机废渣和有机废渣。

③ 按其组分可分为常规的化工废渣和含大量贵金属的废催化剂。

任务四　药厂废水处理实训

1. 布置任务

任务单见表5-18。

表5-18　某药厂的废水防治任务单

任务布置者:(老师名)		部门:产品生产部		费用承担部门:生产部
任务承接者:(学生名)		部门:药物生产车间		费用承担部门:生产部
工作任务:某药厂的废水水质如下。设计该药厂的废水处理工艺,完成该药厂废水的处理。要求经过处理后水质达到国家《污水综合排放标准》中二级标准。($BOD_5 \leqslant 30mg/L$,$SS \leqslant 150mg/L$,$COD_{Cr} \leqslant 300mg/L$)。				
废水种类	水量/(m^3/天)	COD/(mg/L)	BOD/(mg/L)	SS/(mg/L)
头孢氨苄	2000	1800	900	800
工作人员:以工作小组(8人/组)为单位,小组成员分工合作,完成本次任务。 工作地点:药厂废水池、教室、图书馆。 工作成果 ①水质特征。 ②该药厂废水的处理工艺。 ③实训报告,包括实训方案、实训结果、实训体会等。				
任务编号:			项目完成时间:10个工作日	

2. 任务解析

根据废水中的污染物成分及含量，选用不同的处理方法，设计出该废水的处理工艺，并完成该废水的处理。

3. 任务驱动下的相关知识

(1) 水质特征

① COD浓度高，是废水污染物的主要来源。

② 废水中SS浓度较高。水中悬浮物较多。

③ BOD、COD相差较大，说明存在难生物降解物质。

④ 硫酸盐浓度高。好氧条件下硫酸盐的存在对生物处理没有影响。

⑤ 水质成分复杂。中间产物和提取分离中残留的高浓度酸、碱、有机溶剂等化工原料含量高。

⑥ 水量较小但间歇排放，冲击负荷较高，由于抗生素是分批发酵生产，废水间歇排放，所以其废水成分和水力负荷随时间有很大的变化，这种冲击给生物处理带来极大的困难。

(2) 废水的可生化性　BOD/COD为0.5，大于0.3，因此废水可生化性比较好。

4. 任务实施

(1) 物理法除去悬浮物　采用格栅截留、自然沉淀和上浮等分离方法除去水中悬浮物。

(2) 活性污泥法（好氧法）除去可降解有机物　废水经初次沉淀池后与二次沉淀底部回流的活性污泥同时进入曝气池，通过曝气，活性污泥呈悬浮状态，并与废水充分接触。废水中的悬浮固体和胶状物质被活性污泥吸附，而废水中的可溶性有机物被活性污泥中的微生物用作自身繁殖的营养，代谢转化为物质细胞，并氧化成为最终产物（主要是CO_2）。非溶解性有机物需先转化成溶解性有机物，而后才能被代谢和利用。废水由此得到净化。净化后废水与活性污泥在二次沉淀池内进行分离，上层出水排放，分离浓缩后的污泥一部分返回曝气池，以保证曝气池内保持一定浓度的活性污泥；其余为剩余污泥，由系统排出。排出的污泥可以当作肥料使用。

(3) 物理化学法进一步处理　用混凝法去除微生物未能降级的有机物、磷、氮和可溶性无机物。

污水处理工艺流程见图5-7。

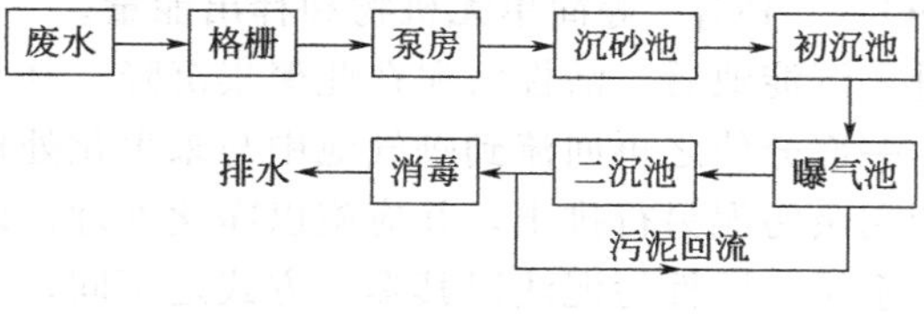

图5-7　污水处理工艺流程

5. 任务小结

从废水防治任务单中的表格可看出该药厂BOD_5数值较大，说明废水中有机物含量远远高于排放标准，且COD_{Cr}含量大于BOD_5，说明有一些不能被微生物分解的污染物，另外废水中还含有大量悬浮物。所以，该药厂的废水处理工艺中应首先除去悬浮物，再选用生化法去除有机物，最后用混凝法除去不能被降级的有机物。

六、“三废”防治基础知识

“三废”防治常用生物化学法如下。

1. 活性污泥处理法

活性污泥法又称曝气法，是利用含有大量需氧性微生物的活性污泥，在强力通气条件下使污水净化的生物化学法。

（1）活性污泥的性质　活性污泥是一种绒絮状小泥粒，它是由需氧菌为主体的微型生物群、有机性和无机性胶体、悬浮物等所组成的一种肉眼可见的细粒。活性污泥的制备可在一含粪便的污水池中不断通入空气，经过一段时间后就会产生褐色絮状胶团，这种带有大量微生物的胶团就是活性污泥。活性污泥具有很强的吸附与分解有机物质的能力。其外观呈黄褐色，因水质不同，也可呈深灰、灰褐、灰白等色。正常情况下几乎无臭味。绒絮状颗粒大小约为 0.02～0.2mm，表面积为 20～100cm^2/ml，相对密度约为 1.002～1.006。当静置时，这些绒絮状颗粒能立即凝聚成较大的绒粒而沉降，对 pH 有较强的缓冲能力。

（2）活性污泥的生物相　活性污泥的生物相除含大量细菌以外，还含有原生动物、霉菌、酵母菌、单细胞藻类等微生物，还可见到原生动物如轮虫、线虫等，其中主要为细菌与原生动物。

细菌在活性污泥中起着主导作用，在多数情况下，它们是去除污水中有机物的主力军。活性污泥中的细菌大多数被包埋在胶质中，以菌胶团的形式存在。胶质系菌胶团生成菌分泌的蛋白质、多糖及核酸等胞外聚合物。在活性污泥形成初期，细菌多以游离态存在，随着活性污泥成熟，细菌增多而聚集成菌胶团，进而形成活性污泥絮状体。活性污泥絮状体的作用为：①可将有机物吸附或黏附其上进而加以分解；②可以吸附某些金属离子，使之与有机物形成络合物而得以去除；③由于菌体包埋在絮状体中，可以防止原生动物对细菌的吞食；④发育良好的活性污泥絮状体具有良好的沉降性能，有利于泥水分离而排出净水。

活性污泥中的原生动物以纤毛虫为主。原生动物是需氧性微生物，主要附聚在活性污泥的表面，以摄取细菌等固体有机物作为营养。原生动物在活性污泥中的主要作用为：能吞食游离的细菌和微小的污泥，有利于改善水质；可作为净化污水程度的指示生物等。

（3）活性污泥法基本工艺流程及生物学过程　废水进入曝气池与活性污泥接触后，其中的有机质可以在约 1～30min 的短时间内被吸附到活性污泥上。大分子的有机物，先被细菌分泌的胞外酶所作用，分解成较小分子的化合物，然后摄入菌体内。低分子有机物则可直接被吸收。在微生物胞内酶的作用下，有机质一部分被同化形成微生物有机体，另一部分转化成 CO_2、H_2O、NH_3、SO_4^{2-}、PO_4^{3-} 等简单无机物和释出能量。

曝气池中的混合液进入沉淀池后，活性污泥在此聚集沉降。其上清液就是已被净化了的水。经沉降的活性污泥，一部分使之再回流到曝气池中与未生化处理的污水混合，重复上述处理过程；另一部分作为剩余污泥另行排出，并应施以净化处理，以免造成新的污染。

（4）活性污泥法处理系统　活性污泥法以其曝气方式之不同，可分为普通曝气法、加速曝气法、逐步曝气法、旋流式曝气法、纯氧曝气法、深井曝气法等多种方法。

① 加速曝气法。加速曝气法属完全混合型的曝气法，曝气、二沉、污泥回流集中于一池，充氧设备使用表面曝气叶轮。

② 纯氧曝气法。与普通曝气法相比，纯氧曝气的特点是：氧的分压高，氧的传递速度快，池中能维持 6～10g/L 的污泥浓度，可以提高处理负荷；氧的利用率高，可达 85%～90%；高浓度的溶解氧可使污泥保持较高的活性，能适应水量、水质的变化；剩余污泥少。此法的缺点是：土建要求高，还要求氧气来源方便便宜。另外，污水中如含有酯类，有发生爆炸的危险。

③ 深井曝气法。深井曝气是以地下深井作为曝气池的一种废水处理技术。深井的纵向被分隔为下降管和上升管两部分，混合液在沿下降管和上升管反复循环的过程中，废水得到处理。深井深度大、静水压力高，可大大提高氧传递的推动力，井内有很高的溶解氧，氧的利用率高（50%～90%）。此外，深井内水流紊动大，气泡停留时间长，更使深井具有其他

方法不可比拟的高充氧性能，容许深井以极高的污泥浓度运行，可处理高浓度污水。深井曝气工艺具有充氧能力强、效率高；耐冲击负荷性能好，运行管理简单；占地少及污泥产量少等优点，普遍受到全国各行业的注目，已广泛应用于工业废水、城市污水及制药行业废水的处理中。深井曝气的缺点是投资较大，施工亦较难。

（5）剩余污泥的处理　好氧法处理废水会产生大量的剩余污泥。这些污泥中含有大量的微生物、未分解的有机物甚至重金属等毒物。这类污泥堆积在场地上，如不妥善处理，由于其量大、味臭、成分复杂，亦会造成环境污染。剩余污泥一般先经浓缩脱水，然后再做无害化处置及综合利用。

污泥脱水的方法有下面几种。①沉淀浓缩法。此法是靠重力自然浓缩，脱水程度有限。②污泥晾晒法。此法是将污泥在空地上铺成薄层日晒风干。这样做占地大、卫生条件差，易污染地下水，同时受气候影响大，效率低。③机械脱水法。有真空过滤法和离心去水法。此法效率较高、占地少，但运转费用高。

剩余污泥处置有下面几种途径。①焚烧。一般采用沸腾炉焚烧，效果好。但投资大，耗能亦多。②作建筑材料的掺和物，使用前应先进行无害化处理。③作肥料。污泥含丰富的氮、磷、钾等多种养分，经堆肥发酵或厌氧处理后是良好的有机肥料。④繁殖蚯蚓。蚯蚓可以改进污泥的通气状况以加速有机物的氧化分解，去掉臭味，并杀死大量有害微生物。

2. 生物膜法

生物膜法指的是以生物膜为净化主体的生化处理法，也是好氧处理法中的一种。根据处理方式与装置的不同，生物膜法可分为生物滤池法、生物转盘法、生物接触氧化法、流化床生物膜法等多种。由于生物膜法比活性污泥法具有生物密度大、耐污力强、动力消耗较少、不存在污泥回流与污泥膨胀、运转管理方便等特点，用生物膜法代替活性污泥法的情况在不断增加。

（1）生物膜及生物膜净化原理　生物膜是由废水中的胶体、细小悬浮物、溶质物质及大量微生物所组成。这些微生物包括大量细菌、真菌、原生动物、藻类和后生动物，但生物膜主要是由菌胶团及丝状菌组成。微生物群体所形成的一层黏膜状物质即生物膜，附于载体表面，一般厚约 1～3mm，经历一个初生、生长、成熟及老化剥落的过程。生物膜的表面总是吸附着一薄层污水，称之为“附着水”。其外层为能自由流动的污水，称之为“运动水”。当附着水的有机质被生物膜吸附并氧化分解时，附着水层的有机质随之降低，而此时运动水层中的浓度相对高，因而发生传质过程，污水中的有机质不断转移进去被微生物分解。微生物所消耗的氧，是沿着空气→运动水层→附着水层而进入生物膜；微生物分解有机物产生的二氧化碳等无机物则沿相反方向释出。

开始形成的膜是需氧性的，但当膜的厚度增加，氧扩散到膜内部受到限制时，生物膜就分成了两层，外层为好氧层，内层为厌氧层。生物膜也是一个复杂的生态系统，存在着有机质→细菌、真菌→原生动物的食物链。

生物膜在处理污水过程中不断增厚，其附着于载体一面的厌氧区也逐渐增厚，最后生物膜老化，会整块剥落；此外，也可因水力冲刷或气泡振动不断脱下小块生物膜；然后又开始新的生物族形成过程，这是生物膜的正常更新。

（2）生物滤池法　普通生物滤池是最早出现的一种生物膜法处理装置，具有结构简单、管理方便的特点。其主要组成部分为：①滤料层，一般采用碎石、卵石和炉渣作滤料，铺成厚度约 1.5～2m 的滤床；②配水及布水装置，使污水均匀洒向滤料；③排水装置，排水装置在滤层底部，可排出经处理的水，排水装置也是通风道。普通生物滤池的问题是卫生条件差，容易滋生蚊蝇，且处理效率低。

塔式生物滤池是后来发展起来的一种新型生物滤池。其特点是占地少，基建费用省，净化效果好。构筑物一般高度在20m以上，径高比为（1∶6）～（1∶8），形似塔，通常分为数层，设隔栅以承受滤料。滤料采用煤渣、高炉渣、塑料波纹板、酚醛树脂浸泡过的蜂窝纸及泡沫玻璃块等。多数塔式滤池采用自然通风，较之鼓风更易于在冬天维持塔内水温。塔式滤池效率较高是由于生物膜与污水接触时间较长，而且在不同的塔高处存在着不同的生物相，污水可以受到不同微生物的作用。塔滤池的主要问题是，污水需用泵提升，从而使运转费用增加。

(3) 生物转盘法　又称浸没式生物滤池。它是由装配在水平横轴上的、间隔很近的一系列大圆盘所组成。当废水在池中缓慢流动时，圆盘也缓慢转动，盘上很快长了二层生物膜。圆盘一部分浸入水中，生物膜吸附水中的有机物，转出水面时，生物膜又从大气中吸收氧气，从而将有机物分解破坏。如此反复，废水得到净化处理。

本法与一般生物滤池相比，优点在于它对突变负荷忍受性强，事故少而恢复快，可处理高浓度废水，且能达到较好的处理效果（当停留时间1h以内时，废水的BOD_5去除率可达90%以上）。本法的缺点是处理量小，寒冷地区需保温。

(4) 流化床生物膜法　流化床是一种固体颗粒流态化技术。将此技术应用于废水的生化处理，是使生物膜挂在运动着的固体颗粒上以处理废水，称为流化床生物膜法。它是一种新的生化处理技术。

流化床生物膜法的主体结构乃是一个塔式或柱式反应器，里面装填有一定高度的砂、无烟煤或活性炭；其粒径为0.5～1.5mm。微生物以此为载体形成生物膜，构成“生物粒子”。污水与空气由反应器底部通入，从而形成了气、液、固三相反应系统。当污水流速达到某一定值时，生物粒子可在反应器内自由运动，此时整个反应器出现流化状态，形成“流化床”。

从本质上说，生物流化床属于生物膜法范畴，但因生物粒子与被处理水间做激烈的相对运动，传质、传热情况良好，因此又有活性污泥法的某些特点。污水的生化处理本质上是非均相反应，传质常常是个重要的控制因素。而在流化床操作条件下，传质速率比普通生物膜法快，有时可高几倍甚至近十倍。

总之，生物流化床法兼有生物膜法和活性污泥法的优点，而又远远胜于它们。它具有高浓度生物量、高比表面积、高传质速率等特点，因此对水质、负荷、床温变化的适应性也较强。近来，生物流化床技术以其效率高、占地少、设备小型化、易于管理等特点，已越来越受到人们的关注。

3. 厌氧处理法

(1) 基本原理　厌氧发酵过程是个非常复杂的过程，其中涉及多种交替作用的菌群，这些菌群又要求不同的基质与条件，形成了极为复杂的相互作用体系。厌氧发酵过程可分为下述三个阶段。

① 液化阶段。复杂有机物如纤维素、蛋白质、脂肪等在微生物作用下降解至其基本结构单位或简单有机酸、醇等。这类微生物主要为兼性厌氧微生物及少数厌氧微生物。

② 产氢产乙酸阶段。此阶段主要是将第一阶段产生的或原来已经存在于物料中的简单有机物经微生物转化生成乙酸、H_2及CO_2。引起作用的菌统称为产氢产乙酸细菌。

上述两阶段可合称为不产甲烷阶段，其作用微生物称非甲烷菌。

③ 产甲烷阶段。在甲烷菌作用下将乙酸（包括甲酸）、CO_2、H_2转化为甲烷。

(2) 厌氧处理法的主要影响因素

① 温度。厌氧发酵对温度极其敏感，2～3℃的变化就可能影响产气量。污水的最适发酵温度，中温型发酵为20～40℃，最佳37～38℃；高温型发酵以53～54℃为宜。高温发酵比中温发酵效果好，无论是有机物的处理量或沼气产生量，高温比低温均高出2～2.5倍。但因高温发酵操作管理较复杂，加热费用也大，所以一般采用中温发酵法。

② 酸碱度。pH一般维持在6.5～7.5。有机酸浓度（以乙酸计）是控制发酵的重要指标，以少于2000mg/L为宜。过高，说明产甲烷作用降低，甚至停止产气。但由于工业废水差异很大，此项指标尚需结合具体情况而定。

③ 废水组成。废水中碳水化合物、脂肪、蛋白质、纤维素等，主要是为微生物提供碳源，此外尚需氮、磷等。试验说明，以C：N＝（10～20）：1为佳，含氮量低于2%时，菌体不易增殖。磷要保持在1%左右。

④ 菌种。采用混合菌种。第一次投料时必须引入足够数量的混合菌种，或是经过厌氧消化培养的污泥。单纯的甲烷细菌接种，效果不佳。

（3）厌氧处理构筑物　①传统厌氧消化池。传统消化池适用于有机物及悬浮物浓度较高的废水，处理方法采用完全混合式。此法不能保留污泥，产生污泥流失现象，且投配量低、容积负荷低、停留时间长、消化池的容积大、处理效果不佳。

② 厌氧接触法。厌氧接触法是由传统消化池改进开发的一种厌氧处理工艺。与传统消化法的区别在于增加了污泥回流。

在这种工艺系统中，消化池采用完全混合的接触方式，而带有厌氧污泥的出水通过真空脱气，使附着于污泥上的小气泡分离出来，有利于泥水分离。沉降下来的厌氧污泥又返回到消化池内，增加了厌氧生物量，使厌氧消化效率比普通消化池提高1～2倍。

此工艺可处理含悬浮物质较多的废水，而且具有生产过程比较稳定、耐冲击负荷、操作方便等特点。但由于反应器内的污泥呈分散、细小的絮状，沉淀性能差，所以经沉淀后的出水总要带走一些污泥，反应器内难以积累高浓度的生物量，负荷难以再进一步提高。另外，此工艺不能处理低浓度的有机废水。

③ 上流式厌氧污泥床。上流式厌氧污泥床是20世纪70年代中期开发的一种高效处理装置。这一工艺的基本出发点就是要在反应器内截留高浓度、高活力的厌氧污泥。为实现这一目标，在工艺设计、运行上采取了以下措施：a. 为污泥絮凝提供有利的物理-化学条件，使厌氧污泥获得并保持良好的沉淀性能；b. 形成一个良好的、稳定的污泥床层，能抵抗较强的扰动力，从而提高设备内的生物量；c. 通过在反应器上部设置的三相分离器，使污泥细粒与气泡分离后进入沉淀区，进一步絮凝沉淀，然后回流入反应区内；d. 水流从底部向上升流，通过稳定的污泥床层，产生大量沼气；沼气与水流一起上升就起到了强烈的搅拌作用，因而可以完全取消搅拌装置。

七、相关法律法规

1.《中华人民共和国环境噪声污染防治法》
2.《中华人民共和国环境保护法》
3.《中华人民共和国水污染防治法》
4.《中华人民共和国大气污染防治法》
5.《中华人民共和国环境影响评价法》
6.《中华人民共和国固体废物污染环境防治法》
7.《中华人民共和国海洋环境保护法》

8.《污水综合排放标准 GB 8978—1996》
9.《工业"三废"排放试行标准》
10.《质量记录控制程序》
11.《纠正和预防措施控制程序》
12.《污水综合排放标准》
13.《大气污染物综合排放标准》
14.《环境信息管理控制程序》
15.《质量体系文件和资料控制程序》

八、课后自测

1. 化学制药厂的"三废"具有哪些特点?
2. 控制水质的指标有哪些?
3. 废水治理的基本方法有几种?
4. 酸碱性废水怎样处理?
5. 什么是废水的生化处理法?其基本原理是什么?
6. 废水生化处理中,影响微生物生长的环境因素有哪些?
7. 什么是活性污泥?怎样制备?有何作用?
8. 常用的活性污泥处理系统有几种?
9. 什么是生物膜法?生物膜由什么组成?
10. 生物膜法的污水处理装置有哪些?
11. 什么是污水的厌氧处理法?影响厌氧处理法的因素有哪些?
12. 药厂中常见的废气有哪几种类型?各自应该怎样处理?
13. 药厂废渣一般应怎样处理?

思政小课堂

制药工业生产工序繁多,使用原料种类多、数量大,原材料利用率低,产生的"三废"量多且成分复杂,对环境和人体都有严重的危害。对此,我们应该重视三废处理问题,增强环境保护意识。我们坚持绿水青山就是金山银山的理念,坚持山水林田湖草沙一体化保护和系统治理,全方位、全地域、全过程加强生态环境保护,生态文明制度体系更加健全,污染防治攻坚向纵深推进,绿色、循环、低碳发展迈出坚实步伐,生态环境保护发生历史性、转折性、全局性变化,我们的祖国天更蓝、山更绿、水更清。每一个中华儿女都应该自觉树立尊重自然、顺应自然、保护自然的生态文明理念,为实现中华民族发展作出自己应有的贡献。

项目六　化学制药车间设备操作技术

一、职业岗位

合成药单元反应岗位群：合成药备料、配料工；合成药酰化工；合成药卤化工；合成药硝化工；合成药烃化工；合成药氧化工；合成药还原工等。

合成药单元操作岗位群：合成药精制结晶工；合成药提取工；合成药液固分离工；合成药蒸发工；合成药干燥、包装工等。

二、职业形象

① 具有使用基本单元操作设备的专业知识和技能，具有良好的语言表达能力及良好的沟通和协调能力。

② 了解单元操作设备的最新进展，掌握操作新型设备的基本知识。

③ 具有高度的责任心，谦虚好学，诚信可靠，具备良好的职业素养和团队精神。

三、职场环境

原料药合成人员主要工作场所为原料药合成药厂的生产车间，合成药厂均有防火、防毒的安全措施。

四、工作目标

原料药的合成由实验室探索的小试阶段，再到中试车间的中试放大阶段，最后到车间的规模化生产阶段，车间生产主要涉及单元反应过程还是单元操作过程。无论是单元反应过程还是单元操作过程都需要在设备内完成。因此化学合成制药工应十分熟悉各种单元操作的过程及设备，并掌握单元操作设备的使用、维护和保养方法。

化学制药车间设备操作技术是化学合成制药工最基本的操作技术，它涵盖以下能力。

① 单元操作岗位群设备的使用控制能力。

② 单元操作岗位群设备的维护保养能力。

③ 单元操作岗位群设备常见问题的处理能力。

④ 合成药工艺条件优化及技术革新能力。

为了培养原料药生产的高素质高技能型人才，在项目中，要强化职业素质的培养。

五、化学制药车间设备操作技术

项目任务单见表 6-1。

表 6-1　化学制药车间设备操作项目任务单

任务布置者:(老师名)	部门:生产部	费用承担部门:生产部
任务承接者:(学生名)	部门:生产车间	费用承担部门:生产部
工作任务:按照×××原料药生产工艺要求进行化学制药车间设备的操作。 工作人员:以工作小组(5人/组)为单位完成本次任务,各小组选派1人集中汇报。 工作地点:原料药实训车间、图书馆、计算机房、教室。 工作成果: ①生产工艺规程。 ②×××原料药相关设备的操作规程。 ③汇报展示 PPT。		
任务编号:	项目完成时间:10个工作日	

任务一　离心泵的操作及维护

离子泵的操作及维护任务单见表 6-2。

表 6-2　离心泵的操作及维护任务单

任务布置者:(老师名)	部门:生产部	费用承担部门:生产部
任务承接者:(学生名)	部门:生产车间	费用承担部门:生产部
工作任务:常用离心泵的操作。 工作人员:以工作小组(5人/组)为单位,小组成员分工合作,完成本次任务。 工作地点:教室、图书馆、实训车间。 工作成果: ①离心泵的类型与选用。 ②离心泵的操作。 ③离心泵不正常现象及处理。		
任务编号:	项目完成时间:10个工作日	

药品生产中可能用到各种形式的物料，有物理、化学性质类似于水的清洁液体物料，有酸、碱等腐蚀性液体物料，有悬浮液及黏稠的浆液物料以及易燃、易爆、剧毒及具有放射性的液体物料等，都需要用离心泵进行输送。离心泵在制药企业中使用频率高、使用面广。

(一) 离心泵的类型与选用

离心泵种类繁多，相应的分类方法也多种多样，例如，按液体的性质可分为水泵、耐腐蚀泵、油泵、杂质泵、屏蔽泵、液下泵和低温泵等。各种类型离心泵按其结构特点成为一个系列，并以一个或几个汉语拼音字母作为系列代号，在每一系列中，由于有各种不同的规格，因而附以不同的字母和数字来区别。以下仅对化工厂中常用离心泵的类型作一简单说明，见表 6-3。离心泵型号说明见图 6-1。

(二) 离心泵的操作

1. 开车

① 引离心泵机械密封水，检查泵出口压力表底阀是否打开。

② 盘车 2～3 转，检查泵连接部件，泵体有无异音。

表 6-3　离心泵的类型

类　型		结构特点	用　途
清水泵	IS 型	单级单吸式。泵体和泵盖都是用铸铁制成。特点是泵体和泵盖为后开门结构形式；优点是检修方便，不用拆卸泵体、管路和电机	是应用最广的离心泵，用来输送清水以及物理、化学性质类似于水的清洁液体
	D 型	多级泵，可达到较高的压头	适合要求压头较高而流量并不太大的场合
	sh 型	双吸式离心泵，叶轮有两个入口，故输送液体流量较大	适合输送液体的流量较大而所需压头不高的场合
耐腐蚀泵（F 型）		特点是与液体接触的部件用耐腐蚀材料制成，密封要求高，常采用机械密封装置； FH 型（灰口铸铁），FG 型（高硅铸铁），FB 型（铬镍合金钢），FM 型（铬镍钼钛合金钢），Fs 型（聚三氟氯乙烯塑料）	输送酸、碱等腐蚀性液体
油泵（Y 型）		有良好的密封性能。热油泵的轴密封装置和轴承都装有冷却水夹套	输送石油产品
杂质泵（P 型）		叶轮流道宽，叶片数目少，常采用半敞式或敞式叶轮。有些泵壳内衬以耐磨的铸钢护板。不易堵塞，容易拆卸，耐磨 PW 型（污水泵），PS 型（砂泵），PN（泥浆泵）	输送悬浮液及黏稠的浆液等
屏蔽泵		无泄漏泵，叶轮和电机联为一个整体并密封在同一泵壳内，不需要轴封装置。缺点是效率较低，约为 26%～50%	常输送易燃、易爆、剧毒及具有放射性的液体
液下泵（EY 型）		液下泵经常安装在液体贮槽内，对轴封要求不高，既节省了空间又改善了操作环境。其缺点是效率不高	适用于输送化工过程中各种腐蚀性液体和高凝固点液体

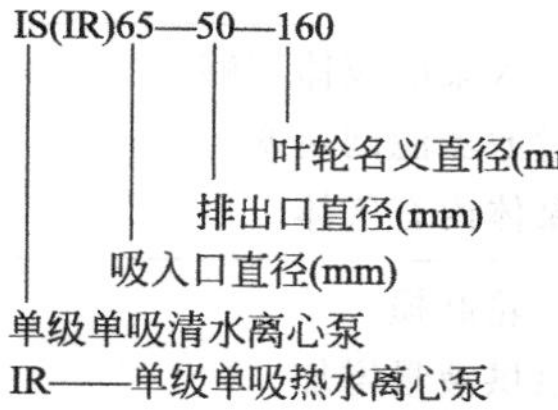

图 6-1　离心泵型号说明

③ 检查泵的油位 1/2～2/3。

④ 打开泵进口阀引液入泵内，打开出口排放阀，排泵体内气体，排净后关排放阀。

⑤ 启动泵，出口压力达到工艺指标，开出口阀送液。

2. 运行

① 认真监视各泵出口压力、温度、严防超温超压。

② 经常检查排放口各疏水器倒淋阀，注意溶液温度不得过低，以免结晶堵塞。

③ 经常检查供油、供气、供水情况，充分保证有良好的润滑、冷却、保温条件。

④ 认真巡检氨水槽液位，液位不能过低。

⑤ 经常检查电机的电流、温升情况，防止过电流、过热。
⑥ 经常检查泵的密封水是否畅通。
⑦ 整点认真准确填写岗位操作记录，每小时一次。
⑧ 每小时全面巡回检查一次，发现问题及时处理、汇报并做好记录。
⑨ 认真检查各泵机械运转是否正常，机械连接部件是否松动。
⑩ 检查所属范围内的跑、冒、滴、漏，并联系进行解决。
⑪ 定期倒泵，以防止备用泵故障影响生产。
⑫ 保持各泵周围地面、设备清洁干净，工具放置有序，整齐完好。

3. 停车

① 关出口阀。
② 停电机电源停泵。
③ 关进口阀关密封水，打开出口倒淋阀排放泵体内液体。
④ 根据情况进行冲洗。

4. 紧急停车

（1）紧急停车的条件　断电、断原料、断水、断蒸汽、泵体剧烈振动、撞击异响，系统发生着火、爆炸或严重泄漏。

（2）紧急停车步骤

① 发急停车信号。
② 停止泵运转。
③ 切断物料入塔阀，并冲洗。
④ 其他按正常停车步骤处理。

（三）离心泵不正常现象及处理

离心泵不正常现象及处理见表6-4。

表6-4　离心泵不正常现象及处理

故　　障	原　　因	排除方法
泵不吸水，压力表指针剧烈摆动	①注入泵的液体不够 ②过滤器滤网堵塞 ③泵体内有气体	①增加进液量，开大进口阀 ②清洗过滤器 ③排除泵体内气体
离心泵消耗的功率过大	①叶轮磨损 ②泵供液量增加	①更换叶轮 ②调整流量
轴封泄漏大	①填料磨损 ②轴套磨损 ③机械密封磨损 ④填料磨损	①更换填料 ②更换轴套 ③更换机械密封 ④压紧填料
离心泵在工作过程中出现不正常的声音，流量降低，直到不出量	①阀门开得过大 ②吸水管阻力过大 ③吸水高度过大 ④在吸液管段有空气渗入 ⑤所输送液体温度过高 ⑥过滤网堵塞	①降低流量 ②检查吸入管道，检查底阀 ③减小吸水高度 ④拧紧或堵塞漏气处 ⑤降低液体温度 ⑥清洗过滤器

续表

故　　障	原　　因	排除方法
轴承过热	①开泵前没有排气 ②脏物和水进入轴承 ③轴承压盖太紧	①注油或换油 ②清洗轴承或更换润滑油 ③轴承盖适当加纸垫
离心泵打量不好	①开泵前没有做好排气 ②进口温度、介质温度过高气化 ③检修质量不好	①及时排气 ②补加脱盐水或管外浇冷却水 ③重新更换
冲洗水泵在冲洗过程中跳车	①在切换冲洗点时操作不当或失误 ②冲洗点结晶堵塞 ③单向阀、电气故障	①加强协作配合 ②清洗吹堵 ③联系检修

(四) 离心泵操作测评表

1. 开车

离心泵操作开车测评表见表 6-5。

表 6-5　离心泵操作开车测评表

姓名：			学号
操作单元：			离心泵开车
总分：70.00			
实际得分：			
以下为各过程操作明细	应得	实得	操作步骤说明
罐泵操作	25		
	5		打开调节阀，向罐充液
	5		待罐液位大于 5%后，打开压力阀向罐充压
	5		罐液位控制在 50%左右时稳定
	5		罐液位控制在稳定值
	5		罐压力控制在规定值，稳定
启动泵	25		
	5		启动泵：　待罐压力达到正常后，打开泵前阀
	5		打开排气阀排放不凝气
	5		待泵内不凝气体排尽后，关闭排气阀
	5		启动泵
	5		待出口指示压力比入口大 2.0 倍后，打开泵出口阀
出料	20		
	5		打开出口管路调节阀的前阀、后阀
	5		打开调节阀，使流量控制在稳定值
	5		控制泵入口压力、泵出口压力
	5		控制出口流量

2. 停车

离心泵操作停车测评表见表 6-6。

表 6-6　离心泵操作停车测评表

姓名：			学号
操作单元：			离心泵正常停车
总分：90.00			
实际得分：			测评限时 30min
以下为各过程操作明细	应得	实得	操作步骤说明
V101 罐停进料	5		
	5	0	关闭调节阀，停 V101 罐进料
停泵	40		
	5		逐渐缓慢开大阀门，增大出口流量
	5		注意防止数值超出高限
	5		待液位小于 10%时，关闭泵的后阀
	5		停泵
	5		关闭泵前阀
	5		关闭调节阀
	5		关闭调节阀前阀
	5		关闭调节阀后阀
泵泄液	15		
	5		打开泵前泄液阀
	5		观察泵泄液阀的出口，不再有液体泄出
	5		关闭泵泄液阀
罐泄压、泄液	30		
	5		待罐液位低于 10%后，打开罐泄液阀
	5		待罐液位小于 5%时，泄压
	5		观察罐泄液阀的出口，不再有液体泄出
	5		待罐液体排净后，关闭泄液阀
	5		液位降为 0
	5		压力降为 0

（五）日常维护保养

1. 日常检查

① 检查轴封及各接合密封面是否有泄漏。

② 检查冷却系统、密封润滑系统是否畅通，压力、温度是否在合理范围。

③ 检查运转的平稳性，是否有振动。

④ 检查联轴器、安全罩、机座螺栓是否松动。

⑤ 长时间停车应排净系统中的物料，气温较低时检查防冻防凝情况。

2. 定期检查

① 每周检查轴承箱润滑油或润滑脂油位情况。

② 每月检查振动情况，并判断轴承磨损情况。

③ 根据换油周期进行定期换油，换油时目测箱体内部是否有沉积物或残留物，并决定是否清洗。

(六) 任务驱动下的相关知识

1. 管路的基本构成

管路是由管子、管件和阀门等按一定的排列方式构成，也包括管架、管卡、管撑等辅件。由于生产中输送的流体是各种各样的，输送条件与输送量也各不相同，因此，管路必然是各不相同的。工程上为了避免混乱、方便使用，实现了管路的标准化。

管子是管路的主体，由于生产系统中的物料和所处工艺条件的不同，用于连接设备和输送物料的管子必须符合耐温、耐压、耐腐蚀以及导热等性能的要求。根据所输送物料的性质（如腐蚀性、易燃性、易爆性等）和操作条件（如温度、压力等）选择合适的管材，完成生产任务。

2. 管子及其选用

（1）管子的分类　管材通常按制造管子所使用的材料分类，分为金属管、非金属管和复合管，其中以金属管占绝大部分。复合管指的是金属与非金属两种材料组成的管子，常见的化工管材见表 6-7。

表 6-7　常见的化工管材

种类及名称			结构特点	用　途
金属管	钢管	有缝钢管	有缝钢管是用低碳钢焊接而成的钢管，又称为焊接管。易于加工制造、价格低。主要有水管和煤气管，分镀锌管和黑铁管（不镀锌管）两种	目前主要用于输送水、蒸汽、煤气、腐蚀性低的液体和压缩气体等。因为有焊缝而不适宜在 0.8MPa（表压）以上的压力条件下使用
		无缝钢管	无缝钢管是用棒料钢材经穿孔热轧或冷拔制成的，它没有接缝。用于制造无缝钢管的材料主要有普通碳钢、优质碳钢、低合金钢、不锈钢和耐热铬钢等。无缝钢管的特点是质地均匀、强度高、管壁薄，少数特殊用途的无缝钢管的壁厚也可以很厚	无缝钢管能在各种压力和温度下输送流体，广泛用于输送高压、有毒、易燃易爆和强腐蚀性流体等
	铸铁管		有普通铸铁管和硅铸铁管。铸铁管价廉且耐腐蚀，但强度低，气密性也差，不能用于输送有压力的蒸汽、爆炸性及有毒性气体等	一般作为埋在地下的给水总管、煤气管及污水管等，也可以用来输送碱液及浓硫酸等
	有色金属管	铜管与黄铜管	由紫铜或黄铜制成。导热性好，延展性好，易于弯曲成型	适用于制造换热器的管子；用于油压系统、润滑系统来输送有压液体；铜管还适用于低温管路，黄铜管在海水管路中也广泛使用
		铅管	铅管抗腐蚀性好，能抗硫酸及 10%以下的盐酸，其最高工作温度是 413K。由于铅管机械强度差、性软而笨重、导热能力小，目前正被合金管及塑料管所取代	主要用于硫酸及稀盐酸的输送，但不适用于浓盐酸、硝酸和乙酸的输送
		铝管	铝管也有较好的耐酸性，其耐酸性主要由其纯度决定，但耐碱性差	铝管广泛用于输送浓硫酸、浓硝酸、甲酸和醋酸等。小直径铝管可代替铜管来输送有压流体。当温度超过 433K 时，不宜在较高的压力下使用
非金属管			非金属管是用各种非金属材料制作而成的管子的总称，主要有陶瓷管、水泥管、玻璃管、塑料管和橡胶管等。塑料管的用途越来越广，很多原来用金属管的场合逐渐被塑料管所代替	

(2) 管子的选用

① 管材选择。管子的材料主要依据被输送介质的温度、压力、腐蚀情况、管材供应来源和价格等因素综合考虑决定。

② 管径的确定。当系统的流量一定时，管径的大小直接影响经济效果。管道设计中可根据常用流速的经验值来计算管径。其计算式为：

$$d=\sqrt{\frac{4q_v}{\pi u}}$$

式中 d——管子直径，m；

q_v——流体的体积流量，m^3/s；

u——流体的流速（选经验值），m/s。

由上式算出的管径还应按照管子标准进行圆整，以确定实际管径和实际流速。流量一般为生产任务所决定，选择合适的流速是确定管径的关键。流速选择过大，管径可减小，但流体流动阻力增大，动力消耗增高，操作费用增加；反之，流速选择过小，操作费用虽可相应减小，但管径增大，设备投资费用增加。所以需根据具体情况，通过经济最佳化确定适宜的流速。某些流体在管路中的常用流速范围列于表 6-8 中。

表 6-8 某些流体在管道中的常用流速范围

流体的类别及情况	流速范围/(m/s)
水及低黏度液体(0.1～1.0MPa)	1.5～3.0
工业供水(0.8 MPa 以下)	1.5～3.0
锅炉供水(0.8 MPa 以下)	>3.0
饱和蒸汽	20～40
一般气体(常压)	10～20
离心泵排出管(水一类液体)	2.5～3.0
液体自流速度(冷凝水等)	0.5
真空操作下气体流速	<10

任务二 反应釜的操作及维护

任务单见表 6-9。

表 6-9 反应釜操作及维护任务单

<table>
<tr><td>任务布置者:(老师名)</td><td>部门:生产部</td><td>费用承担部门:生产部</td></tr>
<tr><td>任务承接者:(学生名)</td><td>部门:生产车间</td><td>费用承担部门:生产部</td></tr>
<tr><td colspan="3">工作任务:常用反应釜的操作。
工作人员:以工作小组(5 人/组)为单位,小组成员分工合作,完成本次任务。
工作地点:教室、图书馆、生产车间。
工作成果:
①反应釜的分类及结构形式。
②反应釜的操作。
③反应釜常见故障现象及原因。</td></tr>
<tr><td colspan="2">任务编号:</td><td>项目完成时间:10 个工作日</td></tr>
</table>

反应釜广泛应用于化工、医药，是用来完成硝化、还原、氧化、烃化、酰化、缩合等工艺过程的压力容器。常见的反应釜有不锈钢反应釜、搪玻璃反应釜、磁力搅拌反应釜、蒸汽反应釜、电加热反应釜等。其中使用最多，也最实用的是不锈钢反应釜。

（一）反应釜的分类及选用

医药工业常用的反应器按操作方式可分为：间歇釜式反应器、连续釜式反应器、填料塔反应器（适用于瞬间、界面和快速反应）、板式塔反应器（适用于快速及中速反应）、降膜反应器（用于瞬间、界面和快速反应，特别适用于较大热效应的气液反应过程，不适用于慢反应，也不适用于处理含固体物质或能析出固体物质及黏性很大的液体）、喷雾塔反应器（适用于瞬间、界面和快速反应，也适用于生成固体的反应）、鼓泡塔反应器（这类反应器适用于液体相也参与反应的中速、慢速反应和放热量大的反应）、床式反应器、炉式反应器等。

反应釜按照材质可分为碳钢反应釜、不锈钢反应釜及搪玻璃反应釜（搪瓷反应釜）。本任务主要介绍原料药生产中最常见的间歇釜式反应器（以下简称反应釜）。

1. 不锈钢反应釜

不锈钢反应釜的材质一般有碳锰钢、不锈钢、锆、镍基（哈氏、蒙乃尔）合金及其他复合材料。

不锈钢反应釜广泛应用于石油、化工、橡胶、农药、染料、医药、食品，是用来完成硫化、氢化、烃化、聚合、缩合等工艺过程的压力容器。

2. 搪玻璃反应釜

搪玻璃反应釜是将含高二氧化硅的玻璃衬在钢制容器的内表面，经高温灼烧而牢固地密着于金属表面上成为复合材料制品。因此搪玻璃反应釜具有玻璃的稳定性和金属强度的双重优点，是一种优良的耐腐蚀设备。瓷层的性能有以下几点。

（1）耐腐蚀性能　能耐有机酸、无机酸、有机溶剂及 pH 值小于或等于 12 的碱溶液，但对强碱、HF 及温度大于 180℃、浓度大于 30%的磷酸不适用。

（2）不粘性　光滑的玻璃面对介质不粘且容易清洗。

（3）绝缘性　适用于介质反应过程中易产生静电的场合。

（4）隔离性　玻璃层将介质与容器钢胎隔离，铁离子不溶入介质。

（5）保鲜性　玻璃层对介质具有良好的保鲜性能。

（二）反应釜的结构形式

反应釜由釜体、釜盖、夹套、搅拌器、传动装置、轴封装置、支撑等组成（如图 6-2 所示）。搅拌形式一般有锚式、桨式、涡轮式、推进式或框式等，搅拌装置在高径比较大时，可用多层搅拌桨叶，也可根据用户的要求任意选配。并在釜壁外设置夹套，或在器内设置换热面，也可通过外循环进行换热。加热方式有电加热、热水加热、导热油循环加热、远红外加热、外（内）盘管加热等。冷却方式为夹套冷却和釜内盘管冷却等。支撑座有支撑式或耳式支座等。转速超过 160r/min 以上宜使用齿轮减速机。

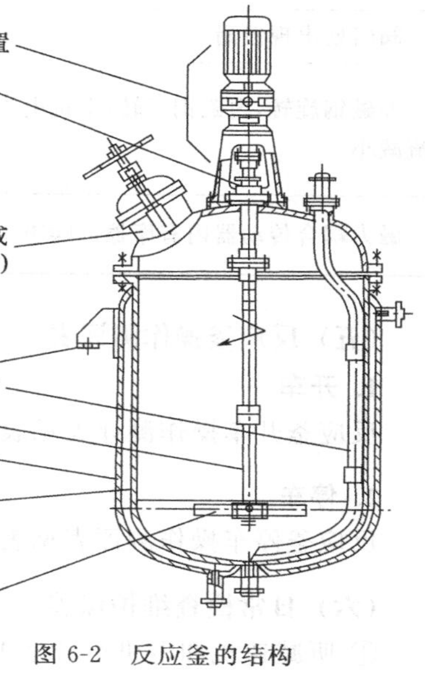

图 6-2　反应釜的结构

(三) 反应釜的操作

1. 开车前

① 检查釜内搅拌器、转动部分、附属设备、指示仪表、安全阀、管路及阀门是否符合安全要求。

② 检查水、电、气是否符合安全要求。

2. 开车

① 加料前应先开反应釜的搅拌器，无杂音且正常时，将料加到反应釜内，加料数量不得超过工艺要求。

② 打开蒸汽阀前，先开回汽阀，后开进汽阀。打开蒸汽阀应缓慢，使之对夹套预热，逐步升压，夹套内压力不准超过规定值。

③ 蒸汽阀门和冷却阀门不能同时启动，蒸汽管路过汽时不准锤击和碰撞。

④ 开冷却水阀门时，先开回水阀，后开进水阀。冷却水压力不得低于 0.1MPa，也不准高于 0.2MPa。

⑤ 随时检查反应釜运转情况，发现异常应停车检修。

⑥ 清洗钛环氧（搪瓷）反应釜时，不准用碱水刷反应釜，注意不要损坏搪瓷。

3. 停车

① 停止搅拌，切断电源，关闭各种阀门。

② 铲锅时必须切断搅拌机电源，悬挂警示牌，并设人监护。

③ 反应釜必须按压力容器要求进行定期技术检验，检验不合格，不得开车运行。

(四) 常见故障现象及原因

反应釜常见故障现象及原因见表 6-10。

表 6-10　反应釜常见故障现象及原因

故障现象	故障原因	排除方法
密封面处出现泄漏	螺杆螺纹松动;密封面损伤	将螺杆重新上紧;重新修磨抛光密封面
阀门处出现泄漏	阀杆(针)、阀口密封面损伤	维修、更换阀杆(针)、阀口
外磁钢旋转,内磁钢不转,电机电流减小	釜内温升过高,冷却循环不畅,内磁钢因高温退磁。加氢反应,内磁钢套有裂纹,内磁钢膨胀	重新更换内磁钢
磁力耦合传动器内有摩擦的噪声	轴套、轴承磨损,间隙过大,内磁钢转动出现跳动	更换轴承、轴套

(五) 反应釜操作测评表

1. 开车

反应釜开车操作测评表见表 6-11。

2. 停车

反应釜停车操作测评表见表 6-12。

(六) 日常检查维护保养

① 听减速机和电机声音是否正常，摸减速机、电机、机座轴承等各部位的开车温度情

表 6-11　反应釜开车操作测评表

姓名：			学号
操作单元：			反应釜开车
总分：50.00			
实际得分：			
以下为各过程操作明细	应得	实得	操作步骤说明
检查操作	25		
	5		检查减速机、机座轴承、釜用机封油盒内不缺油
	15		查看传动部分是否完好，然后电动点机，检查搅拌轴是否按顺时针方向旋转
	5		用氮气（或压缩空气）试漏
启动釜	15		
	5		打开搅拌
	5		按照工艺要求加料
	5		打开蒸汽加热（先开回汽阀，后开进汽阀，再缓慢开蒸汽阀）
调节反应釜	10		
	5		通过视孔观察反应情况
	5		通过温度计、压力表调节蒸汽阀

表 6-12　反应釜停车操作测评表

姓名：			学号
操作单元：			反应釜正常停车
总分：50.00			
实际得分：			
以下为各过程操作明细	应得	实得	操作步骤说明
釜停放料	25		
	5		关闭蒸汽阀门
	5		开冷却水降温（先开回水阀，后开进水阀）
	5		待温度降到室温以下，打开放空阀
	5		打开放料阀放料
	5		用氮气（或压缩空气）吹出釜内及管道内残料
停釜	25		
	5		清洗反应釜
	5		关闭搅拌器
	5		切断电源
	5		关闭各种阀门
	5		悬挂停机牌

况：一般温度 ≤ 40℃、最高温度 ≤60℃（手背在上可停留 8s 以上为正常）。

② 经常检查减速机有无漏油现象，轴封是否完好，看油泵是否上油，检查减速箱内油位和油质变化情况，釜用机封油盒内是否缺油，必要时补加或更新相应的机油。

③ 检查安全阀、防爆膜、压力表、温度计等安全装置是否准确灵敏好用，安全阀、压力表是否已校验，并铅封完好，压力表的红线是否正确，防爆膜是否内漏。

④ 经常倾听反应釜内有无异常的振动和响声。

⑤ 保持搅拌轴清洁见光，对圆螺母连接的轴，检查搅拌轴转动方向是否按顺时针方向旋转，严禁反转。

⑥ 定期进锅内检查搅拌、蛇管等附件情况，并紧固松动螺栓，必要时更换有关零部件。

⑦ 检查反应釜所有进出口阀是否完好可用，若有问题必须及时处理。

⑧ 检查反应釜的法兰和机座等有无螺栓松动，安全护罩是否完好可靠。

⑨ 检查反应釜本体有无裂纹、变形、鼓包、穿孔、腐蚀、泄漏等现象，保温材料、油漆等是不是完整，有无脱落、烧焦情况。

⑩ 做好设备卫生，保证无油污、设备见本色。

（七）操作注意事项

① 在操作反应釜前，应仔细检查有无异状，在正常运行中，不得打开上盖和触及板上之接线端子，以免触电。

② 应定期在反应釜上测量仪表进行校准，以保证准确可靠地工作。

③ 升温速度不宜太快，加压亦应缓慢进行，尤其是搅拌速度，只允许缓慢升速。如遇停电，应立即将调速旋钮调回零位。

④ 不得速冷，以防过大的温差压力造成损坏。

⑤ 反应釜运转时，联轴器与反应釜釜盖间的水夹套必须通冷却水，以控制磁钢的工作温度，避免退磁。

⑥ 严禁在高压下敲打拧动螺栓和螺母接头。

⑦ 爆破膜在使用一段时间后，会老化疲劳，降低爆破压力；也可能会有介质附着，影响其灵敏度，应定期更换，一般更换一次，以防失效。

⑧ 严禁带压拆卸。

（八）任务驱动下的相关知识

1. 管路标准化

医药化工管路标准化的内容包括管子、管件、阀门、法兰和垫片的直径、连接尺寸、结构尺寸和压力等标准。其中直径标准和压力标准是选择管子和管路附件的基本依据。

（1）公称直径　一般情况下，公称直径的数值既不是管子或管件的内径也不是外径，而是与管子或管件的内径相接近的整数。在有些情况下，公称直径的数值等于管子的实际内径。如无缝钢管公称直径的表示规格为 Φ 外径×壁厚，如 Φ188mm×4mm。

（2）公称压力　管路的最大工作压力应等于或小于公称压力，公称压力用符号 p_N 表示，如公称压力为 10MPa，用 p_N10 表示。

2. 管路涂色

管路涂色见表 6-13。

表 6-13　管路涂色

物质种类	基本识别色	色样
水	艳绿	艳绿
水蒸气	大红	大红
空气	淡灰	淡灰
气体	中黄	中黄
酸和碱	紫	紫
可燃液体	棕	棕
其他液体	黑	黑
氧	淡蓝	淡蓝

3. 管路的连接方式

管路的连接包括管子与管子之间，管子与管件、阀门及设备接口等处的连接。常见的连接方法有承插连接、螺纹连接、法兰连接及焊接连接（见图 6-3）。

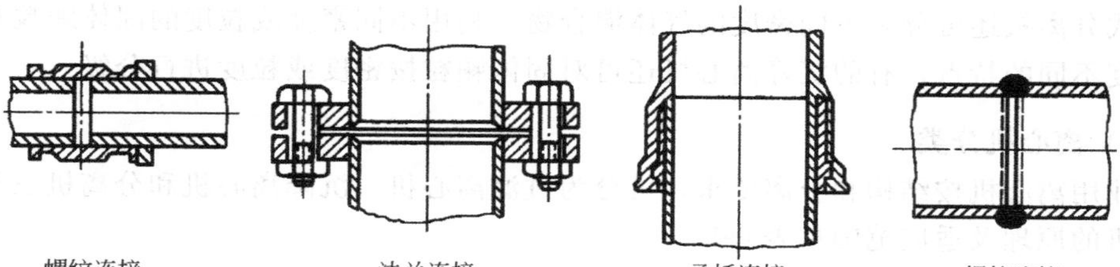

图 6-3　管路的连接方式

（1）螺纹连接　螺纹连接是一种广泛使用的可拆卸的固定连接，具有结构简单、连接可靠、装拆方便等优点。螺纹连接适用于水管、水煤气管、压缩空气管及低压蒸汽管。

（2）法兰连接　法兰连接或法兰接头，是指由法兰、垫片及螺栓三者相互连接作为一组组合密封结构的可拆连接。主要用于金属管、塑料管、玻璃管和法兰阀门等的连接。法兰连接的主要特点是拆卸方便、强度高、密封性能好。安装法兰时要求两个法兰保持平行、法兰的密封面不能碰伤，并且要清理干净。法兰所用的垫片，要根据设计规定选用。

（3）焊接连接　管道焊接连接较上述连接方法便宜、方便、严密，所有压力管道，如蒸汽、煤气、真空及物料管道，都应尽量采用焊接。焊接适用于钢管、有色金属管和聚氯乙烯管，且特别适宜长管路，但需要经常拆卸的管段不能用焊接连接。

（4）承插连接　承插连接是将管子的一端插入另一管子的钟形插套内，并在形成的空隙中装填料（丝麻、油绳、水泥、胶黏剂、熔铅等）以密封的一种连接方法。适用于管端不易加工的铸铁管、陶瓷管和水泥管的连接，其特点是安装方便，对各管段中心重合度要求不高，但拆卸困难、不能耐高压。

任务三　离心机的操作及维护

任务单见表 6-14。

表 6-14 离心机操作及维护任务单

任务布置者:(老师名)	部门:生产部	费用承担部门:生产部
任务承接者:(学生名)	部门:生产车间	费用承担部门:生产部
工作任务:常用三足式离心机的操作。 工作人员:以工作小组(5 人/组)为单位,小组成员分工合作,完成本次任务。 工作地点:教室、图书馆、实训车间。 工作成果: ①离心机的分类。 ②三足式离心机的操作。 ③三足式离心机的常见故障及处理办法。		
任务编号:	项目完成时间:10 个工作日	

离心机是利用离心力，分离液体与固体颗粒或液体与液体的混合物中各组分的机械。离心机大量应用于化工、食品、制药等企业。

离心机主要用于将悬浮液中的固体颗粒与液体分开；或将乳浊液中两种密度不同，又互不相溶的液体分开（例如从牛奶中分离出奶油）；它也可用于排除湿固体中的液体；特殊的超速管式分离机还可分离不同密度的气体混合物；利用不同密度或粒度的固体颗粒在液体中沉降速度不同的特点，有的沉降离心机还可对固体颗粒按密度或粒度进行分级。

(一) 离心机分类

工业用离心机按结构和分离要求，可分为过滤离心机、沉降离心机和分离机三类。这三种离心机的原理及适应范围见表 6-15。

表 6-15 三种离心机比较

离心机	原理	适应范围	常见机型
过滤式离心机	转鼓壁上有许多小孔,壁内有过滤网(滤布),悬浮液在转鼓内旋转,靠离心力把液相甩出筛网,而固相颗粒被筛网截留,形成滤饼,从而实现固-液分离	固相含量高,固体颗粒较大的悬浮液($d>10\mu m$)	三足式(见图 6-4)、上悬式、刮刀卸料式、活塞卸料式、离心卸料式等
沉降式离心机	转鼓上无孔,也无滤网。悬浮液随转鼓高速旋转,因固-液两相的密度不同,产生不同的离心惯性力,离心力大的固相颗粒沉积在转鼓内壁上,液相则沉降在里层,然后分别从不同的出口排出,达到分离的目的	固相含量较少,固体颗粒较小($d<10\mu m$)	螺旋卸料式
分离机	专指用来分离液-液相的乳浊液分离机械。其原理是依据液-液两相的密度差,在高速离心力场下,使液-液分层,重相在外层,轻相在内层,然后分别排出,达到分离目的	乳浊液分离,含微量固体颗粒的乳浊液($d<5\mu m$)	管式分离机、室式分离机、碟式分离机

离心机有一个绕本身轴线高速旋转的圆筒，称为转鼓，通常由电动机驱动。悬浮液（或乳浊液）加入转鼓后，被迅速带动与转鼓同速旋转，在离心力作用下各组分分离，并分别排出。通常，转鼓转速越高，分离效果就越好。

离心分离机的作用原理有离心过滤和离心沉降两种。离心过滤是使悬浮液在离心力场下产生的离心压力，作用在过滤介质上，使液体通过过滤介质成为滤液，而固体颗粒被截留在过滤介质表面，从而实现液-固分离；离心沉降是利用悬浮液（或乳浊液）密度不同的各组分在离心力场中迅速沉降分层的原理，实现液-固（或液-液）分离。它们的共同特点是体积小、结构紧凑、分离效率高、生产能力大、附属设备少。

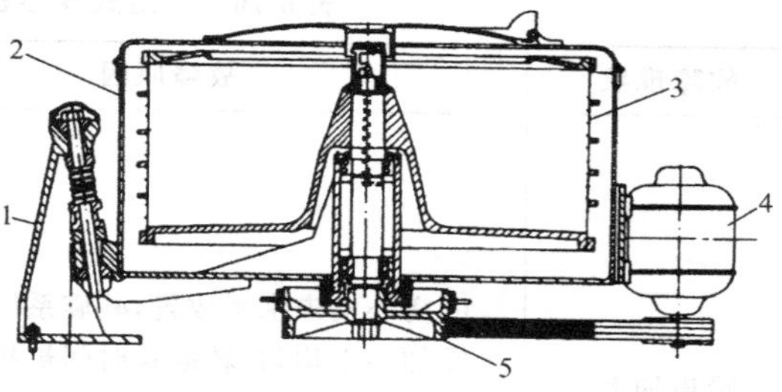

图 6-4　三足式离心机

1—支脚；2—外壳；3—转鼓；4—电机；5—皮带轮

（二）三足式离心机的操作

1. 开车前

① 先松开离心机刹车，以手试转篮，看有无咬煞情况。

② 检查其他部份有无松动及不正常观象，例如主轴螺帽有无松动、出液口有否阻塞、刹车是否有效。

③ 衬袋布需与转篮壁均匀平服，无破洞。

2. 开车

① 起动时，先盘动转篮，方可接通电源，按顺时针方向转动，切忌在静止状态时开车。

② 为避免电机因起动负荷太大而导致烧毁或由于加速过快而使全机遭到剧烈震动，应使离心机缓慢起步，通常从静止状态到正常转速需 40～60s 左右。

③ 将机器起动后，逐渐把料倾入，这样不但可使料均匀，而且电机的起动转矩小。不均匀加料常是引起机器震动的原因，会降低机器的使用寿命，甚至造成事故。

④ 运转时应加盖子，在运转时禁止在离心机内用手去做任何工作，以避免发生人身事故。

⑤ 机器开动后若有异常声响，或转篮摇晃严重，必须停车检查，必须拆洗修理。

3. 停车

切断电源后，切忌立即使用刹车（除了发生事故外，一般不允许急刹车），通常应在2～5min 后，再使用刹车。刹车使用方法，应刹紧后立即放松，然后再刹，切忌刹紧后不放，致使车轴扭伤，刹车失灵。

（三）三足式离心机的常见故障及处理办法

三足式离心机的常见故障及处理办法见表 6-16。

（四）三足式离心机操作测评表

1. 开车

三足式离心机开车操作测评表见表 6-17。

2. 停车

三足式离心机停车操作测评表见表 6-18。

（五）日常保养

① 离心机运转前应先切断电源并先松开离心机刹车，手试转动转鼓，看有无咬煞情况。

② 检查其他部位有无松动及不正常情况。

表 6-16 三足式离心机的常见故障及处理办法

故障现象	故障原因	处理办法
噪声加大	①离心机未水平放置，减震系统被破坏； ②加料不均匀；转鼓长时间被物料侵蚀； ③摩擦部位未加注相关润滑剂； ④出液口堵塞等	①检查离心机是否水平放置，离心机的减震柱角是否完好无损； ②均匀加料，或适当调节加料量；检查转鼓是否存有大量黏结的干料，可委托生产厂家做动平衡检测； ③转子轴承部位加润滑剂； ④检查出液口是否堵塞，出液口堵塞会使转鼓在液体中转动，从而增大摩擦，加大噪声
主轴温升过高	出厂所加润滑脂已耗完，主轴轴承间有微小杂物，机器转速过高，超过设计能力	打开主轴加入润滑脂，清理主轴轴承，按出厂标配的转速使用离心机
电机温升过高	机器负荷太重，电机速度过高，电路自身设计缺陷	检查是否按相关负荷运转，并按正常转速使用电机，如果一切正常，而温度仍升高，请联系电机生产厂家进行更换

表 6-17 三足式离心机开车操作测评表

姓名：			学号
操作单元：			三足式离心机开车
总分：50.00			
实际得分：			
以下为各过程操作明细	应得	实得	操作步骤说明
开车前检查	15		
	5		手试转篮，看有无咬煞情况
	5		主轴螺帽有无松动，出液口有否阻塞，刹车是否有效
	5		衬袋布需与转篮壁均匀平服，无破洞
开车	35		
	5		打开出口阀
	5		手动盘动转篮
	5		接通电源，按顺时针方向转动
	5		缓缓转动，40s 后转速稳定
	5		逐渐打开物料进口阀，观察出口阀是否有液体流出
	5		逐渐调节阀门使其稳定到规定值
	5		观察离心机内物料量，若超过规定值及时关闭阀门

表 6-18　三足式离心机停车操作测评表

学员姓名：			学员
操作单元：			三足式离心机正常停车
总分：50.00			
实际得分：			
以下为各过程操作明细	应得	实得	操作步骤说明
停车	25		
	5		关闭物料进口阀
	5		待排液口无液体流出，关闭电源
	5		等待 2～5min
	5		使用刹车，刹紧后立即放松，重复若干次
	5		转速很低时（≤20r/min）将刹车刹紧至停止
卸料	25		
	5		打开顶盖
	5		用卸料铲将固体物料铲出（旋转转鼓逐渐铲出）
	5		将滤布卸下，滤布内剩余物料倒出
	5		安装新滤布
	5		打扫卫生、做好记录

③ 接通电源按顺时针方向开车启动（通常从静止状态到正常运转需 40～60s 左右）。

④ 通常每台设备到厂后均须空车运转 3h 左右，无异常情况即可工作。

⑤ 物料尽可能要放置均匀。

⑥ 必须专人操作，容量不得超过额定量。

⑦ 严禁机器超速运转，以免影响机器使用寿命。

⑧ 机器开动后，若有异常情况必须停车检查，必要时需予以拆洗修理。

⑨ 离心机工作时是高速运转，因此切不可用身体触及其转鼓，以防意外。

⑩ 滤布的目数应根据所分离物料的固相颗粒的大小而定，否则影响分离效果。

⑪ 密封圈嵌入转鼓密封槽内，以防物料跑入。

⑫ 为确保离心机正常运转，转动部件应每隔 6 个月后加油保养一次。同时查看轴承处运转润滑情况，有无磨损现象；制动装置中的部件是否有磨损情况，严重的予以更换；轴承盖有无漏油情况。

⑬ 机器使用完毕，应做好清洁工作，保持机器整洁。

⑭ 不要将非防腐型离心机用于高腐蚀性物料的分离；另外严格按照设备要求、规定操作，非防爆型离心机切不可用于易燃、易爆场合。

（六）任务驱动下的相关知识

管路在运行过程中，往往会发生泄漏、堵塞等故障，因此在生产过程中应注意经常检查，及时发现问题并排除。管路的常见故障及处理方法见表 6-19。

表 6-19　管路的常见故障及处理方法

常见故障	原因	处理方法
管泄露	裂纹、孔洞、焊接不良	装旋塞;缠带;打补丁;箱式堵漏;更换
管堵塞	杂质堵塞	拆卸阀或管段清除
管震动	流体脉动;机械震动	增加管支撑固定
管弯曲	管支撑不良	增加管支撑固定
法兰泄漏	螺栓松动;密封垫片损坏	箱式堵漏,紧固螺栓;更换螺栓;更换密封垫、法兰
阀泄漏	压盖填料不良,杂质吸附在表面	紧固填料函;更换压盖填料;更换阀部件或阀

任务四　换热器的操作及维护

任务单见表 6-20。

表 6-20　换热器操作及维护任务单

任务布置者:(老师名)	部门:生产部	费用承担部门:生产部
任务承接者:(学生名)	部门:生产车间	费用承担部门:生产部
工作任务:列管式换热器的操作。 工作人员:以工作小组(5 人/组)为单位,小组成员分工合作,完成本次任务。 工作地点:教室、图书馆、实训车间。 工作成果: ①换热器的分类。 ②列管式换热器的操作。 ③列管式换热器的常见故障及处理办法。		
任务编号:	项目完成时间:10 个工作日	

在原料药生产过程中，传热通常是在两种流体间进行的，故称换热。要实现热量的交换，必须采用特定的设备，通常把这种用于交换热量的设备通称为换热器。

(一) 换热器的分类

由于物料的性质和传热的要求各不相同，因此，换热器种类繁多、结构形式多样。换热器可按多种方式进行分类。

1. 按换热器的用途分类

(1) 加热器　加热器是把流体加热到必要的温度，但加热流体没有发生相的变化。

(2) 预热器　预热器预先加热流体，为工序操作提供标准的工艺参数。

(3) 过热器　过热器用于把流体（工艺气或蒸汽）加热到过热状态。

(4) 蒸发器　蒸发器用于加热流体，达到沸点以上温度，使其流体蒸发，一般有相的变化。

(5) 再沸器　再沸器是蒸馏过程的专用设备，用于加热塔底液体，使之受热汽化。

(6) 冷却器　冷却器用于冷却流体，使之达到所需的温度。

(7) 冷凝器　冷凝器用于冷凝饱和蒸气，使之放出潜热而凝结液化。

2. 按换热器的作用原理分类

根据冷、热流体热量交换的原理和方式基本上可分为四大类，即间壁式、混合式、蓄热式和中间载热体式（见表 6-21）。在四类换热器中，间壁式换热器应用最多。

表 6-21　换热器的用途分类

名称	特　点	应　用
间壁式换热器	两流体被固体壁面分开，互不接触，热量由热流体通过壁面传给冷流体	适用于两流体在换热过程中不允许混合的场合。应用最广，形式多样
混合式换热器	两流体直接接触，相互混合进行换热。结构简单，设备及操作费用均较低，传热效率高	适用于两流体允许混合的场合，常见的设备有凉水塔、洗涤塔、文氏管及喷射冷凝器等
蓄热式换热器	借助蓄热体将热量由热流体传给冷流体。结构简单，可耐高温，其缺点是设备体积庞大、传热效率低且不能完全避免两流体的混合	煤制气过程的气化炉、回转式空气预热器，用于对介质混合要求比较低的场合
中间载热体式换热器	将两个间壁式换热器由在其中循环的载热体（又称热媒）连接起来，载热体在高温流体换热器中从热流体吸收热量后，带至低温流体换热器传给冷流体	多用于核能工业、冷冻技术及余热利用中。热管式换热器即属此类

3. 列管换热器的结构形式

列管式换热器又称管壳式换热器，是一种通用的标准换热设备。其具有结构简单、坚固耐用、用材广泛、清洗方便、适用性强等优点，在生产中得到广泛应用，在换热设备中占主导地位。列管换热器根据结构特点分为以下几种，见表 6-22。

表 6-22　列管换热器的分类

名称	结构	特　点	应用
固定管板式换热器	由壳体、封头、管束、管板等部件构成，管束两端固定在两管板上。如图 6-5 所示	优点是结构简单、紧凑、管内便于清洗；缺点是壳程不能进行机械清洗，且当壳体与换热管的温差较大（大于 50℃）时产生的温差应力（又叫热应力）具有破坏性，需在壳体上设置膨胀节，因而壳程压力受膨胀节强度限制不能太高	适用于壳程流体清洁且不结垢，两流体温差不大或温差较大但壳程压力不高的场合
浮头式换热器	其结构特点是一端管板不与壳体固定连接，可以在壳体内沿轴向自由伸缩，该端称为浮头	优点是当换热管与壳体有温差存在，壳体或换热管膨胀时，互不约束，消除了热应力；管束可以从管内抽出，便于管内和管间的清洗。其缺点是结构复杂、用材量大、造价高	应用十分广泛，适用于壳体与管束温差较大或壳程流体容易结垢的场合
U 形管式换热器	其结构特点是只有一个管板，管子成 U 形，管子两端固定在同一管板上。管束可以自由伸缩，解决了热补偿问题	优点是结构简单、运行可靠、造价低、管间清洗较方便。其缺点是管内清洗较困难、管板利用率低	适用于管、壳程温差较大或壳程介质易结垢而管程介质不易结垢的场合

续表

名称	结构	特　点	应用
填料函式换热器	其结构特点是管板只有一端与壳体固定，另一端采用填料函密封。管束可以自由伸缩，不会产生热应力	优点是结构较浮头式换热器简单，造价低；管束可以从壳体内抽出，管、壳程均能进行清洗，维修方便。其缺点是填料函耐压不高，一般小于 4.0MPa；壳程介质可能通过填料函外漏	适用于管壳程温差较大或介质易结垢需要经常清洗且壳程压力不高的场合
釜式换热器	其结构特点是在壳体上部设置蒸发空间。管束可以为固定管板式、浮头式或 U 形管式	清洗方便，并能承受高温、高压	适用于液-气式换热（其中液体沸腾汽化），可作为简单的废热锅炉

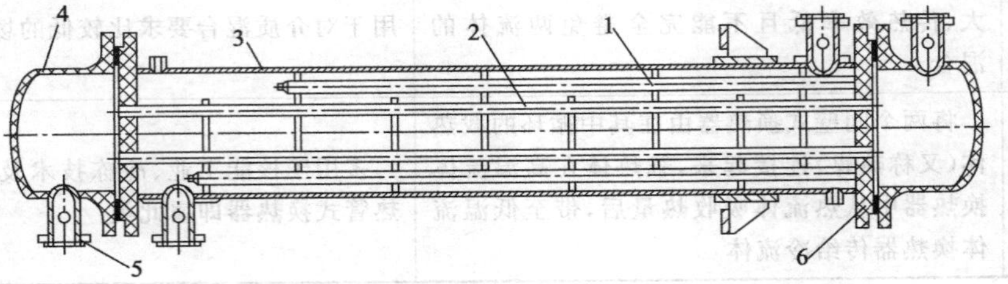

图 6-5　固定管板式换热器

1—折流挡板；2—管束；3—壳体；4—封头；5—接管；6—管板

（二）固定管板式列管换热器的操作

1. 开车

换热器处于常温常压下，各调节阀处于关闭状态，各手操阀处于关闭状态，可以直接进冷物流。

（1）启动冷物流进料泵

① 开换热器壳程排汽阀，开泵的前阀；

② 启动泵；

③ 当进料压力指示表指示达到规定值时，打开泵的出口阀。

（2）冷物流进料

① 打开进料管路调节阀的前后阀，逐渐开大调节阀；

② 观察壳程排气阀的出口，当有液体溢出时，标志着壳程已无不凝性汽体，关闭壳程排汽阀，壳程排汽完毕；

③ 打开冷物流出口阀，将其开度置为 50%，调节使其流量达到规定值，且较稳定。

（3）启动热物流入口泵

① 开管程放空阀；

② 开热泵的前阀；

③ 启动热泵；

④ 当热物流进料压力表达到规定值时，打开泵的出口阀。

（4）热物流进料

① 打开管路调节阀的前后阀；

② 给管程注液，观察管程排汽阀的出口，当有液体溢出时，标志着管程已无不凝性汽体，此时关管程排汽阀，管程排汽完毕；

③ 打开热物流出口阀，将其适度开启，调节管程温度控制阀，使其出口温度在规定值，且较稳定。

2. 停车

（1）停热物流进料泵

① 关闭泵的出口阀；

② 停泵；

③ 待压力表指示小于0.1atm[1]时，关闭泵入口阀。

（2）停热物流进料

① 关闭管路调节阀的前、后阀；

② 关闭热物流出口阀。

（3）停冷物流进料泵

① 关闭泵的出口阀；

② 停泵；

③ 待压力表指示小于0.1atm时，关闭泵入口阀。

（4）停冷物流进料

① 关闭管路调节阀的前、后阀；

② 关闭冷物流出口阀。

（5）管程泄液　打开管程泄液阀，观察管程泄液阀出口，当不再有液体泄出时，关闭泄液阀。

（6）壳程泄液　打开壳程泄液阀，观察壳程泄液阀出口，当不再有液体泄出时，关闭泄液阀。

（三）换热器常见问题及处理

1. 冷流体管路调节阀卡

主要现象：①冷流体流量减小；②泵出口压力升高；③冷物流出口温度升高。

事故处理：关闭管路调节阀的前后阀，打开调节阀的旁路阀，调节流量使其达到正常。

2. 冷物料进料泵坏

主要现象：①泵出口压力急骤下降；②流量急骤减小；③冷物流出口温度升高。

事故处理：关闭泵，开启备用泵。

3. 热物料进料泵坏

主要现象：①热流体进料泵出口压力急骤下降；②冷物流出口温度下降，汽化率降低。

事故处理：关闭泵，开启备用泵。

4. 热流体管路调节阀卡

主要现象：①热物流经换热器换热后的温度降低；②冷物流出口温度降低。

事故处理：关闭调节阀的前后阀，打开旁路阀，调节流量使其达到正常值。

5. 部分管堵

主要现象：①热流体流量减小；② 冷流体出口温度降低，汽化率降低；③热泵出口压力略升高。

事故处理：停车拆换热器清洗。

---

[1] 1atm=101325Pa，全书余同。

6. 换热器结垢严重

主要现象：热流体出口温度高。

事故处理：停车拆换热器清洗。

(四) 换热器操作测评表

1. 开车

换热器开车操作测评表见表 6-23。

表 6-23　换热器开车操作测评表

姓名：			学号：
操作单元：			列管换热器冷态开车
总分：100.00			
实际得分：			
以下为各过程操作明细	应得	实得	操作步骤说明
启动冷物流进料泵	20		
	5		壳程排汽
	5		打开泵的前阀
	5		启动泵
	5		待泵出口压力达到定值，打开泵的出口阀
冷物流进料	35		
	5		打开管路调节阀的前阀、后阀
	5		调整调节阀
	5		打开壳程排汽阀的出口，排不凝性汽体
	5		打开冷物流出口阀，开度约 50%
	5		调节使其指示值稳定到规定值
	5		控制冷流入口流量
	5		冷流出口温度
启动热物流入口泵	20		
	5		开管程排汽阀
	5		打开泵的前阀
	5		启动泵
	5		打开泵的出口阀
热物流进料	25		
	5		打开管路调节阀的前阀、后阀
	5		打开管程排汽阀的阀门，排不凝性汽体
	5		打开热物流出口阀
	5		控制调节阀输出值，逐渐打开调节阀至适度
	5		控制热流入口温度

2. 停车

换热器停车操作测评表见表 6-24。

表 6-24 换热器停车操作测评表

姓名:			学号
操作单元:			列管换热器正常停车
总分:80.00			
实际得分:			
以下为各过程操作明细	应得	实得	操作步骤说明
停热物流进料泵	15		
	5		关闭泵的出口阀
	5		停泵
	5		关闭泵入口阀
停热物流进料	15		
	5		关闭调节阀的前阀
	5		关闭调节阀后阀
	5		关闭热物流出口阀
停冷物流进料泵	15		
	5		关闭泵的出口阀
	5		停泵
	5		关闭泵入口阀
停冷物流进料	15		
	5		关闭调节阀的前阀
	5		关闭调节阀的后阀
	5		关闭冷物流出口阀
管程泄液	10		
	5		打开泄液阀
	5		待管程液体排尽后,关闭泄液阀
壳程泄液	10		
	5		打开泄液阀
	5		待壳程液体排尽后,关闭泄液阀

(五)列管式换热器的维护

列管式换热器的维护见表 6-25。

表 6-25 列管式换热器的维护

维护周期	维护内容	维护标准
每个月	检查管束与管板的胀接应无腐蚀	无腐蚀
	检查挡板与管束接触是否紧密，壳侧流体有无短路现象	挡板与管束接触应紧密，壳侧流体无短路现象
	检查换热管内外结垢现象	应无严重结垢现象
	检查水室与管板封闭是否严密、有无泄漏，管束是否有穿孔或破裂	水室与管板封闭严密、无泄漏，管束无穿孔或破裂
	检查温度和压力指示表	完好
每年	清洗换热器	无结垢现象

(六) 任务驱动下的相关知识——管路布置与安装的一般原则

布置化工管路既要考虑工艺要求，又要考虑经济要求，还要考虑操作方便与安全，在可能的情况下管路安装尽可能美观。因此，化工管路的布置必须遵守以下原则。

① 在工艺条件允许的前提下，管路尽可能短，管件阀件应尽可能少，以减少投资，使流体阻力减到最低。

② 应合理安排管路，使管路与墙壁、柱子、场面、其他管路等之间有适当的距离，以便于安装、操作、巡查与检修。如管路最突出的部分距墙壁或柱边的净空不小于 100mm，距管架支柱也不应小于 100mm，两管路的最突出部分间距净空，中压约保持 40～60mm，高压应保持约 70～90mm，并排管路上安装手轮操作阀门时，手轮间距约 100mm。

③ 管路排列，通常使热的管路在上，冷的管路在下；无腐蚀的管路在上，有腐蚀的管路在下；输气的管路在上，输液的管路在下；不经常检修的管路在上，经常检修的管路在下；高压的管路在上，低压的管路在下；保温的管路在上，不保温的管路在下；金属的管路在上，非金属的管路在下。在水平方向上，通常使常温管路、大管路、振动大的管路及不经常检修的管路靠近墙或柱子。

④ 管子、管件与阀门应尽量采用标准件，以便于安装与维修。

⑤ 对于温度变化较大的管路应采取热补偿措施，有凝液的管路要安排凝液排出装置，有气体积聚的管路要设置气体排放装置。

⑥ 管路距地以便于检修为准，通过人行道时最低点离地不得小于 2m，通过公路时不得小于 4.5m，与铁路铁轨面净距离不得小于 6m，通过工厂主要交通干线一般标高为 5m。

⑦ 化工管路采用明线安装，但上下水管及废水管采用埋地铺设，埋地安装深度应当在当地冰冻线以下。在布置化工管路时，应参阅有关资料，依据上述原则制定方案，确保管路的布置科学、经济、合理、安全。

任务五 精馏塔的操作及维护

任务单见表 6-26。

(一) 精馏塔的分类及工业应用

完成精馏的塔设备称为精馏塔。塔设备为气液两相提供充分的接触时间、面积和空间，以达到理想的分离效果。根据塔内气液接触部件的结构形式，可将塔设备分为两大类：板式塔和填料塔。

表 6-26　精馏塔操作及维护任务单

<table>
<tr><td>任务布置者:(老师名)</td><td>部门:生产部</td><td>费用承担部门:生产部</td></tr>
<tr><td>任务承接者:(学生名)</td><td>部门:生产车间</td><td>费用承担部门:生产部</td></tr>
<tr><td colspan="3">工作任务:精馏塔操作。
工作人员:以工作小组(5人/组)为单位,小组成员分工合作,完成本次任务。
工作地点:教室、图书馆、生产车间。
工作成果:
①精馏塔的分类。
②精馏操作流程。
③精馏塔的操作。
④精馏塔的常见故障及处理办法。</td></tr>
<tr><td>任务编号:</td><td colspan="2">项目完成时间:10个工作日</td></tr>
</table>

板式塔：塔内沿塔高装有若干层塔板，相邻两板有一定的间隔距离。塔内气、液两相在塔板上互相接触，进行传热和传质，属于逐级接触式塔设备（见图 6-6）。

填料塔：塔内装有填料，气液两相在被润湿的填料表面进行传热和传质，属于连续接触式塔设备。

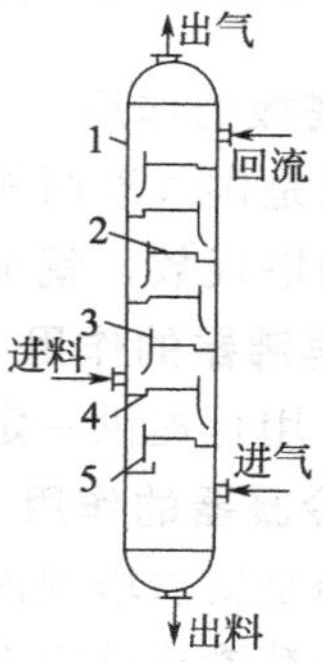

图 6-6　板式塔结构

1—塔体；2—塔板；3—溢流堰；4—受液盘；5—降液管

（二）精馏操作流程

精馏过程可连续操作，也可间歇操作。精馏装置系统一般都由精馏塔、塔顶冷凝器、塔底再沸器等相关设备组成，有时还要配原料预热器、产品冷却器、回流用泵等辅助设备。

连续精馏装置的流程如图 6-7 所示。以板式塔为例，原料液预热至指定的温度后从塔的中段适当位置加入精馏塔，与塔上部下降的液体汇合，然后逐板下流，最后流入塔底，部分液体作为塔底产品，其主要成分为难挥发组分；另一部分液体在再沸器中被加热，产生蒸汽，蒸汽逐板上升，最后进入塔顶冷凝器中，经冷凝器冷凝为液体，进入回流罐，一部分液体作为塔顶产品，其主要成分为易挥发组分，另一部分回流作为塔中的下降液体。

通常，将原料加入的那层塔板称为加料板。加料板以上部分，起精制原料中易挥发组分的作用，称为精馏段，塔顶产品称为馏出液。加料板以下部分（含加料板），起提浓原料中难挥发组分的作用，称为提馏段，从塔釜排出的液体称为塔底产品或釜残液。

间歇精馏装置的流程如图 6-8 所示。间歇精馏又称分批精馏。将原料分批加入釜内，每蒸馏完一批原料后，再加入第二批料。所以，对批量少、品种多，且经常改变产品要求的分离，常采用间歇精馏。

（三）精馏装置的作用

精馏塔以加料板为界分为两段：精馏段和提馏段。

1. 精馏段的作用

加料板以上的塔段为精馏段，其作用是逐板增浓上升气相中易挥发组分的浓度。

2. 提馏段的作用

包括加料板在内的以下塔板为提馏段，其作用是逐板提浓下降的液相中难挥发组分。

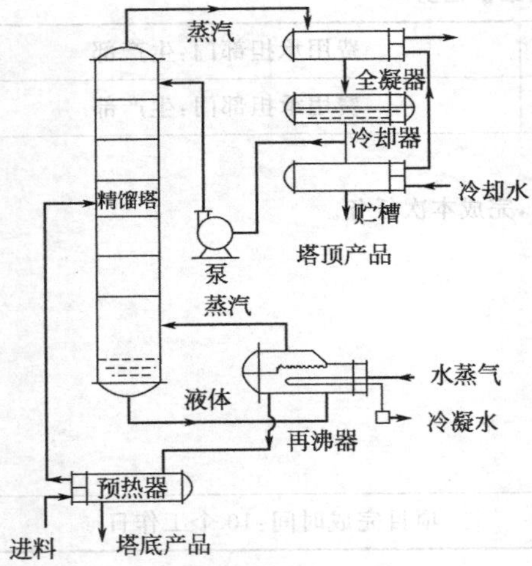

图 6-7　连续精馏装置流程示意

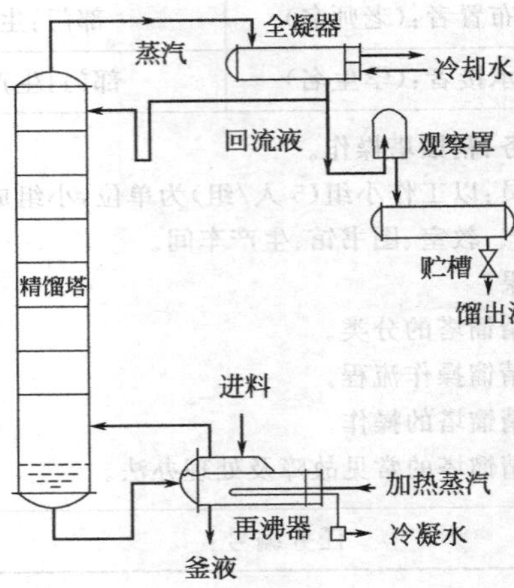

图 6-8　间歇精馏装置流程示意

3. 塔板的作用

塔板是供气液两相进行传质和传热的场所。每一块塔板上气液两相进行双向传质，只要有足够的塔板数，就可以将混合液分离成两个较纯净的组分。

4. 再沸器的作用

其作用是提供一定流量的上升蒸汽流。

5. 冷凝器的作用

作用是提供塔顶液相产品并保证有适当的液相回流。回流主要补充塔板上易挥发组分的浓度，是精馏连续定态进行的必要条件。精馏是一种利用回流使混合液得到高纯度分离的蒸馏方法。

（四）精馏塔的操作

1. 开车

（1）进料过程

① 开塔顶贮罐放空阀，排放不凝汽，稍开塔顶压力调节阀，向精馏塔进料。

② 进料后，塔内温度略升，压力升高，当塔顶压力调节阀升至规定值时，关闭塔顶压力调节阀，并控制塔压不超过规定值。

（2）启动再沸器

① 当塔顶压力调节阀的压力升至规定值时，打开冷凝水调节阀至规定值；塔压基本稳定后，可加大塔进料量。

② 待塔釜液位控制阀升至规定值时，开加热蒸汽入口阀，再稍开灵敏板温度控制调节阀，给再沸器缓慢加热，并调节灵敏板温度控制调节阀的阀开度使塔釜液位指示计维持在40%～60%。待塔釜液位指示计升至规定值时，设置为自动，控制指示计液位在规定值处。

（3）建立回流

① 塔压升高时，通过开大冷凝水调节阀的输出，改变塔顶冷凝器冷却水量和旁路量来控制塔压稳定。

② 当回流罐液位指示计升至规定值时，先开回流泵的入口阀，再启动泵，再开出口阀，启动回流泵。

③ 通过塔顶回流控制阀控制回流量，维持回流罐液位不超高，同时逐渐关闭进料，全回流操作。

(4) 调整至正常

① 当各项操作指标趋近正常值时，打开进料控制阀。

② 逐步调整进料量至正常值。

③ 通过灵敏板温度控制调节阀调节再沸器加热量，使灵敏板温度控制达到正常值。

④ 逐步调整回流量至正常值。

⑤ 开塔顶采出量控制阀和塔釜采出量控制阀，控制出料，注意塔釜、回流罐液位。

2. 停车

(1) 降负荷

① 逐步关小进料控制调节阀，降低进料至正常进料量的70%。

② 在降负荷过程中，保持灵敏板温度控制阀的稳定性和塔顶压力的稳定，使精馏塔分离出合格产品。

③ 在降负荷过程中，尽量通过塔顶采出量控制阀，排出回流罐中的液体产品，至回流罐液位在20%左右。

④ 在降负荷过程中，尽量通过塔釜采出量控制阀，排出塔釜产品，使塔内液位降至30%左右。

(2) 停进料和再沸器

① 关进料控制调节阀，停精馏塔进料。

② 关灵敏板温度调节阀和再沸器控制阀或回流阀，停再沸器的加热蒸汽。

③ 关塔釜采出量调节阀和塔顶采出量调节阀，停止产品采出。

④ 打开塔釜泄液阀，排不合格产品，并控制塔釜降低液位。

⑤ 打开塔釜蒸汽缓冲罐液位调节阀，对产品贮罐泄液。

(3) 停回流

① 停进料和再沸器后，回流罐中的液体全部通过回流泵打入塔中，以降低塔内温度。

② 当回流罐液位至0时，关塔顶回流量调节阀，关泵出口阀，停泵，关入口阀，停回流。

③ 开泄液阀排净塔内液体。

(4) 降压、降温

① 打开塔顶压力调节阀，将塔压降至接近常压后，关塔顶压力调节阀。

② 全塔温度降至规定值时，关塔顶冷凝器的冷却水。

(五) 精馏塔操作测评表

1. 开车

精馏塔开车操作测评表见表6-27。

2. 停车

精馏塔停车操作测评表见表6-28。

(六) 精馏塔操作异常现象处理

1. 热蒸汽压力过高

原因：热蒸汽压力过高。

现象：加热蒸汽的流量增大，塔釜温度持续上升。

表 6-27 精馏塔开车操作测评表

姓名：			学号
操作单元：			精馏塔开车
总分：100.00			
实际得分：			
以下为各过程操作明细	应得	实得	操作步骤说明
开车前检查	15		
	5		塔及管线吹扫、清洗、试漏
	5		检查仪器、仪表、阀门
	5		联系相关岗位准备开车
进料	15		
	5		开塔顶贮罐放空阀，排放不凝汽
	5		稍开塔顶压力调节阀，向精馏塔进料
	5		进料要求平稳，当塔顶压力调节阀升至规定值时，关闭塔顶压力调节阀
启动再沸器	25		
	5		打开冷凝水调节阀至规定值
	5		塔压基本稳定后，加大塔进料量
	5		待塔釜液位控制阀升至规定值时，开加热蒸汽入口阀
	5		开灵敏板温度控制调节阀
	5		再沸器缓慢加热
建立回流	25		
	5		开大冷凝水调节阀的输出，改变塔顶冷凝器冷却水量和旁路量来控制塔压稳定
	5		回流液槽液位达 1/2 以上，打开回流
	5		开回流泵的入口阀，启动泵
	5		开出口阀，启动回流泵
	5		逐渐关闭进料，全回流操作
调整至正常	20		
	5		打开进料控制阀，逐步调整进料量至正常值
	5		通过温度控制调节阀调节再沸器加热量
	5		调整回流量至正常值
	5		开塔顶采出量控制阀和塔釜采出量控制阀，出料

表 6-28 精馏塔停车操作测评表

姓名：			学号
操作单元：			精馏塔正常停车
总分：100.00			
实际得分：			
以下为各过程操作明细	应得	实得	操作步骤说明
降负荷	20		
	5		逐步关小进料控制调节阀
	5		保持灵敏板温度控制阀的稳定性和塔顶压力的稳定
	5		调节塔顶采出量控制阀，排出回流罐中的液体产品，至回流罐液位在20%左右
	5		调节塔釜采出量控制阀，排出塔釜产品，使塔内液位降至30%左右
停进料和再沸器	20		
	5		关进料控制调节阀，停精馏塔进料
	5		关灵敏板温度调节阀和再沸器控制阀或回流阀，停再沸器的加热蒸汽
	5		关塔釜采出量调节阀和塔顶采出量调节阀，停止产品采出
	5		打开塔釜泄液阀，排不合格产品
	5		打开塔釜蒸汽缓冲罐液位调节阀，对产品贮罐泄液
停回流	35		
	5		打开回流泵
	5		当回流罐液位至0时，关塔顶回流量调节阀
	5		关泵出口阀
	5		关入口阀
	5		停泵
	5		停回流
	5		开泄液阀排净塔内液体
降压、降温	25		
	5		打开塔顶压力调节阀，将塔压降至接近常压
	5		关塔顶压力调节阀
	5		全塔温度降至规定值时，关塔顶冷凝器的冷却水
	5		记录
	5		打扫卫生

处理：适当减小灵敏板温度调节阀的阀门开度。

2. 热蒸汽压力过低

原因：热蒸汽压力过低。

现象：加热蒸汽的流量减小，塔釜温度持续下降。

处理：适当增大灵敏板温度调节阀的开度。

3. 冷凝水中断

原因：停冷凝水。

现象：塔顶温度上升，塔顶压力升高。

处理　①开回流罐放空阀保压；②关闭进料阀，停止进料；③关闭灵敏板温度调节阀，停加热蒸汽；④关闭塔顶采出量调节阀和塔釜采出量调节阀，停止产品采出；⑤开塔釜排液阀，排不合格产品；⑥泄液；⑦关闭回流泵出口阀、关闭回流泵、回流泵入口阀；⑧待塔釜液位为 0 时，关闭泄液阀；⑨待塔顶压力降为常压后，关闭冷凝器。

4. 停电

原因：临时停电。

现象：回流泵停止，回流中断。

处理　①开回流罐放空阀泄压；②关进料阀、出料阀；③关加热蒸汽阀；④开塔釜排液阀和回流罐泄液阀，排不合格产品；⑤泄液；⑥当回流罐液位为 0 时，关闭阀门；⑦关闭回流泵出口阀、关闭回流泵、关闭回流泵入口阀；⑧待塔釜液位为 0 时，关闭泄液阀；⑨待塔顶压力降为常压后，关闭冷凝器。

5. 回流泵故障

原因：回流泵损坏。

现象：断电症状，回流中断，塔顶压力、温度上升。

处理　①开备用泵入口阀；②启动备用泵；③开备用泵出口阀；④关闭运行泵出口阀；⑤停运行泵；⑥关闭运行泵入口阀。

（七）精馏塔操作过程中常见问题

1. 液泛

在精馏操作中，下层塔板上的液体涌至上层塔板，破坏了塔的正常操作，这种现象叫做液泛。

液泛形成的原因，主要是由于塔内上升蒸汽的速度过大，超过了最大允许速度所造成的。另外在精馏操作中，也常常遇到液体负荷太大，使溢流管内液面上升，以至上下塔板的液体连在一起，破坏了塔的正常操作的现象，这也是液泛的一种形式。以上两种现象都属于液泛，但引起的原因是不一样的。

2. 雾沫夹带

雾沫夹带是指气体自下层塔板带至上层塔板的液体雾滴。在传质过程中，大量雾沫夹带会使不应该上到塔顶的重组分带到产品中，从而降低产品的质量；同时会降低传质过程中的浓度差，使塔板效率下降。对于给定的塔来说，最大允许的雾沫夹带量就限定了气体的上升速度。

影响雾沫夹带量的因素很多，诸如塔板间距、空塔速度、堰高、液流速度及物料的物理化学性质等。同时还必须指出：雾沫夹带量与捕集装置的结构也有很大的关系。虽然影响雾沫夹带量的因素很多，但最主要的影响因素是空塔速度和两块塔板之间的气液分离空间。对于固定的塔来说，雾沫夹带量主要随空塔速度的增大而增大。但是，如果增大塔板间的距离、扩大分离空间，则可相应提高空塔速度。

3. 液体泄漏

俗称漏液，塔板上的液体从上升气体通道倒流入下层塔板的现象叫泄漏。在精馏操作中，如上升气体所具有的能量不足以穿过塔板上的液层，甚至低于液层所具有的位能，这时就会托不住液体而产生泄漏。

空塔速度越低，泄漏越严重。其结果是使一部分液体在塔板上没有和上升气体接触就流到下层塔板，不应留在液体中的低沸点组分没有蒸出去，致使塔板效率下降。因此，塔板适宜操作的最低空塔速度是由液体泄漏量所限制的，正常操作中要求塔板的泄漏量不得大于塔板上液体量的10%。泄漏量的大小，亦是评价塔板性能的特性之一。筛板、浮阀塔板和舌形塔板在塔内上升蒸汽速度小的情况下比较容易产生泄漏。

4. 返混现象

在有降液管的塔板上，液体横过塔板与气体呈错流状态，液体中易挥发组分的浓度沿着流动的方向逐渐下降。但是当上升气体在塔板上是液体形成涡流时，浓度高的液体和浓度低的液体就混在一起，破坏了液体沿流动方向的浓度变化，这种现象叫做返混现象。返混现象能导致分离效果的下降。

返混现象的发生，受到很多因素的影响，如停留时间、液体流动情况、流道的长度、塔板的水平度、水力梯度等。

5. 最适宜的进料板位置确定

最适宜的进料板位置是指在相同的理论板数和同样的操作条件下，具有最大分离能力的进料板位置或在同一操作条件下所需理论板数最少的进料板位置。在化学工业中，多数精馏塔都设有两个以上的进料板，调节进料板的位置是以进料组分发生变化为依据的。当进料组分中的轻关键组分比正常操作低时，应将进料板的位置向下移，以增加精馏段的板数，从而提高精馏段的分离能力。反之，进料板的位置向上移，则是为增加提馏段的板数，以提高提馏段的分离能力。总之，在进料板上进料组分中轻关键组分的含量应该小于精馏段最下一块塔板上的轻关键组分的含量，而大于提馏段最上一块塔板上的轻关键组分的含量。这样就使进料后不至于破坏塔内各层塔板上的物料组成，从而保持平稳操作。

6. 精馏操作的影响因素

除了设备问题以外，精馏操作过程的影响因素主要有以下几个方面：塔的温度和压力（包括塔顶、塔釜和某些有特殊意义的塔板），进料状态，进料量，进料组成，进料温度，塔内上升蒸汽速度和蒸发釜的加热量，回流量，塔顶冷剂量，塔顶采出量和塔底采出量。塔的操作就是按照塔顶和塔底产品的组成要求来对这几个影响因素进行调节。

7. 进料组成的变化对精馏操作的影响

进料组成的变化，直接影响精馏操作，当进料中重组分的浓度增加时，精馏段的负荷增加。对于固定了精馏段板数的塔来说，将造成重组分带到塔顶，使塔顶产品质量不合格。

若进料中的轻组分的浓度增加时，提馏段的负荷增加。对于固定了提馏段塔板数的塔来说，将造成提馏段的轻组分蒸出不完全，釜液中轻组分的损失加大。同时，进料组成的变化还将引起全塔物料平衡和工艺条件的变化。组分变轻，则塔顶馏分增加，釜液排出量减少。同时，全塔温度下降，塔压升高；组分变重，则情况相反。

进料组成变化时，可采取如下措施。

（1）改进料口　组分变重时，进料口往下改；组分变轻时，进料口往上改。

（2）改变回流比　组分变重时，加大回流比；组分变轻时，减少回流比。

（3）调节冷剂量和热剂量　根据组成变动的情况，相应地调节塔顶冷剂量和塔釜热剂量，维持塔顶、塔釜的产品质量不变。

（八）任务驱动下的相关知识——管件、阀门、法兰的识别

1. 管件

管件即管路中所用的零件，其种类很多，根据其在管路中的作用可以分五类。

（1）改变流动方向　如图 6-9 中（a）、（c）、（f）、（m）各种管件。

（2）连接管路支管　如图 6-9 中（b）、（d）、（e）、（g）、（l）各种管件。

（3）改变管路直径　如图 6-9 中（j）、（k）等。

（4）堵塞管路　如图 6-9 中（h）和（n）。

（5）连接两管　如图 6-9 中（i）和（o）。

图 6-9　管件

2. 阀门

阀门是流体输送系统中的控制部件，具有截止、调节、导流、防止逆流、稳压、分流或溢流泄压等功能。用于流体控制系统的阀门，从最简单的截止阀到极为复杂的自控系统中的各种阀门，其品种和规格繁多。阀门可用于控制空气、水、蒸汽、各种腐蚀性介质、放射性介质等各种类型流体的流动。常见阀门见图 6-10。阀门按作用和用途的分类如下。

（1）截断类　如闸阀、截止阀、旋塞阀、球阀、蝶阀、针型阀、隔膜阀等。截断类阀门又称闭路阀，其作用是接通或截断管路中的介质。

（2）止回类　如止回阀、底阀等。止回阀又称单向阀或逆止阀，止回阀属于一种自动阀门，其作用是防止管路中的介质倒流、防止泵及驱动电机反转，以及容器介质的泄漏。水泵吸水关的底阀也属于止回阀类。

（3）安全类　如安全阀、防爆阀、事故阀等。安全阀的作用是防止管路或装置中的介质压力超过规定数值，从而达到安全保护的目的。

（4）调节类　如调节阀、节流阀和减压阀等。其作用是调节介质的压力、流量等参数。

（5）分流类　如分配阀、三通阀、疏水阀等。其作用是分配、分离或混合管路中的

(a) 截止阀　(b) 闸阀　(c) 安全阀　(d) 疏水阀

(e)减压阀　(f) 蝶阀　(g) 排气阀

图 6-10　常见阀门

介质。

（6）特殊用途类　如清管阀、放空阀、排污阀、排气阀等。排气阀是管道系统中必不可少的辅助元件，广泛应用于锅炉、空调、石油天然气、给排水管道中。往往安装在制高点或弯头等处，排除管道中多余气体、提高管道使用效率及降低能耗。

3. 法兰

法兰又叫法兰盘或凸缘盘。法兰是使管子与管子相互连接的零件，连接于管端。法兰连接或法兰接头，是指由法兰、垫片及螺栓三者相互连接作为一组组合密封结构的可拆连接，管道法兰系指管道装置中配管用的法兰，用在设备上系指设备的进出口法兰。法兰上有孔眼、螺栓使两法兰紧连。法兰间用衬垫密封。常见法兰见图 6-11。

按法兰结构及其管子的连接方式可分为：整体法兰、螺纹法兰、对焊法兰、平焊法兰、

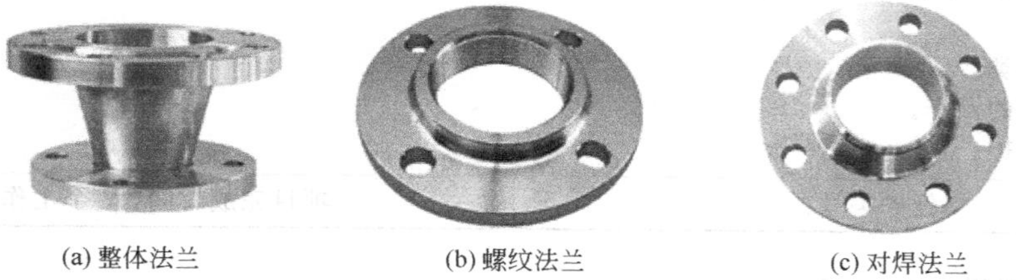

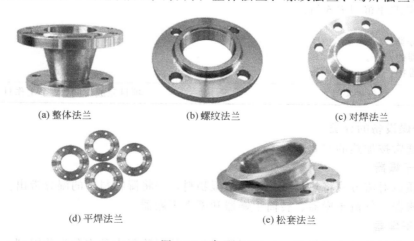

(a) 整体法兰　(b) 螺纹法兰　(c) 对焊法兰

(d) 平焊法兰　(e) 松套法兰

图 6-11　常见法兰

松套法兰与法兰盖等。

① 整体法兰系指泵、阀、机等机械设备与管道连接的进出口法兰，通常和这些管道设备制成一体，作为设备的一部分。

② 螺纹法兰是将法兰的内孔加工成管螺纹，并和带螺纹的管子配合实现连接，是一种非焊接法兰。与焊接法兰相比，它具有安装、维修方便的特点，可在现场不允许焊接的场合使用。但在温度高于 260℃和低于−45℃的条件下，建议不使用螺纹法兰，以免发生泄漏。

③ 对焊法兰又称高颈法兰，它与其他法兰的不同之处在于从法兰的与管子焊接处到法兰盘有一段长而倾斜的高颈，此段高颈的壁厚沿高度方向逐渐过渡到管壁厚度，改善了应力的不连续性，因而增加了法兰强度。对焊法兰主要用于工况比较苛刻的场合，如管道热膨胀或其他载荷而使法兰处受的应力较大，或应力变化反复的场合；压力、温度大幅度波动的管道和高温、高压及零下低温的管道。平焊法兰又称搭焊法兰。平焊法兰与管子的连接是将管子插入法兰内孔至适当位置，然后再搭焊，其优点在于焊接装配时较易对中，且价格便宜，因而得到了广泛的应用。按内压计算，平焊法兰的强度约为相应对焊法兰的三分之二，疲劳寿命约为对焊法兰的三分之一。所以，平焊法兰只适用于压力等级比较低，压力波动、振动及震荡均不严重的管道系统中。

④ 松套法兰的连接实际也是通过焊接实现的，只是这种法兰是松套在已与管子焊接在一起的附属元件上，然后通过连接螺栓将附属元件和垫片压紧以实现密封，法兰（即松套）本身则不接触介质。这种法兰连接的优点是法兰可以旋转，易于对中螺栓孔，使用在大口径管道上易于安装，也适用于管道需要频繁拆卸以供清洗和检查的地方。其法兰附属元件材料与管子材料一致，而法兰材料可与管子材料不同，因此比较适合于输送腐蚀性介质的管道。

任务六 干燥器的操作及维护

任务单见表 6-29。

表 6-29 干燥器操作及维护任务单

任务布置者:(老师名)	部门:生产部	费用承担部门:生产部
任务承接者:(学生名)	部门:生产车间	费用承担部门:生产部
工作任务:干燥器操作。 工作人员:以工作小组(5 人/组)为单位,小组成员分工合作,完成本次任务。 工作地点:教室、图书馆、生产车间。 工作成果: ① 干燥器的分类。 ② 气流干燥器的操作。 ③ 干燥器的维护。		
任务编号:	项目完成时间:10 个工作日	

(一) 干燥设备的分类

干燥器通常按加热的方式来分类。

1. 对流干燥器

干燥介质以对流方式将热量直接传递给湿物料，并将湿物料中的湿分带出。如厢式干燥器、洞道干燥器、气流干燥器、转筒干燥器和喷雾干燥器。

2. 传导干燥器

干燥介质以热传导方式将热量传递给湿物料，使湿物料中的水分汽化得到干燥。如滚筒干燥器、真空耙式干燥器和冷冻干燥器。

3. 辐射或介电加热干燥器

利用热辐射或电磁波将湿物料加热而干燥。如红外线干燥器、微波干燥器。

（二）干燥器的结构及应用

在工业生产中，由于被干燥物料的形状和性质不同，生产规模或生产能力也相差较大，对干燥产品的要求也不尽相同，因此，所采用干燥器的形式也是多种多样的。几种常见干燥器的构造、原理、性能特点及应用场合见表6-30。气流干燥器的结构见图6-12。

表6-30　干燥器的构造、原理、性能特点及应用场合

类型	构造及原理	性能特点	应用场合
厢式干燥器	多层长方形浅盘叠置在框架上，湿物料在浅盘中，厚度通常为10～100mm，一般浅盘的面积约为0.3～1m^2。新鲜空气由风机抽入，经加热后沿挡板均匀地进入各层之间，平行流过湿物料表面，带走物料中的湿分	构造简单，设备投资少，适应性强，物料损失小，盘易清洗。但物料得不到分散，干燥时间长，热利用率低，产品质量不均匀，装卸物料的劳动强度大	多应用在小规模、多品种、干燥条件变动大，干燥时间长的场合。如实验室或中试的干燥装置
洞道式干燥器	干燥器为一较长的通道，被干燥物料放置在小车内、运输带上、架子上或自由地堆置在运输设备上，沿通道向前移动，并一次通过通道。空气连续地在洞道内被加热并强制地流过物料	可进行连续或半连续操作；制造和操作都比较简单，能量的消耗也不大	适用于具有一定形状的比较大的物料，如皮革、木材、陶瓷等的干燥
转筒式干燥器	湿物料从干燥机一端投入后，在筒内抄板器的翻动下，在干燥器内均匀分布与分散，并与并流（逆流）的热空气充分接触。在干燥过程中，物料在带有倾斜度的抄板和热气流的作用下，可调控地运动至干燥机另一段星形卸料阀排出成品	生产能力大，操作稳定可靠，对不同物料的适应性强，操作弹性大，机械化程度较高。但设备笨重，一次性投资大；结构复杂，传动部分需经常维修，拆卸困难；物料在干燥器内停留时间长，且物料颗粒之间的停留时间差异较大	主要用于处理散粒状物料，亦可处理含水量很高的物料或膏糊状物料，也可以干燥溶液、悬浮液、胶体溶液等流动性物料
气流式干燥器	直立圆筒形的干燥管，其长度一般为10～20m，热空气（或烟道气）进入干燥管底部，将加料器连续送入的湿物料吹散，并悬浮在其中。一般物料在干燥管中的停留时间约为0.5～3s，干燥后的物料随气流进入旋风分离器，产品由下部收集	干燥速率大，接触时间短，热效率高；操作稳定，成品质量稳定；结构相对简单，易于维修，成本费用低。但对除尘设备要求严格，系统流动阻力大，对厂房要求有一定的高度	适宜于干燥热敏性物料或临界含水量低的细粒或粉末物料
流化床干燥器	湿物料由床层的一侧加入，由另一侧导出。热气流由下方通过多孔分布板均匀地吹入床层，与固体颗粒充分接触后，由顶部导出，经旋风器回收其中夹带的粉尘后排出。颗粒在热气流中上下翻动，彼此碰撞和混合，气、固间进行传热、传质，以达到干燥目的	传热、传质速率高，设备简单，成本费用低，操作控制容易。但操作控制要求高。而且由于颗粒在床中高度混合，可能引起物料的反混和短路，从而造成物料干燥不充分	适用于处理粉粒状物料，而且粒径最好在30～60μm范围

类型	构造及原理	性能特点	应用场合
喷雾干燥器	热空气与喷雾液滴都由干燥器顶部加入，气流做螺旋形流动旋转下降，液滴在接触干燥室内壁前已完成干燥过程，大颗粒收集到干燥器底部后排出，细粉随气体进入旋风分离器分出。废气在排空前经湿法洗涤塔（或其他除尘器）以提高回收率，并防止污染	干燥过程极快，可直接获得干燥产品，因而可省去蒸发、结晶、过滤、粉碎等工序；能得到速溶的粉末或空心细颗粒；易于连续化、自动化操作。但热效率低，设备占地面积大，设备成本费高，粉尘回收麻烦	适用于维生素、抗生素、酶、糊精、肝精、培养基及中草药植物抽取液等的干燥

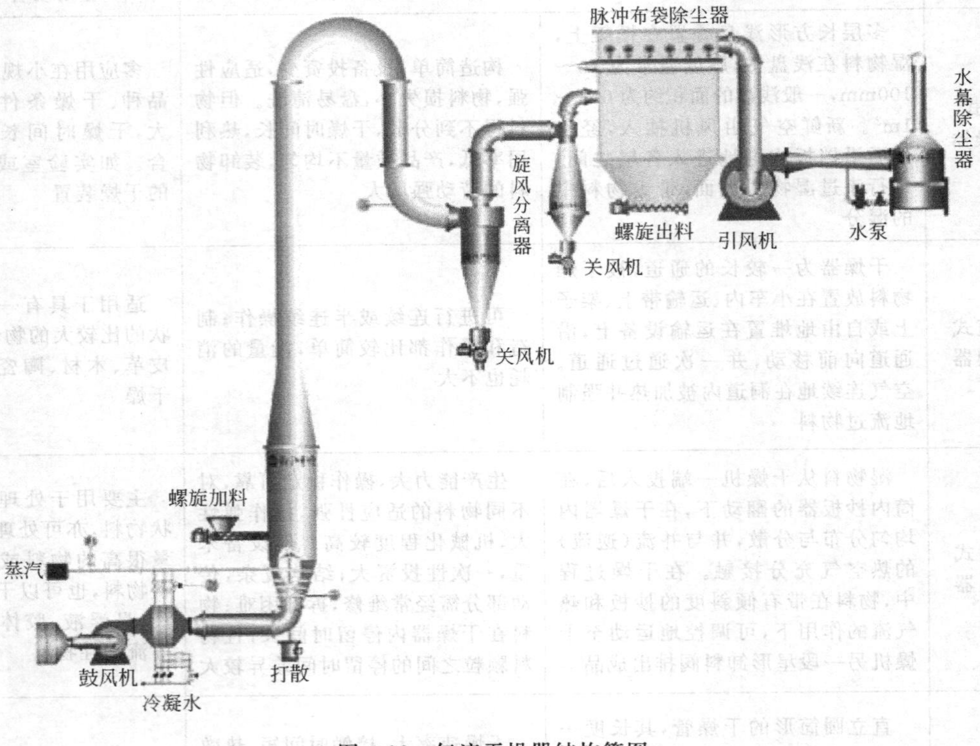

图 6-12　气流干燥器结构简图

（三）气流干燥器的操作

1. 开机前

① 先检查各设备控制点、机械传动点有无异常情况。

② 蒸汽、压缩空气有无到位。

2. 开机

① 开启控制电源。

② 开引风机（待引风机启动完成）。

③ 开启鼓风机。

④ 开启蒸汽阀门。

⑤ 待进风温度升至 120℃以上，出风温度升至 100℃以上，开启加料机，开启加料调速器电源，缓慢调节调速器调速旋钮。调节转速由出风温度确定，出风温度一般控制在 60～

70℃。出风温度高，加料速度可以适当加快；出风温度低，加料速度适当减慢。出风温度可以在实际生产中通过产品终水分加以改变。

⑥ 开启除尘喷吹开关，开机完成。

3. 关机

① 首先关闭加料器。

② 让设备再运行5min后（视设备气流管道内有无物料而定）关闭蒸汽阀。

③ 关闭鼓风机。

④ 关闭引风机。

⑤ 待设备内无料后关闭卸料器。

⑥ 让除尘喷吹继续喷吹0.5h左右再关闭喷吹开关。

⑦ 关闭控制柜电源，然后清理现场。

（四）气流干燥器操作注意事项

① 气流干燥机生产过程中应注意蒸汽压力高低，进风温度不能低于130℃。

② 出风温度如果降低，要将加料速度减慢。

③ 除尘用的压缩空气压力不得低于0.5MPa，生产过程要一直开启喷吹。

④ 不要将异物掉入螺旋加料器。

⑤ 注意各电机的电流情况，引风机 ≤60A、鼓风机 ≤12A、加料机 ≤6A。

⑥ 经常检查各传动部位有无异常，轴承部位温升情况等。

⑦ 根据实际情况定期用皮锤敲击旋风分离器和布袋除尘器，以便清除壁上的积料。

⑧ 布袋除尘器内的布袋视使用时间进行检查清理，一般一个月一次。

（五）气流干燥器操作测评表

1. 开车

气流干燥器开车操作测评表见表6-31。

表6-31 气流干燥器开车操作测评表

姓名：			学号
操作单元：			气流干燥器开车
总分：50.00			
实际得分：			
以下为各过程操作明细	应得	实得	操作步骤说明
开机准备	15		
	5		检查设备控制点
	5		检查机械传动点
	5		检查蒸汽、压缩空气有无到位
开机	35		
	5		开启控制电源
	5		开启引风机
	5		开启鼓风机
	5		打开蒸汽阀门
	5		进风温度升至120℃，出风温度升至100℃，开加料机
	5		开启加料调速器电源，调节调速器调速旋钮
	5		开除尘喷吹开关

2. 停车

气流干燥器停车操作测评表见表 6-32。

表 6-32 气流干燥器停车操作测评表

姓名:			学号
操作单元:			气流干燥器正常停车
总分:50.00			
实际得分:			
以下为各过程操作明细	应得	实得	操作步骤说明
关机	50		
	5		关闭加料器
	5		设备运行若干分钟
	5		关闭蒸汽阀
	5		关闭鼓风机
	5		关闭引风机
	5		待设备内无物料后关闭卸料器
	5		关闭喷吹开关
	5		关闭电源
	5		做好记录
	5		清理现场

(六)干燥器维护规程

干燥器维护规程见表 6-33。

表 6-33 干燥器维护规程

维护周期	维护内容	维护标准	备注
每季度	干燥机整体泄漏情况	无泄漏	
	检查再生温度、冷却温度	温度正常	
	检查循环风机、冷却风机声音、振动是否异常	声音正常、无异常振动	
	检查切换过程及所描述的功能	正常	
	检查吸附、再生、冷却及切换时间	正常	
	检查干燥器的压力损失	符合规定	
	检查过滤器、分离器排污口	排污口通畅	
	检查前、后置过滤器压力损失	符合规定	
	检查所有压力表和温度表	在规定范围内	
	检查或更换循环风机润滑油	润滑油合格	
每半年	更换吸附剂:每半年检查吸附剂粉化情况,如发现粉化严重,及时更换吸附剂	吸附剂无粉化	
	检查电加热元件、所有阀门及垫片	加热正常,阀门开关灵活	
	清洗前、后置过滤器滤芯	干净无污垢	
	对吸附剂进行一次再生处理,结束后,温度参数调回原数值	一次再生处理正常	

六、药物合成理论

（一）氧化反应

1. 概念

有机化合物分子中，凡失去电子或电子偏移，使碳原子上电子密度降低的反应称氧化反应。

狭义地说：是指分子增加氧或失去氢的反应。

2. 常用的化学氧化剂及应用

（1）高锰酸钾（$KMnO_4$）　强氧化剂，在酸性、中性及碱性中均能起氧化作用。难溶于水，易溶于丙酮、吡啶等有机溶剂。

应用范围如下。

① 烯烃的氧化。氧化烯烃成顺式二醇或进一步氧化成二分子酸。

$$CH_3(CH_2)_7CH = CH-(CH_2)COOH \xrightarrow[OH^-]{KMnO_4}$$

$$CH_3(CH_2)_7 \overset{OH}{CH}-\overset{OH}{CH}(CH_2)_7COOH \xrightarrow{\triangle}$$

$$CH_3(CH_2)_7COOH + HOOC-(CH_2)_7COOH$$

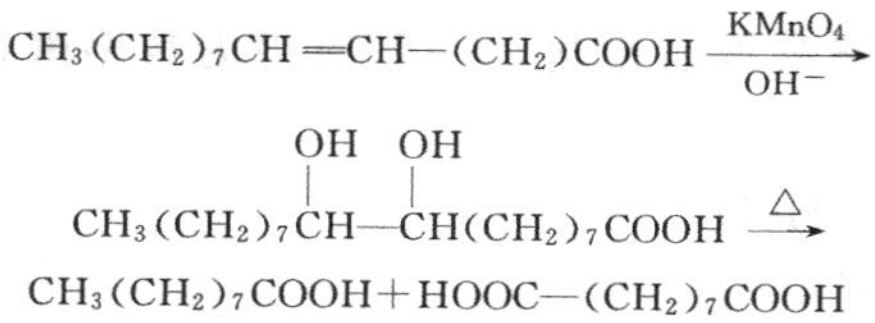

② 醇的氧化。氧化伯醇生成酸，仲醇生成酮，酮烯醇化后可进一步氧化生成羧酸的混合物，无实际意义。

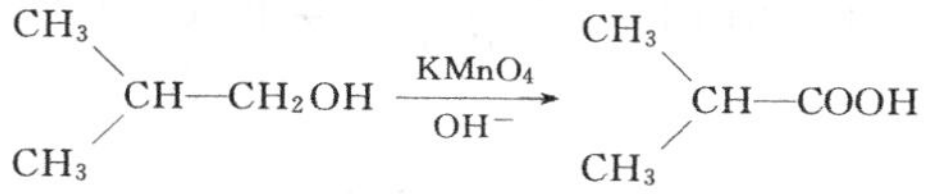

③ 芳烯侧链、杂环侧链的氧化。无论碳链多长，氧化均发生在与芳环相连的碳原子上。

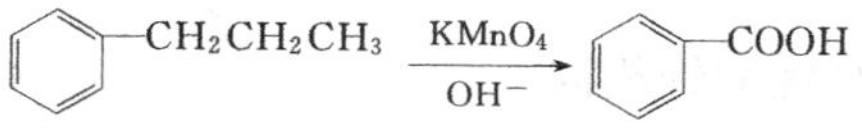

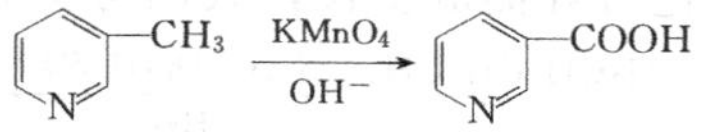

④ 稠环化合物的氧化。当萘环上有给电子时，氧化发生在给电子的环上。当萘环上有吸电子时，氧化发生在无吸电子的环上。

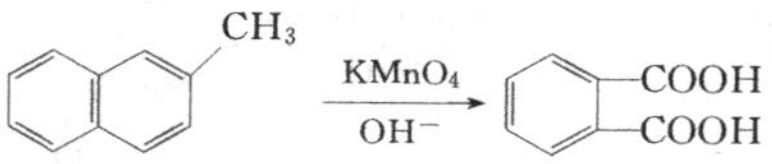

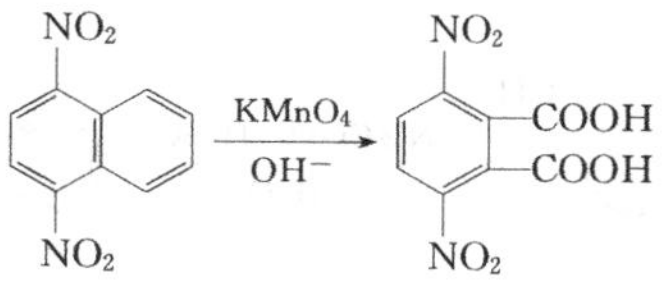

（2）二氧化锰（MnO_2）　用作氧化剂的二氧化锰有两种：二氧化锰与硫酸的混合物以及活性二氧化锰。

二氧化锰与硫酸的混合物为温和氧化剂，可用水作溶剂应用。

① 芳烃侧链氧化：生成醇。

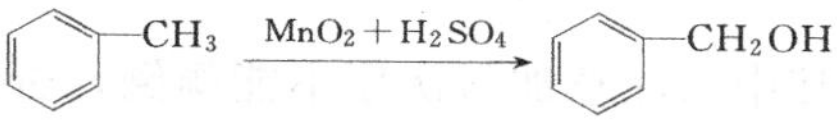

② 芳胺氧化：生成醌。

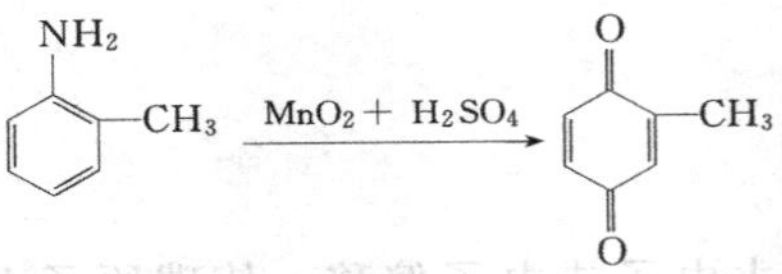

活性二氧化锰：含水量在5%以下，颗粒大小通过100～200目筛孔。溶于石油醚、环己烷、四氯化碳等有机溶剂。

应用：①对α,β-不饱和醇的氧化。生成相应的醛和酮，而双链不受影响。

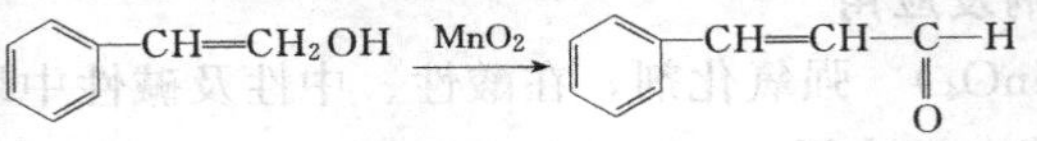

② 苄醇的氧化。生成相应的醛。

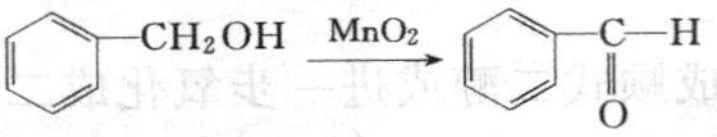

(3) 铬酸（H_2CrO_4） 铬酸没有市售，一般市售为重铬酸盐和三氯化铬。通常用的铬酸氧化剂有

① $Na_2CrO_7 + H_2SO_4 + H_2O$

② $CrO_3 + H_2O + H_2SO_4$

铬酸为强氧化剂，与高锰酸钾氧化剂的氧化强度和作用范围大致相同。

应用：①醇的氧化。伯醇生成酸，仲醇生成酮。

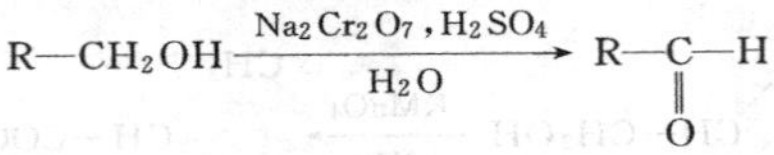

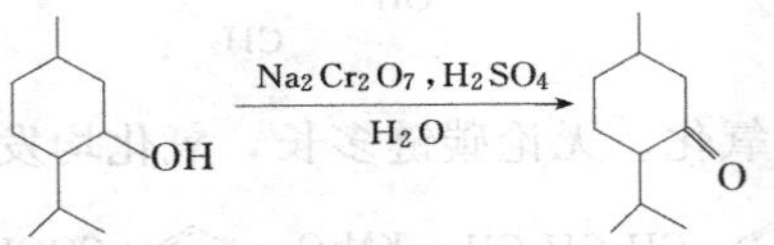

铬酸氧化仲醇的缺点与高锰酸钾相同。

② 芳烃侧链的氧化。不论芳烃侧链多长，氧化均发生在苄位碳氢链上。

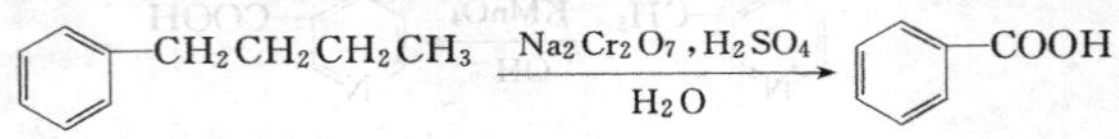

③ 稠环化合物的氧化。生成醌。

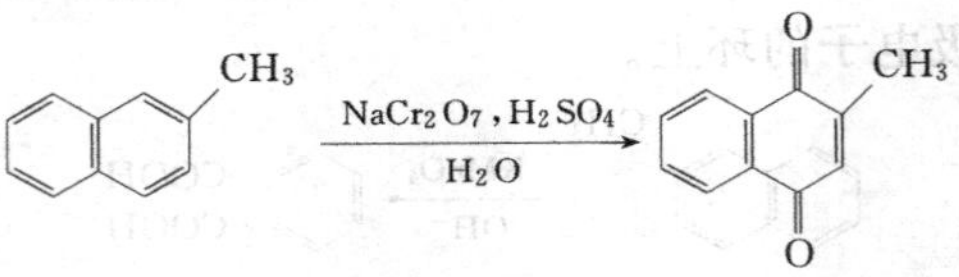

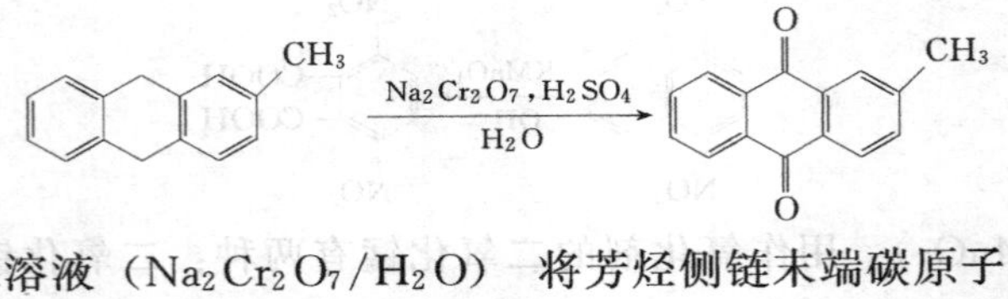

(4) 重铬酸钠水溶液（$Na_2Cr_2O_7/H_2O$） 将芳烃侧链末端碳原子氧化成基。

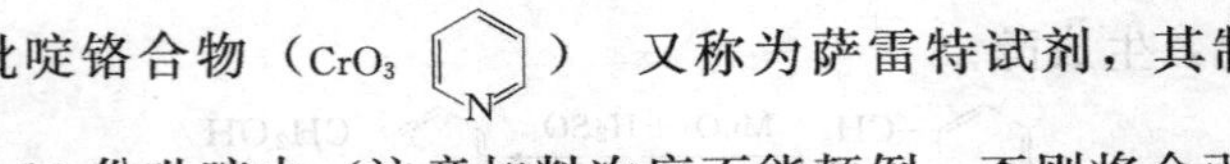

(5) 三氯化铬-吡啶铬合物（CrO_3 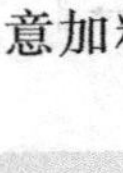） 又称为萨雷特试剂，其制备方法是将一份三氯化铬缓慢分次加入10份吡啶中（注意加料次序不能颠倒，否则将会引起燃烧），逐渐提高

温度至 30℃，最后得黄色铬合物。

应用：①苄醇氧化生成醛。

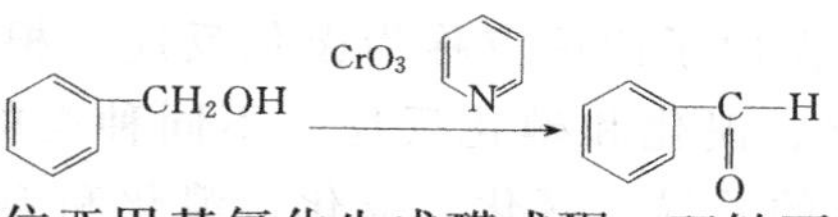

② α，β-不饱和醇及烯丙位亚甲基氧化生成醛或酮，双链不受影响。

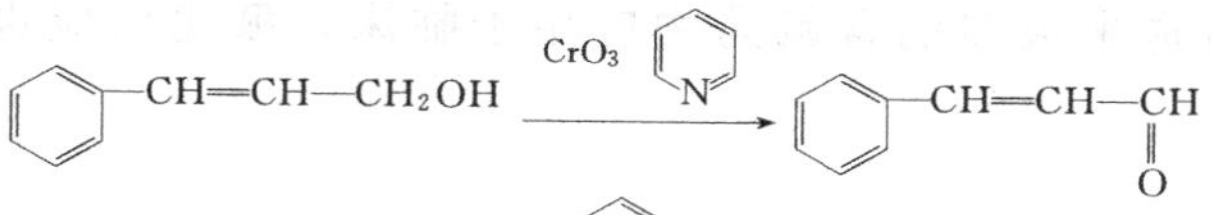

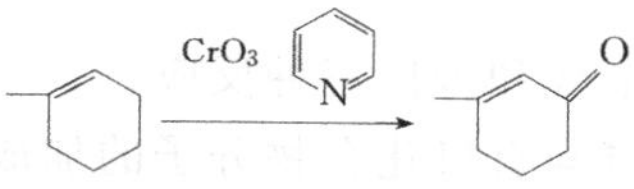

(6) 过氧化氢（H_2O_2） 是一种缓和氧化剂，其最大特点是反应后不残留杂质，因而产品纯度高。市售的过氧化氢试剂通常浓度为 30%，它的氧化反应可在中性、酸性和碱性或催化剂存在下进行。

应用：①烯烃的氧化。过氧化氢在碱性下选择氧化 α，β-不饱和双链生成环氧化合物。

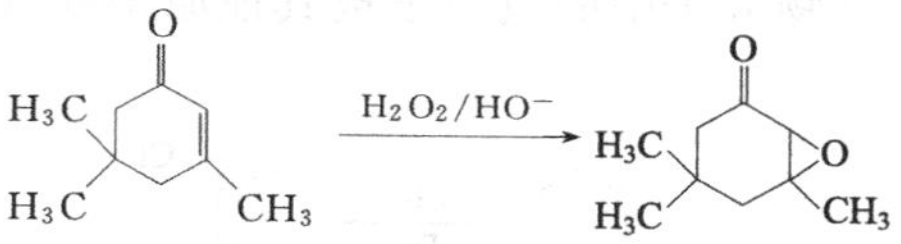

过氧化氢在酸性下氧化烯烃成反式二醇。

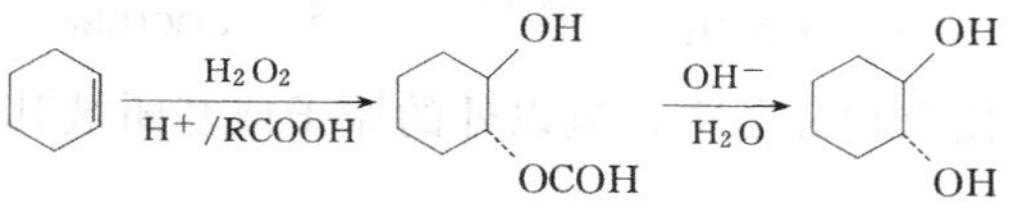

② 醛、酮的氧化。邻位或对位有羟基的芳醛或芳酮，在碱性条件下用过氧化氢氧化生成多羟基化合物，又称为达金反应。

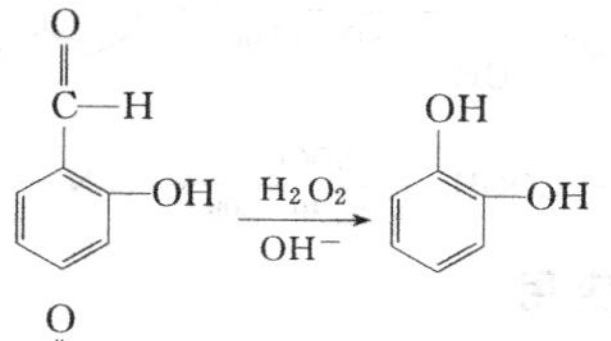

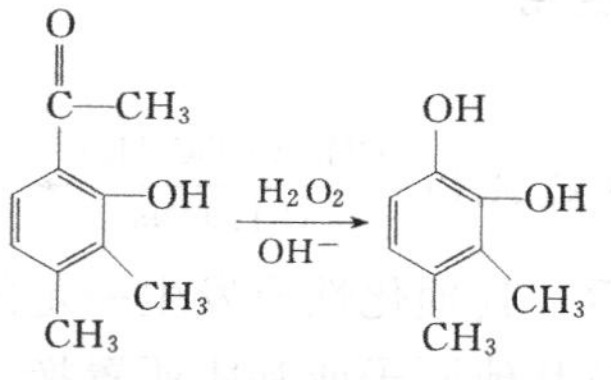

(7) 沃氏氧化（OPPenauer）氧化反应　仲醇或伯醇在异丙醇铝催化下，用过量酮（丙酮或环己酮等）作为氢的接受体，可被氧化成相应的羟基化合物。

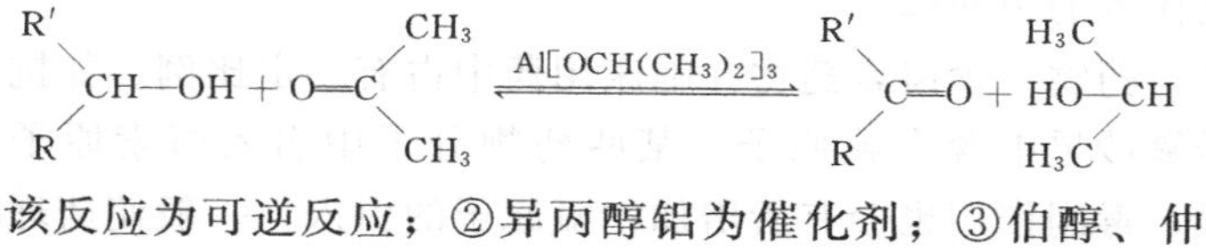

反应特点：①该反应为可逆反应；②异丙醇铝为催化剂；③伯醇、仲醇的专属氧化剂；④无水操作。

（二）卤化反应

1. 卤化反应的概念

有机化合物分子中引入卤原子的反应称为卤化反应。根据所引入的卤原子的不同，卤化反应可分为氟化、氯化、溴化和碘化反应。不同种类的卤化剂的活性不同，有机卤化物的活性之间又有一定的差异，氟化、氯化、溴化和碘化各有其不同特点。其中，氯化和溴化较为常用，氟化和碘化由于技术上和经济上等方面的原因，应用范围受到限制。近年来，随着愈来愈多的含氟药物应用于临床，氟化反应也相应得到人们的较大关注。

2. 反应类型

卤化反应又可以分为加成、取代和置换三种反应。

（1）加成反应　卤素或卤化氢与有机化合物分子的加成反应是形成卤化物的主要方法之一。如：

$$CH{\equiv}CH \xrightarrow[HgCl_2]{HCl} CH_2{=}CHCl \xrightarrow[HgCl_2]{HCl} CH_3CHCl_2$$

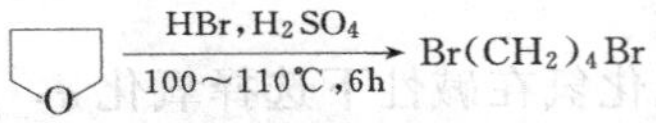

（2）取代反应　有机化合物分子中的氢原子被其他原子或基团所代替的反应称为取代反应。如：

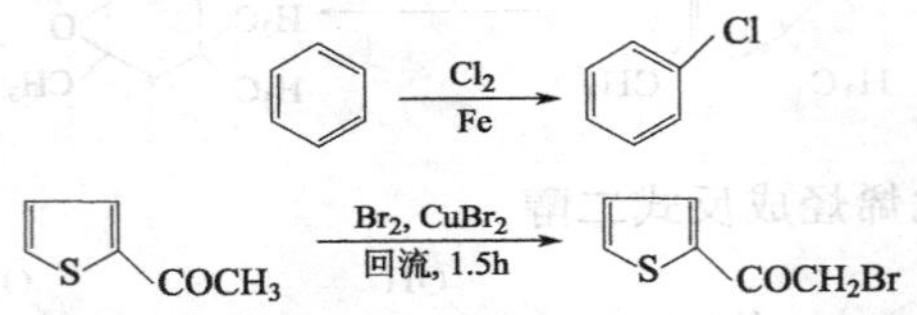

（3）置换反应　有机化合物分子中，氢以外的原子或基团被其他原子或基团所代替的反应称置换反应。如：

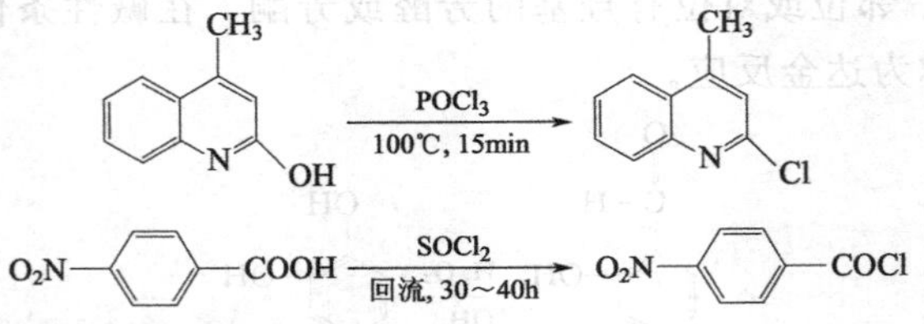

3. 卤化反应在药物合成中的应用

（1）制备药物中间体

$$C_2H_5OH \xrightarrow{NaBr, H_2SO_4} C_2H_5Br \xrightarrow[C_2H_5ONa]{CH_2(COOC_2H_5)_2} (C_2H_5)_2C(COOC_2H_5)_2$$

有机化合物分子中引入卤素后，其理化性质发生一定的变化。常使有机分子具有极性或极性增加，反应活性增强，容易被其他原子或基团所置换，生成多种衍生物。如乙醇溴化制得溴乙烷，后者又作为烃化剂使丙二酸二乙酯发生乙基化反应，生成二乙基丙二酸二乙酯，它是镇静催眠药巴比妥的中间体。

（2）合成含卤素药物　含卤素药物在临床用药中占有一定比例。如抗菌药氯霉素中含有氯原子、抗菌药诺氟沙星中含有氟原子。某些药物分子中引入卤素原子（Cl，Br，I）后，药理活性往往增强，毒副作用也会有所增加；氟原子的引入，一般使药理活性增强，但毒副作用降低。

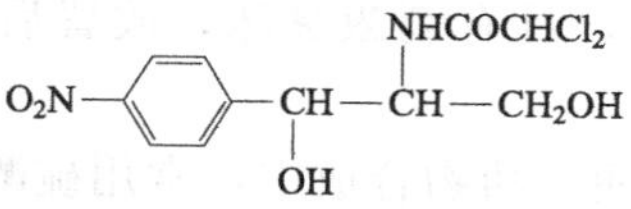

氯霉素

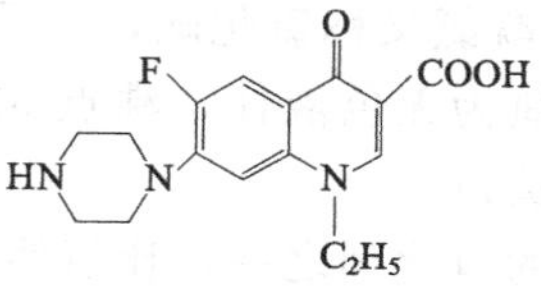

诺氟沙星

4. 常用卤化剂

卤化反应是借卤化剂的作用来完成的。卤化剂主要有卤素、卤化氢、含硫卤化剂、含磷卤化剂、卤化物以及次卤酸盐等。

(1) 卤素　在卤素中，原子量越小，越容易进行卤化反应；而其相应的有机卤化物就越稳定，反应活性越小。

卤素的反应活性：F_2（气体）>Cl_2（气体）>Br_2（液体）>I_2（固体）

有机卤化物的稳定性：RF>RCl>RBr>RI

有机卤化物的反应活性：RF<RCl<RBr<RI

在不同条件下，卤素能与不饱和烃发生加成反应，与芳烃、羰基化合物发生取代反应。

$$CH_2{=\!=}CH{-}CHO + Br_2 \xrightarrow[0℃]{CCl_4} BrCH_2\underset{\displaystyle Br}{\underset{|}{C}H}{-}CHO$$

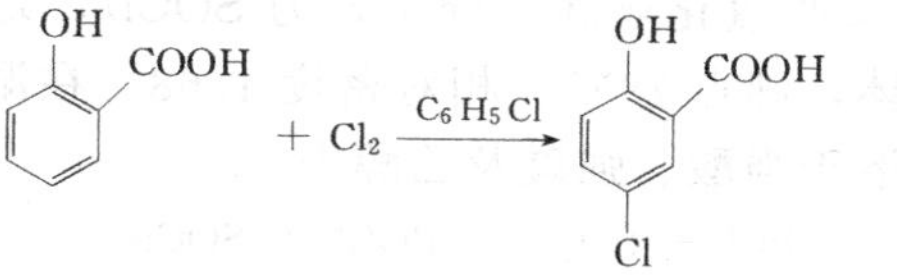

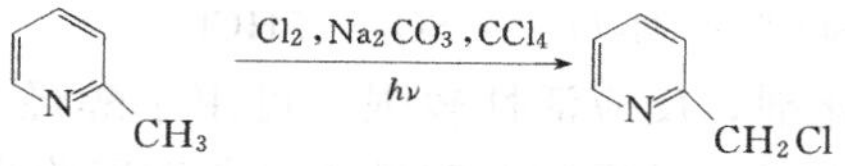

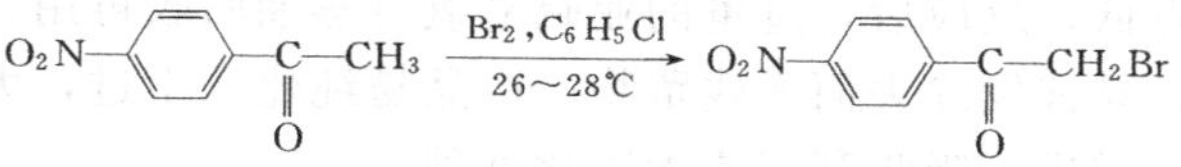

(2) 卤化氢　卤化氢或氢卤酸（卤化氢的水溶液）可以作为卤化剂与烯烃、炔烃、环醚发生加成反应，与醇发生置换反应，制备相应的有机卤化物。

$$C_6H_5CH_2CH{=\!=}CH_2 + HBr(气体) \xrightarrow[0℃,12h]{CH_3COOH} C_6H_5CH_2\underset{\displaystyle Br}{\underset{|}{C}H}CH_3$$

$$CH_3CH_2CH_2OH \xrightarrow[回流,2h]{NaBr,H_2SO_4} CH_3CH_2CH_2Br$$

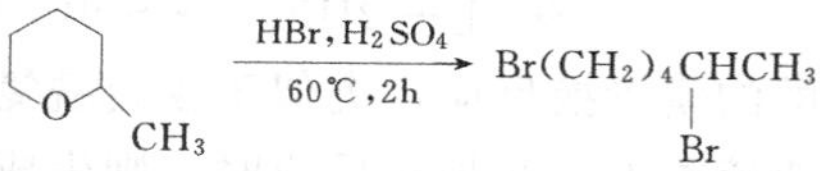

卤化氢或氢卤酸的反应活性因键能增大而减小。由于卤化氢的键能大小顺序为：H—F>H—Cl>H—Br>H—I，所以，卤化氢的反应活性顺序为：HI>HBr>HCl>HF。氢卤酸中，除氢氟酸外都是强酸。氢卤酸的刺激性和腐蚀性都比较强，使用时需加以注意。氢氟酸还有一个特殊的性质，可溶解二氧化硅和硅酸盐。因此，氢氟酸需用塑料器皿贮存，反应需在铜质或镀镍加压器内进行。氟化氢或氢氟酸的毒性很大，氢氟酸与皮肤接触可引起肿胀并渗入皮肤内形成溃疡；因这种损害不甚疼痛，起初不易觉察，所以能深入骨及软骨，治疗愈合很慢。故使用时应穿戴好隔离衣、橡皮手套等保护用品。

(3) 含硫卤化剂　含硫卤化剂和含磷卤化剂是一类活性较强的常用卤化剂。含硫卤化剂中主要有硫酰氯、亚硫酰氯和亚硫酰溴。

① 硫酰氯。硫酰氯又称氯化砜，分子式为 SO_2Cl_2，是由二氧化硫和氯气在催化剂存在下反应制得。硫酰氯为无色液体，沸点 69.1℃，具有刺激臭味，放置后由于部分分解为二氧化硫和氯而略显黄色。

硫酰氯是常用的氯化剂之一，比氯使用方便。药物合成中，常用硫酰氯进行苄位氢原子的氯取代，酮 α-氢原子的氯取代；芳环上电子云密度较大的苯酚与硫酰氯在低温下反应时，可得到对氯苯酚。如：

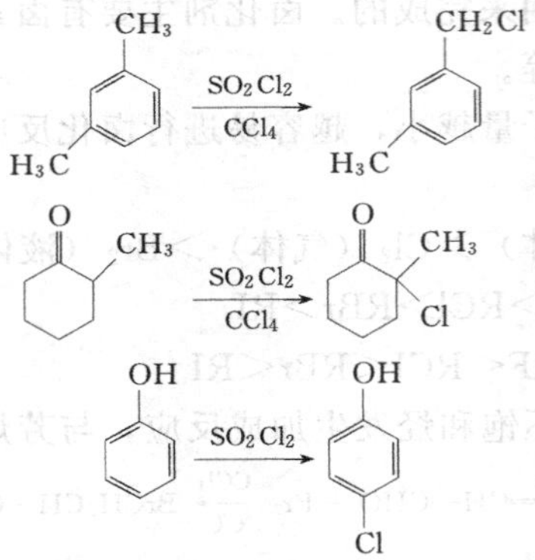

② 亚硫酰氯。亚硫酰氯又叫氯化亚砜，分子式为 $SOCl_2$，是由五氯化磷与二氧化硫反应制得。亚硫酰氯为无色液体，沸点 79℃，相对密度 1.68。在湿空气中遇水蒸气分解为氯化氢和二氧化硫而发烟。可溶于强酸、强碱及乙醇中。

$$PCl_5 + SO_2 \longrightarrow POCl_3 + SOCl_2$$

$$SOCl_2 + H_2O \longrightarrow SO_2 + 2HCl$$

亚硫酰氯是常用的良好氯化剂，反应活性较强，可用于醇羟基和羧羟基的氯置换反应。因亚硫酰氯本身的沸点低，反应后，过量的亚硫酰氯可蒸馏回收再用。反应中生成的氯化氢和二氧化硫均为气体，易挥发除去而无残留物，产品易纯化。不过，大量的氯化氢和二氧化硫逸出，会污染环境，需进行吸收利用或无害化处理。

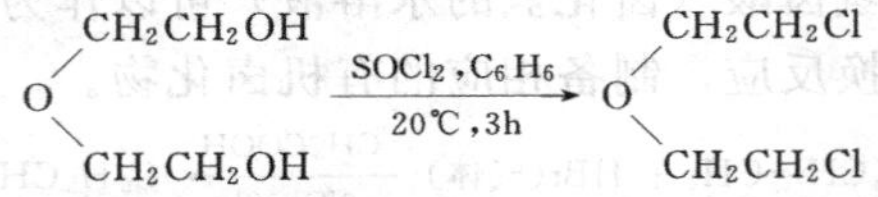

③ 亚硫酰溴。亚硫酰溴又叫溴化亚砜，分子式为 $SOBr_2$。它是由亚硫酰氯与溴化氢气体在 0℃反应制得。

$$SOCl_2 + 2HBr \xrightarrow{0℃} SOBr_2 + 2HCl$$

亚硫酰溴可用于醇的溴置换反应，类似于亚硫酰氯，但价格较贵。芳环上无取代基或具有给电子基的芳醛和亚硫酰溴一起加热反应时，则生成二溴甲基苯。如：

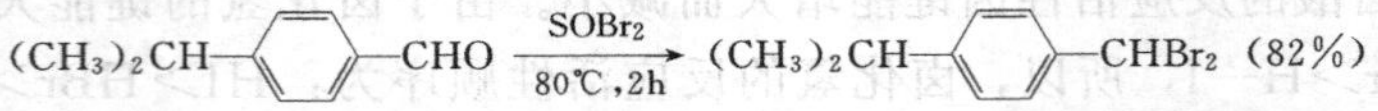

(4) 含磷卤化剂　含磷卤化剂中主要有三氯化磷、三氯氧化磷和五氯化磷等。

① 三卤化磷。三卤化磷中，以三氯化磷（PCl_3）和三溴化磷（PBr_3）应用最多。将干燥的氯气通入磷和三氯化磷的混合液中就可以制得三氯化磷，再经蒸馏精制，即得较纯的三氯化磷。三溴化磷（或三碘化磷）可由溴（或碘）和磷在反应中直接生成，使用方便。三氯化磷为无色澄明液体，如有微量游离磷存在时，颜色带黄而浑浊；相对密度 1.574（21℃），沸点 76℃；溶于苯、乙醚、二硫化碳和四氯化碳等。三溴化磷为无色刺鼻臭液体，相对密度 2.852（15℃），沸点 175.3℃；沾在皮肤上发生橙黄色斑点；溶于乙醚、丙酮、苯、氯

仿、二硫化碳、四氯化碳。三氯（溴）化磷暴露于潮湿的空气中能水解成亚磷酸和氯（溴）化氢，发生白烟而变质。故必须密封贮藏。

$$2P + 3X_2 \longrightarrow 2PX_3$$
$$PX_3 + 3H_2O \longrightarrow H_3PO_3 + 3HX(X=Cl,Br)$$

三卤化磷可用于醇羟基的卤置换反应。如抗高血压药帕吉林原料的制备。然而，酚羟基的活性较小，一般需在高温、加压条件下才与三卤化磷反应，且收率不高。

$$HC\equiv CCH_2OH \xrightarrow[\text{回流},4h]{PCl_3,C_6H_6,} HC\equiv CCH_2Cl$$

三卤化磷也可用于脂肪族羧酸的酰卤化反应。与芳香族羧酸反应较弱。在实际应用中，常需稍过量的三卤化磷与醋酸一起加热，制成的低沸点酰卤可直接蒸馏出来；高沸点的酰卤需用适当溶剂溶解后，再与亚磷酸分开。

② 三氯氧化磷。三氯氧化磷（$POCl_3$）又称磷酰氯，俗称氧氯化磷。为无色澄明液体，常因溶有氯气或五氯化磷而呈红色。相对密度 1.675，熔点 2℃，沸点为 105.3℃。露置于潮湿空气中迅速分解成磷酸和氯化氢，发生白烟。

三氯氧化磷的活性比三氯化磷大，醇和酚均能与三氯氧化磷作用，生成相应的氯代烃。药物合成中，主要还是用于芳环或缺电子芳杂环上羟基的氯置换，如抗菌药吡哌酸中间体的制备。三氯氧化磷分子中虽然有三个氯原子，但只有一个氯原子活性最大，以后逐渐递减。因此，置换 1mol 羟基化合物，通常需用 1mol 以上的三氯氧化磷。有时，还须加入适量催化剂，才可使置换反应进行完全。常用的催化剂有吡啶、二甲基甲酰胺、二甲苯胺和三乙胺等。

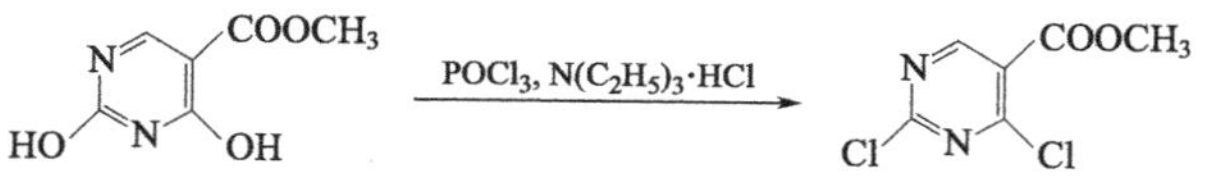

三氯氧化磷与羧酸作用较弱，但容易与羧酸盐类反应得到相应的酰氯。由于反应中不产生卤化氢，尤其适用于制备不饱和脂肪酰氯。

$$CH_3CH=CHCOONa \xrightarrow[CCl_4]{POCl_3} CH_3CH=CHCOCl$$

③ 五氯化磷。五氯化磷（PCl_5）为白色或淡黄色四角形晶体，极易吸收空气中的水分而分解成磷酸和氯化氢，发生白烟和特殊的刺激性臭味。

将氯气通入三氯化磷中，即可得到白色的五氯化磷固体。实际操作中，将五氯化磷溶于三氯化磷或三氯氧化磷中使用，效果更好。

在上述各种氯化剂中，五氯化磷的活性最强，不仅能置换醇和酚分子中的羟基，也能置换缺电子芳杂环上的羟基和烯醇中的羟基；脂肪族和芳香族羧酸以及某些位阻较大的羧酸都能与五氯化磷发生酰氯化反应，生成相应的酰氯。不过，五氯化磷的选择性不高，在制备酰氯时，分子中的羟基、醛基、酮基、烷氧基等敏感基团都有可能发生氯置换反应。同时，由于五氯化磷受热易解离成三氯化磷和氯气，温度越高，解离度越大（300℃时可以完全解离成三氯化磷和氯气），置换能力随之下降，解离出的氯气还可能产生芳核上的氯取代和双键上的加成等副反应。因此，使用五氯化磷作氯化剂时，反应温度不宜过高，时间不宜过长。

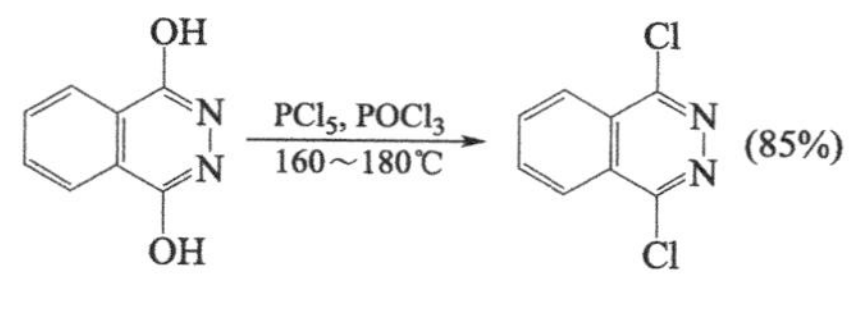

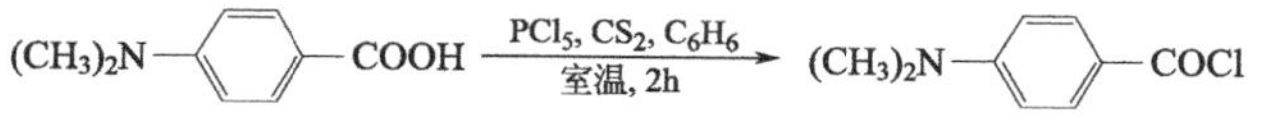

七、法律法规

1.《药品生产质量管理规范》(2010 年修订版)
2.《化学药物质量控制分析方法验证研究技术指导原则》
3.《化学药物残留溶剂的研究技术指导原则》
4.《化学药物质量标准建立的规范化过程技术指导原则》
5.《劳动合同法》
6.《安全生产法》
7.《环境保护法》

八、课后自测

1. 熟练掌握离心泵的操作及维护。
2. 熟练掌握反应釜的操作及维护。
3. 熟练掌握离心机的操作及维护。
4. 熟练掌握换热器的操作及维护。
5. 熟练掌握精馏塔的操作及维护。
6. 熟练掌握干燥器的操作及维护。

参 考 文 献

[1] 刘红霞．化学制药工艺过程．北京：化学工业出版社，2009.

[2] 赵临襄．化学制药工艺学．北京：中国医药科技出版社，2010.

[3] 宋航元．制药工程技术概论．北京：化学工业出版社，2006.

[4] 赵文燕．制药业生产管理模式研究 [D]. 河北工业大学，2000.

[5] 杜进祥，赵云胜．三级安全教育制度根源．文化，2007.

[6] 邹玉繁．制药企业安全生产与健康保护．北京：化学工业出版社，2010.

[7] 李晓辉，白武良．制药设备与车间工艺设计管理手册．合肥：安徽文化音像出版社，2003.

[8] 刘建福．我们是如何开展危险化学品管理的．危险化学品管理，2005.

[9] 职业健康安全管理体系规范．中华人民共和国国家标准．GB/T 28001—2001.

[10] 周忠元，陈桂琴．化工安全技术与管理．北京：化学工业出版社，2001.

[11] 陈铮．药品生产企业员工的安全和健康教育亟须加强．焦点关注，2007.

[12] 丁玉兴，方绍燕．化工单元过程及设备．北京：化学工业出版社，2011.

[13] 陈敏恒，丛德滋，方图南，齐鸣斋．化工原理．北京：化学工业出版社，2010.

[14] 胡忆沩等．化工设备与机器．北京：化学工业出版社，2010.

[15] 陶贤平．化工单元操作实训．北京：化学工业出版社，2008.

[16] 邓才彬．制药设备与工艺（药学类各专业用）．北京：高等教育出版社，2006.

[17] 元英进主编．制药工艺学．北京：化学工业出版社，2007.

[18] 李霞主编．制药工艺．北京：科学出版社，2006.

[19] 国家医药管理局上海医药设计院编．化工工艺设计手册．北京：化学工业出版社，1996.

[20] 邝生鲁主编．化学工程师技术全书．北京：化学工业出版社，2002.

[21] 张文雯．化学合成原料药开发．北京：化学工业出版社，2011.

全国医药高职高专教材可供书目

	书　名	书　号	主　编	主　审	定　价
1	化学制药技术(第二版)	15947	陶　杰	李健雄	32.00
2	生物与化学制药设备	7330	路振山	苏怀德	29.00
3	实用药理基础	5884	张　虹	苏怀德	35.00
4	实用药物化学	5806	王质明	张　雪	32.00
5	实用药物商品知识(第二版)	07508	杨群华	陈一岳	45.00
6	无机化学	5826	许　虹	李文希	25.00
7	现代仪器分析技术	5883	郭景文	林瑞超	28.00
8	中药炮制技术(第二版)	15936	李松涛	孙秀梅	35.00
9	药材商品鉴定技术(第二版)	16324	林　静	李　峰	48.00
10	药品生物检定技术(第二版)	09258	李榆梅	张晓光	28.00
11	药品市场营销学	5897	严　振	林建宁	28.00
12	药品质量管理技术	7151	负亚明	刘铁城	29.00
13	药品质量检测技术综合实训教程	6926	张　虹	苏　勤	30.00
14	中药制药技术综合实训教程	6927	蔡翠芳	朱树民　张能荣	27.00
15	药品营销综合实训教程	6925	周晓明　邱秀荣	张李锁	23.00
16	药物制剂技术	7331	张　劲	刘立津	45.00
17	药物制剂设备(上册)	7208	谢淑俊	路振山	27.00
18	药物制剂设备(下册)	7209	谢淑俊	刘立津	36.00
19	药学微生物基础技术(修订版)	5827	李榆梅	刘德容	28.00
20	药学信息检索技术	8063	周淑琴	苏怀德	20.00
21	药用基础化学(第二版)	15089	戴静波	许莉勇	38.00
22	药用有机化学	7968	陈任宏	伍焜贤	33.00
23	药用植物学(第二版)	15992	徐世义　堐榜琴		39.00
24	医药会计基础与实务(第二版)	08577	邱秀荣	李端生	25.00
25	有机化学	5795	田厚伦	史达清	38.00
26	中药材 GAP 概论	5880	王书林	苏怀德　刘先齐	45.00
27	中药材 GAP 技术	5885	王书林	苏怀德　刘先齐	60.00
28	中药化学实用技术	5800	杨　红	裴妙荣	23.00
29	中药制剂技术(第二版)	16409	张　杰	金兆祥	36.00
30	中医药基础	5886	王满恩	高学敏　钟赣生	40.00
31	实用经济法教程	8355	王静波	潘嘉玮	29.00
32	健身体育	7942	尹士优	张安民	36.00
33	医院与药店药品管理技能	9063	杜明华	张雪	21.00
34	医药药品经营与管理	9141	孙丽冰	杨自亮	19.00
35	药物新剂型与新技术	9111	刘素梅	王质明	21.00
36	药物制剂知识与技能教材	9075	刘一	王质明	34.00
37	现代中药制剂检验技术	6085	梁延寿	屠鹏飞	32.00
38	生物制药综合应用技术	07294	李榆梅	张虹	19.00
39	药物制剂设备	15963	路振山	王竟阳	39.80

欲订购上述教材，请联系我社发行部：010-64519689，64518888；

责任编辑　陈燕杰　64519363

如果您需要了解详细的信息，欢迎登录我社网站：www.cip.com.cn